高等职业教育测绘地理信息类“十三五”规划教材

建筑工程测量

主　编　弓永利
副主编　齐秀峰　王璇洁　李映红
主　审　郭晓华

图书在版编目(CIP)数据

建筑工程测量/弓永利主编．—武汉:武汉大学出版社,2018.9
高等职业教育测绘地理信息类“十三五”规划教材
ISBN 978-7-307-20383-9

Ⅰ.建… Ⅱ.弓… Ⅲ.建筑测量—高等职业教育—教材 Ⅳ.TU198

中国版本图书馆 CIP 数据核字(2018)第 162208 号

责任编辑:胡 艳　　责任校对:汪欣怡　　整体设计:汪冰滢

出版发行:**武汉大学出版社**　(430072 武昌 珞珈山)
(电子邮件:cbs22@whu.edu.cn 网址:www.wdp.com.cn)
印刷:湖北睿智印务有限公司
开本:787×1092 1/16　印张:21.25　字数:517 千字　插页:1
版次:2018 年 9 月第 1 版　2018 年 9 月第 1 次印刷
ISBN 978-7-307-20383-9　定价:45.00 元

前　言

本教材是结合高职高专土建类相关专业的人才培养目标，按照高职高专教育的方法及特点编写而成，按照教学要求，在传统的测绘技术及方法的基础上，又增加了多种先进电子测绘仪器设备及其应用的介绍。

本教材共15章，由内蒙古建筑职业技术学院弓永利任主编，内蒙古建筑职业技术学院齐秀峰、李映红以及山西水利职业技术学院的王璇洁任副主编，内蒙古建筑职业技术学院郭晓华任主审。本教材编写分工如下：第1章、第8章、第14章由内蒙古建筑职业技术学院弓永利编写，第2章由内蒙古建筑职业技术学院王伟超、弓永利共同编写，第3章由内蒙古建筑职业技术学院齐秀峰编写，第4章由内蒙古建筑职业技术学院冯雪力编写，第5章由内蒙古建筑职业技术学院韩继颖编写，第6章由内蒙古建筑职业技术学院工凯编写，第7章由内蒙古建筑职业技术学院关毅编写，第9章由山西水利职业技术学院王璇洁编写，第10章由内蒙古建筑职业技术学院丁锐编写，第11章由内蒙古建筑职业技术学院张兆玖编写，第12章由内蒙古建筑职业技术学院方菲菲编写，第13章由内蒙古建筑职业技术学院李映红编写，第15章由山西水利职业技术学院樊盼编写。

本教材的课件部分由内蒙古建筑职业技术学院齐秀峰、弓永利，内蒙古工程学校黄秀丽，山西水利职业技术学院王璇洁、樊盼共同编写。

本教材适用于高职高专建筑工程技术、市政工程技术、道路与桥梁工程技术、水利工程技术等专业。

由于编者水平有限和时间仓促，书中难免有错误和不足之处，恳请读者给予批评指正。

编　者

2018年5月

目　　录

第1章　认识测量学及测量工作

【教学目标】

学习本章，要掌握测量学的定义和内容，了解测量学的分支学科；理解测量工作的基准面和基准线，掌握确定地面点位的方法，掌握测量工作的三项基本内容，了解测量工作的程序和组织原则。了解测量学的发展趋势，了解测绘科学在相应工程测量中的应用，了解测量人员应具备的基本素质，以增强对本学科的学习兴趣。

1.1　测量学基础知识

1.1.1　测量学的定义及内容

测量学是研究地球的形状和大小以及确定地面(包括空中、地下和海底)点位的科学，其内容包括测绘和测设两个部分。测绘是指应用测量仪器和工具，通过测量和计算得到一系列测量数据，或将地球表面的地物和地貌缩绘成地形图，供经济建设、规划设计、科学研究和国防建设使用。测设是指应用测量仪器和工具把图纸上规划设计好的建筑物、构筑物的位置依据规定精度在地面上标定出来，作为施工的依据。

1.1.2　测量学的分支学科

测量学按照研究范围和对象的不同，产生了许多分支学科。

1. 地形测量学

当研究的对象仅是地球自然表面上的一个小区域，将这个区域投影到地球表面上时，由于地球半径很大，故可以把该区域的投影球面当做平面，而不考虑其曲率。研究这类小区域地球表面形状和大小的学科称为地形测量学或普通测量学。它研究的内容可以用文字、数字或符号记录下来，按一定的比例尺绘图成为与地面保持相似的地形图。

2. 大地测量学

当研究的对象是地球表面上一个较大的区域甚至是整个地球时，就必须考虑地球的曲率。这种以研究广大地区为对象的学科称为大地测量学。它的基本任务是建立国家大地控制网和控制点，测定地球的形状和大小，解决大地区控制测量和地球重力场问题。

3. 工程测量学

为满足城市建设、大型厂矿建设、水利枢纽、农林及道路修建等方面在勘测设计、施工放样、竣工验收和工程保养等各阶段所需要的测量工作的理论、技术和方法的学科称为工程测量学。按所服务的工程种类不同，可分为建筑工程测量、线路工程测量、桥梁与隧道工程测量、矿山测量、城市建设测量和水利工程测量等。一般工程建设分为规划勘测设计、施工建设和运营管理三个阶段，工程测量学研究这三阶段所进行的各种测量工作。

4. 摄影测量与遥感

摄影测量与遥感技术是研究利用电磁波传感器获取目标物的影像数据，从中提取语义和非语义信息，并用图形、图像和数字形式表达的学科。其基本任务是通过对摄影相片或遥感图像进行处理、量测、解译，测定物体的形状、大小和空间位置并制作成图。根据获得影像的方式及遥感距离的不同，可分为地面摄影测量学、航空摄影测量学和航天遥感测量学等。

5. 地图制图学

地图制图学是研究数字地图的基础理论、设计、编绘、复制的技术、方法以及应用的科学。它的基本任务是利用各种测量成果编制各类地图，其内容一般包括地图投影、地图编制、地图整饰和地图制印等。

6. 海洋测量学

海洋测量学是研究海洋定位、海底和海面地形，海洋重力、磁力、环境等信息，以及编制各种海图的理论和技术的学科。

7. 测量仪器学

测量仪器学是研究测量仪器的制造、改进和创新的学科。

本教材针对建筑工程技术专业、市政工程技术专业、道路与桥梁工程技术专业、水利工程技术专业等，主要讲解普通测量学及部分工程测量学的内容。

1.1.3　测量学的任务和作用

从宏观方面考虑，测量学的任务是进行精密控制测量和建立国家控制网，提供地形测图和大型工程测量所需要的基本控制，为空间科技和军事工作提供精确的坐标资料，作为技术手段参与对地球形状、大小、地壳形变及地震预报等方面的科学研究。从微观方面考虑，测量学的任务是按照需求测绘各种比例尺地形图，为各个领域提供定位和定向服务，管理开发土地、建立工程控制网、进行施工放样、辅助设备安装、监测建筑物变形以及为工程竣工服务等。从本质上讲，测量学的任务就是确定地面目标在三维空间的位置以及随时间的变化。

随着科学技术的飞速发展，测量工作在国家经济建设和发展的各个领域中发挥着越来越重要的作用。工程测量直接为工程建设服务，它的服务和应用范围包括城建、地质、铁路、交通、房地产管理、水利电力、能源、航天和国防等各种工程建设部门。

1.1.4　测量学在建筑工程中的应用

测绘科学在建筑类各专业的工作中都有着广泛的应用。例如，在勘察设计的各个阶段，要求测绘各种比例尺的地形图，供城镇规划、选择厂址、管道及交通线路选线以及总平面图设计和竖向设计之用。在施工阶段，要将设计的建筑物、构筑物的平面位置和高程测设于实地，以便进行施工。施工结束后，还要进行竣工测量，绘制竣工图，供日后扩建和维修之用。在运营管理阶段，对某些大型及重要的建筑物和构筑物还要进行变形观测，以保证建筑物的安全使用，其观测成果是验证设计理论和检验施工质量的重要资料。

对于建筑工程技术等土木类专业的学生，学习完本课程后，要求掌握普通测量学的基本知识和基础理论，能熟练操作各种测量仪器，了解大比例尺地形图的成图方法及应用，能熟练进行各种施工测量。

1.1.5 测量学的发展趋势

近年来，由于人造卫星的发射及电子技术的发展，测量内容已由常规的大地测量发展到全球卫星定位系统(简称 GPS)，这一技术已应用到大地控制测量、工程定位、军事测量等方面。由地面摄影测量和航空摄影测量发展到遥感系统(简称 RS)，它已广泛应用于防洪抗灾、森林防火、土地调研等领域。由光电仪器及计算机等学科的综合应用，发展到电子平板测图及自动收集、处理测量数据的地理信息系统(简称 GIS)，测量的对象也由地球表面扩展到外围空间，由静态发展到动态，测量仪器已由传统的光学仪器向电子化、智能化发展，测量学正以全新的面貌展现于更广阔的应用领域。

1.2 地面点位的确定

地面点位置的确定，是在基准面上建立坐标系后，通过测量点位之间的距离、角度和高差这三个基本要素来实现的。

1.2.1 测量工作的基准面

进行测量工作，必须首先建立坐标系。由于地球具有广阔的表面，在其上建立坐标系，必须选择有利于数据处理、能够统一坐标计算的基准面。这样的基准面应当具备两个基本条件：第一，其形状、大小能与地球总形体拟合；第二，必须是一个能用简单几何体和方程式描述的规则数学面。

测量工作是在地球自然表面进行的，地球的自然表面是很不规则的，其上有高山、深谷、丘陵、平原、江湖、海洋等，最高的是位于我国和尼泊尔交界的喜马拉雅山脉之上的珠穆朗玛峰，高出海平面 8844.43m；最深的是位于太平洋西侧的马里亚纳海沟，低于海平面 11022m，其相对高差约为 20km，与地球的平均半径 6371km 相比，是微不足道的。就整个地球表面而言，陆地面积仅占 29%，而海洋面积占 71%。因此，我们可以设想：地球的整体形状是被海水所包围的球体，静止的海水面称为水准面，与水准面相切的平面称为水平面。在地球重力场中，水准面处处与重力方向正交，重力的方向线称为铅垂线，铅垂线是测量工作的基准线。由于海水面受潮汐风浪等影响而时高时低，故水准面有无穷多个，其中与平均海水面相吻合并向大陆、岛屿内延伸而形成的闭合曲面称为大地水准面，大地水准面是测量工作的基准面，由大地水准面所包围的形体称为大地体，通常用大地体来代表地球的真实形状和大小。

由于地球内部质量分布不均匀，致使地面上各点的铅垂线方向产生不规则变化，所以，大地水准面是一个不规则的、无法用数学式表述的曲面(见图 1.1(a))，在这样的面上是无法进行测量数据的计算及处理的。因此，人们进一步设想，用一个与大地体非常接近的又能用数学式表述的规则球体，即地球椭球，来代替地球的形状(见图 1.1(b))作为测量计算工作的基准面。它是由一个椭圆绕其短轴旋转而成的形体，故地球椭球又称旋转椭球。如图 1.2 所示，旋转椭球体的形状和大小由椭球基本元素确定，即由长半径 a(或短半径 b)和扁率 α 所决定。我国目前采用的元素值为：$a=6378140\text{m}$，扁率 $\alpha=\frac{a-b}{a}=1:298.257$，并选择陕西省泾阳县永乐镇某点为大地原点，进行大地定位。由此而建立起来的全国统一坐标系，也就是目前使用的“1980 年国家大地坐标系”。

由于地球的扁率很小，因此当测区范围不大时，可近似地把地球椭球作为圆球，其半径为 6371km。

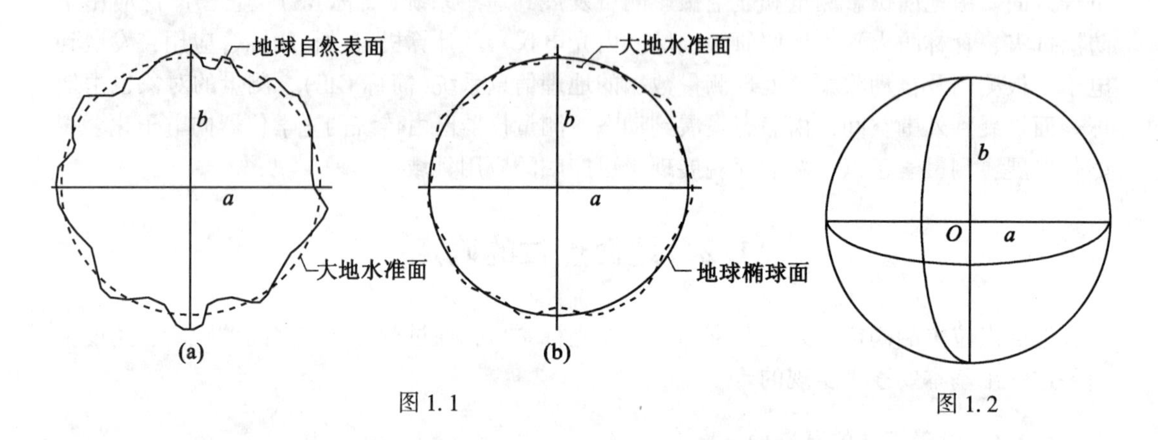

图 1.1　　图 1.2

1.2.2　确定地面点位的方法

测量工作的基本任务是确定地面点的位置，确定地面点的空间位置通常用三个量来确定，即三维空间坐标，也就是该点的二维球面坐标或投影到平面上的二维平面坐标，以及该点到大地水准面的铅垂距离，也就是确定地面点的坐标和高程。

1. 地面点在投影面上的坐标

1) 地理坐标

在大区域内或从整个地球范围内来考虑点的位置，常用经度 L 和纬度 B 表示，称为地理坐标。如图 1.3 所示，N、S 为地球北极和南极，NS 称为地轴，O 为地球的中心。通过地球的中心且垂直于地轴的平面称为赤道面，它与地球表面的交线称为赤道线。经过地轴所作的平面称为子午面。子午面与地球表面的交线称为子午线。其中，通过原格林尼治天文台的子午面和子午线分别称为首子午面和首子午线。地面上某一点 M 的经度就是通过该点的子午面与首子午面间的夹角，用 L 表示。经度从首子午线起向东 0°～180°称为东经，向西 0°～180°称为西经。M 点的纬度就是过该点的铅垂线与赤道平面间的夹角，用 B 表示。纬度从赤道起向北 0°～90°称为北纬，向南 0°～90°称为南纬。

地面上每一点都有一对地理坐标，我国位于首子午面以东的东半球和赤道以北的北半球，因此，我国范围内的地理坐标都是东经和北纬。例如，位于呼和浩特市某点的地理坐标为东经 111°41′、北纬 40°41′。知道了某一点的地理坐标，就可以确定该点在大地水准面上的投影位置。

2) 高斯平面直角坐标

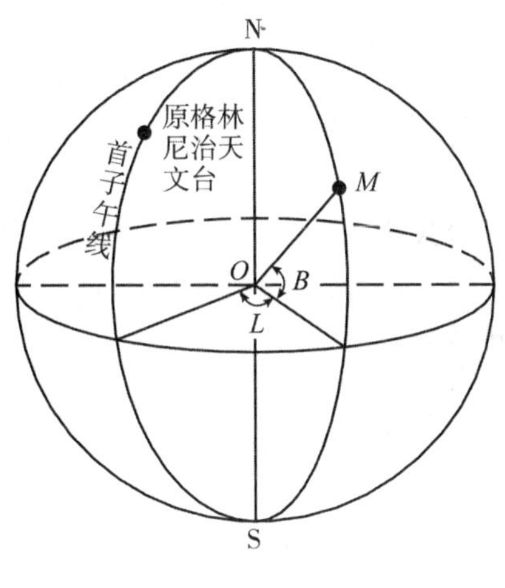

图 1.3

地理坐标是球面坐标，在国家的中、小比例尺地图绘制中经常采用。在工程建设设计、施工中使用的大比例尺地形图，常用高斯平面直角坐标来确定地面点的平面位置。当测区范围较大时，就不能把水准面当做水平面。把地球椭球面上的图形展绘到平面上来，必然产生变形，为使其变形小于测量误差，必须采用适当的方法来解决这个问题，测量工作中通常采用高斯投影方法。

高斯投影方法是将地球划分成若干带，然后将每带投影到平面上。如图 1.4 所示，投影带是从首子午线(通过英国格林尼治天文台的子午线)起，每经差 6°划一带(称为六度带)，自西向东将整个地球划分成经差相等的 60 个带，各带从首子午线起自西向东编号，用数字 1，2，3，…，60 表示。位于各带中央的子午线，称为该带的中央子午线。第一个 6°带的中央子午线的经度为 3°，任意带的中央子午线经度 L_0，可按下式计算：

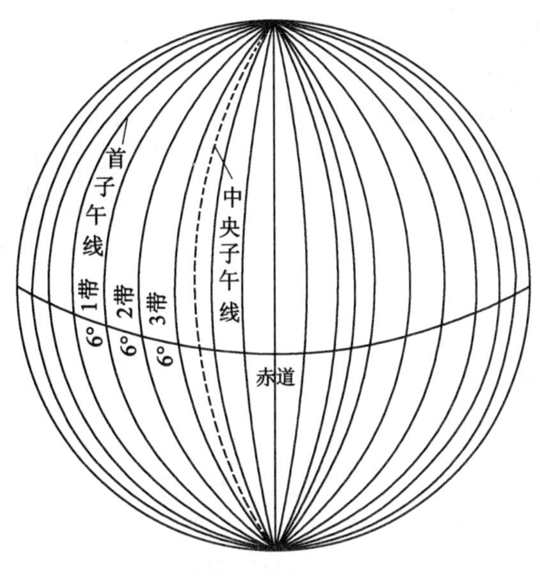

图 1.4

$$L_0=6N-3 \tag{1.1}$$

式中，N表示6°投影带的带号。

例如，北京所在中央子午线经度$L_0=117°$，代入上式后可计算出$N=20$，即北京在6°带的带号为20。我国疆域内有11个6°带，自西向东编号为13~23，各带的中央子午线经度从15°开始，到135°为止。

高斯投影法按上述方法划分投影带后，即可进行投影。如图1.5(a)所示，设想用一个平面卷成一个空心椭圆柱，把它横着套在旋转椭球外面，使椭圆柱的中心轴线位于赤道面内并且通过球心，并使旋转椭球上某6°带的中央子午线与椭球柱面相切。在椭球面上的图形与椭球柱面上的图形保持等角的条件下，将整个6°带投影到椭圆柱面上。然后将椭圆柱沿着通过南北极的母线切开并展成平面，便得到如图1.5(b)所示6°带在平面上的影像。中央子午线经投影展开后是一条直线，以此直线作为纵轴，即X轴；赤道是一条与中央子午线相垂直的直线，将它作为横轴，即Y轴；两直线的交点作为原点，则组成了高斯平面直角坐标系。将投影后具有高斯平面直角坐标系的6°带一个个拼接起来，便得到图1.6所示的图形。

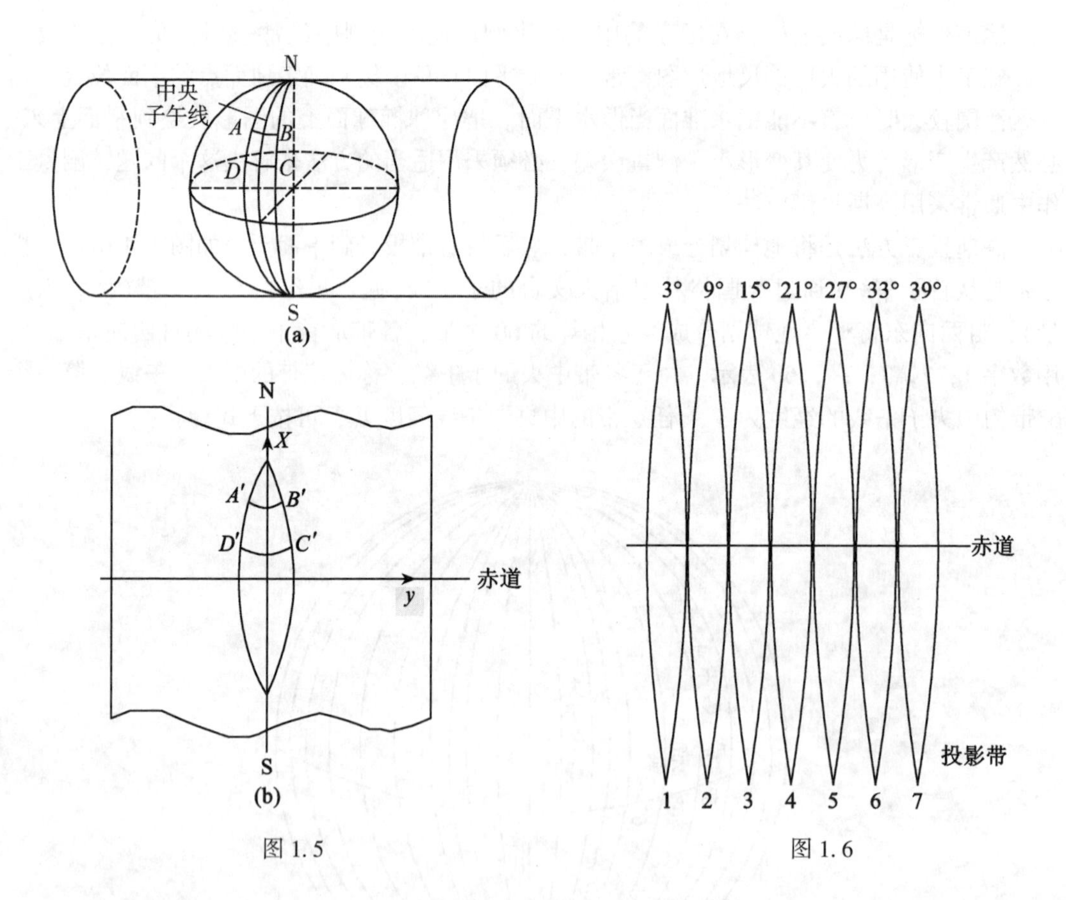

图1.5　　图1.6

我国位于北半球，X坐标均为正值，而Y坐标值有正有负。为避免横坐标Y出现负值，故规定把坐标纵轴向西平移500km，如图1.7所示，另外，为了根据横坐标能确定该点位于哪一个6°带内，还规定在横坐标值前冠以带号，例如：$Y_P=20225760\text{m}$，表示P点位于第 20 带内，其真正的横坐标值为：-274240m。

高斯投影中，离中央子午线近的部分变形小，离中央子午线愈远，变形愈大，两侧对称。当测绘大比例尺图要求投影变形更小时，可采用 3°分带投影法。如图 1.8 所示，它是从东经 1°30′起，自西向东每经差 3°划分一带，将整个地球划分为 120 个带，可以看出，3°带的中央子午线经度有一半与 6°带的中央子午线经度相同。

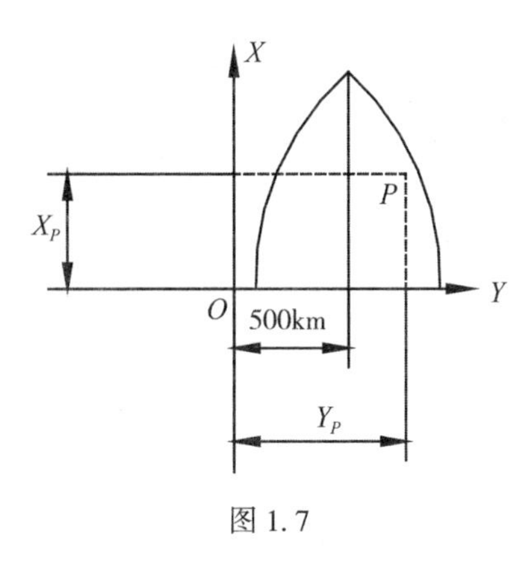

图 1.7

3°带每带中央子午线的经度 L'_0 可按下式计算：

$$L'_0 = 3n \tag{1.2}$$

式中，n 表示 3°投影带的带号。

我国疆域内有 21 个 3°带，自西向东编号为 25~45。

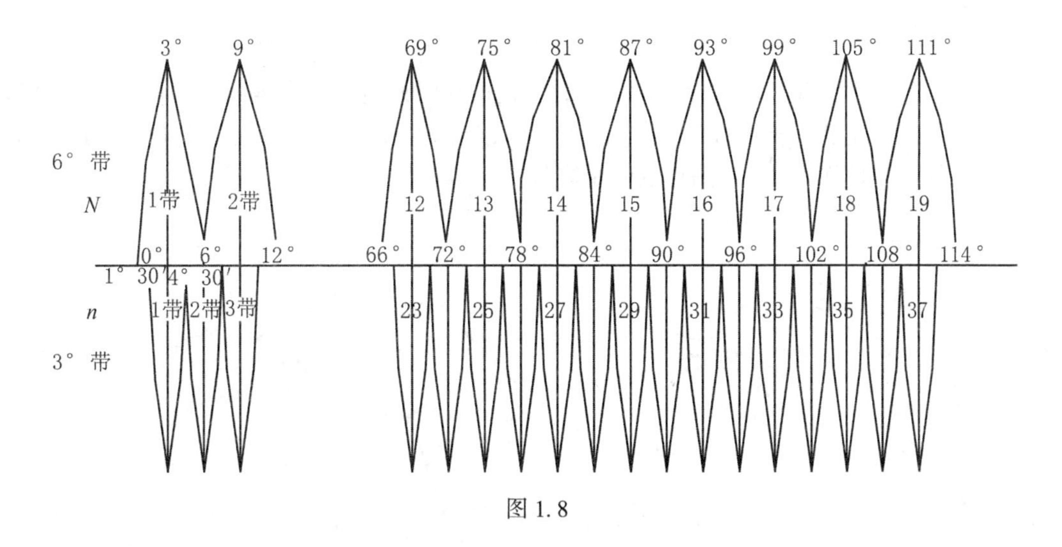

图 1.8

3) 独立平面直角坐标系

大地水准面虽是曲面，但当测量区域(如半径不大于 10km 的范围)较小时，可以用测区中心点 a 的切平面来代替曲面(见图 1.9)，地面点在投影面上的位置就可以用平面直角坐标来确定。测量工作中采用的平面直角坐标如图 1.10 所示。规定南北方向为纵轴，并

记为 X 轴，X 轴向北为正，向南为负；以东西方向为横轴，并记为 Y 轴，Y 轴向东为正，向西为负。地面上某点 P 的位置可用 X_P 和 Y_P 来表示。平面直角坐标系中象限按顺时针方向编号，X 轴与 Y 轴互换，这与数学上的规定是不同的，其目的是为了定向方便，将数学中的公式直接应用到测量计算中，不需作任何变更。原点 O 一般选在测区的西南角，使测区内各点的坐标均为正值。

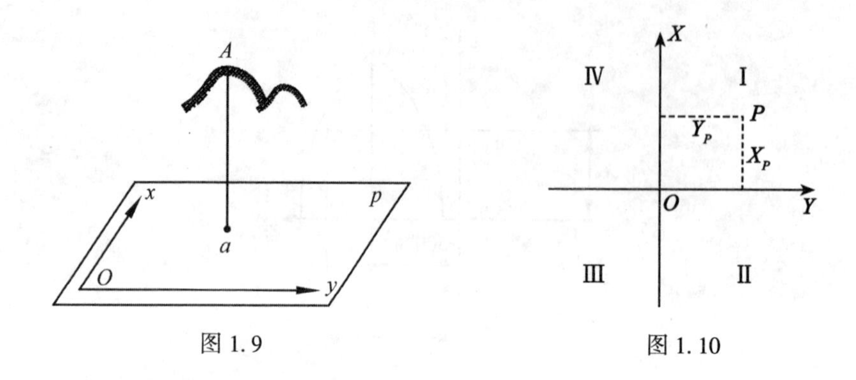

图 1.9　　　　图 1.10

2. 地面点的高程

在一般的测量工作中，都以大地水准面作为高程起算的基准面。因此，地面任一点到大地水准面的铅垂距离就称为该点的绝对高程或海拔，简称高程，用 H 表示。如图 1.11 所示，图中的 H_A、H_B 分别表示地面上 A、B 两点的高程。目前，我国采用的是 1987 年开始启用的“1985 年国家高程基准”，它是根据青岛验潮站 1952—1979 年间的验潮资料计算确定的黄海平均海水面(其高程为零)作起算面的高程系统，并在青岛建立了水准原点，水准原点的高程为 72.260m，全国各地的高程都以它为基准进行测算。

当测区附近暂没有国家高程点可联测时，也可临时假定一个水准面作为该区的高程起算面。地面点到假定水准面的铅垂距离，称为该点的相对高程或假定高程。如图 1.11 中的 H'_A、H'_B 分别为地面上 A、B 两点的假定高程。

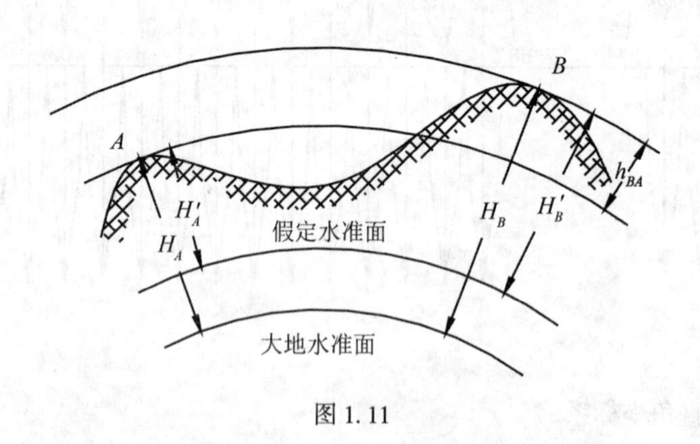

图 1.11

地面上两点之间的高程之差称为高差，用 h 表示，例如，A 点至 B 点的高差为

$$h_{AB} = H_B - H_A = H'_B - H'_A \tag{1.3}$$

由上式可知，高差有正、有负，并用下标注明其方向，两点间的高差与高程的起算面无关。当 h_{AB} 为正时，B 点高于 A 点；当 h_{AB} 为负时，B 点低于 A 点。

B 点至 A 点的高差为

$$h_{BA} = H_A - H_B = H'_A - H'_B \tag{1.4}$$

可见，A、B 两点的高差与 B、A 两点的高差绝对值相等、符号相反，即 $h_{AB} = -h_{BA}$。

在土木建筑工程中，又将绝对高程和相对高程统称为标高，常以一层室内地坪作为该建筑的高程起算面，称为“±0”，其他各部位的标高都是相对“±0”而言的。

1.3　用水平面代替水准面的限度

用水平面代替水准面，仅在地球曲率影响不超过测量限差时才能允许。当测量距离超过一定长度后，必须考虑地球曲率的影响。

1.3.1　对距离的影响

如图 1.12 所示，A、B、C 是地面点，它们在大地水准面上的投影是 a、b、c，用该区域中心点的切平面代替大地水准面后，地面点在水平面上的投影点是 a、b'、c'，现分析由此而产生的影响。设 A、B 两点在水准面上的距离为 D，在水平面上的距离为 D'，两者之差 ΔD 即是用水平面代替水准面所引起的距离差异。在推导公式时，近似地将大地水准面视为半径为 R 的球面，则有：

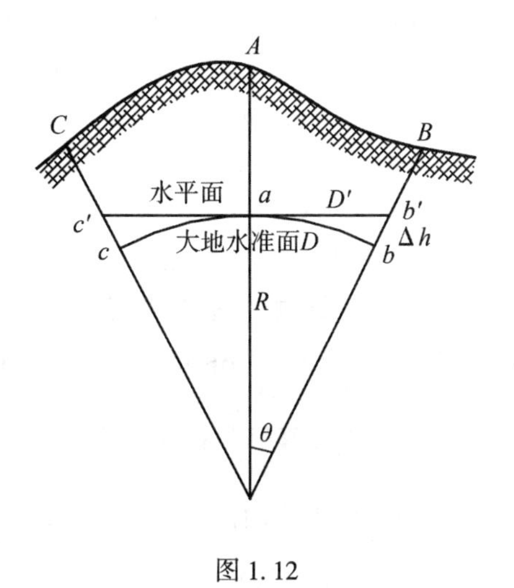

图 1.12

$$\Delta D = D' - D = R(\tan\theta - \theta) \tag{1.5}$$

将 $\tan\theta$ 展开成级数：

$$\tan\theta = \theta + \frac{1}{3}\theta^3 + \frac{2}{15}\theta^5 + \cdots$$

因 θ 角很小，因此只取其前两项代入式(1.5)中，得

$$\Delta D = R\left(\theta + \frac{1}{3}\theta^3 - \theta\right)$$

又因 $\theta = \dfrac{D}{R}$，所以

$$\Delta D = \frac{D^3}{3R^2} \tag{1.6}$$

或

$$\frac{\Delta D}{D} = \frac{D^2}{3R^2} \tag{1.7}$$

在以上两式中，取地球半径 $R=6371\text{km}$，当距离 D 取不同的值时，则得到不同的 ΔD 和 $\dfrac{\Delta D}{D}$，其结果列入表 1.1 中。

表 1.1　　　　水平面代替水准面对距离的影响

D(km)	ΔD(cm)	$\dfrac{\Delta D}{D}$
10	0.8	1∶1200000
20	6.6	1∶300000
50	102.6	1∶49000
100	821.2	1∶12000

从表 1.1 可以看出，当 $D=10\text{km}$ 时，所产生的相对误差为 1∶1200000，这样小的误差，对精密量距来说也是允许的。因此，在 10km 为半径的圆面积之内进行距离测量时，可以把水准面当做水平面看待，即可不考虑地球曲率对距离的影响。

1.3.2　对高程的影响

在图 1.12 中，地面点 B 的高程应是铅垂距离 bB，如果用水平面作基准面，则 B 点的高程为 $b'B$，两者之差 Δh 即为对高程的影响，从图中可得：

$$\Delta h = bB - b'B = Ob' - Ob = R\sec\theta - R = R(\sec\theta - 1) \tag{1.8}$$

将 $\sec\theta$ 展开成级数：　　$\sec\theta = 1 + \dfrac{\theta^2}{2} + \dfrac{5}{24}\theta^4 + \cdots$

因 θ 角很小，因此只取其前两项代入式(1.8)中，又因 $\theta = \dfrac{D}{R}$，则得

$$\Delta h = R\left(1 + \frac{\theta^2}{2} - 1\right) = \frac{D^2}{2R} \tag{1.9}$$

取地球半径 $R=6371\text{km}$，用不同的距离 D 代入式(1.9)，其结果列入表 1.2 中。

表 1.2　　　　水平面代替水准面对高程的影响

D(km)	0.2	0.5	1	2	3	4	5
Δh(cm)	0.31	2	8	31	71	125	196

从表 1.2 可以看出，用水平面作基准面对高程的影响是很大的，例如距离为 200m 时就有 0.31cm 的高差误差，这是不能允许的。因此，就高程测量而言，即使距离很短，也应用水准面作为测量的基准面，即应顾及地球曲率对高程的影响。

1.4 测量工作概述

测量工作的最基本的任务是要确定地面点的三维空间位置。确定地面点的三维空间位置需要进行一些测量的基本工作，为了保证测量成果的精度及质量，需遵循一定的测量原则，按照一定的程序进行工作。

1.4.1 测量的三项基本工作

如图 1.13 所示，已知 1 点坐标（x_1，y_1），那么通过测量角度 α，水平角 β_2，水平角 β_3，…，以及水平距离 D_1，D_2，…， 就可以运用几何关系推算出点 2，3，…的坐标。如果知道 1 点的高程，又测得了各相邻点间的高差，那么点 2，3，…的高程也可以推算出来。所以，水平角、水平距离和高差是确定地面点位的三个基本要素。角度测量、距离测量及高程测量是测量的三项基本工作。

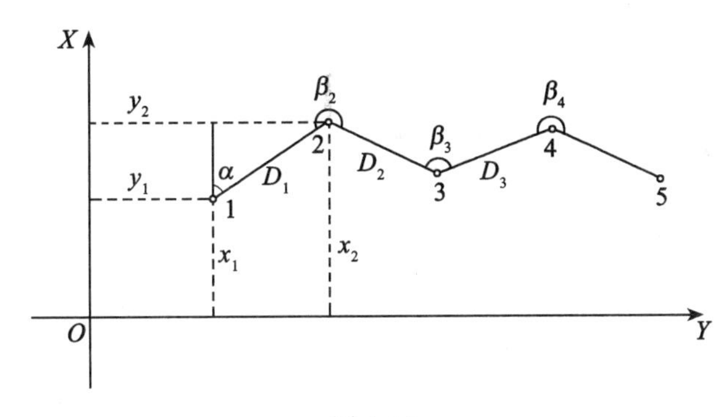

图 1.13

1.4.2 测量工作的原则和程序

在实际测量工作中，为了提高测量精度和减少测量误差，要遵循的基本原则是，在测量布局方面要“从整体到局部”；在工作程序方面要“先控制后碎部”；在精度控制方面要“由高级到低级”。另外，对测量工作的每个工序，都必须坚持“边工作边检核”的原则，以确保测量成果精确可靠。

地球表面的各种形态(简称地形)，可分为地物和地貌两大类，地面上固定性的或人工建造的物体称为地物，如河流、湖泊、道路和房屋等，地面上高低起伏形态称为地貌，如山岭、谷地和陡崖等。能够反映地物轮廓和描述地貌特征的点统称为碎部点。测绘地形图时，主要就是测定这些碎部点的平面位置和高程。图 1.14(a)为一幢房屋，其平面位置由房屋轮廓线的一些折线组成，如能确定 1~8 各点的平面位置，这幢房屋的位置就确定了，图 1.14(b)为一条河流，它的岸边弯曲部分可看成是折线组成，只要确定 9~16 各点的平面位置，这条河流的位置也就确定了。

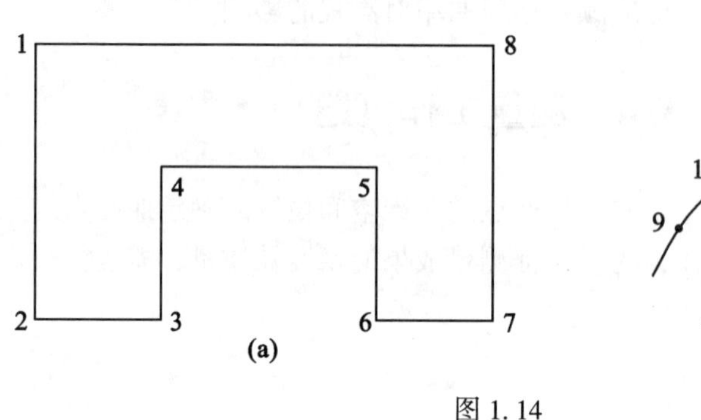

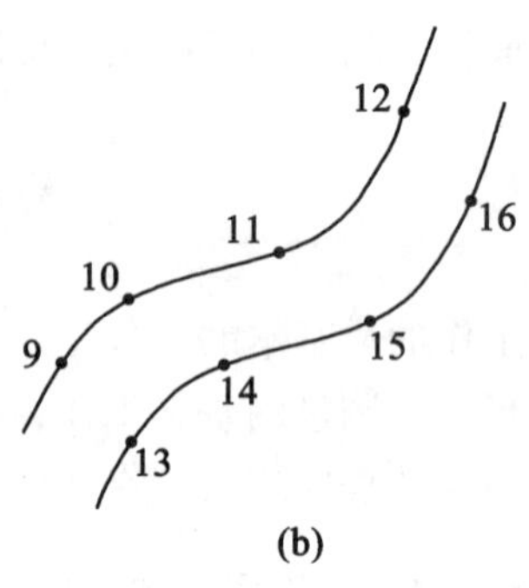

图 1. 14

测定碎部点的位置，其程序通常分为两步，必须首先在测区内布设控制点组成一定形式的控制网，测定控制点相对位置的工作称为控制测量，控制测量是带全局性的精度较高的测量工作，在范围较大的测区，要由高级到低级，按不同精度要求逐步进行。在控制测量正确无误的基础上，对碎部点进一步详细测量，即要测定每个控制点周围的碎部点的相对位置。

上述测量工作的原则和程序不仅适用于测绘工作，也适用于测设工作。施工测量时，也是以测区的控制点为依据，将图上设计好的建构筑物位置测设到实际的地面位置，测设碎部点相对位置的工作称为施工放样。测设工作中每个步骤也要进行严格检核，以防出错。

总之，无论进行测绘还是测设工作，都必须遵循“从整体到局部、先控制后碎部、由高级到低级”的工作原则，并做到“边工作边检核”。

1.4.3　测量人员应具备的基本素质

(1)测量工作一般都是以小组的形式来完成，要求组员服从组长安排，团结协作、密切配合完成工作。

(2)测量工作是一项比较艰苦的工作，要求从业人员必须具有吃苦耐劳、兢兢业业的工作作风。

(3)作业过程中要保护测量标志，爱护测量仪器，养成正确使用仪器及定期检校仪器的良好习惯。

(4)要具有实事求是、一丝不苟的工作态度，按规范精度要求完成每一项测绘工作。

(5)要不断地学习新技术、新仪器、新规范以适应新型的作业方式，提高测绘工作精度及速度。

【本章小结】

本章主要介绍了测量学的基本内容：

(1)测量学是应用测量仪器及工具对地面点间的相互关系进行度量以确定点位的科学。

(2)测量学按其内容分为测绘和测设两部分。

(3)测量工作的基准面是大地水准面，基准线是铅垂线。

(4)测量工作的基本任务是确定地面点的位置，包括点的平面位置及高程。

(5)水平角、水平距离和高差是确定地面点位的三个基本要素。角度测量、距离测量及高程测量是测量的三项基本工作。

(6)测量工作的基本原则和程序是从整体到局部、先控制后碎部、由高级到低级、边工作边检核，以确保测量成果精确可靠。

(7)从事测量工作必须具备测量人员应有的基本素质。

◎ 习题和思考题

1. 什么是测量学，其主要内容是什么？
2. 测量学在建筑工程中有哪些应用？
3. 测量学的发展趋势是什么？
4. 测量工作的基准面和基准线分别是什么？
5. 什么是绝对高程？什么是相对高程？什么是高差？
6. 什么是建筑物的“±0”？它是什么高程？
7. 确定地面点在投影面上的坐标有几种方法？
8. 已知 $H_A = 1050.600$，$H_B = 1051.350$，求 h_{AB} 及 h_{BA}。
9. 确定地面点位的三个基本要素是什么？测量工作的三项基本内容是什么？
10. 测量工作者必须具备哪些基本素质？

第 2 章　普通水准测量

【教学目标】

学习本章，要掌握水准测量的基本原理；能够掌握水准仪的仪器构造和水准仪的使用方法；掌握普通水准测量的方法和内业计算步骤；了解水准仪的检验与校正、水准测量的误差与注意事项和数字水准仪的认识及使用。

2.1　水准测量的原理

水准测量的原理是利用水准仪提供的一条水平视线，对地面上所竖立的水准标尺进行读数，根据读数求得点位间的高差，从而由已知点的高程计算出所测点的高程。

如图 2.1 所示，已知地面点 A 的高程 H_A，求地面点 B 的高程 H_B。可在 A、B 两点上垂直竖立水准标尺，并在两点的中间安置水准仪，利用水准仪提供的水平视线分别在 A、B 两水准标尺上截取读数 a、b。由于测量是由 A 向 B 方向进行，所以称 A 点为后视点，a 为后视读数；B 点为前视点，b 为前视读数；仪器到后视点的距离为后视距离，仪器到前视点的距离为前视距离。

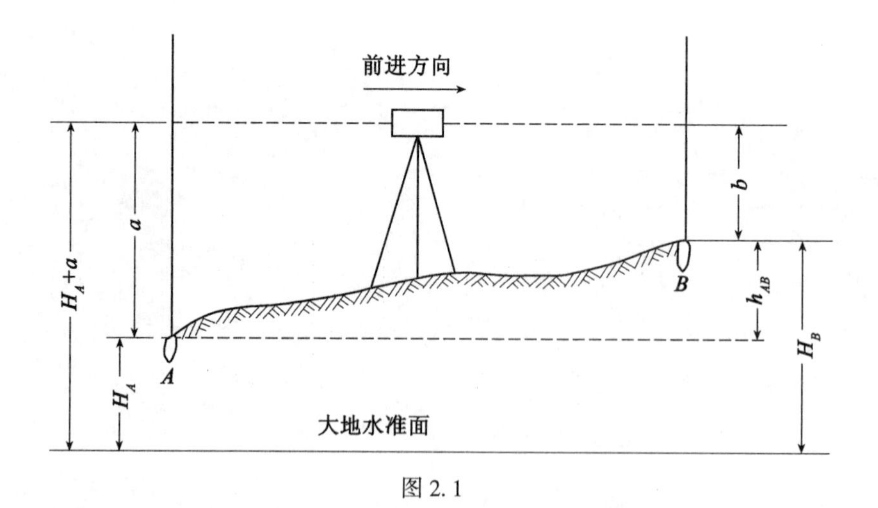

图 2.1

由图 2.1 可以看出，A、B 两点的高差 h_{AB} 可由下式求得：

$$h_{AB} = a - b \tag{2.1}$$

即 A、B 两点的高差为后视读数减去前视读数，从而求出 B 点的高程 H_B，即

$$H_B = H_A + h_{AB} = H_A + (a - b) \tag{2.2}$$

据式(2.1) 计算出的高差可能为正值或为负值，因此水准测量求得的高差必须用“+”、“-”号表示。当高差为正值时，说明前视点比后视点高；当高差为负值时，说明前视点比后视点低。在计算高程时，高差值需带符号一起进行运算。式(2.2) 也可写成

$$H_B = (H_A + a) - b$$

令 $H_i = H_A + a$，H_i 称为水准仪的水平视线高程，简称视线高。在同一个测站上，利用同一个视线高，可以较方便地计算出若干个不同位置的前视点的高程。这种方法常在工程测量中应用。其公式为

$$H_B = H_i - b \tag{2.3}$$

当 A、B 两点距离较远或高差较大，安置一次仪器不能测得两点间的高差时，必须分成若干站，逐站安置仪器进行连续的水准测量，分别求出各站的高差，各站高差的代数和就是 A、B 两点间高差。如图 2.2 所示，各测站的高差为 h_1，h_2，…，h_n。由式(2.1) 可知：

$$h_1 = a_1 - b_1$$
$$h_2 = a_2 - b_2$$
$$\cdots\cdots$$
$$h_n = a_n - b_n$$

A、B 两点的高差为

$$\begin{aligned} h_{AB} &= h_1 + h_2 + \cdots + h_n \\ &= (a_1 - b_1) + (a_2 - b_2) + \cdots + (a_n - b_n) \\ &= (a_1 + a_2 + \cdots + a_n) - (b_1 + b_2 + \cdots + b_n) \\ &= \sum a - \sum b \end{aligned}$$

即

$$H_B = H_A + h_{AB} = H_A + (\sum a - \sum b) \tag{2.4}$$

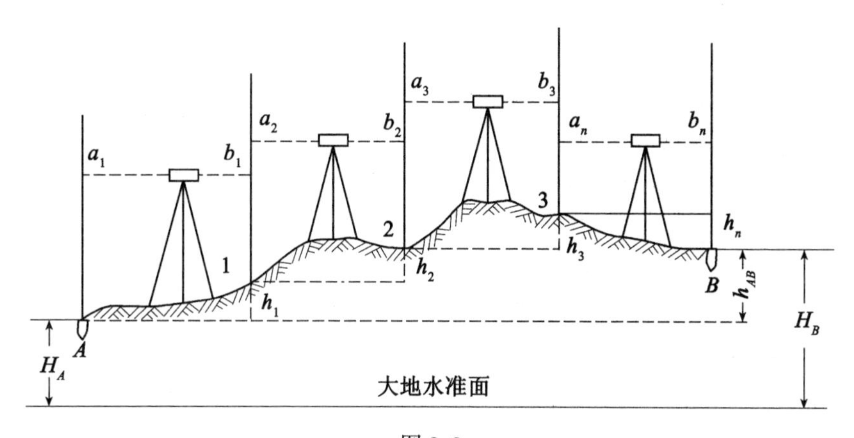

图 2.2

从式(2.4)可以看出，终点对起点的高差等于中间各测站的高差代数和，或者等于各

测站后视读数之和减去前视读数之和，以此可检核计算中是否有错误。

图 2.2 中 1、2、3 各立尺点只起高程的传递作用，它既有前视读数，也有后视读数，这些立尺点称为转点，常用“TP”(Turning Point)表示。各转点在水准测量中非常重要，不能碰动，否则整个水准测量将无法获得最后正确的结果。所以，在水准测量中要求转点必须设在坚实稳固的地面上或采用尺垫，以防止观测中水准标尺下沉。

2.2　水准测量的仪器及工具

水准测量所使用的仪器和工具有：水准仪、水准标尺、尺垫和三脚架。现分别介绍如下。

2.2.1　DS_3型微倾式水准仪

我国生产的水准仪按其精度分为 DS_{05}、DS_1、DS_3和 DS_{10}等不同等级。“D”“S”分别为“大地测量仪器”“水准仪”汉语拼音的第一个字母，数字表示用这种仪器进行水准测量时，每公里往返观测的高差中误差，以 mm 为单位。建筑工程测量中通常使用 DS_3型微倾式水准仪，其测量精度为“±3mm”。

图 2.3 所示为国产 DS_3型微倾式水准仪及与之相配套的三脚架。这种水准仪主要构造由望远镜、水准器和基座三大部分组成。

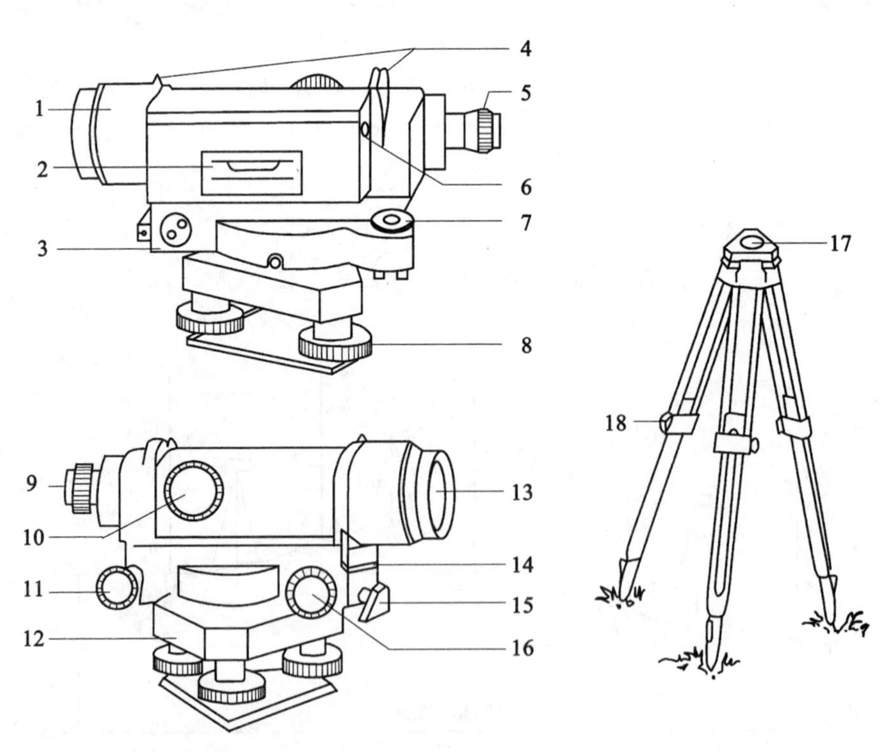

1—望远镜；2—水准管；3—托板；4—准星和照门；5—目镜调焦螺旋；6—气泡观察窗；7—圆水准器；8—脚螺旋；9—目镜；10—物镜调焦螺旋；11—微倾螺旋；12—基座；13—物镜；14—微倾片；15—水平制动螺旋；16—水平微动螺旋；17—连接螺旋；18—架脚固定螺旋

图 2.3

1. 望远镜

望远镜是用以照准目标和对水准标尺进行读数的设备，它主要由物镜、调焦透镜、十字丝及目镜组成，如图 2.4 所示。

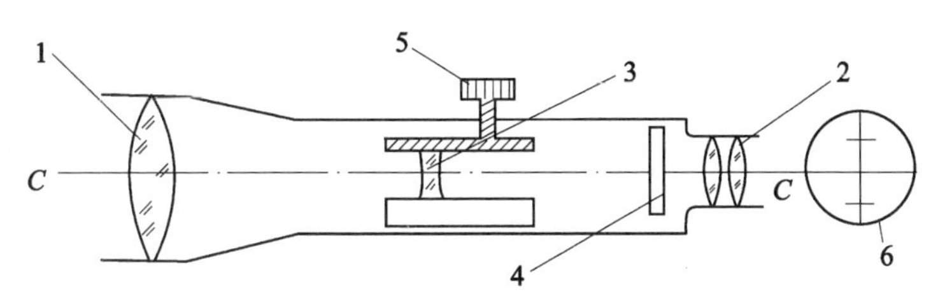

1—物镜；2—目镜；3—调焦透镜；4—十字丝分划板；
5—物镜调焦螺旋；6—十字丝放大像

图 2.4

根据光学原理可知，观测时由望远镜的物镜对准观测目标，其作用是将观测目标在望远镜镜筒中形成倒立的实像。目镜对向观测者的眼睛，其作用是将物镜形成的像进行放大，因此目镜又称放大镜。十字丝的作用是为了精确地照准目标并读取标尺读数。

由于观测目标离水准仪的距离不同，目标的影像在十字丝平面上的位置也随着目标的远近而改变，为了使观测目标的影像落在十字丝的平面上，在照准目标后，必须转动望远镜上的物镜调焦螺旋，使调焦透镜前后移动，直到目标的影像落在十字丝平面上，再通过目镜的放大作用使影像和十字丝同时放大成倒立的虚像，如图 2.5 所示。从望远镜内所看到的目标影像的视角 β 与肉眼直接观察该目标的视角(可近似地认为是 α)之比，称为望远镜的放大倍率，用 $V(V=\beta/\alpha)$ 表示。DS3 型微倾式水准仪的望远镜放大倍率为 30 倍左右。

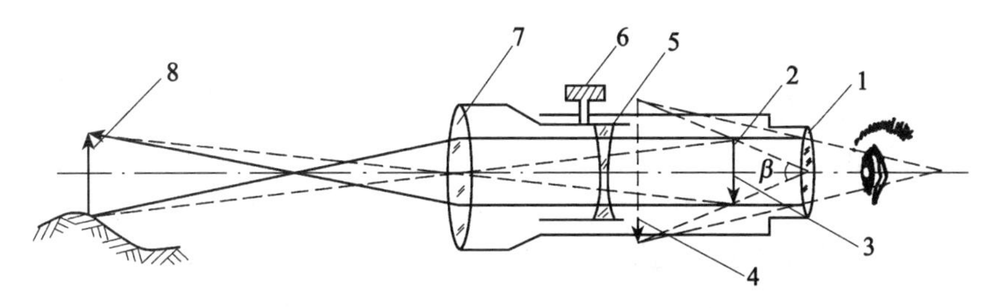

1—目镜；2—十字丝；3—倒立实像；4—放大虚像；
5—调焦透镜；6—调焦螺旋；7—物镜；8—目标

图 2.5

十字丝是刻在一块圆玻璃板上相互垂直的两条细丝，竖直的一根称为纵丝，水平的一根称为横丝(也称为中丝)。横丝上、下还刻有两根对称的短横丝，这两根短横丝是用来测量距离的，故称为视距丝。如图 2.4 所示。

十字丝交点与物镜光心的连线称为望远镜的视准轴(或照准轴)。如图 2.4 中的 *CC* 连线。

望远镜的正确使用方法是：首先将物镜对准背景明亮处，转动目镜调焦螺旋，使十字丝清晰，然后将物镜对准目标，转动物镜调焦螺旋，使目标的影像落在十字丝平面上，这时就可以在目镜中清晰地看到十字丝和目标了。

由于眼睛的分辨能力有限，在测量中往往目标影像没有完全落在十字丝平面上就误认为影像最清晰了，这时，当观测员的眼睛对着目镜上、下移动时，目标影像与十字丝横丝上、下有错动，这种现象就称为视差。在观测中若有视差存在，将会严重地影响读数的准确性，造成测量数据的不可靠。因此，视差在读数前必须消除。消除视差的方法是仔细认真地对物镜、目镜反复调焦，直到影像与十字丝没有错动现象为止。如图 2.6 所示。在物镜的下方还有望远镜的水平制动螺旋和微动螺旋，借助这两个螺旋可以精确地照准目标。

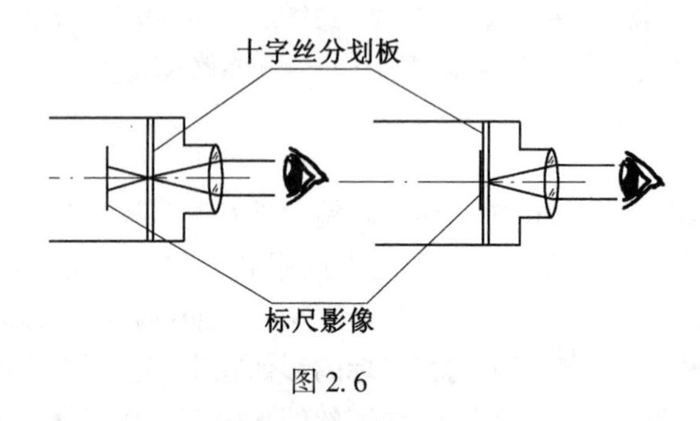

图 2.6

2. 水准器

水准器是仪器的整平装置。水准仪的水准器由管状水准器（或称为水准管）和圆水准器两种组成。水准管安装在望远镜的左侧，供读数时精确地整平视准轴用。圆水准器安装在托板上，供概略整平仪器用。

1）水准管

水准管是一个两端封闭而纵向内壁磨成半径为 70~80m 圆弧的玻璃管，管内注满酒精和乙醚的混合液，加热密封，冷却后在管内形成气泡，如图 2.7(a)所示。水准管顶面圆弧的中心点 O 称为水准管零点。通过 O 点做一切线 LL 称为水准管轴。安装时，水准管轴与望远镜视准轴平行。当气泡的中心点和零点重合即气泡被零点平分时，称为气泡居中，此时，水准管轴呈水平位置，视准轴也同时水平。为了便于判断气泡是否严格居中，一般在零点两侧每隔 2mm 刻一分划线，如图 2.7(b)所示。水准管上每 2mm 弧长所对应的圆心角称为水准管的分划值。分划值的大小是反映水准管灵敏度的重要指标。水准管分划值有 10″、20″、30″、60″等几种。分划值愈小，水准管轴的整平精度愈高。DS_3型水准仪的水准管分划值为 20″。

在水准测量观测中，为了提高眼睛判断水准管气泡居中的精度，在水准管的上方安装了一组棱镜，如图 2.8(a)所示。通过棱镜的反射，把水准管一半气泡两端的影像折射到望远镜旁的气泡观察窗内。经过折射后半气泡两端的影像呈两个半影，如图 2.8(b)所示。当气泡居中时，即气泡被零点平分，两端长度相等，两端半气泡就吻合；当气泡不居中时，如图 2.8(c)所示，就向一端偏移，若偏移量为 d，经过棱镜组反射、折射后，两端半气泡影像合在一起比较，使偏移量扩大了 2 倍，因此，就可提高 2 倍的居中精度。在观

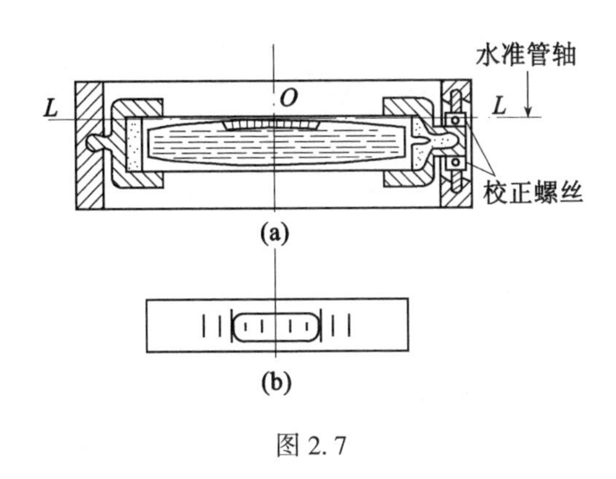

图 2.7

察窗内看到图 2.8(c)中的影像，通过调节目镜下方的微倾螺旋，就可使水准管气泡居中，半气泡影像吻合，以便达到视线水平。这种具有提高居中精度的棱镜组装置的水准管，称为符合水准器。

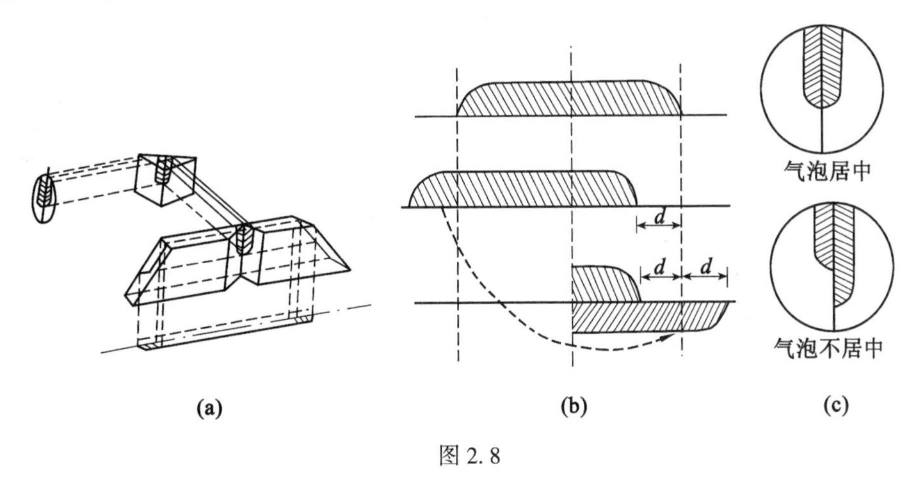

图 2.8

2)圆水准器

圆水准器是一个顶面内壁磨成半径 0.5~1.0m 的圆球面的玻璃圆盒，盒内注满酒精和乙醚的混合液，加热密封，冷却后在盒内形成气泡。如图 2.9 所示。它固定在仪器的托板上。玻璃球面的中央刻一圆圈，圆圈的中心称为圆水准器的零点，圆圈的中心和球心的边线称为圆水准器轴。圆水准盒安装时，圆水准器轴和仪器的竖直轴平行。当气泡中心与圆圈中心重合时，表示气泡居中，此时圆水准器轴处于铅垂位置，仪器竖直轴铅垂，仪器就处于概略水平状态。

过零点各方向上 2mm 弧长所对应的圆心角称为圆水准器的分划值，由于圆水准器顶面半径短，分划值大，其整平精度低，所以在水准仪上圆水准器只做概略整平。DS_3 型水准仪圆水准器的分划值一般为 8′~10′。

3. 基座

基座主要由轴座、脚螺旋和三角形连接板组成。基座起支承仪器上部并与三脚架连接在一起的作用。仪器的竖直轴套在轴座内，可使仪器上部绕竖直轴在水平面内旋转。调节 3 个脚螺旋，可使圆水准器气泡居中，使仪器概略水平。

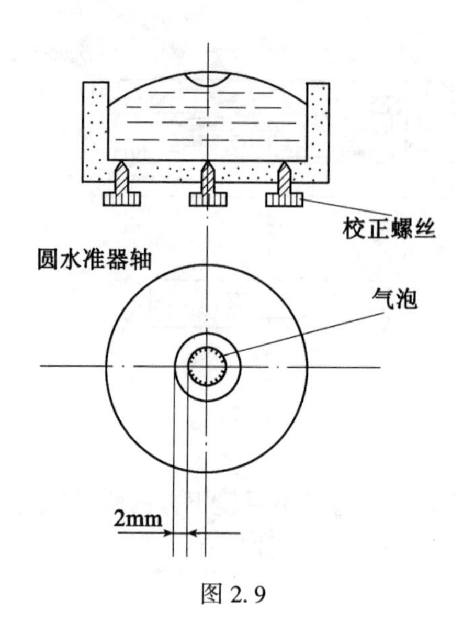

图 2.9

如图 2.10 所示，望远镜与水准管固定在一起，且望远镜的视准轴应与水准管轴相互平行。当转动微倾螺旋时，顶尖随之做上、下运动，这时水准管与望远镜一起以微倾连接片为支点进行微小的仰、俯运行，当水准管气泡居中时，水准管轴水平，视线(视准轴)也就水平了，即可利用十字丝横丝在水准尺上进行读数。仪器的竖直轴与圆水准器连接在一起，且圆水准器轴应与竖直轴相互平行。当圆气泡居中时，圆水准器就铅垂，竖直轴也处于铅垂，仪器就概略水平。由于微倾装置中的顶尖上、下运动量较小，只有仪器概略水平时，才能利用微倾螺旋，将水准管气泡居中，使视线水平，因此在进行水准测量时，每测站先调节脚螺旋，使圆气泡在望远镜转到任何位置时都居中，然后方可开始观测。

在同一测站上，为了保证同一条视线，只需调平一次圆气泡。由于水准管分划值较小，每次照准目标后，都要调节微倾螺旋，使水准管气泡居中，以保证读数时视线水平。

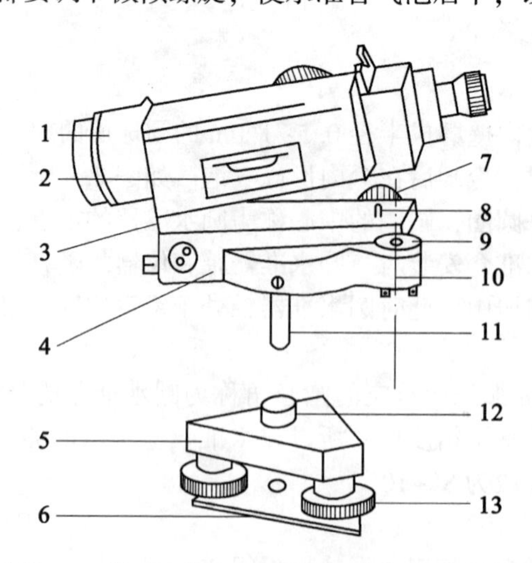

1—望远镜；2—水准管；3—微倾连接片；4—托板；5—基座；6—连接；7—微倾螺旋；
8—顶尖；9—圆水准器；10—圆水准器轴；11—竖直轴；12—轴套；13——脚螺旋

图 2.10

4. 水准标尺

水准标尺采用经过干燥处理且伸缩性较小的优质木材精制而成。有些厂家也生产由玻璃钢或铝合金制成的水准标尺。

常用的水准标尺有可以伸缩的塔尺(图 2.11(a))和双面尺(图 2.11(b))两种。水准标尺的基本分划为 1cm，用黑白或红白相间的油漆喷涂成每 5cm 的 E 字形(或间隔)作为标志，并在每 10cm 处有注记。

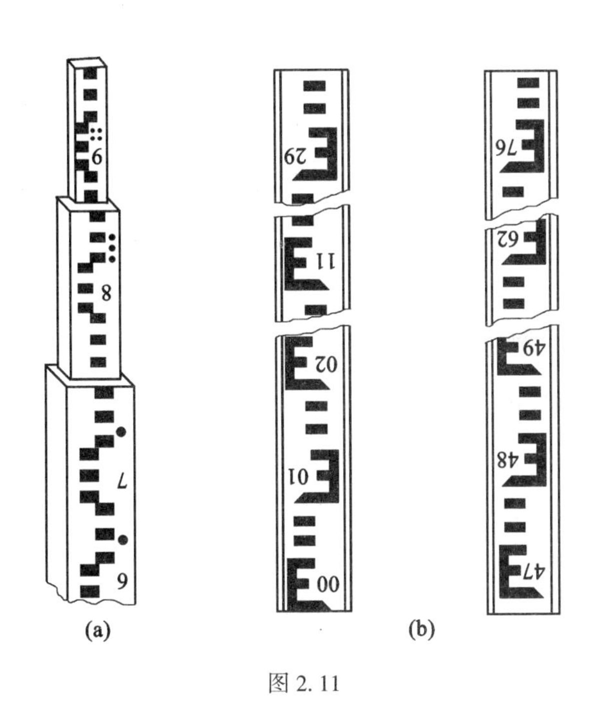

图 2.11

塔尺全长为 5m，由 3 节套装组成，可以伸缩，尺底端从零米起算。由于塔尺每节之间接合处常易松动，稳定性差，使用时应注意检查，所以仅适用于低精度的水准测量与地形测量。

双面尺又称红黑面尺，尺长为 3m，两根尺为一对。黑面刻划是主尺，底端起点为零米，红面刻划是辅尺，底端起点不为零米，与黑面相差一常数 K。一根尺红面从 $K_1 = 4.687\mathrm{m}$ 开始，另一根尺红面从 $K_2 = 4.787\mathrm{m}$ 开始。两根尺红面底端刻划相差 0.1m，以供测量检核用。另外，在水准仪视线高度不变的情况下，对同一根水准尺在同一地面点的黑、红两面读数之差应为 4.687m 或 4.787m，可检核读数的正确性。该尺适用于精度较高的水准测量。

水准测量时，当水准管气泡居中，十字丝的中丝切在标尺上时，即可依次直接读出米、分米、厘米，毫米是估读的。所以，水准测量的精度和观测时估读毫米数的准确度有很大关系。

5. 尺垫

尺垫一般用生铁铸成或用铁板制成，如图 2.12 所示。其形状为三角形或圆形，上有一突起的半圆形圆顶，下面有 3 个尖的支脚。

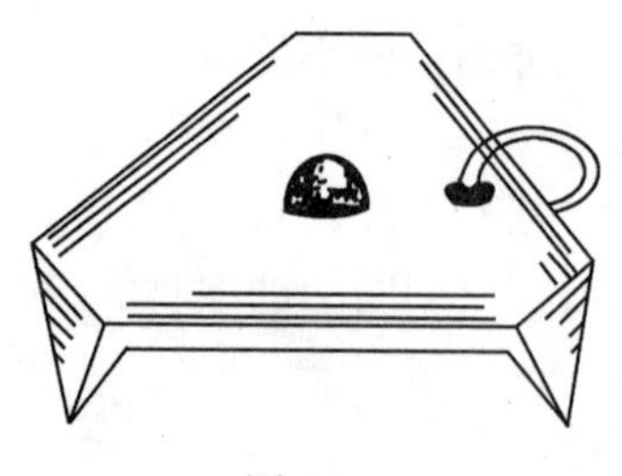

图 2.12

尺垫是在进行连续水准测量时，作为临时的固定尺点，以防止水准标尺下沉和尺点变动，保证转点传递高程的准确性。因此，在使用尺垫时，一定要将3个支脚牢固地踩入土中，水准标尺立在尺垫半圆形突起的顶端上。

6. 三脚架

目前大多采用伸缩式木制或铝合金三脚架，如图2.3所示。它由架头和3条架腿组成。利用架腿固定螺旋可调节3条架腿的长度，利用连接螺旋可把仪器固定在架头上。

2.2.2　自动安平水准仪

水准仪进行测量时，根据仪器上水准管的气泡居中获得水平视线，再读取水准标尺的中丝读数，通过计算得出两点间的高差值。为了获得水平视线，每次读数前，必须转动微倾螺旋，使水准管气泡居中，这一必须实施的操作步骤给水准测量的速度和精度都带来了一定的影响。为了省略这一操作步骤，加快观测速度，提高成果的精度，在20世纪40年代就研制出一种可以自动精确整平的水准仪，这种水准仪只需经观测员概略整平(圆水准器气泡居中)后即可自动地进一步精确整平，获得水平视线，读取标尺读数，这种水准仪称为自动安平水准仪。如图2.13所示为国产DSZ_3型自动安平水准仪的外形。

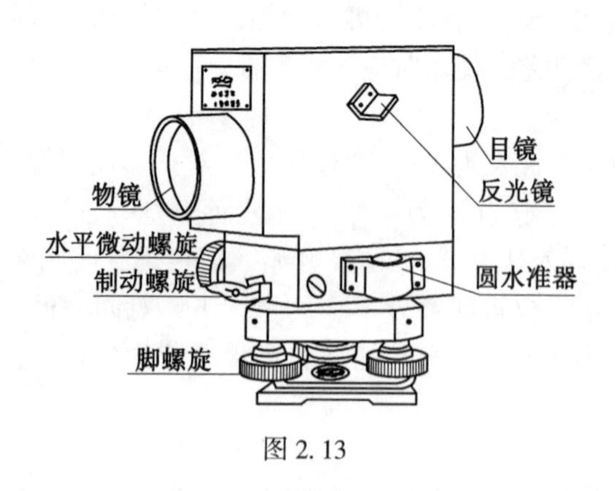

图 2.13

1. 自动安平的原理

如图2.14所示，在水准仪的望远镜中设置一个补偿装置，当视准轴不水平，有一斜度不大的倾角时，通过物镜光心的水平光线经补偿器后仍能通过十字丝的交点，以获得水平视线，达到自动安平的目的。

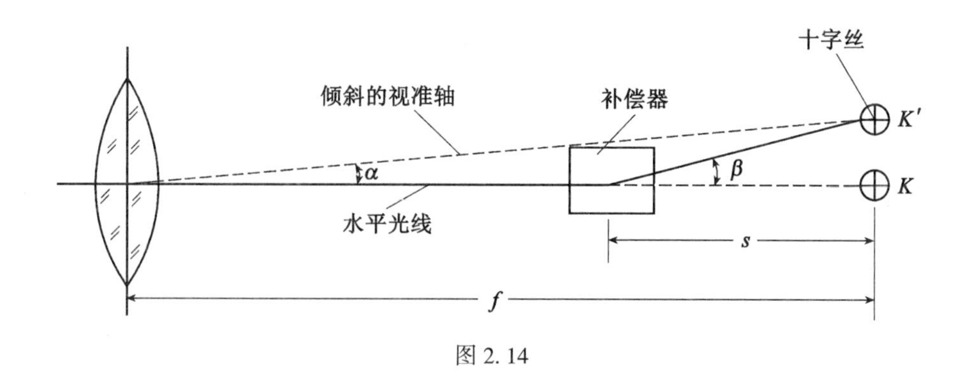

图 2.14

当视准轴水平时，十字丝的交点位于水平视线 K 点处，这时水准仪的中丝读数即为水平视线的读数。当视准轴不水平，有一不大于 $10'$ 的倾角时，十字丝的交点由 K 点移到 K' 点上，而水平视线应有的读数仍在 K 处，为了使这个读数移到十字丝的交点，可采用以下两个办法：

(1) 在光路中装置一个补偿器，使光线偏转一个小角而通过十字丝交点 K' 处，实现这种补偿的条件是 $f\alpha = s\beta = KK'$，即 $\beta/\alpha = f/s = \gamma$，其中 s 为补偿器至十字丝中心的距离，γ 为补偿器的放大系数。

(2) 在望远镜内将十字丝分划板吊起来，当望远镜有不大于 $10'$ 的倾斜角时，吊着的十字丝分划板因重力作用回到原来的水平位置 K 处，使十字丝仍为水平视线时的读数。

为解决自动安平的上述两种办法都有一个因重力作用的“摆”，为了使这个“摆”能迅速地静止下来，以达到迅速读数的目的，必须安装一个阻尼器。目前，大多采用空气阻尼器，将活塞置于一个气缸中，并与摆动杆相连接，当活塞在气缸中摆动时，为使其迅速静止下来，在气缸两端各设一个小孔，使缸内气体排放速度减慢，即气缸中空气的阻力可以使摆迅速停止。在实际的装置中，两个气孔已用螺钉堵死，检修时才放开，气缸中的空气是在缸侧的窄缝中吸进和排出的。

2. 自动安平水准仪的使用方法

自动安平水准仪的使用非常简便，在观测时，只需用脚螺旋将圆水准器气泡调至居中，打开补偿器开关，照准标尺即可读取读数。搬站时或观测完后，应关上补偿器开关。

自动安平水准仪在使用前要进行检验与校正（见 2.6 节），同时，还要检验补偿器的性能。其方法是先在水准尺上读数，然后少许转动物镜或目镜下面的一个脚螺旋，人为地使视线倾斜，再次读数，若两次读数相等则说明补偿器性能良好，否则需专业人员修理。

2.2.3 电子水准仪

1. 电子水准仪的原理及使用

电子水准仪又称数字水准仪，是在自动安平水准仪的基础上发展起来的。它是以自动安平水准仪为基础，在望远镜光路中增加了分光镜和探测器（CCD），并采用条形码标尺和图像处理电子系统而构成的光机电测一体化的高科技产品。它采用条形码标尺，各厂家标尺编码的条形码图案不相同，不能互换使用。人工完成照准和调焦之后，标尺条形码一方面被成像在望远镜分划板上，供目视观测，另一方面通过望远镜的分光镜，标尺条码又被成像在光电传感器(又称探测器)上，即线阵 CCD 器件上，供电子读数。因此，如果使用普通水准标尺(条形码标尺反面为普通标尺刻划)，电子水准仪又可以像普通自动安平水准仪一样使用，不过这时的测量精度低于电子测量的精度。特别是精密电子水准仪，由于没有光学测微器，当成普通自动安平水准仪使用时，其精度更低。

电子水准仪主要由以下几个部分组成：望远镜(包括目镜、物镜、物镜对光螺旋等)，整平装置(包括圆水准器、脚螺旋等)，显示窗，操作键盘(包括数字键和各种功能键)，串行接口，提手等辅助装置。

电子水准仪的操作非常方便，只要将望远镜瞄准标尺并调焦后，按测量键，几秒后即显示中丝读数；再按测距键则马上显示视距；按存储键可把数据存入内存存储器，仪器自动进行检核和高差计算。观测时，不需要精确夹准标尺分划，也不用在测微器上读数，可直接由电子手簿(PCMCIA 卡)记录。如图 2.15 所示为日本拓普康 DL-103 电子水准仪，其功能键如表 2.1 所示。

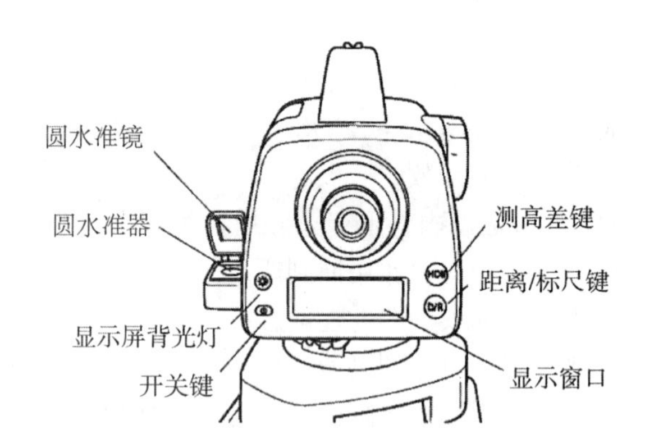

图 2.15

表 2.1　**拓普康 DL-103 电子水准仪功能键及其功能**

键符	键名	功　能
Power	电源开关键	仪器开机与关机
Meas	测量键	用来进行测量
HDif	测高差	测量模式与高差模式的切换测高差，参考高度被取消
D/R	距离/标尺	距离和标尺读数切换键
LCD	显示屏背光灯	显示屏背光灯亮十秒钟

2. 条形码标尺

电子水准仪所使用的条形码标尺采用 3 种独立互相嵌套在一起的编码尺，这 3 种独立信息为参考码 R 和信息码 A 与信息码 B。参考码 R 为 3 道等宽的黑色码条，以中间码条的中线为准，每隔 3cm 就有一组 R 码。信息码 A 与信息码 B 位于 R 码的上、下两边，下边 10mm 处为 B 码，上边 10mm 处为 A 码。A 码与 B 码宽度按正弦规律改变，其信号波长分别为33cm和30cm，最窄的码条宽度不到1mm，上述3种信号的频率和相位可以通过快速傅立叶变换(FFT)获得。当标尺影像通过望远镜成像在十字丝平面上，经过处理器译释、对比、数字化后，在显示屏上显示中丝在标尺上的读数或视距。

3. 电子水准仪的优点

(1)速度快：电子水准仪可以自动读数、记录和检核，不用观测员人工观测。

(2)精度高：图像处理技术自动判别读数，对图像影像多个分划取平均值，有利于消除标尺分化误差。

(3)仪器质量轻，操作简便，能减轻作业员的劳动强度。

(4)易于实现测量内外业一体化。

2.3　水准仪的使用方法与注意事项

2.3.1　水准仪的使用方法

在一个测站用水准仪测量两点间的高差时，要对地面点上竖立的水准标尺进行读数，在读数前，水准仪的基本操作步骤包括安置仪器、概略整平、照准标尺、精密整平、读取标尺读数、记录和计算等。以上通称水准测量的基本方法。

1. 安置仪器

在前、后视距尽量相等处安置仪器。打开三脚架，使其高度适中，架头大致水平，拧紧架腿固定螺旋，踩稳3个架腿。从箱中取出水准仪，用连接螺旋使水准仪与三脚架头牢固地连接在一起。

2. 概略整平

如图2.16(a)所示，用双手按相对方向转动任意两个脚螺旋，使气泡移动到这两个脚螺旋连线方向的居中位置，然后转动第三个脚螺旋，使圆气泡完全居中。如图2.16(b)所示。

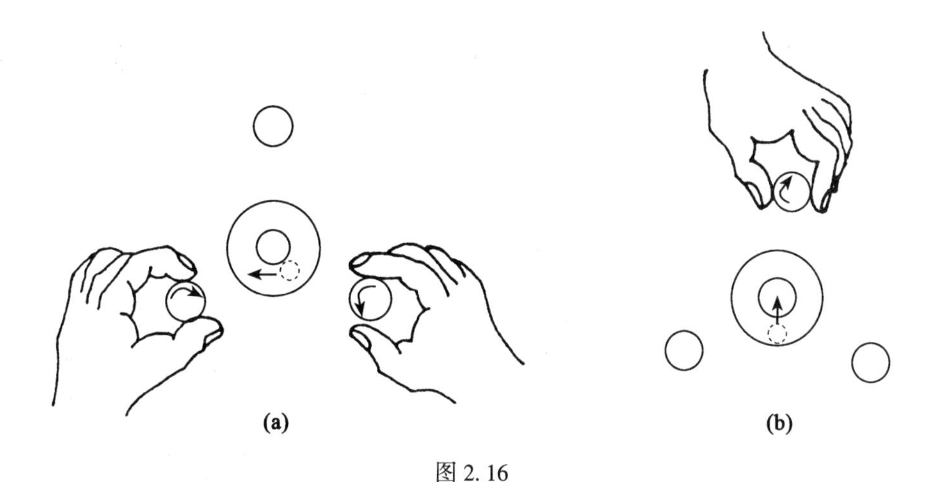

图2.16

转动脚螺旋时，气泡运动方向与左手大拇指运动方向一致。反复整平，直到水准仪转到任何方向气泡都完全居中为止。

3. 照准标尺

(1)松开制动螺旋，将望远镜物镜对向明亮的背景，转动目镜调焦螺旋，使十字丝清晰。

(2)用望远镜筒上的准星概略地照准水准标尺，使标尺在目镜的视场内，拧紧制动螺旋，固定水准仪。

(3)转动物镜调焦螺旋，使水准标尺清晰。

(4)转动水平微动螺旋，使水准标尺的中央或任一边在十字丝纵丝附近。

(5)眼睛在目镜处上、下移动，观察水准标尺的分划与十字丝横丝有无错动。如有错动，则说明存在视差，应立即消除。

4. 精确整平

在符合水准器观察窗中观察水准管气泡，用右手缓慢而均匀地转动微倾螺旋，直到气泡两端半气泡影像完全吻合为止。

5. 读取标尺读数

必须在精确整平后才能读取标尺读数。读数是读取十字丝中丝(横丝)截取的标尺数值。

读数时，按照从上向下(倒像望远镜)、由小到大的顺序进行，先估读毫米，依次读出米、分米、厘米，读四位数，空位填零。如图2.17中的读数分别为1.274m、5.960m、2.564m。为了方便，可不读小数点。读完数后，仍要检查半气泡是否吻合，若不吻合，应重新调平，重新读数。

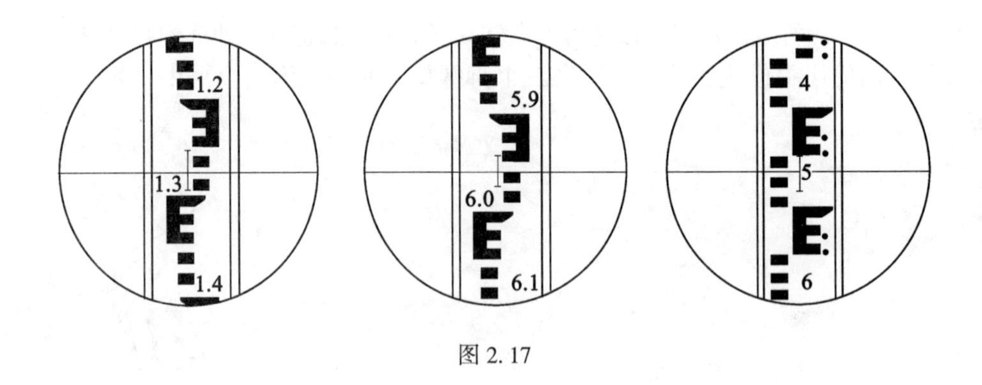

图2.17

2.3.2　水准仪使用的注意事项

(1)领取仪器时，必须对仪器的完好性及附件进行检查，发现问题及时反映。

(2)安置仪器时，中心螺旋要拧紧。操作时仪器的各螺旋尽量置于中间位置，不拧到极限，用力要轻巧均匀。

(3)迁站时，如路面平坦且距离较近时，可不卸下仪器，用手托着仪器的基座进行搬迁；否则，必须将仪器装箱后搬迁。

(4)在烈日或阴雨天进行观测时，应撑伞保护仪器，防止暴晒和雨淋。

(5)仪器用完后需擦去灰尘和水珠，不能直接用手或手帕擦拭光学部分构件。

(6)仪器若长期不用，应放置在通风、干燥、阴凉、安全的地方。注意防潮、防水、防霉、防碰撞。

2.4 普通水准测量的方法和要求

我国水准测量按精度分为一、二、三、四4个等级。一、二等水准测量主要用于科研，也作为三、四等水准测量的起算依据；三、四等水准测量主要用于国防建设、经济建设及地形测量的高程起算依据。

在各等级水准路线上埋设了许多固定的高程标志，称为水准点。常用“BM”(Benck Mark)表示。它们的高程已由专业测量单位按不同等级的精度规定进行观测。这些水准点也称为国家等级水准点，埋设永久性标志，如图2.18(a)所示。永久性标志一般用混凝土制成，顶部嵌入半球状金属标志，半球状标志顶点表示水准点的高程和位置。在冰冻地区水准点埋设深度应超过冰冻线0.5m。有的用金属标志埋设于基础稳定的建筑物墙脚上，称为墙上水准点，如图2.18(b)所示。

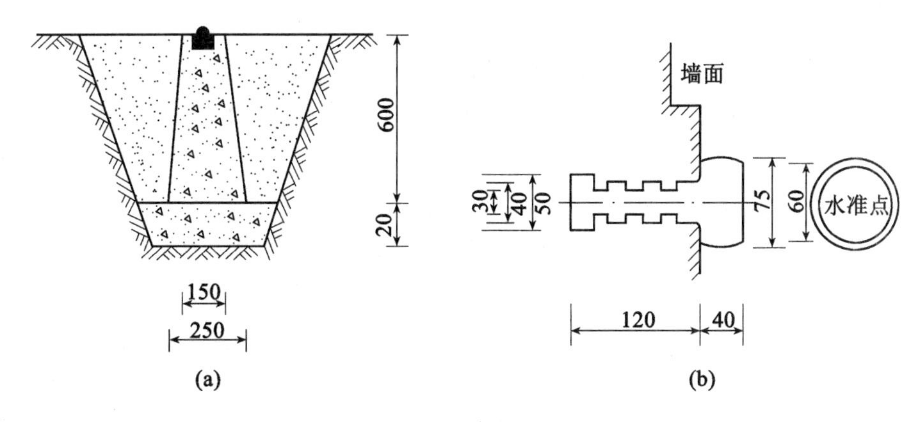

图2.18 (单位：mm)

由于国家等级水准点在地面上密度不够，为了满足各项工程建设以及地形测量的需要，必须在国家等级水准点之间进行补充加密。这种水准测量精度因低于国家等级水准测量的精度，故称其为等外水准测量或普通水准测量。其观测原理和方法与国家等级水准测量的原理和方法基本相同。其高程起算数据应是国家等级水准点的高程数据。

普通水准测量按具体要求可埋设图2.18所示的永久性水准点，也可埋设图2.19所示的临时性水准点。在大、中型建筑工地上其水准点可用混凝土制成，顶部嵌入半球状金属标志，如图2.19(a)所示。在小型建筑工地上可利用地面突起坚硬岩石，亦可用大木桩打入地下，桩顶钉以半球状的金属圆帽钉，如图2.19(b)所示。为了便于保护与使用，水准点埋设后应绘制点位略图。

普通水准测量工作包括：拟定水准路线和埋设水准点，外业观测，水准路线高差闭合差的调整和高程计算。

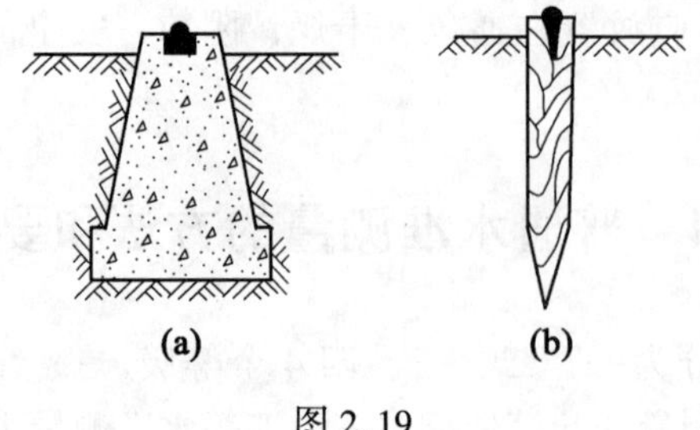

图 2. 19

2. 4. 1　拟定水准路线和选定水准点

根据具体工程建设或地形测量的需要，在水准测量之前，必须进行技术设计，以便选择经济合理的水准测量路线。为了使用高程的方便，在拟定的水准路线上，按规定或需要的间距埋设一些水准点，两相邻水准点之间的观测区段称为一个测段。

为了便于计算各水准点高程，并可方便地检查校核测量中可能产生的错误，水准路线要按一定的形式拟定。水准路线的形式有以下三种：

1. 附合水准路线

如图 2. 20 所示，从一个已知高级水准点出发，沿选定的测量路线并通过设置的水准点进行观测，最后附合到另一个已知的高级水准点上。这种水准路线称为附合水准路线。

2. 闭合水准路线

如图 2. 21 所示，从一个已知高级水准点出发，沿选定的测量路线并通过设置的水准点进行观测，最后又闭合到该已知高程水准点上。这种水准路线称为闭合水准路线。

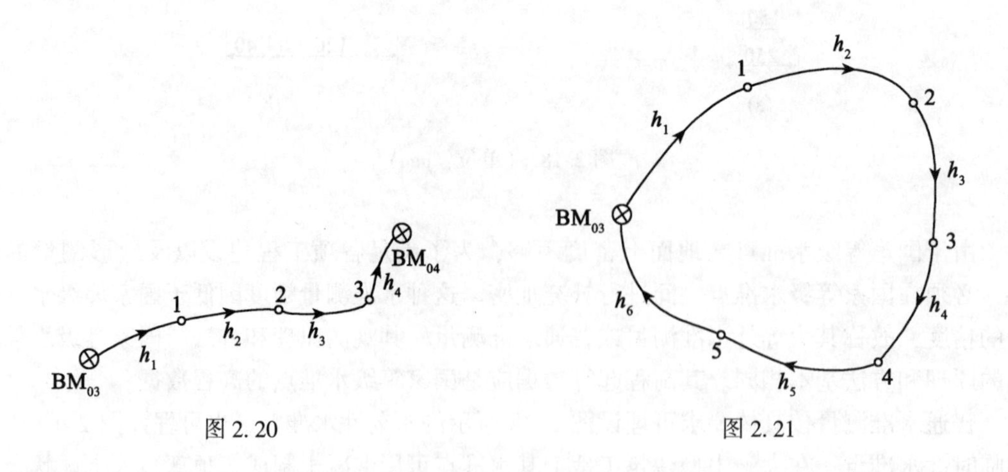

图 2. 20　　　　图 2. 21

3. 支水准路线

如图 2. 22 所示，从一个已知高级水准点出发，沿选定的测量路线并通过设置的水准点进行观测，既不闭合也不附合到另一已知高级水准点上。这种水准路线称为支水准路线。

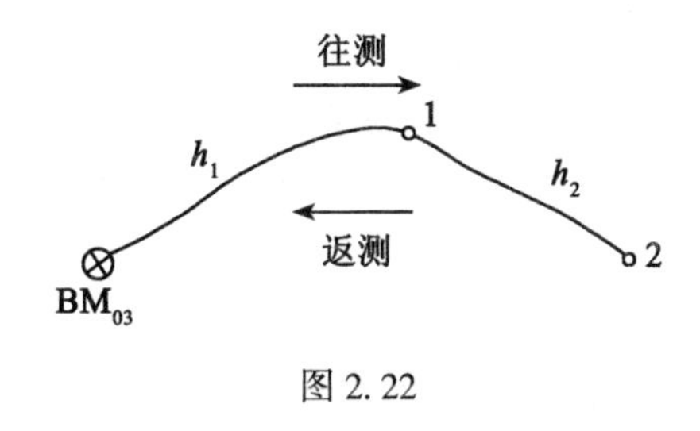

图 2.22

上述三种形式的水准路线所测得的高差值只有附合和闭合水准路线可以与已知高级水准点进行校核，而支水准路线无法校核。因此，支水准路线不但路线的长度有所限制，点数不超过 2 个，而且还必须进行往测与返测，用两个不同方向的测量结果进行比较，以资校核。

2.4.2 外业观测程序和注意事项

1. 外业观测程序

(1)在起始水准点上，不放尺垫，直接在标志上立标尺，作为后视。

(2)在水准路线的前进方向上安置水准仪，水准仪离后视标尺最长不要超过 100m。概略整平，照准标尺并消除视差再精确整平，最后读取中丝读数，并记入表 2.2 所示手簿中。

表 2.2　　水准测量记录手簿

工程名称：________			日期：________			观测者：________	
仪器型号：$DS_3$9618			天气：________			记录者：________	
测站	点号	后视读数 a (m)	前视读数 b (m)	高差 h(m) +	高差 h(m) −	高程 H (m)	备　注
1	BM_{IV3}	2.674		1.251		84.886	
2	TP_1	2.538	1.423	0.792			
3	TP_2	1.986	1.746	1.052			
4	TP_3	1.542	0.934	0.216			
5	TP_4	1.473	1.326		−0.369		已知
	TP_5		1.842			87.828	
		$\sum a = 10.213$	$\sum b = 7.271$	+3.311	−0.369		
计算检核		$\sum a - \sum b$ $= 10.213 - 7.271 = +2.942$		$\sum h = 3.311 - 0.369$ $= +2.942$			

(3)在水准路线的前进方向的适当地方(前、后视大致相等处)选择前视标尺的转点，放置并踩稳尺垫，将前视标尺竖立在尺垫上，作为前视。

(4)转动水准仪，照准前视标尺，消除视差，精确调平，读取中丝读数，记入手簿。

(5)前视尺不动，将后视尺迁到前面作为前视尺，而原前视尺变为后视尺。水准仪迁到后视尺、前视尺中间位置，重复(2)、(3)、(4)步骤的方法进行操作，直到最后一个水准点上。

2. 测站检核

由式(2.4)可以看出，待定点 B 的高程是根据 A 点高程和沿路各测站所测的高差计算所得的。为了保证观测高差正确无误，必须对每测站的观测高差进行检核，这种检核称为测站检核。测站检核常采用双仪高法和双面尺法进行。

1)双仪高法

在每个测站上，利用两次不同的仪器高度，分别观测高差之差值不超过±5mm 范围时，则取平均值作为该测站的观测高差；否则重测。

2)双面尺法

在每个测站上，不改变仪器高度，分别读取双面水准尺的黑面读数和红面读数。红面读数减去 4.687m 或 4.787m 应等于黑面读数，其差值不超过±3mm 范围时，则取其平均值作为标尺读数；否则重测。

3. 水准测量的注意事项

(1)在水准点上立尺时，不要放尺垫，直接将水准尺立在水准点标志上。

(2)为了读取准确的标尺读数，水准尺应立垂直，不得前后、左右倾斜。为了保证水准标尺垂直，必要时水准标尺上应设置圆水准器。

(3)在观测中，记录应复诵，以免听错、记错。在确认观测数据无误，又符合要求后，后视尺才准许提起尺垫迁移。否则后视尺不能移动尺垫。

(4)前、后视距应大致相等，以消除或减弱仪器水准管轴与视准轴不完全平行的 i 角误差。

如图 2.23 所示，由于两轴不完全平行而产生一个小的夹角 i 角。当水准管气泡居中时，水准管轴水平，但视准轴仍处于倾斜位置，致使前、后视读数产生偏差 x_1 和 x_2，其大小与视距成正比。当前后视距相等时，$x_1 = x_2$，在计算高差时将相互抵消。

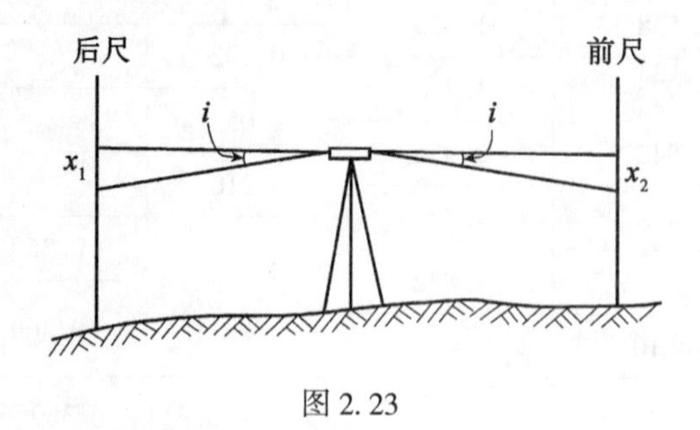

图 2.23

另外，由于地球曲率及大气折光的影响，致使水准尺读数产生误差 f。如图 2.24 所示，c 为地球曲率对读数的影响，r 为大气折光对读数的影响，即 $f = c - r$。计算测站高差时，应从后、前视读数中分别减去 f，才能得到正确高差，即 $h = (a - f_a) - (b - f_b)$。当前后视距离相等时，$f_a = f_b$，计算高差时就可抵消地球曲率与大气折光的影响。

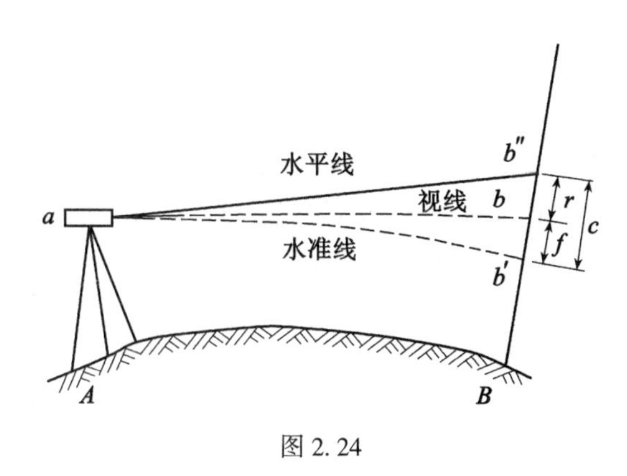

图 2.24

(5)记录、计算字迹清晰工整，易于辨认。读错、记错、算错时，需用斜线画掉，将正确数据重新记在它的上方，不得涂改，以保持记录的原始性。

2.5 普通水准测量的内业计算

2.5.1 水准路线高差闭合差的调整

1. 高差闭合差的计算

由于进行水准测量时，受仪器本身、气候、观测者的感官等因素的影响，观测的数据不可避免地会产生误差，致使所观测的结果无论是对一个测站或对一条水准路线而言，与理论的数据不相符。所以把一条水准路线实际测出的高差和已知的理论高差之差，称为水准路线的高差闭合差，用 f_h 表示。

附合水准路线的高差闭合差为

$$f_h = \sum h - (H_{终} - H_{始}) \tag{2.5}$$

闭合水准路线的高差闭合差为

$$f_h = \sum h \tag{2.6}$$

支水准路线的高差闭合差为

$$f_h = \sum h_{往} + \sum h_{返} \tag{2.7}$$

2. 普通水准测量高差闭合差的允许值

为了保证测量成果的精度，水准测量路线的高差闭合差不允许超过一定的范围，否则应重测。水准路线高差闭合差的允许范围，称为高差闭合差的允许值。普通水准测量时，平地和山地的允许值按下式计算：

平地

$$f_{h允} = \pm 40\sqrt{L}\,(\mathrm{mm}) \tag{2.8}$$

式中，L——水准路线的总长度，km。

山地

$$f_{h允} = \pm 12\sqrt{n}\,(\text{mm}) \tag{2.9}$$

式中，n ——水准路线的总测站数。

3. 高差闭合差的调整

对于附合和闭合水准路线来说，当高差闭合差满足允许值时，可以进行调整，即将产生的闭合差科学合理地分配在各测段中。因为在进行水准测量时观测条件相同，可认为各测站产生的观测误差是相等的，所以水准路线高差闭合差的调整原则是：各测段高差闭合差的调整值的大小与测段的长度或测站数成正比，即测段距离愈长或测站数愈多，该测段应调整的数值就愈大；反之则愈小。调整值的符号与高差闭合差的符号相反。

调整值用 v 表示，如第 i 测段水准测量的高差闭合差的调整值为

$$v_i = -\frac{f_h}{\sum L} \times L_i \tag{2.10}$$

式中，$\sum L$ ——路线的总长度，km；

L_i ——第 i 测段水准路线的长度，km。

式(2.10)也可表示为

$$v_i = -\frac{f_h}{\sum n} \times L_i \tag{2.11}$$

式中，$\sum n$ ——路线的总测站数；

n_i ——第 i 测段水准路线的测站数。

当按式(2.10)或式(2.11)计算出各段的调整值后，将各测段的观测高差值与该测段的调整值取代数和，求得各测段经调整后的高差值。即

$$h_i = h'_i + v_i \tag{2.12}$$

式中，h'_i——第 i 测段的观测高差值。

对于支水准路线来说，调整后的高差值就为往返观测符合要求后测量结果的平均高差值，即按下式计算：

$$h = \frac{|h_{往}| + |h_{返}|}{2} \tag{2.13}$$

取往测高差的符号。

2.5.2　高程的计算

对于附合水准路线或闭合水准路线来讲，需根据起点的已知高程加上各段调整后的高差依次推算各所求点的高程，即

$$H_i = H_{i-1} + h_i \qquad (i = 1,\ 2,\ 3,\ \cdots) \tag{2.14}$$

推算到终点已知高程点上时，应与该点的已知高程相等；否则，说明计算有误，应找出原因，重新计算。

对于支水准路线来说，因无法检核，在计算中要仔细认真，确认计算无误后方能使用计算成果。

图 2.25 是一条附合水准路线，作为算例其计算的步骤与结果按表 2.3 进行。

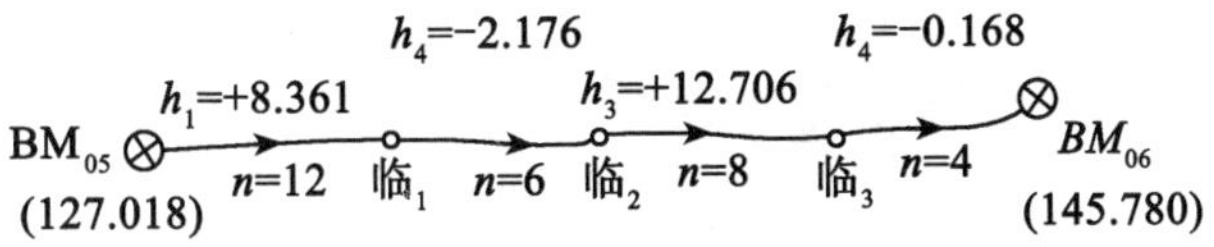

图 2.25

表 2.3 **附合水准路线高差闭合调整与高程计算**

点　号	测站点 n	实测高差 h' (m)	高差改正数 v (m)	改正后高差 h (m)	高程 H (m)	备注
1	2	3	4	5	6	7
BM_{05}					127.018	已知
	12	+8.361	+0.016	+8.377		
临$_1$					135.395	
	6	−2.176	+0.008	−2.168		
临$_2$					133.227	
	8	+12.706	+0.010	+12.716		
临$_3$					145.943	
	4	−0.168	+0.005	−0.163		
BM_{06}					145.780	已知
	$\sum n=30$	$\sum h'=+18.723$	$\sum v=+0.039$	$\sum h=+18.762$		

辅助计算如下：

高差闭合差

$$f_h = \sum h - (H_{06} - H_{05})$$
$$= +18.723-18.762=-0.039(\text{m})=-39(\text{mm})$$

高差闭合差允许值

$$f_{h允} = \pm 12\sqrt{n} = \pm 12\sqrt{30} = \pm 65(\text{mm})$$

$|f_h| < |f_{h允}|$，观测合格。

闭合水准测量路线的高程计算，除高差闭合差按式(2.6)计算外，其闭合差的调整方法、允许值的大小均与附合水准路线相同。

支水准路线的高程计算可参照下面实例进行。

如图 2.26 所示，已知水准点 A 的高程为 $H_A=1048.653$m。欲求得 1 点的高程，往测高差为 $h_{往}=+2.418$m，返测高差为 $h_{返}=-2.436$m。往测和返测各设了 5 个站。则 1 点高程计算方法如下：

高差闭合差：

$$f_h = h_{往} + h_{返} = +2.418-2.436=-0.018(\text{m})=-18(\text{mm})$$

闭合差允许值：

$$f_{h允} = \pm 12\sqrt{n} = \pm 12\sqrt{5} \approx \pm 27(\text{mm})$$

$|f_h| < |f_{h允}|$，观测合格。

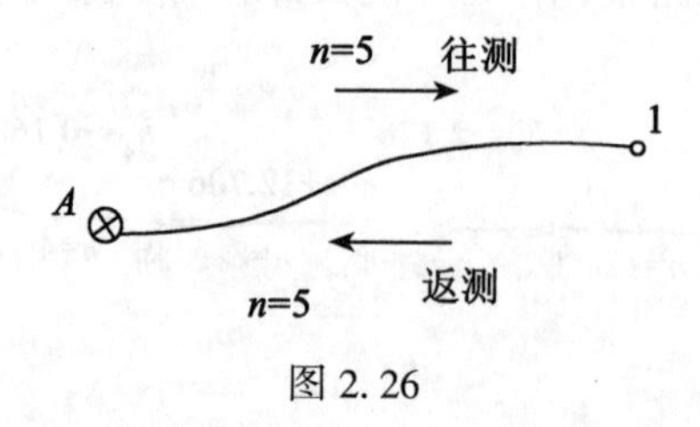

图 2.26

取往测和返测高差绝对值的平均值作为 A、1 两点间的高差，其符号与往测符号相同，即

$$h_{A1}=\frac{|+2.418|+|-2.436|}{2}=+2.427(\mathrm{m})$$

那么 1 点的高程为

$$H_1=H_A+h_{A1}=1048.653+2.427=1051.080(\mathrm{m})$$

2.6　水准仪的检验与校正

水准仪是进行高程测量的主要工具。水准仪的功能是提供一条水平的视线，而水平视线是依据水准管轴呈水平位置来实现的，如图 2.27 所示。一台合格的水准仪必须满足以下几个条件：(1)水准管轴应与视准轴平行；(2)圆水准器轴应与仪器竖直轴平行；(3)十字丝的横丝应与竖直轴垂直。其中，水准管轴与视准轴平行是水准仪应满足的主要条件。

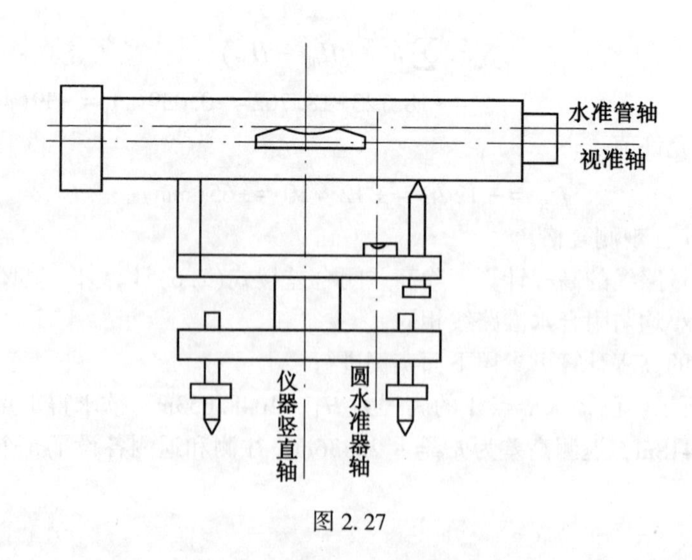

图 2.27

满足上述条件的目的是为了达到水准测量原理的要求，从而获得可靠的观测数据，以保证最后结果达到精度要求。由于仪器在长期的使用过程中不合理的操作以及运输途中的振动等因素，使得水准仪不完全满足上述条件。为此，在进行水准测量之前，对所使用的

水准仪必须进行检验，检验后不满足条件的还需校正，只有全部条件满足后，水准仪才能进行水准测量。

仪器检验与校正的顺序原则是前一项检验不受后一项检验的影响，或者说后一项检验不破坏前一项检验条件的满足。因此，水准仪检验与校正应按顺序进行，不能颠倒。

2.6.1 圆水准器轴应平行于仪器竖直轴

1. 检验

转动3个脚螺旋，使圆水准器气泡居中，然后将水准仪望远镜旋转180°，若气泡仍然居中，说明此条件已满足；若气泡不居中，则说明此项条件不满足，必须进行校正。

2. 校正

校正是用装在圆水准器下面的3个校正螺丝完成的，如图2.28所示。用校正针转动3个校正螺丝，使气泡向中心位置移动一半的偏差量。这时，圆水准器轴已与仪器竖直轴平行了。再转动脚螺旋，使气泡向中心位置移动另一半的偏差量，即这时圆水准器气泡已经居中，两轴已处于铅垂状态了。这样反复进行，直到望远镜转到任何方向上，圆水准器气泡都居中时为止。

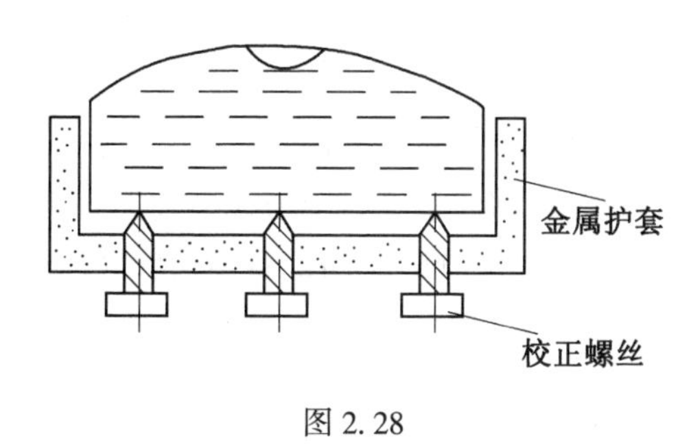

图2.28

2.6.2 十字丝横轴应垂直于竖直轴

1. 检验

整平仪器，用望远镜中十字丝横丝的一端与远处同仪器等高的一个明显点状目标相重合，拧紧制动螺旋，如图2.29(a)所示。

转动微动螺旋，若目标从横丝的一端至另一端始终在横丝上移动，说明此项条件已经满足；若目标偏离横丝，如图2.29(b)所示，则说明此项条件不满足，需进行校正。

2. 校正

旋开目镜的护罩，露出十字丝分划板座的3个固定螺丝，如图2.30所示。用小改锥轻轻松开固定螺丝，转动十字丝分划板座，使横丝的一端与目标重合，并轻轻旋紧3个固定螺丝。然后再检验此项，直到满足条件为止。

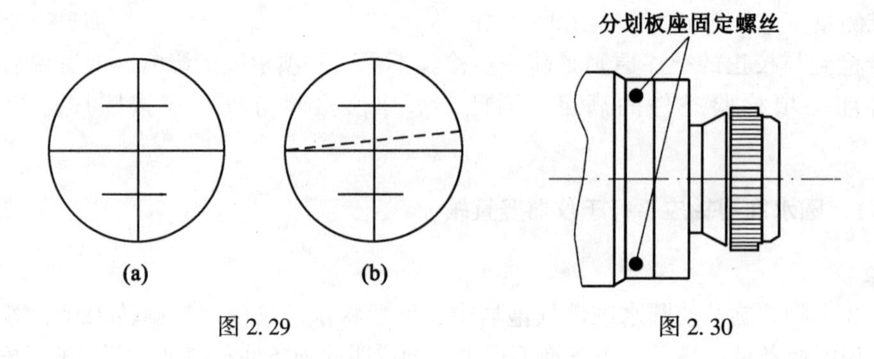

图 2.29　　　　图 2.30

2.6.3 水准管轴应平行于视准轴

1. 检验

1)求出正确高差。

如图 2.31(a)所示，在平坦的地面上选择相距约 80m 的 A、B 两点，放置尺垫或打木桩。在 A、B 的中点 C 上安置水准仪，用双仪高法测出 A、B 两点间高差 h_{AB}（两次高差之差不超过±5mm，取其平均值）。

由图 2.31(a)可以看出

$$h_{AB} = (a_1 - x) - (b_1 - x) = a_1 - b_1$$

因为仪器到两尺的距离相等，即使水准管轴与视准轴不完全平行，对读数产生的误差 x 相等，在计算高差时相互抵消，测出的高差 h_{AB} 就是正确高差。

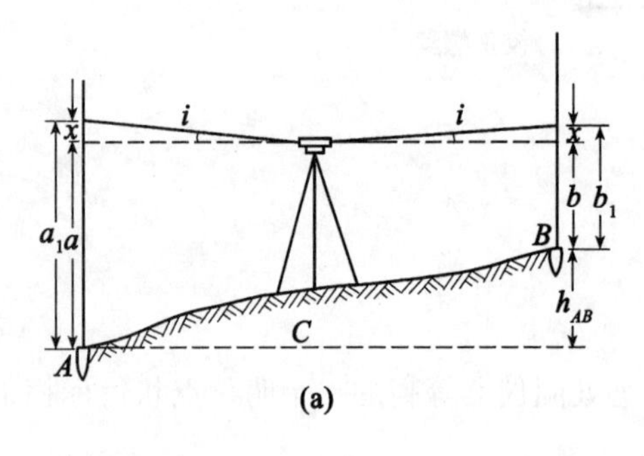

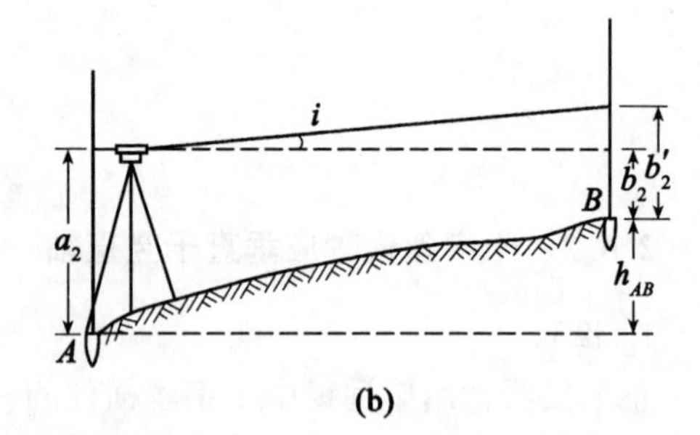

图 2.31

(2)计算正确的前视读数，并判断条件是否满足。

如图 2.31(b)所示，把水准仪搬到离 A 点约 3m 处，精确调平后读得 A 尺上的读数为 a_2，因为仪器离 A 点很近，i 角引起的读数误差很小，可忽略不计，即认为 a_2 读数正确。由 a_2 和高差 h_{AB} 就可计算出 B 点标尺上水平视线的读数 b_2，即

$$b_2 = a_2 - h_{AB}$$

然后，转动仪器照准 B 点标尺，精确调平后读取水准标尺读数为 b_2'。如果 $b_2 = b_2'$，说明两轴平行；否则，两轴不平行而存在 i 角，其值为

$$i = \frac{b_2' - b_2}{D_{AB}} \tag{2.15}$$

式中，D_{AB}——A、B 两点间的距离。

测量规范规定，当 DS_3 水准仪 i 角绝对值大于 20″时，需要进行校正。

2. 校正

转动微倾螺旋，使水准读数为正确读数 b_2，这时视准轴水平，而水准管气泡不居中（符合水准器半气泡影像错开），如图 2.32 所示。先用校正针松开水准管一端左、右校正螺丝 a 和 b，再调节上、下校正螺丝 c 和 d，升高或降低水准管的一端，使气泡重新居中（符合水准器两个半气泡影像吻合），然后旋紧各校正螺丝。此项校正需要反复进行，直到条件满足要求为止。

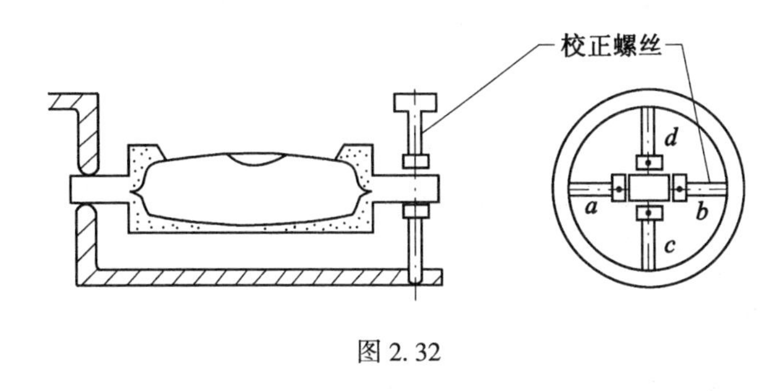

图 2.32

在实际工作中，也可用平行线法进行该项的检验与校正。

如图 2.33 所示，在两面墙（电杆）中间安置水准仪。精确调平后分别在两面墙上十字丝横丝瞄准处划一横线 a_1 和 b_1。把仪器搬至距其中一面墙前约 3m 处，同样在墙上划出一横线 a_2，量取 a_1、a_2 间距 l，在另一面墙上从 b_1 量取 l 得 b_2 横线（与 a_2 方向一致）。精确调平后，照准 b_2 横线，若能瞄准 b_2，说明两轴平行；否则，两轴不平行，当差值绝对值大于 3mm 时就应校正。

水准管轴平行于视准轴的检验应定期进行。

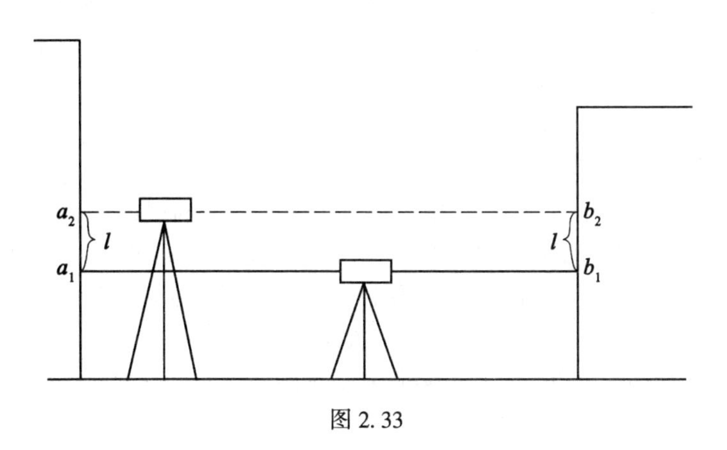

图 2.33

2.7　水准测量的误差分析

水准测量的误差来源有多种因素，但主要来自仪器及使用工具的误差、观测误差和外界因素的影响三方面。

2.7.1　仪器及使用工具的误差

1. 水准管轴和视准轴不完全平行引起的误差

这项误差是水准测量的主要误差，虽然在水准仪的检验与校正中已得到检验和校正，但不可能将 i 角完全消除，还会有残余的误差。观测时，虽然尽量使前后视距相等，尽可能地减小 i 角对读数的影响，但也难以完全消除。所以，观测中还要避免阳光直射仪器，以防引起 i 角的变化。精度要求高时，利用不同时间段进行往返观测，以消除因 i 角变化引起的误差。

2. 水准标尺误差

水准标尺刻划不均匀、不准确，以及尺身变形等都会引起读数误差，因此需要对水准尺进行检定。对于刻划不准确和尺身变形的尺子，不能使用。对于尺底的零点差，采用在每测段设置偶数站的方法来消除。

2.7.2　观测误差

1. 观测误差

水准仪观测时，视线必须水平，水平视线是依据水准管气泡是否居中来判断的，为消除此项误差，每次在读数之前，一定要使水准管气泡严格居中，读后检查。

2. 标尺不垂直引起的读数误差

标尺不垂直，读数总是偏大，特别是观测路线总是上坡或下坡时，其误差是系统性的，为了消除此项误差，可在水准标尺上安置经过校正的圆水准器，当气泡居中时，标尺即垂直。

3. 读数误差

读数误差一是来源于视差的影响；二是来源于读取中丝毫米数时的估读不准确。为了消除这两方面的误差，可采用重新调焦来消除视差和按规范要求设置测站与标尺的距离，不要使仪器离标尺太远，造成尺子影像和刻划在望远镜中太小，以致读毫米数时估读误差过大。

2.7.3　外界因素的影响

(1)外界温度的变化引起 i 角的变化，造成观测中读数的误差。为消除此项误差，可在安置好仪器后等待一段时间，使仪器和外界温度相对稳定后再进行观测。如阳光过强时，可打伞遮阳，迁站时，用白布罩套在仪器上，使仪器不致温度骤然变化。

(2)仪器和标尺的沉降误差。读完后视读数未读前视读数时，由于尺垫没有踩实或土质松软，致使仪器和标尺下沉，造成读数误差。消除此误差的办法有两种：一是操作读数要准确而迅速；二是选择坚实地面设站和立尺，并踩实三脚架及尺垫。

(3)大气折光的影响。由于大气的垂直折光作用，引起了观测时的视线弯曲，造成读数误差。消减此项误差的办法有三种：一是选择有利时间来观测，尽量减小折光的影响；二是视线距地面不能太近，要有一定的高度，一般视线高度离地面要在0.3m以上；三是使前、后视距相等。

上述各项误差的来源和消除方法，都是采用单独影响的原则进行分析的，而实际作业时是综合性的影响，只要在作业中注意上述的消除方法，特别是迅速、准确地读数，可使各项误差大大减弱，达到满意的精度要求。如有条件，可使用自动安平水准仪，它可自行提供水平视线，不需要手动微倾螺旋整平、居中气泡，使观测速度大大提高，有效地消减了一些误差，保证水准路线的测量精度。

【本章小结】

本章介绍了普通水准测量的基本内容：

(1)水准测量的原理；

(2)水准仪和水准尺的认识；

(3)水准仪的使用方法；

(4)普通水准测量的方法；

(5)水准测量的内业计算步骤；

(6)水准仪的检验和校正；

(7)水准测量的误差和注意事项。

◎ 习题和思考题

1. 什么叫水准点、转点、视准轴、圆水准器轴、水准管轴、水准管分划值？

2. 水准仪有哪些螺旋？各起什么作用？

3. 怎样使圆水准器气泡居中？圆水准器气泡居中后水准管气泡是否就一定居中？为什么？

4. 什么叫视差？如何消除视差？

5. 根据表2.4水准测量记录，计算高差及高程并进行校核，最后绘图说明其施测情况，各点的标尺读数请在图中注明。

表2.4　**水准测量记录手簿**

测　点	后视读数 a(m)	前视读数 b(m)	高差 h(m)		高程 H (m)	备注
			+	−		
BM_1	0.157	2.370			1048.376	新华桥东侧
TP_1	0.964	3.907				
TP_2	0.305	1.043				
A	1.432	0.417				
TP_3	3.387	1.824				
TP_4	2.679	0.264				
B						
检核						

6. 水准测量有哪几种路线？请按图 2.34 中所给数据，计算出各点高程。

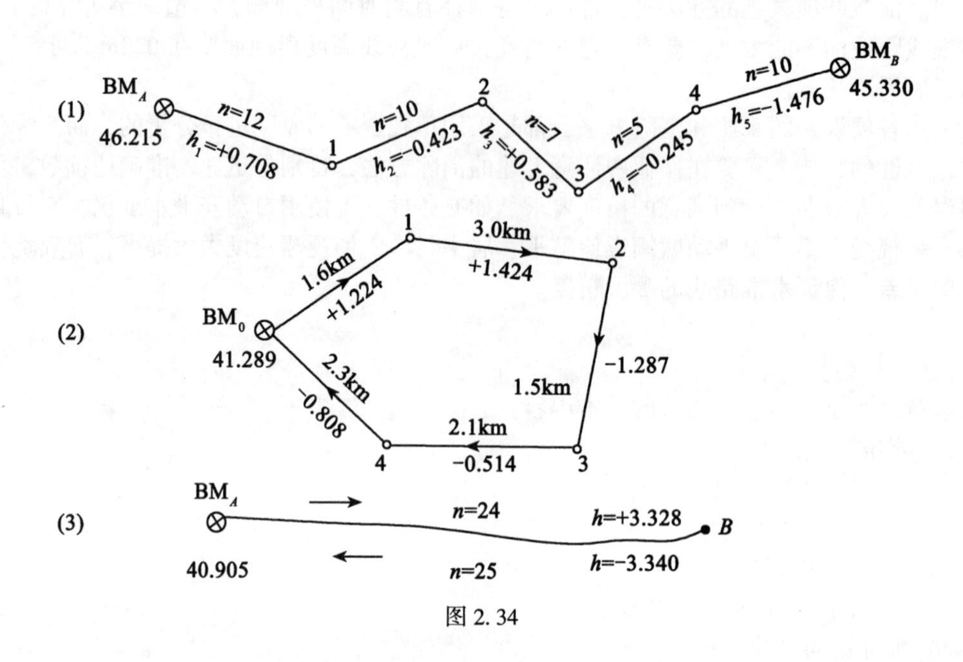

图 2.34

7. 简要叙述水准测量的基本方法。

8. 安置水准仪时，为什么要尽量安置在前后视距相等处？

9. 水准仪安置于 A、B 之间，读取 a_1 为 1.356m，b_1 为 1.287m，水准仪搬至 A 点附近时读数 a_2 为 1.345m，b_2 为 1.270m。试问：视准轴与水准管轴是否平行？若不平行，应如何校正？

10. 在水准测量过程中，如发现原水准点有变异、转点挪动，或者仪器未支稳甚至被碰动等情况，应该怎么办？

11. 水准测量中的主要误差有哪些？如何消除？

12. 如何使用自动安平水准仪？

13. 如何使用电子水准仪？

第3章　角度测量

【教学目标】

学习本章，要掌握角度测量的原理，了解经纬仪的构造，熟练掌握经纬仪的操作方法和水平角以及竖直角的观测与计算，掌握经纬仪的检验与校正方法，了解角度测量误差产生的原因及减弱措施。

3.1　角度的概念及测量原理

3.1.1　水平角的概念及测量原理

地面上两相交方向线垂直投影在水平面上的夹角称为水平角，通常用β表示。如图3.1所示，设A、B、C为地面上任意3点，将这3点沿铅垂线方向投影到水平面P上，得相应的a、b、c 3点，水平面上ab与ac两条直线的夹角β，即为地面上的AB与AC两个方向线之间的水平角。由图3.1可见，水平角β即为通过AB与AC两个铅垂面和水平面P的交线ab与ac的夹角。如果过A点的铅垂线Oa上任一点作一水平面，则它和这两个铅垂面的交线所夹的角也一定等于水平角β。

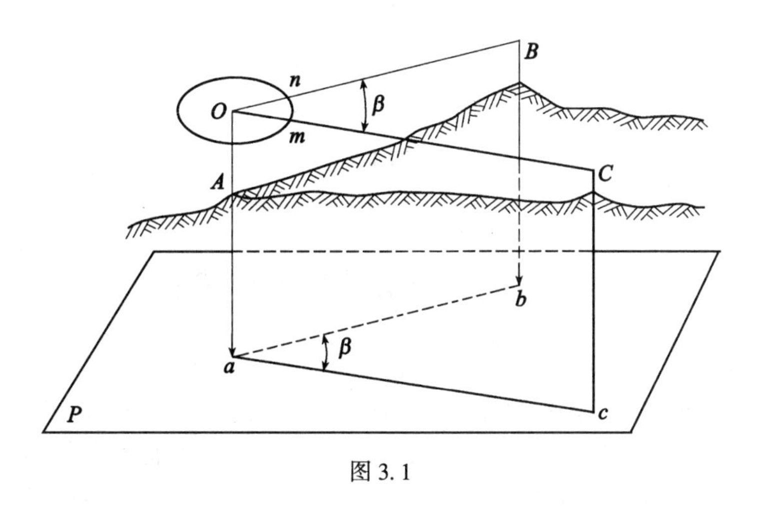

图3.1

因此，在A点铅垂线上O点处水平地放置一个有刻划的圆盘(称为水平度盘)，圆盘的圆心与O点重合，并使圆盘处于水平状态，圆盘上设有可以绕圆心转动的望远镜，它不但能在水平面内转动，以照准不同方向的目标，而且也能上下转动，以照准不同高度的目标，并且上下转动时视线保持在同一铅垂面内。当望远镜照准地面点 B 时，构成 OB 的铅垂面，在圆盘上可读一数为 n，当望远镜再照准地面点 C 时，构成 OC 的铅垂面，在圆盘上又可读一数为 m，则这两个方向线所夹的水平角为

$$\beta = \text{右目标读数 } m - \text{左目标读数 } n \tag{3.1}$$

观测者面向测角的分角线方向，左侧的目标点称为左目标，右侧的目标点称为右目标。如 $m<n$，则 $\beta=$右目标读数 $m+360°-$左目标读数 n，水平角没有负值，取值范围为 $0°\sim360°$。

3.1.2　竖直角的概念与测量原理

在同一铅垂面内，照准方向线与水平线的夹角称为竖直角，通常用 α 表示。照准方向线在水平线之上时称为仰角，角值为正值；照准方向线在水平线之下时称为俯角，角值为负值。

如图 3.2 所示，在过 A、B、C 的铅垂面中 A 点处，放置一个铅垂的圆盘(称为竖直度盘)，圆盘上有度刻划。当照准 B 点时，其方向线 AB 与水平线 AO 在圆盘上的夹角，即为 AB 方向线的竖直角($+\alpha$)。同理，当照准 C 点时，其方向线 AC 与水平线 AO 在圆盘上的夹角，即为 AC 方向线的竖直角($-\alpha$)。

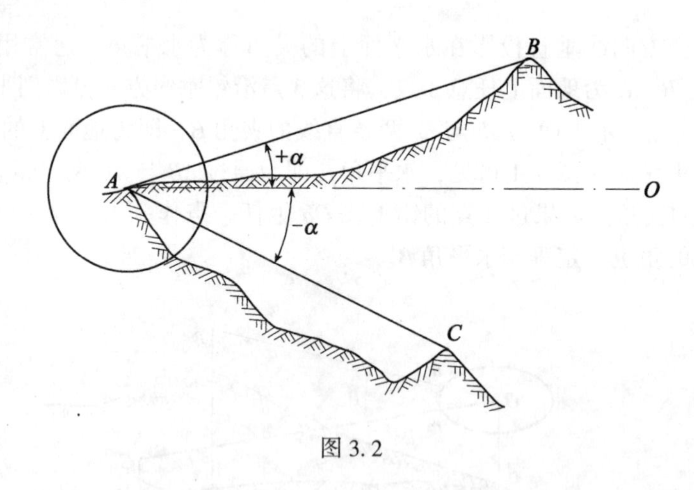

图 3.2

3.2　角度测量的仪器与工具

角度测量用到的仪器是经纬仪。经纬仪是根据水平角、竖直角测量原理制成的测角仪器。根据读数系统的不同，经纬仪可分为游标经纬仪、光学经纬仪及电子经纬仪。游标经纬仪采用金属圆盘及游标读数设备，其体积大、密封性差，目前已被光学经纬仪所取代。光学经纬仪采用光学玻璃度盘及测微器读数设备，它不但重量轻、稳定性好，而且读数精度高、使用方便。电子经纬仪则采用光电扫描度盘和角-码转换读数设备，测角精度高，自动显示角度值，与光电测距仪、数字记示器结合，使测量工作自动记录、计算和存储，越来越多地应用于建筑施工放样及变形观测之中。

国产光学经纬仪按其精度分为 DJ_{07}、DJ_1、DJ_2、DJ_6、DJ_{15}及 DJ_{60}等不同等级，其中“D”、“J”分别为“大地测量仪器”和“经纬仪”汉语拼音的第一个字母，数字表示该仪器所能达到的精度指标，如 DJ_6表示水平方向测量一测回的方向中误差范围为±6″的大地测量经纬仪。

3.2.1　DJ_6型光学经纬仪的构造及读数装置

1. DJ_6型光学经纬仪的基本构造

图 3.3 所示为 DJ_6型光学经纬仪的外形，它的基本构造可分为照准部、水平度盘和基座三个部分。

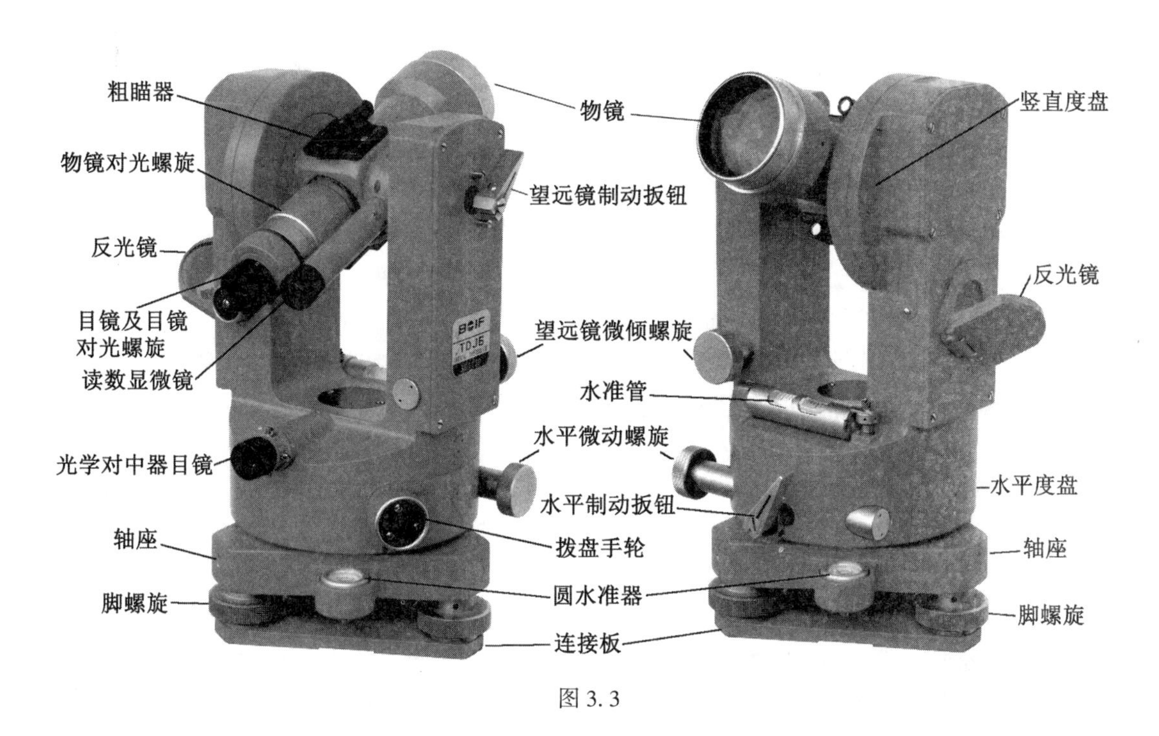

图 3.3

1)照准部

照准部是指水平度盘以上能绕竖轴转动的部分。这一部分主要包括望远镜、竖直度盘、照准部水准管、圆水准器、光学光路系统、测微器等。这一部分装在底部有竖轴的 U 形支架上，其中，望远镜、竖直度盘和横(水平)轴是连在一起并安装在支架上，当望远镜上下转动时，竖直度盘也随之转动；当望远镜绕竖轴水平方向转动时，可在水平度盘上读取刻划读数。望远镜无论上下、水平方向转动都可借助于各自的制动螺旋和微动螺旋固定在任何一个部位。

照准部上的光学对中器(或采用垂球)及水准管在安置仪器时可使水平度盘的圆心位于地面点的铅垂线上，并能使水平度盘处于水平位置。

2)水平度盘

水平度盘和竖直度盘都是用玻璃制成而精确刻划的圆盘，按顺时针方向由 0°~360°进行刻划。

水平度盘的空心外轴套在度盘旋转轴套外，而照准部的竖轴则穿过度盘和外轴中心，插入度盘旋转轴套内，然后再插入基座的轴套内。拧紧轴座固定螺丝，就可使照准部连同水平度盘与基座固定在一起。因此，在使用仪器的过程中，切勿松动该螺丝，以免仪器上部与基座脱离而坠地。

水平度盘可根据测角的需要，使用水平度盘读数变换手轮(也称为拨盘手轮)来改变度盘上的读数位置。按下拨盘手轮，可使水平度盘与照准部扣合，转动照准部时，水平度盘一起转动而读数不变。弹起拨盘手轮，可使水平度盘与照准部分离，转动照准部可读取水平度盘上不同方向的读数。瞄准一个目标方向后，采用拨盘手轮可任意设置水平度盘的读数。

3)基座

基座是支承仪器上部并与三脚架起连接作用的一个构件，它主要由轴座、3个脚螺旋和连接板组成。

仪器与三脚架连接时，必须将三脚架头上的中心螺旋旋入基座的连接板上，并使之固紧。基座上的3个脚螺旋是用来整平仪器而设置的，因脚螺旋升高、降低的幅度较小，所以在整平仪器时，必须使三脚架的架头大致水平；否则，三个脚螺旋升高、降低到极限位置也无法整平仪器。

2. 测微装置与读数方法

DJ_6型光学经纬仪的水平度盘和竖直度盘直径很小，度盘最小分划一般为1°，小于度盘最小分划的读数必须借助光学测微装置读取。DJ_6型光学经纬仪通常采用测微尺读数装置或单平板玻璃测微器。由于测微装置不同，读数方法也不同，这里只介绍测微尺读数装置。

在光学光路中装一条格尺，在视场中格尺的长度等于度盘最小分划的长度，尺的零刻划就是读数的指标线，此种装置称为测微尺。图3.4所示为读数显微镜内所看到的度盘及测微尺的影像，注有“H”(或“水平”)的是水平度盘读数窗；注有“V”(或“竖直”)的是竖直度盘的读数窗。度盘刻划为0°~360°，每1°为一格，测微尺上刻60小格，恰好等于度盘上每格的宽度，故测微尺上每个小格为1′，可估计到0.1′(即6″)。每10个分划注记一个数字，注记的增加方向与度盘上注记的增加方向相反。

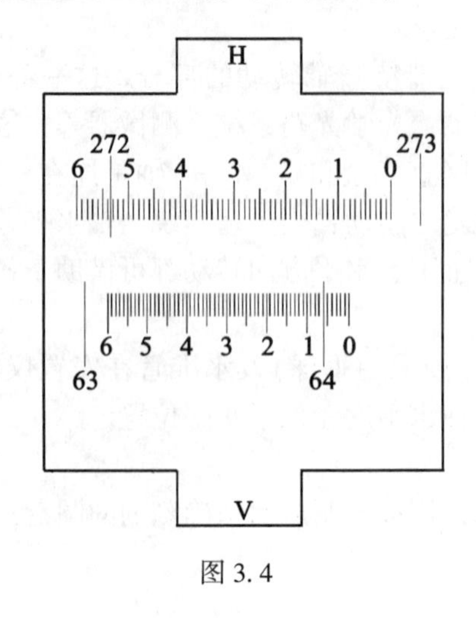

图3.4

读数时，先调节读数显微镜目镜，使度盘及测微尺影像清晰。然后，读取位于测微尺上的度刻线的注记度数，再以度刻线为指标，从测微尺零分划开始数整格数(每一格即为1′)，不足一格的将其分成10等份，每1份为6″，把各部分相加就为完整的读数。在图3.4中，水平度盘读数为272°53′18″，竖直度盘读数为64°06′00″。

3.2.2 DJ_2型光学经纬仪的构造

图3.5所示为DJ_2型光学经纬仪的外形，各部件的名称如图所注。DJ_2型光学经纬仪的结构与DJ_6型光学经纬仪相比，除了望远镜的放大倍数较大、水平度盘水准管的灵敏度较高、度盘分划值较小外，主要表现在读数的方法不同，其余基本相同。

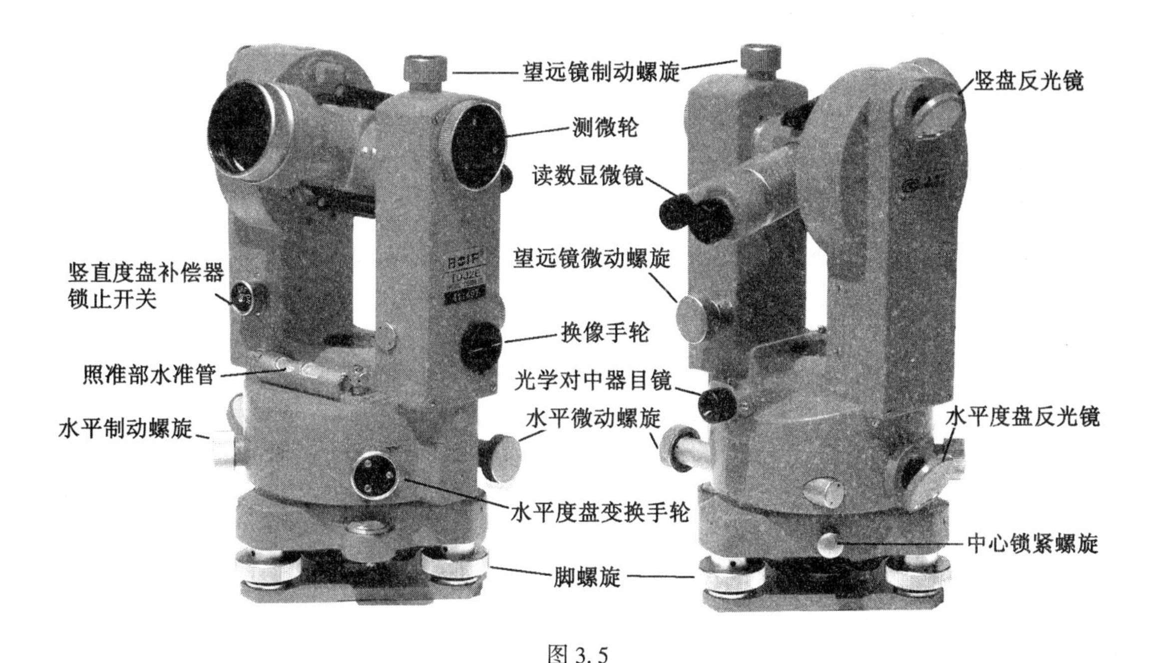

图3.5

DJ_6型光学经纬仪采用单指标读数，受度盘偏心的影响；而DJ_2型光学经纬仪利用度盘180°对径分划线影像重合法(相对于180°对径方向两个指标读数取其平均值)，来读取一个方向上的读数，可消除度盘偏心的影响。

从DJ_2型光学经纬仪读数显微镜中只能看到一种度盘的影像，根据需要转动换像手轮，选择所需度盘的影像，如图3.6所示。读数窗为度盘刻划的影像，最小分划值为20′，左图小窗中为测微尺影像，左侧注记为分，右侧注记为秒。从0′刻到10′，最小分划值1″，可估读到0.1″。

这种读数装置是通过一系列光学部件的作用，将度盘直径两端分划的影像同时反映到读数窗内。正字注记为正像，倒字注记为倒像。转动测微轮，使测微尺由0′移动到10′时，度盘的正、倒像分划线做相反方向的移动，各自移动度盘最小分划值的一半(即10′)。

读数时，先转动测微轮，使正、倒像分划线精确地重合(图3.6(b))，然后找出正像

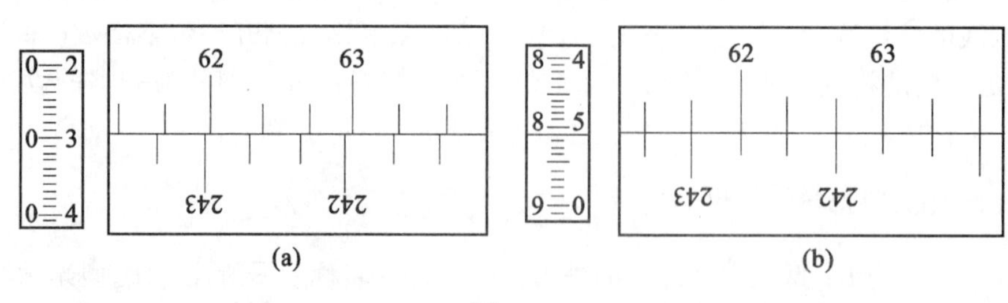

图 3.6

在左、倒像在右，且相距最近相差 180°的一对度盘分划线，按正像注记读出度数，并数出两条相差 180°的分划线之间的格数，将此格数乘以度盘分划值的一半(10′)，即得到应读的整 10′数。利用测微窗的横指标线读取不足 10′的分、秒数，三者相加即为完整的读数。如图 3.6(b)中的读数为 62°28′51.0″。

为了简化读数，防止读错，新型的 DJ_2 型光学经纬仪采用了数字化读数。当度盘的正、倒像分划线重合后，10′数由中间小窗(或由符号“∇”指出)直接读取，不足 10′的读数从测微窗读取。图 3.7(a)中的读数为 74°47′16.0″，图 3.7(b)中的读数为 94°12′44.6″。

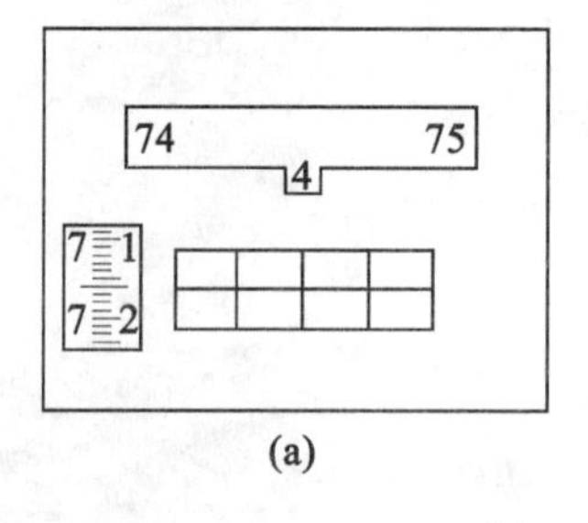

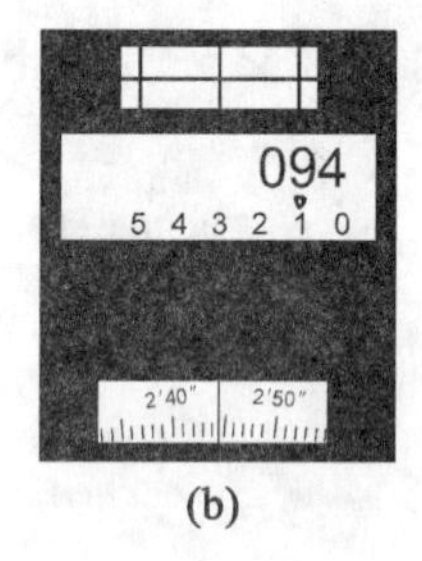

图 3.7

3.2.3 电子经纬仪

与光学经纬仪比较，电子经纬仪是利用光电转换原理和微处理器自动测量度盘的读数并将测量结果输出到仪器显示窗显示，如将其与电子手簿连接，可以自动储存测量结果。

图 3.8 所示为南方测绘公司生产的 ET-02 电子经纬仪，各部件的名称见图中注记。ET-02 一测回方向观测中误差为±2″，最小显示角度为 1″，竖盘指标自动归零补偿采用液体电子传感补偿器。仪器可与南方测绘、拓普康、徕卡、索佳、常州大地等公司生产的光电测距仪及电子手簿连接，组成速测全站仪，完成野外数据的自动采集。

仪器使用 NiMH 高能可充电电池供电，一块充满电的电池可供仪器连续使用 8~10h；设有双面操作面板，每个操作面板都有完全相同的一个显示窗和 7 个功能键，便于正、倒镜观测；望远镜的十字丝分划板和显示窗均有照明光源，以便于在黑暗环境中作业。

下面着重介绍 ET-02 电子经纬仪操作面板(图 3.9)上各个键的功能和仪器设置的方法。

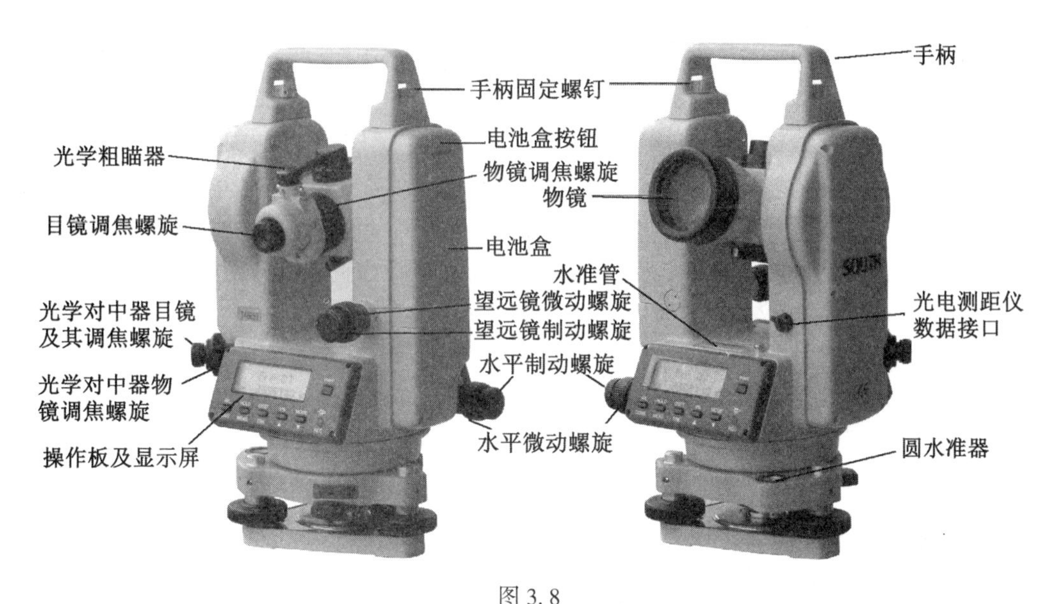

图 3.8

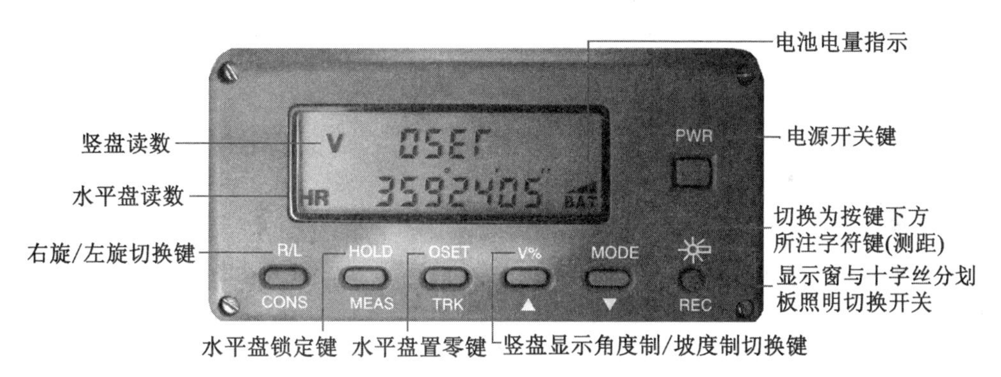

图 3.9

1. 键盘功能

仪器操作面板如图 3.9 所示，右上角的 PWR 键为电源开关键。当仪器处于关机状态时，按下 PWR 键 2 秒后可打开仪器电源；当仪器处于开机状态时，按下 PWR 键 2 秒后可关闭仪器电源。在测站安置好仪器，打开仪器电源，显示窗字符"HR"的右边显示的为当前视线方向的水平度盘读数；显示窗字符"V"的右边将显示"OSET"字符，它提示用户应指示竖盘指标归零。向上或向下转动望远镜，当视准轴通过水平视线位置时，显示窗字符"V"右边的字符"OSET"将变成当前视准轴方向的竖盘读数值，即可开始角度测量。

除电源开关键 PWR 外，其余 6 个键都具有两种功能：一般情况下，仪器执行按键上方注记文字的第一功能(测角操作)；如先按 MODE 键，再按其余各键，为执行按键下方注记文字的第二功能(测距操作)。下面只介绍第一功能键的操作。

R/L 键：显示右旋/左旋水平角选择键，按 R/L 键，可使仪器在右旋和左旋之间切换。右旋是仪器向右旋转时，水平度盘读数增加，等价于水平度盘为顺时针注记；左旋是仪器向左旋转时，水平度盘读数增加，等价于水平度盘为逆时针注记。打开电源，仪器自动处于右旋状态，此时，显示窗水平度盘读数前的字符为“HR”，表示右旋；按(R/L)键，仪器处于左旋，显示窗水平度盘读数前的字符为“HL”。

(HOLD)键：水平度盘读数锁定键。连续按(HOLD)键两次，当前的水平度盘读数被锁定，此时转动照准部，水平度盘读数值保持不变，再按一次(HOLD)键为解除锁定。该功能可将所照准目标方向的水平度盘读数配置为已知角度值，操作方法是：转动照准部，当水平度盘读数接近已知角度值时旋紧水平制动螺旋，转动水平微动螺旋，使水平度盘读数精确地等于已知角度值；连续按(HOLD)键两次，锁定水平度盘读数；精确照准目标后，按(HOLD)键解除锁定即完成水平度盘配置操作。

(OSET)键：水平度盘置零键。连续按(OSET)键两次，当前视线方向的水平度盘读数被置为0°00′00″。

(V/%)键：竖直角以角度制显示或以斜率百分比显示切换键。按(V/%)键，可使显示窗“V”字符后的竖直角以角度制显示或以斜率百分比显示。

例如，当竖盘读数以角度制显示，盘左位置的竖盘读数为87°48′25″时，按(V/%)键后的竖盘读数应为3.82%，转换公式为$\tan\alpha=\tan(90°-87°48'25'')=3.82\%$。

(✳)键：显示窗和十字丝分划板照明切换开关。照明灯关闭时，按(✳)键为打开照明灯；再按一次(✳)键，关闭照明灯。打开照明灯后10s内如没有进行任何按键操作，则仪器自动关闭照明灯，以节省电源。

2. 仪器设置

ET-02电子经纬仪可设置的内容如下：

(1)角度测量单位：360°，400gon，640mil(出厂设置为360°)。

(2)竖直角零方向的位置：天顶为零方向或水平为零方向(出厂设置为天顶为零方向)。

(3)自动关机时间：30分钟或10分钟(出厂设置为30分钟)。

(4)角度最小显示单位：1″或5″(出厂设置为1″)。

(5)竖盘指标零点补偿：自动补偿或不补偿(出厂设置为自动补偿)。

(6)水平度盘读数经过0°、90°、180°、270°时蜂鸣或不蜂鸣(出厂设置为蜂鸣)。

(7)选择与不同类型的测距仪连接(出厂设置为与南方测绘公司的ND3000红外测距仪连接)。

若用户要修改上述仪器设置内容，可在关机状态下，按住(CONS)键不放，再按住(PWR)键2秒时间打开电源开关，至3声蜂鸣后松开(CONS)键，仪器进入初始设置模式状态。

按(MEAS)键或(TRK)键可使闪烁光标向左或向右移动到要更改的数字位，按▲键或▼键可使闪烁数字在0与1间变化，根据需要完成设置后，按(CONS)键确认，即可退出设置状态，返回正常测角状态。

3. 角度测量

由于ET-02是采用光栅度盘测角系统，当转动仪器照准部时，即自动开始测角，所以，观测员精确照准目标后，显示窗将自动显示当前视线方向的水平度盘和竖盘读数，不需要再按任何键。仪器操作非常简单。

3.3 经纬仪的使用方法

3.3.1 安置经纬仪

安置经纬仪主要包括对中和整平两项工作。使用经纬仪测量角度之前，首先要将经纬仪安置在测站点上，同时要使仪器的水平度盘的圆心与地面上标志中心处在同一铅垂线上，这项操作称为对中；此外，水平度盘还必须处于水平状态，这项操作称为整平。

1. 对中

对中的目的是使经纬仪水平度盘的分划中心安置在测站点的铅垂线上，其方法有垂球对中法和光学对中法两种。由于垂球对中法受外界因素影响易晃动，且对中精准度不高，故而实际中很少采用，这里主要介绍光学对中法。

2. 整平

整平的目的是让经纬仪的竖轴处于铅垂位置，使水平度盘处于水平状态，它是通过转动脚螺旋使照准部水准管气泡居中来完成的。

经纬仪对中和整平工作的操作步骤为：

(1)打开三脚架，使架头大致水平，大致对中，安放经纬仪，拧紧中心螺丝。

(2)转动光学对中器目镜调焦螺旋，使对中器分划板清晰，拉出或推进对中器的镜管，使地面标志点影像清晰，如图 3.10 所示。

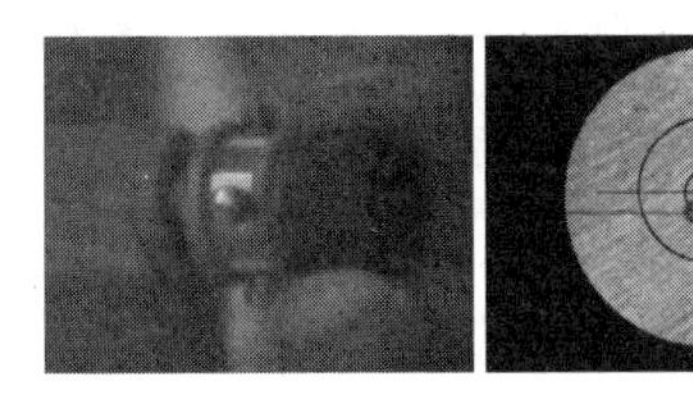

图 3.10

(3)如光学对中器分划板中心与地面标志点偏离过大，可移动三脚架架腿，使分划板中心与地面标志点重合或接近；如分划板中心与地面标志点不重合，则可转动脚螺旋使地面标志点对准对中器分划板中心。

(4)伸缩三脚架架腿概略整平，使圆水准器气泡居中，仪器基座大致水平。

(5)再转动脚螺旋精确整平，使照准部水准管气泡居中。调整水准管气泡居中的操作方法如下：如图 3.11(a)所示，首先转动照准部，使水准管轴和任意两脚螺旋的连线平行，分别用两手相对方向转动这两个脚螺旋使气泡居中，然后再转动仪器 90°，如气泡偏离中点时，再转动第三个脚螺旋使其居中，如图 3.11(b)所示。

(6)检查地面标志点是否在对中器分划板中心，如偏离很小，可移动基座(注意保持脚架不动)使其精确对中，然后按照步骤(5)的操作使得水准管气泡居中；否则重复步骤(3)、(4)、(5)的操作。

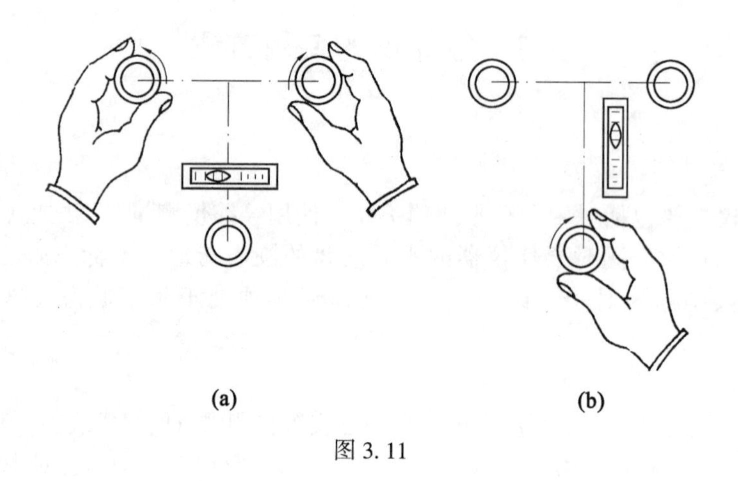

图 3.11

这项操作需反复进行，直至经纬仪光学对中器分划板中心与地面标志点重合，且照准部转到任何位置时水准管气泡都处在居中位置为止，一般对中误差范围不应超过±1mm。

3.3.2　照准目标

照准的目的是使目标点与十字丝交点重合。照准时，先调节目镜使十字丝清晰，利用粗瞄器照准目标，使目标在望远镜的视场内，然后拧紧水平制动和望远镜制动螺旋，转动物镜调焦螺旋使目标清晰，再调节微动螺旋精确地照准目标，并消除视差。

当测量水平角时，为了减小目标的偏心误差，应尽量瞄准目标的底部，如图 3.12(a)所示。当测量竖直角时，地面的目标顶部要和十字丝的横丝相切，为了减小十字丝横丝不水平的误差，照准目标时尽量使目标接近纵丝，如图 3.12(b)所示。

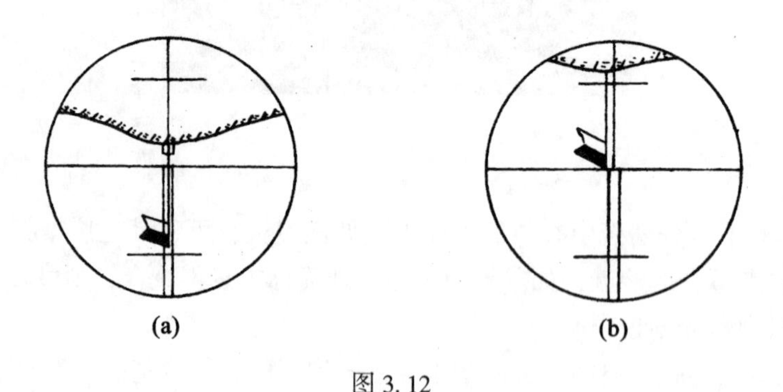

图 3.12

3.3.3　读数和置数

1. 读数

光学经纬仪读数的目的是读出照准方向的度盘和测微尺数字(读数)。读数时，先打开经纬仪上的反光镜，并对读数显微镜目镜进行调焦，使度盘和测微尺影像清晰，然后按测微装置类型和前述的读数方法读数。电子经纬仪显示屏上直接显示读数，可直接记录即可。

2. 置数

置数的目的是在照准目标时，使水平度盘的读数为所需安置的读数。

光学经纬仪置数的方法是借助于经纬仪上的水平度盘读数变换手轮(拨盘手轮)完成的，先用盘左(竖直度盘位于望远镜左侧，也称为正镜；反之为盘右)精确照准目标，调节水平度盘读数变换手轮，使水平度盘读数为所需的读数，即可开始观测。电子经纬仪操作面板上有对应的“置零”操作键。

3.4 角度测量的方法

3.4.1 水平角的观测方法

水平角观测多用于导线测量中，其观测方法通常采用测回法和方向观测法(全圆测回法)。

1. 测回法

适用于观测方向不多于 3 个时，即只有两个观测方向形成的单角时，以盘左和盘右分别观测各方向之间的水平角称为测回法。如图 3.13 所示，要观测的水平角为∠*ABC*，具体观测方法如下(以使用 DJ6 光学经纬仪测量水平角为例)：

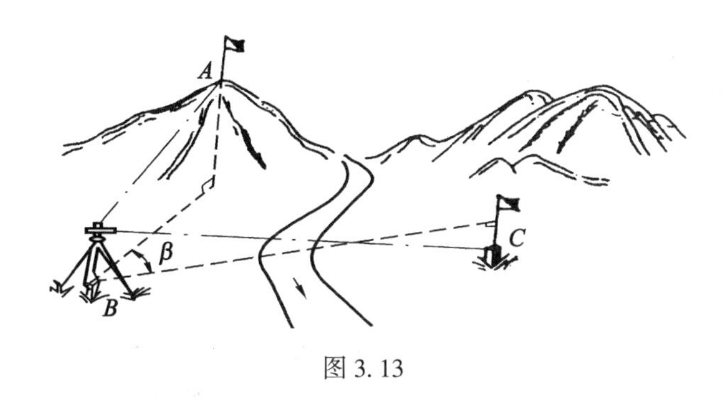

图 3.13

(1)在测站点 *B* 上安置经纬仪，对中、整平。

(2)用盘左位置照准左边的目标 *A*，并将水平度盘置数，所置的度盘读数略大于零，读取读数 $a_{左}$，记入手簿表 3.1 中。

(3)顺时针方向转动照准部照准右边的目标 *C*，读取读数 $c_{左}$，记入手簿。计算上半测回的角值：

$$水平角\ \beta_{左}=右目标读数\ c_{左}-左目标读数\ a_{左} \tag{3.2}$$

(4)纵转望远镜，旋转照准部成盘右位置，照准右边目标 *C*，读取读数 $c_{右}$，记入手簿。

(5)逆时针方向转动照准部，照准左边目标 *A*，读取读数 $a_{右}$，记入手簿。计算下半测回的角值：

$$水平角\ \beta_{右}=右目标读数\ c_{右}-左目标读数\ a_{右} \tag{3.3}$$

对于 DJ_6 型光学经纬仪，上、下半测回所测的水平角其角值的差值范围为±40″时，取其平均值作为一测回的观测结果，即

$$\beta = \frac{1}{2}(\beta_{左} + \beta_{右}) \tag{3.4}$$

否则应重测。

在实际观测中，当测角精度较高时，对一个角值往往按规定要观测多个测回，每测回都要改变盘左起始方向的水平度盘读数，每测回变动计数的大小可按 $\frac{180°}{n}$ 计算（n 为测回数）。各测回之间所测的同一角值之差值范围为±24″，否则应重测。

表 3.1 **测回法观测手簿**

测站	竖盘盘位	目标	水平度盘读数			半测回角值			一测回角值			各测回平均角值			备注
			(°	′	″)	(°	′	″)	(°	′	″)	(°	′	″)	
B（第一测回）	左	*A*	0	03	18	97	16	18	97	16	15	97	16	12	
		C	97	19	36										
	右	*A*	180	03	24	97	16	12							
		C	277	19	36										
B（第二测回）	左	*A*	90	02	06	97	16	06	97	16	09				
		C	187	18	12										
	右	*A*	270	02	12	97	16	12							
		C	7	18	24										

2. 方向观测法（全圆测回法）

1）观测方法

当测站上的方向观测数多于2个时，一般采用方向观测法。如图3.14所示，测站点为 O，观测方向有 A、B、C、D 4个。在 O 点安置仪器，在 A、B、C、D 将4个目标中选择一个标志十分清晰的点作为零方向。

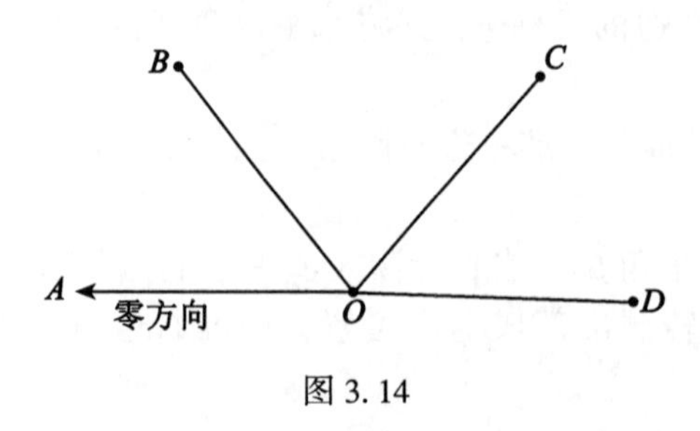

图 3.14

以 A 点为零方向时的一测回观测操作步骤如下（以使用DJ6光学经纬仪测量水平角为例）：

上半测回操作：盘左瞄准 A 点的标志，将水平度盘读数置为略大于 0°(称 A 点方向为零方向)，检查照准情况后读取水平读盘读数并记录表中。松开制动螺旋，顺时针方向旋转照准部，依次瞄准目标 B、C、D 点的照准标志进行观测，最后返回到零方向 A 点，即其观测顺序是 $A \rightarrow B \rightarrow C \rightarrow D \rightarrow A$，称为上半测回归零，两次观测零方向 A 的读数之差称为归零差。

下半测回操作：纵转望远镜，盘右瞄准 A 点的标志，读数并记录，松开制动螺旋，逆时针转动照准部，依次照准 D、C、B、A 点的照准标志进行观测，其观测顺序是 $A \rightarrow D \rightarrow C \rightarrow B \rightarrow A$，最后返回到零方向 A 的操作称为下半测回归零。

表 3.2 方向观测法记录与计算手簿

测站	测回数	目标	读数		2C=左-(右±180°)	平均读数=〔左+(右±180°)〕/2	归零后方向值	各测回归零方向值的平均值
			盘左	盘右				
			° ′ ″	° ′ ″	″	° ′ ″	° ′ ″	° ′ ″
1	2	3	4	5	6	7	8	9
						(0 02 06)		
		A	0 02 06	180 02 00	+6	0 02 03	00 00 00	
		B	51 15 42	231 15 30	+12	51 15 36	51 13 30	
O	1	C	131 54 12	311 54 00	+12	131 54 06	131 52 00	
		D	180 02 24	2 02 24	0	182 02 24	182 00 18	
		A	0 02 12	180 02 06	+6	0 02 09		
						(90 03 32)		
		A	90 03 30	270 03 24	+6	90 03 27	00 00 00	00 00 00
		B	141 17 00	321 16 54	+6	141 16 57	51 13 25	51 13 25
O	2	C	221 55 42	41 55 30	+12	221 55 36	131 52 04	131 52 04
		D	272 04 00	92 03 54	+6	272 03 57	182 00 25	182 00 25
		A	90 03 36	270 03 36	0	90 03 36		

至此，一个测回观测完成。如需观测几个测回，每测回零方向变动计数的大小可按 $\frac{180^\circ}{n}$ 计算(n 为测回数)。

2)计算步骤

第一，计算 $2C$ 值(两倍照准误差)。

理论上，相同方向的盘左\ 盘右观测值应该相差 180°，如果不是，其偏差值称为 $2C$，计算公式为

$$2C = 盘左读数 - (盘右读数 \pm 180^\circ) \tag{3.5}$$

上式中，盘右读数大于 180°时取“-”号，小于 180°时取“+”号，计算结果填入表 3.2 中第 6 栏。

第二，计算方向观测的平均值。

$$\text{平均读数} = \frac{1}{2}[\text{盘左读数} + (\text{盘右读数} \pm 180°)] \tag{3.6}$$

使用上式计算时，最后的平均读数为换算到盘左读数的平均值，也即盘右读数通过加或减180°后，应基本等于盘左读数，计算结果填入表3.2中第7栏。

第三，计算归零后方向值的平均值。

先计算零方向两个方向值的平均值(见表3.2中括号内的数值)，再将各方向值的平均值减去括号内的零方向值的平均值，计算结果填入表3.2中第8栏。

第四，计算各测回归零后方向值的平均值。

取各测回同一方向归零后方向值的平均值，计算结果填入表3.2中第9栏。

第五，计算各目标间的水平角。

根据表3.2中第9栏的各测回归零后方向值的平均值，可以计算出任意两个方向之间的水平角。

3)方向观测法的限差

我国行业标准《城市测量规范》(CJJT8—2011)规定，方向观测法的限差应符合表3.3的规定；我国国家标准《工程测量规范》(GB50026—2007)规定，方向观测法的限差应符合表3.4的规定。

表3.3　**方向观测法的各项限差(城市测量规范)**

经纬仪型号	半测回归零差	一测回内2C较差	同一方向值各测回较差
DJ1	6″	9″	6″
DJ2	8″	13″	9″
DJ6	18″	—	24″

表3.4　**水平角方向观测法的技术要求《工程测量规范》**

导线等级	经纬仪型号	半测回归零差	一测回内2C互差	同一方向值各测回较差
四等及以上	DJ1	6″	9″	6″
	DJ2	8″	13″	9″
一级及以下	DJ2	12″	18″	12″
	DJ6	18″	—	24″

在表3.2的计算中，两个测回的归零差分别为6″和12″，小于限差要求的18″；*B*、*C*、*D* 3个方向值两测回较差分别为5″、4″、7″，小于限差要求的24″。观测结果满足规范的要求。

3.4.2 竖直角的观测方法

竖直角主要用于三角高程计算或将观测的倾斜距离化算为水平距离。

1. 竖直度盘的构造

图3.15所示为光学经纬仪竖直度盘构造的示意图。由竖直角测量原理可知，要求安

装在横轴(水平轴)一端的竖直度盘与横轴相垂直，且二者的中心重合。度盘分划按0°~360°进行注记，其形式有顺时针方向与逆时针方向注记两种，指标为可动式。其构造特点有以下几点：

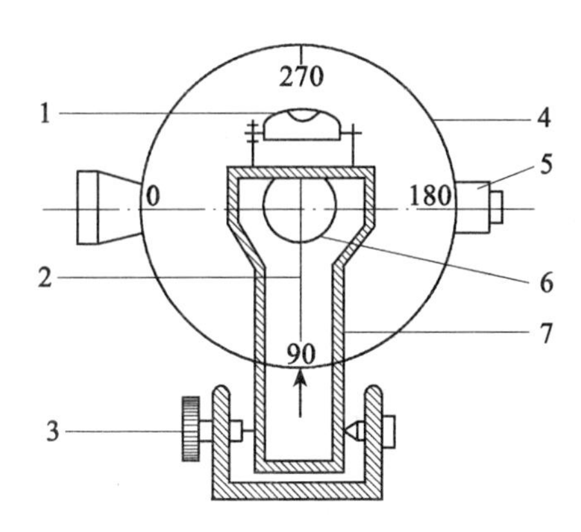

1—指标水准管；2—读数指标；3—指标水准管微动螺旋；
4—竖直度盘；5—望远镜；6—水平轴；7—框架

图3.15

(1)竖直度盘、望远镜固定在一起，当望远镜绕横轴(水平轴)上下转时，竖直度盘随着转动，而指标不一起转动。

(2)读数指标、指标水准管、指标水准管微动框架三者连成一体，而且指标的方向与指标水准管轴垂直。当转动指标水准管微动螺旋时，通过其框架使指标及其水准管做微量运动，当气泡居中时，水准管轴水平而指标就处于正确位置(即铅垂)。

(3)竖盘读数指标的正确位置是：当望远镜视线水平，且指标水准管气泡居中时，指标在竖直度盘上的读数应为90°或90°的倍数(即180°、270°、0°)，称为水平视线读数，又称为起始读数。图3.16中指示的起始读数为90°。

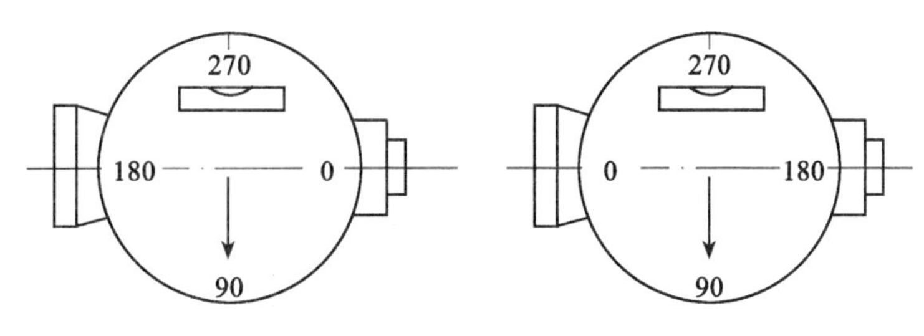

图3.16

2. 竖直角的计算公式

竖直度盘的注记形式有顺时针和逆时针两种，如图3.17所示。它们计算竖直角的公式有所不同。在观测之前，应确定出竖直度盘的注记形式，以便写出其计算公式。

确定方法如下：

(1)盘左位置，逐渐抬高望远镜的物镜，若竖直度盘读数随之减小，则为顺时针注记。如图3.17(a)所示，盘左时视线水平，竖直度盘读数为90°，当抬高物镜照准目标时，竖直度盘读数为L，则竖直角计算公式为

$$\alpha_{左} = 90° - L \tag{3.7}$$

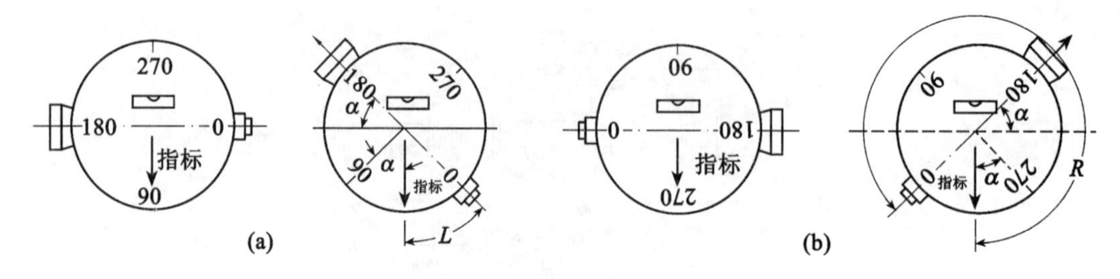

图3.17

如图3.17(b)所示，盘右位置时视线水平，竖直度盘读数为270°，当抬高物镜，瞄准同一目标时，竖直度盘读数为R，则竖直角计算公式为

$$\alpha_{右} = R - 270° \tag{3.8}$$

(2)盘左位置，逐渐抬高望远镜，若竖直度盘读数随之增大，则为逆时针注记。如图3.18所示，同理可确定出竖直角的计算公式为

$$\left.\begin{aligned}\alpha_{左} &= L - 90° \\ \alpha_{右} &= 270° - R\end{aligned}\right\} \tag{3.9}$$

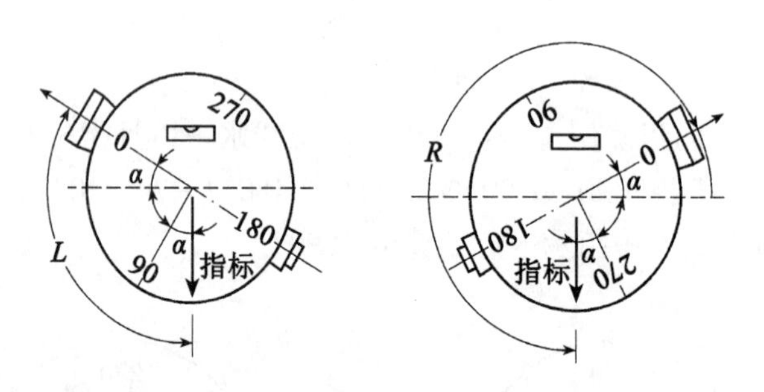

图3.18

将以上三式合写为一式为

$$\alpha = \pm(目标读数-起始读数) \tag{3.10}$$

式(3.10)中正负号的取法为：抬高物镜，若竖盘读数随之减小，取负号；若竖盘读数随之增大，取正号。

3. 竖直度盘的指标差

上述竖直角计算公式是在望远镜视线水平、指标水准管气泡居中、指标处于正确位置(铅垂)条件下推导出的，但实际上这个条件往往不能满足，即视线水平、指标水准管气泡居中时，指标所处的位置与正确位置会产生一个x角，该角值称为竖直度盘的指标差，简称指标差。

如图3.19(a)所示，盘左时竖直角公式为

$$\alpha = 90° - L - x = \alpha_{左} - x \tag{3.11}$$

如图 3.19(b)所示，盘右时竖直角公式为

$$\alpha = R - 270° + x = \alpha_{右} + x \tag{3.12}$$

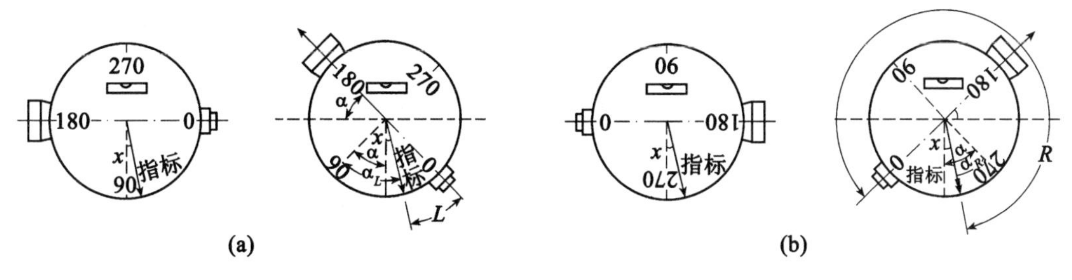

图 3.19

因式(3.11)与式(3.12)两式相等，有

$$\alpha_{左} - x = \alpha_{右} + x$$

所以

$$x = \frac{1}{2}(\alpha_{左} - \alpha_{右}) = \frac{1}{2}(360° - R - L) \tag{3.13}$$

指标差有正、有负。当 x 为正时，指标偏于正确位置的右侧(图 3.19)；当 x 为负时，指标偏于正确位置的左侧。

取盘左、盘右观测的平均值，即把式(3.11)和式(3.12)相加，就可求得正确的竖直角值为

$$\alpha = \frac{1}{2}(\alpha_{左} + \alpha_{右}) = \frac{1}{2}(R - L - 180°) \tag{3.14}$$

由此可见，尽管竖直盘读数中包含有指标差，但取盘左、盘右角值的平均值，就可消除指标差的影响，从而求得正确的竖直角值。

以上公式是按顺时针注记的竖直度盘推导出的，同样也适用于逆时针注记的竖直度盘。

4. 竖直角的观测与记录

如图 3.20 所示，欲观测 OM、ON 方向线的竖直角，其观测过程及记录、计算方法如下：

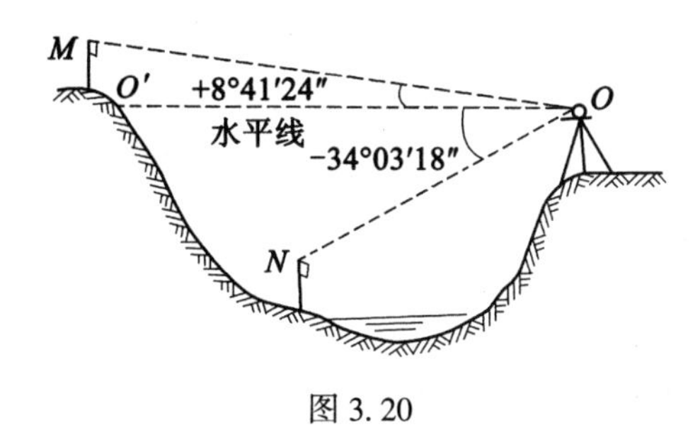

图 3.20

(1)在测站点 O 上安置仪器，对中、整平；判别水平视线读数(起始读数)：调成盘左位置，将望远镜置于大致水平，看竖盘读数接近于0°、90°、180°、270°中的哪一个，如接近90°，即可定出盘左时的起始读数为90°，则盘右时的起始读数为270°。

(2)盘左观测：照准目标点 M，使十字丝横丝精确地切于目标的顶端。转动竖直度盘指标水准管微动螺旋，使指标水准管气泡居中，读取竖直度盘读数 L(81°18′42″)，记入竖直角观测手簿(表3.5)中。

(3)盘右观测：再照准 M 点，调平指标水准管气泡，读取竖直度盘读数 R(278°41′30″)，记入竖直角观测手簿(表3.5)中。

表3.5 **竖直角观测手簿**

测站	目标	竖盘位置	竖盘读数	半测回竖直角	指标差	一测回竖直角	备注
1	2	3	4	5	6	7	
O	M	左	81°18′42″	+8°41′18″	−6″	+8°41′24″	270 180 0 指标 90
		右	278°41′30″	+8°41′30″			
	N	左	124°03′30″	−34°03′30″	−12″	−34°03′18″	
		右	235°56′54″	−34°03′06″			

(4)由式(3.10)或式(3.7)和式(3.8)计算出半测回的角值，记入手簿中。

(5)由式(3.13)和式(3.14)计算出指标差及一测回竖直角值，记入手簿中。

同理，可观测出目标 N 的竖直角。

在竖直角观测的过程中，每次读数之前必须调平指标水准管气泡，使指标处于正确位置，才能读数，因此，操作复杂、影响工效，有时甚至因遗忘这步操作而发生错误。为此，近年来，有些经纬仪上采用了竖盘指标自动归零装置，观测时，只要打开自动归零开关，就可读取竖直度盘读数，从而提高了竖直角测量的速度和精度。前面图3.3就采用了竖盘指标自动归零装置。

此外，指标差 x 可用来检查观测质量。同一测站上观测不同目标时，指标差的变动范围不相同，DJ_6型光学经纬仪不超过±25″，DJ_2型光学经纬仪不超过±15″。

3.5 经纬仪的检验与校正

为了保证观测成果的质量，光学经纬仪的各主要轴线之间必须满足一定的几何关系(如图3.21所示)：①照准部水准管轴应垂直于仪器的竖轴($LL \perp VV$)；②十字丝的纵丝应垂直于横轴(水平轴)；③望远镜的视准轴应垂直于仪器的横轴($CC \perp HH$)；④横轴应垂直于竖轴($HH \perp VV$)；⑤竖直度盘指标差应接近于零；⑥光学对中器的视准轴应重合于仪器的竖轴。

虽然经纬仪在出厂时都经过了严格的检验，这些条件都已满足，但由于长途运输、长期的使用及搬迁等原因，各轴线间的几何关系会发生变化。所以，在观测之前，必须对仪器进行检验、校正，以保证各轴线间的正确几何关系。经纬仪的检验与校正按以下顺序进行，不能颠倒。

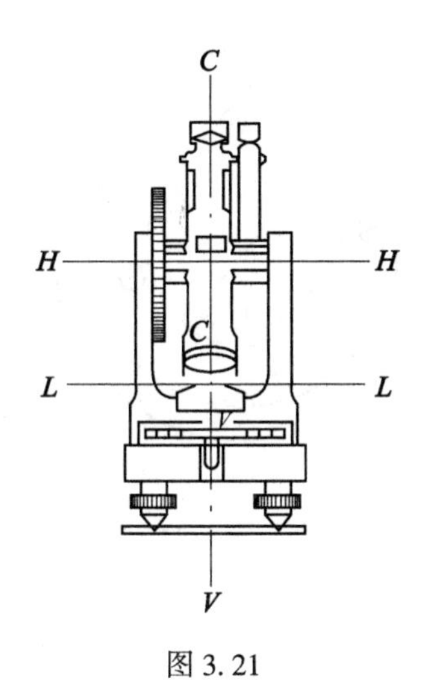

图 3.21

3.5.1 照准部水准管轴应垂直于竖轴

1. 检验

(1)将仪器大致整平，使水准管平行于任意两个脚螺旋的连线，然后转动这两个脚螺旋，使水准管气泡居中。

(2)将照准部转动 180°，若气泡仍然居中，则说明该条件已经满足，否则必须校正。

2. 校正

(1)当气泡偏离中心后，先转动水准管校正螺丝，使气泡向中心方向移动一半的距离。

(2)转动平行于水准管的两个脚螺旋，使气泡向中心方向移动剩下的那一半距离。

(3)此项要反复进行校正，直到转动照准部到任何位置后气泡仍在中心为止。

3.5.2 十字丝纵丝应垂直于横轴

1. 检验

(1)整平仪器，离仪器 10m 左右，悬挂一垂球，使垂球稳定，若十字丝纵丝与垂球线重合或平行，则说明满足此项条件，否则必须校正。

(2)整平仪器，离仪器 10m 远处设一明显点状标志，使十字丝纵丝与标志重合，上下转动望远镜微动螺旋，如十字丝纵丝不离开标志，说明此项条件已满足，否则必须校正。

2. 校正

(1)旋开目镜处十字丝分划板座的护盖，稍微放松十字丝固定螺丝，如图 3.22 所示。

(2)转动十字丝环，使十字丝纵丝重合于垂球线或标志，并旋紧固定螺丝。

(3)此项检验与校正需反复进行。

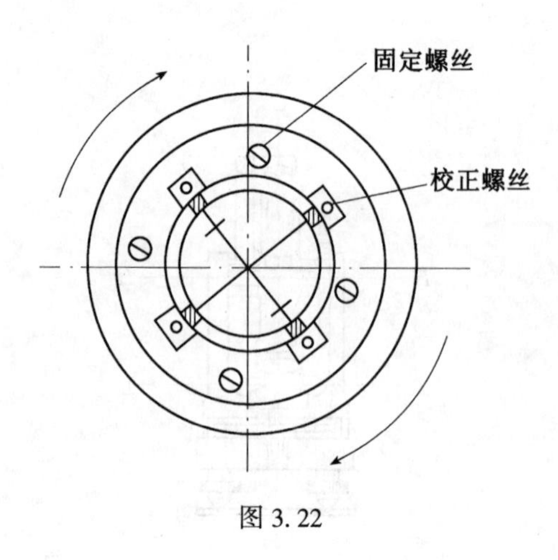

图3.22

3.5.3 视准轴应垂直于横轴

1. 检验

(1)整平仪器，盘左位置照准远处与仪器同高的一目标，读取水平度盘读数为$\alpha_{左}$。

(2)纵转望远镜，使仪器为盘右位置，仍照准原目标，读取水平度盘读数为$\alpha_{右}$。

(3)如$\alpha_{左}$读数与$\alpha_{右}$读数相差180°，即满足此项条件，否则必须进行校正。

2. 校正

(1)取$\alpha_{左}$和$\alpha_{右}$两读数的中数$\alpha_{中} = \dfrac{\alpha_{左} + (\alpha_{右} \pm 180°)}{2}$。

(2)转动水平度盘微动螺旋，使水平度盘指标对准$\alpha_{中}$读数，此时，十字丝已偏离了目标。

(3)旋开目镜处十字丝分划板座的护盖，先微微放松十字丝上下两个校正螺丝，一松一紧左右两个校正螺丝，使十字丝左右移动，其交点对准目标。反复进行，直到满足条件为止。

对于度盘偏心影响较大的DJ_6型光学经纬仪，应按下述方法进行检验与校正：

(1)检验。如图3.23所示，在平坦地面上选相距80~100m的A、B两点，在A、B两点的中点O上安置经纬仪，在A点设置一标志，B点与仪器同高处横放一带毫米分划的尺子。盘左照准A点，纵转望远镜在B点尺子上读数为B_1。然后，盘右照准A点，纵转望远镜在B点尺子上读数为B_2，若$B_1 = B_2$，即两点重合，说明此项条件满足；若B_1、B_2差值大于5mm，则需要校正。

(2)校正。设视准轴误差为c，在盘左位置时，视准轴OA与横轴OH_1的夹角为$\angle AOH_1 = 90° - c$，如图3.23所示，纵转望远镜后，视准轴与横轴的夹角不变，即$\angle H_1OB_1 = 90° - c$。因此，OB_1与OA的延长线之间夹角为$2c$。同理，OB_2与AO的延长线的夹角也是$2c$，所以$\angle B_1OB_2 = 4c$，即B_1与B_2读数的差值。

校正时，取B_1B_2差值的四分之一（该方法又称为四分之一法）定出B_3点，与上述相同的方法调整十字丝分划板，使十字丝交点对准B_3即可。

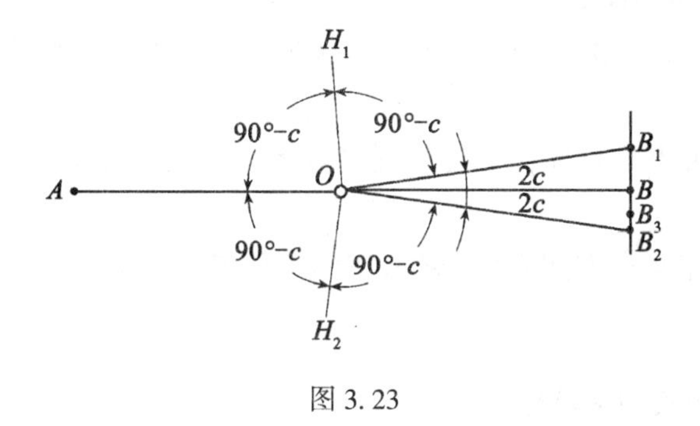

图 3.23

3.5.4 横轴应垂直于竖轴

1. 检验

(1)整平仪器，盘左位置照准离仪器 10m 左右的墙上高处一点 A，如图 3.24 所示。

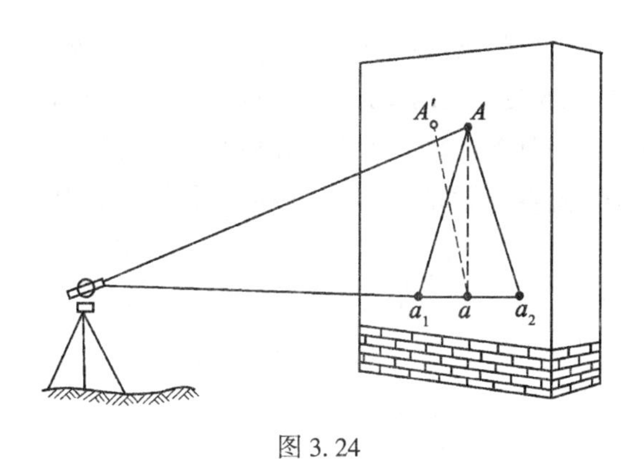

图 3.24

(2)固定照准部，下转望远镜到大致水平位置，在墙上定出十字丝交点的位置 a_1点。

(3)纵转望远镜，成盘右位置，再照准高处 A 点，固定照准部，下转望远镜到大致水平位置，若十字丝交点与 a_1重合，即满足此项条件，如十字丝交点与 a_1不重合，在墙上可标出 a_2点，此时，必须校正。

2. 校正

(1)取 a_1与 a_2的连线的中点 a，使十字丝交点照准 a 点。

(2)抬高望远镜照准高处点 A，此时十字丝交点已偏离 A 到 A'处。

(3)抬高或降低经纬仪横轴的一端使 A'与 A 重合。

(4)此项校正一般需送仪器修理部门或仪器制造工厂进行。

3.5.5 竖直度盘的指标差应接近于零

1. 检验

(1)整平仪器，用盘左与盘右照准同一目标，旋紧竖直度盘水准管微动螺旋，使气泡居中，读出盘左与盘右的读数。

(2)按3.5节中式(3.13)计算指标差，若指标差 x 大于1′，则进行校正。

2. 校正

(1)以盘右位置照准原目标，旋转竖直度盘水准管微动螺旋，使指标对准正确读数，此时气泡不居中。

(2)用校正针改正竖直度盘水准管的校正螺丝使气泡居中，此项需反复进行，直至指标差不大于1′为止。

3.5.6 光学对中器的检验与校正

1. 检验

(1)整平仪器，将光学对中器的刻划圈中心在地面上标定出来。

(2)旋转照准部180°，若地面点的影像仍与刻划圈中心重合，表明条件满足；否则，需校正。

2. 校正

光学对中器上的校正螺丝随仪器的型号而异，有些是校正转向棱镜座，有些是校正分划板。图3.25是位于照准部支架间的圆形护盖下的校正螺丝，松开护盖上的两颗固定螺丝，取下护盖即可看见。调节校正螺丝2可使分划圈中心前后移动，调节校正螺丝1，可使分划圈中心左右移动，直至分划圈中心与地面点的影像重合为止。

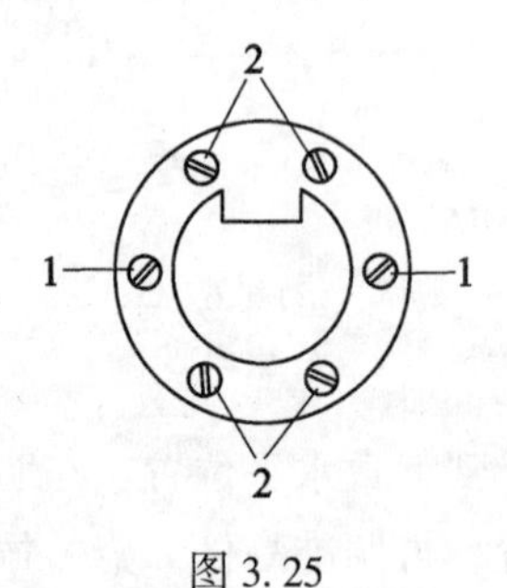

图3.25

3.6 角度测量的误差分析

3.6.1 水平角观测的误差与消除

1. 仪器误差

仪器误差一方面来自生产厂家在制造仪器时的度盘偏心差、度盘刻划不均匀误差、水平度盘与竖轴的不完全垂直误差等；另一方面来自在使用仪器之前的检验与校正的不完善，遗留下来的残余误差。

为此，在观测时，可采用盘左和盘右两盘位观测，取其平均值作为最后结果，这不但能相互检核，还可消除或减弱度盘偏心差、横轴与竖轴不完全垂直误差、$2c$ 照准误差、竖盘指标差等。在一个测站上可增加测回数，变换起始方向的读数，取各测回的平均值，来消除或减弱度盘刻划不均匀的误差，提高观测精度。

2. 观测误差

1)对中误差和目标偏心差

安置仪器时，竖轴的铅垂线和地面角顶的标志不重合造成对中误差，所观测目标的铅垂线和目标地面标志不重合造成目标偏心误差。为消除这两项误差，在安置仪器时，一定要精确地对中和整平。照准目标距离较近时，直接照准标志点，或立铅笔、钉子来代替标杆。距离较远时，标杆一定要立垂直，尽量照准目标的根部，可减弱这两项误差的影响。

2)整平误差

整平误差会引起竖轴倾斜，盘左、盘右观测时影响相同，因此不能消除。应严格整平仪器，观测时，竖直角越大，影响也越大。所以，在建筑施工中，由底层向高层投测轴线时，一定要严格调平水准管气泡。

3)照准误差和读数误差

照准误差的来源主要是望远镜的放大倍率、目标形状、人眼的判断能力、目标影像的亮度和清晰度。

读数误差主要来源于读数设备，如果读数设备中的照明情况不佳，显微镜的目镜未调好焦距，观测者的读数技术又不熟练，估读的极限误差可能大大增加。因此，在观测时一定要仔细进行调焦，并消除视差，读数时，估读要尽量准确。

3. 外界条件的影响

在观测水平角时，如遇大风，仪器会不稳定。地面的辐射热也会导致大气的不稳定，大气的透明度会影响照准目标的精确度，气温的骤冷骤热会影响仪器的正常状态，地面的坚实程度又影响仪器的稳定性，等等，这些外界因素都会影响观测的精度。然而，这些不利因素又不可能完全避免，所以在工作中应尽量选择有利的外界条件，避开不利因素，消减这些不利因素的影响。

3.6.2 竖直角观测的误差

1. 竖直度盘分划误差、指标差和偏心差

竖直度盘分划误差、指标差和偏心差均为仪器误差，其中度盘的分划误差无法消除，但其本身极小，可忽略不计。指标差可采用盘左、盘右两个盘位观测，计算竖直角的平均值，可以消除。偏心差影响甚大，偏心差是竖直度盘的旋转中心和分划中心不一致造成的。可采用对向观测竖直角的方法来消减此项误差。

2. 竖直度盘指标水准管气泡居中误差

竖直度盘的指标位置正确与否，是靠指标水准管气泡居中与否来判断的。因此，每次读取竖直度盘读数时必须使指标水准管气泡居中。

3. 照准误差和读数误差

照准误差和读数误差与水平角的影响大致相同。

【本章小结】

本章主要介绍了如下内容：

(1)水平角、竖直角的概念及测量原理。

(2)DJ_6型、DJ_2型光学经纬仪的一般构造及其操作方法，南方测绘公司生产的ET-02电子经纬仪的使用方法。

(3)水平角和竖直角的观测和计算方法。

(4)光学经纬仪的检验与校正方法。

(5)观测水平角及竖直角的过程中产生误差的原因及减弱措施。

◎ 习题和思考题

1. 什么是水平角？在同一竖直面内照准不同高度的目标点在水平度盘上的读数是否一样？为什么？

2. 什么是竖直角？在同一竖直面内照准不同高度的目标点在竖直度盘上的读数是否一样？为什么？

3. 经纬仪测角时为什么要对中与整平？如何进行？

4. 如图3.26所示，水平度盘与竖直度盘的读数各是多少？

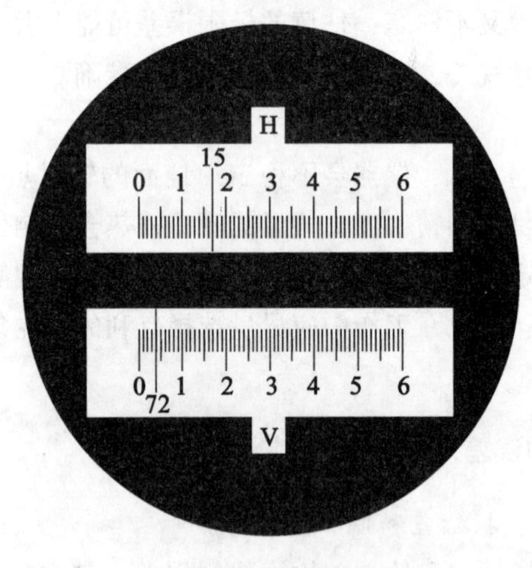

图3.26

5. 测量水平角时应照准目标的什么部位？为什么？测量竖直角时应照准目标的什么部位？为什么？

6. 水平角测量时，为什么每测回盘左位置的起始方向要安置水平度盘读数？采用复测扳钮装置的经纬仪如何安置？

7. 整理表3.6中测回法观测水平角的记录手簿。

表 3.6　　水平角观测记录手簿

测站	竖盘盘位	目标	水平度盘读数 (° ′ ″)	半测回角值 (° ′ ″)	一测回角值 (° ′ ″)	各测回平均角值 (° ′ ″)	备注
O (第一测回)	左	1	0 00 06				
		2	78 48 54				
	右	1	180 00 36				
		2	258 49 06				
O (第二测回)	左	1	90 00 12				
		2	168 49 06				
	右	1	270 00 30				
		2	348 49 12				

8. 整理表 3.7 中方向观测法观测水平角的记录手簿。

表 3.7　　方向观测法观测手簿

测站	测回数	目标	读数 盘左 ° ′ ″	读数 盘右 ° ′ ″	2C=左-(右±180°) ″	平均读数=〔左+(右±180°)〕/2 ° ′ ″	归零后方向值 ° ′ ″	各测回归零方向值的平均值 ° ′ ″
1	2	3	4	5	6	7	8	9
O	1	A	0 05 18	180 05 24				
		B	68 24 30	248 24 42				
		C	172 20 54	352 21 00				
		D	264 08 36	84 08 42				
		A	0 05 24	180 05 36				
O	2	A	90 29 06	270 29 18				
		B	158 48 36	338 48 48				
		C	262 44 42	82 44 54				
		D	354 32 30	174 32 36				
		A	90 29 18	270 29 12				

9. 水平角与竖直角观测有哪些相同点与不同点?

10. 测量水平角时产生误差的主要原因有哪些? 为提高测角精度, 观测时应注意哪些事项?

11. 整理表 3.8 中竖直角观测手簿, 并分析有无指标差存在?

表3.8 **竖直角观测记录手簿**

测站	目标	竖盘位置	竖盘读数 (° ′ ″)	半测回竖直角 (° ′ ″)	指标差 (″)	一测回竖直角 (° ′ ″)	备注
O	1	左	72 18 18				270 180 0 90 竖盘顺时针注记
		右	287 42 00				
	2	左	96 32 48				
		右	263 27 30				

12. 什么是竖直度盘指标差？如何进行检验校正？

13. 盘左、盘右观测取平均值，可消除哪些仪器误差对测角的影响？能否消除仪器竖轴倾斜引起的测角误差？

14. 经纬仪有哪些主要轴线？各轴线间应满足什么条件？为什么？若不满足，应如何进行检验与校正？

15. 检验视准轴垂直于横轴时，为什么选定的目标应尽量与仪器同高？而检验横轴垂直于竖轴时，为什么目标点要选的高些，而在墙上投点时又要把望远镜放平？

第4章　距离测量与直线定向

【教学目标】

熟悉直线丈量的常用工具；理解直线定线的意义与方法、一般直线丈量的方法，理解直线丈量中存在的误差；掌握光电测距仪的基本原理及使用；正确理解掌握直线定向的内容。

4.1　距离测量的仪器及工具

地面两点间的距离是推算点坐标的重要元素之一，因而距离测量也是最常见的测量工作。按照测量工作精度要求的不同，可采用不同的工具、不同的方法来进行距离测量。丈量所用的工具有如下几种：

(1)钢尺：是最常用的量距工具，它一般由带状薄钢片制成，卷放在圆形盒内或金属架上。如图4.1所示。钢尺宽10~20mm，长度常用的有20m、30m、50m等几种。钢尺的基本分划为毫米，在厘米、分米和整米处都有数字注记。

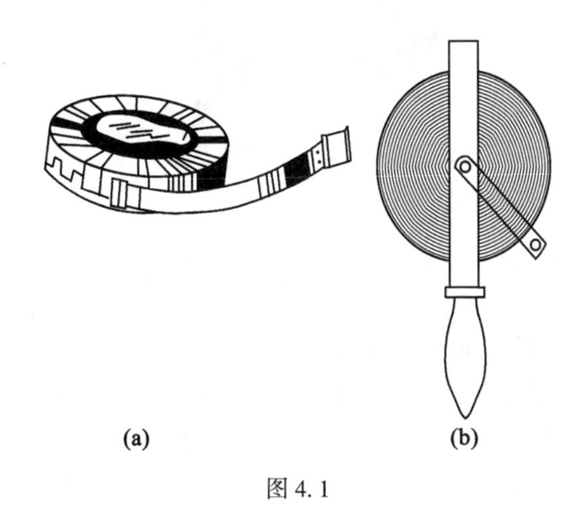

图4.1

按尺上零点位置的不同，钢尺有端点尺和刻线尺之分。端点尺是以尺的最外端点作为尺的零点，如图4.2(a)所示，当从建筑物墙边开始丈量时，较为方便。刻线尺是以尺身前端的一分划线作为尺的零点，如图4.2(b)所示。在丈量之前，必须注意查看尺的零点、分划及注记，以防出现差错。

由于钢尺抗拉强度高，使用时不易伸缩，故量距精度较高，多用于导线测量、工程测

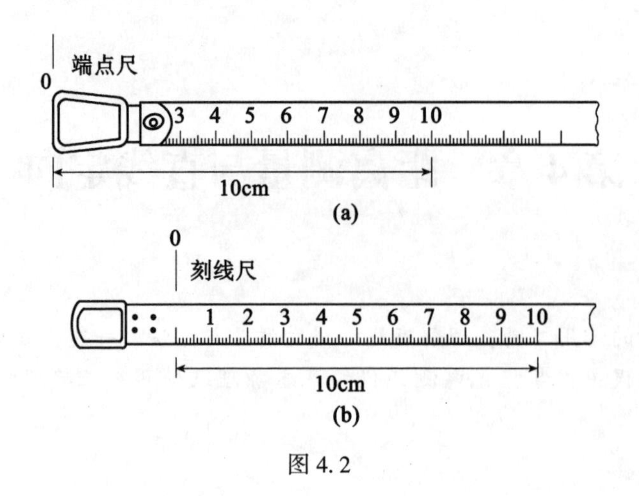

图 4.2

设等。

(2)皮尺：多由麻布及细金属丝编织而成，亦成带状，卷放在圆盒内，一般长为 20m、30m、50m 等几种，如图 4.3 所示。皮尺基本分划分为厘米，有分米、米注记，两面涂有防腐油漆。由于皮尺受潮易伸缩，受拉易伸长，尺长变化较大，所以常用于精度较低的量距中，如大比例尺地形测图、概略量距等。

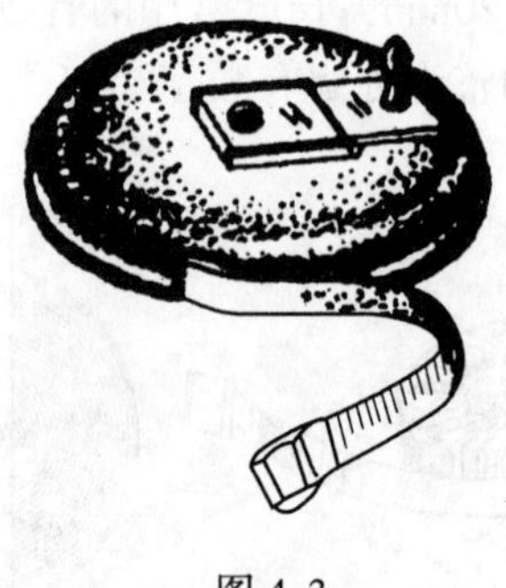

图 4.3

(3)标杆：多由直径约 3cm 的木杆制成，一般长为 2~4m，杆身涂有红白相间的 20cm 色段，下端装有铁脚，以便插在地面上或对准点位，用以标定直线点位或作为照准标志。

(4)测钎：用长 30~40cm、直径 3~6mm 的铁丝制成，上部弯一个小圈，可套入环内，在小圈上系一醒目的红布条，下部尖形，6~8 根组成一组，用以标定尺点的位置和便于统计所丈量的整尺段数，也可作为照准的标志。

(5)垂球：用钢或铁制成，上大下尖呈圆锥形，一般重为 0.05~0.5kg 不等。垂球大头用耐磨的细线吊起后，要求细线与垂球尖在一条垂线上。多用于在斜坡上丈量水平距离时对准尺点。

(6)木桩：用坚硬木料，根据需要制成不同规格的方形或圆形木棒，下部尖形，顶面平整，用以标定点位，一般直径为3~5cm、长20~25cm。打入地面后，留有1~2cm余量，桩顶上画有“十”字，“十”字中点常钉小钉，以标示点的精确位置。

(7)电磁波测距仪：用电磁波作为载波的测距仪器来测量两点间距离的一种方法，具有测距精度高、速度快、不受地形条件影响等优点。

4.2 钢尺一般量距的方法

当量距精度在1/3000~1/1000之间时，可用钢尺按一般直线丈量的方法进行。钢尺一般量距是指采用目估法标杆定线，整尺法丈量、目估将钢尺拉平丈量。

4.2.1 平坦地段直线丈量

当丈量地面上A、B两点间的水平距离时，先在A、B点上打入木桩，桩顶钉一小钉表示点位，清除直线上的障碍物，并在直线端点A、B的外侧各立一标杆，以标定直线的方向。

丈量工作一般由3人协同作业，一人为后尺员，一人为前尺员，另一人为记录员。后尺员拿钢尺的零端放在A处，前尺员持钢尺的末端，携带标杆和测钎沿丈量方向前进，行到一整尺处停下，侧身立好标杆，听从后尺员指挥，左右移动，直到标杆位于AB直线上为止。然后，两人用均匀的力拉直钢尺，前尺员喊“预备”，此时，两人同时用标准拉力沿AB直线拉紧钢尺(一般30m钢尺拉力为100N，50m钢尺拉力为150N)，并使之平稳，后尺员把钢尺的零点分划线对准A点时喊“好”，这时，前尺员用测钎对准钢尺的末端分划垂直地插入地下，定出点1，即量得第一尺段。接着，前、后尺员将尺举起前进，以相同的方法，量取其余整尺段，直到B点前不足一整尺的余尺段，前尺员喊“预备”，用标准拉力拉紧钢尺，后尺员把零点分划对准最后一个测钎时喊“好”，此时，前尺员读取B点在钢尺上的读数。记录员记下整尺段数及B点读数。以上过程为往量，如图4.4所示。

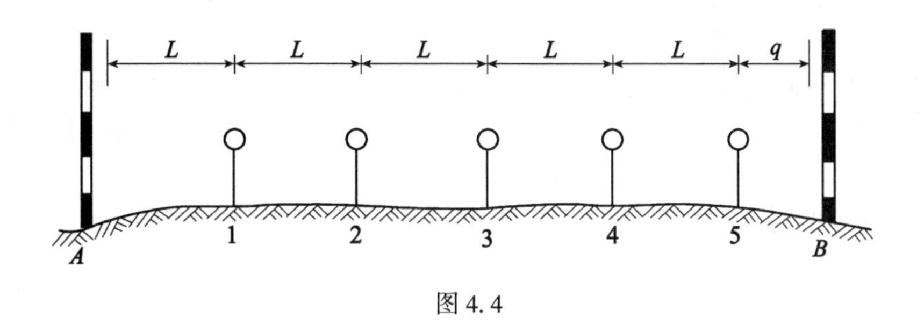

图4.4

A、B间的水平距离D_{AB}可按下式计算：

$$D_{AB}=nL+q \tag{4.1}$$

式中，n——整尺段数；

L——钢尺长度，m；

q——不足一整尺的余长，m。

为了防止丈量错误和检核量距精度，一般要往、返各量一次。返量时，要重新定线丈量，取往、返量距离的平均值作为量距结果。量距精度通常用相对误差 K 来衡量。为了便于比较，通常 K 的表示式化为分子为 1 的分数形式，分母数越大，说明精度越高。

$$K=\frac{|D_{往}-D_{返}|}{D_{平均}}=\frac{1}{\dfrac{D_{平均}}{|D_{往}-D_{返}|}} \tag{4.2}$$

式中，$D_{平均}=\frac{1}{2}|D_{往}+D_{返}|$。

在平坦地区，钢尺量距的相对误差一般应不高于 $\frac{1}{3000}$，在量距困难地区，其相对误差也应不高于 $\frac{1}{1000}$。适用于工程要求的量距精度见有关规范。量距记录手簿见表 4.1。

表 4.1　　**距离测量记录手簿**　　（单位：m）

工程名称：×-×　　日期：　年　月　日　　量距者：×××；×××

钢尺型号：5#(30m)　　天气：晴　　记录者：×××

测线		整尺段	零尺段	总计	较差	精度	平均值	备注
AB	往	6×30	6.430	186.430	0.040	$\frac{1}{4700}$	186.410	
	返	6×30	6.390	186.390				

在丈量时，也可采用单程双对用两把钢尺同时丈量。

4.2.2　倾斜地段直线丈量

1. 平量法

当两点间高差不大时，可抬高钢尺的一端，使尺身水平进行丈量，如图 4.5 所示。欲丈量 A、B 两点间的水平距离，先将钢尺零点分划对准 A 点，拉平钢尺，然后用垂球将钢尺上某分划线投到地面 1 点，此时在尺上读数，即得 A—1 尺段的水平距离，同法丈量 1—2、2—3、3—B 尺段。在丈量 3—B 时，应注意使垂球尖对准 B 点。各尺段丈量结果的总和就是欲测的 A、B 两点间的水平距离。

在丈量时，仍要注意拉直钢尺，并使各点位于 AB 直线上。

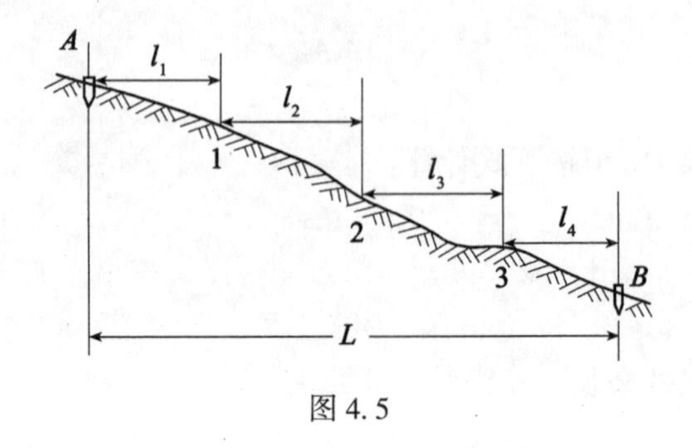

图 4.5

2. 斜量法

当两点间高差较大时，如图 4.6 所示，前尺员无法将钢尺尺身水平，可直接丈量 A、B 间的斜距 L，用经纬仪测出地面的倾斜角 α 或 A、B 两点的高差 h，按下式计算出 A、B 两点间的水平距离：

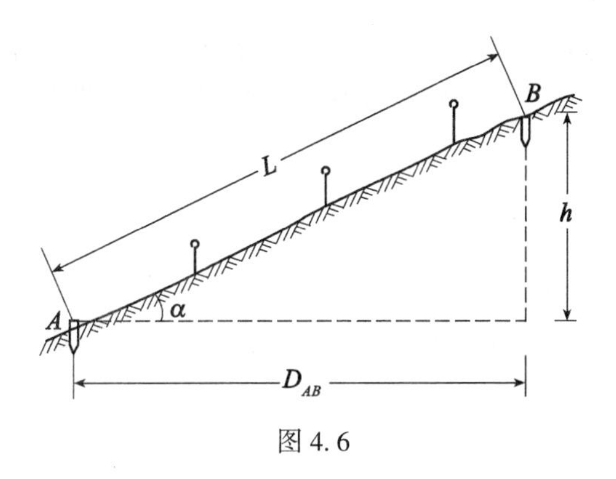

图 4.6

$$D_{AB} = L \cdot \cos\alpha \tag{4.3}$$

或

$$D_{AB} = \sqrt{L^2 - h^2} \tag{4.4}$$

4.2.3 钢尺丈量的注意事项

钢尺丈量的注意事项有以下几点：

(1)丈量前，应将钢尺交有关部门进行检定。

(2)丈量时，定线要直，尺子要平，拉力要匀，投点要稳，对点要准。

(3)注意零点位置，防止“6”与“9”误读，“10”与“4”听错。计算时，不要丢掉整尺段数。

(4)爱护钢尺。钢尺性脆易折，丈量时，不许在地上拖拉，不许行人践踏，不许车辆碾压，不许打卷硬拉。钢尺易锈，用后应擦净泥沙，涂上机油存放。

(5)不准用垂球尖凿地，敲打山石，不准把标杆当“标枪”、把测钎当“飞镖”投掷。

(6)收工时，要点清所有工具，以防丢失。

4.3 电磁波测距

4.3.1 概述

电磁波测距也称光电测距，它是用电磁波(光波、微波)作为载波的测距仪器来测量两点间距离的一种方法，具有测距精度高、速度快、不受地形条件影响等优点，已逐渐代替常规距离测量。

电磁波测距仪按其所采用的载波可分为微波测距仪、激光测距仪、红外测距仪；按测程可分为短程(测距在 3km 以内)测距仪、中程(测距在 3～15km)测距仪、远程(测距在 15km 以上)测距仪；按光波在测段内传播的时间测定可分为脉冲法测距仪和相位法测距仪。

微波测距仪和激光测距仪多用于远程测距，红外测距仪用于中、短程测距。在工程测量和地形测量中，大多采用相位法短程红外测距仪。

4.3.2　电磁波测距仪的基本结构

电磁波测距仪主要包括测距仪、反射棱镜两部分。测距仪上有望远镜、控制面板、液晶显示窗、可充电电池等部件；反射棱镜有单棱镜和三棱镜两种，用来反射来自测距仪发射的红外光。

4.3.3　相位法测距原理

欲测量 A、B 两点间的水平距离(如图 4.7 所示)，在 A 点安置测距仪，B 点安置反光镜。测距仪发出一束红外光由 A 点传到 B 点，再回到 A 点，则 A、B 两点间的水平距离 D 为

$$D=\frac{1}{2}ct \tag{4.5}$$

式中，c——电磁波在大气中的传播速度，m/s；

t——电磁波在所测距离间的往返传播时间，s。

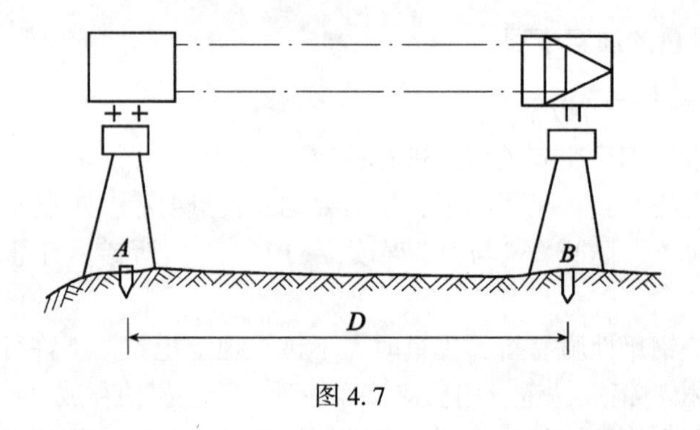

图 4.7

由式(4.5)可知，测距的精度取决于测定时间的精度，若要求测距精度达到±1cm，那么时间的精度就要达到 6.7×10^{-11}s，要达到这样高的记时精度是很难的。因此，为了提高测距精度，可采用间接的方法，即将距离与时间的关系转化为距离与相位的关系，从而求出所测距离。

如图 4.8 所示，测距仪在 A 点发射调制光，在 B 点安置反光镜，调制光的频率为 f，周期为 T，相位为 φ，波长的个数为 $\varphi/2$，整波的波长为 λ，D 为欲测 A、B 两点的距离。调制光从发射到接收经过了往返路程，其行程表示为 $2D$，则

$$2D=\lambda\,\frac{\varphi}{2\pi}=\lambda\,\frac{2\pi N+\Delta\varphi}{2\pi}$$

$$D=\frac{\lambda}{2}(N+\Delta N) \tag{4.6}$$

式中，N——整尺段数；

ΔN ——不足一整尺段的余长。

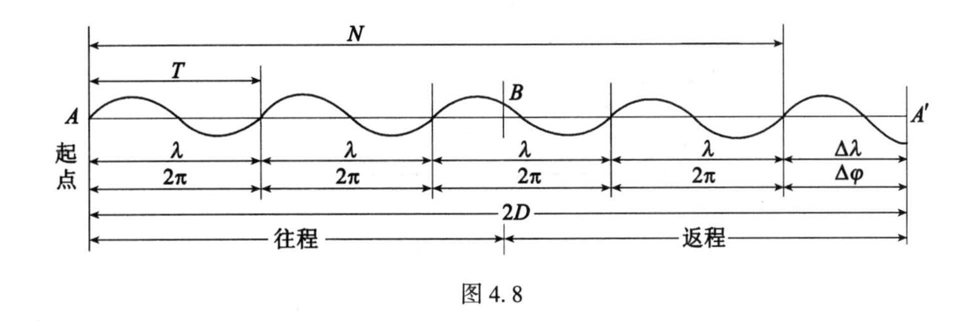

图 4.8

测距仪上的测量相位的装置只能分辨 0~2π 相位的变化，即只能测出 ΔN，不能测出 N 值，为了精确测距，一般采用不同频率的调制光进行测量。目前，短程测距仪采用两个调制波的频率：一个频率为15MHz，测尺长度为 10m；一个频率为 150 kHz，测尺长度为 1000m。两者衔接起来，1000m 以内的测距数字就可直接显示出来。

4.3.4 测距仪的使用

(1)在待测距离的一端(测站点)安置经纬仪和测距仪，经纬仪对中、整平，打开测距仪的开关，检查仪器是否正常。

(2)在待测距离的另一端安置反射棱镜，反射棱镜对中、整平后，使棱镜反射面朝向测距仪方向。

(3)在测站点上用经纬仪望远镜瞄准目标棱镜中心，按下测距仪操作面板上的测量功能键进行测量距离，显示屏即可显示测量结果。

4.3.5 测距仪使用的注意事项

(1)在阳光或雨天作业，一定要撑伞。

(2)测线两侧或镜站反面应避开发热物体和反射物体。

(3)当能见度低或大气湍流强烈时，为提高接收系统的信噪比，可增多反射镜块数，以增加回光信号强度，提高测距精度。

(4)电池要注意及时充电，不用时电池要充电后存放。

4.4 间接量距的方法

在实际工作中，由于待测点之间不通视或者采用钢尺直接量距不便时，按照常规量距方法不能够顺利完成任务，可考虑采用间接量距的方法进行。间接量距的基本原理如下：

如图 4.9 所示，A、B 两点通视，但采用钢尺直接量取距离不便，则可以选择一点 C，使得 3 点相互通视，且 A、C 之间的距离 S_{AC} 较短，并且使得 AB 与 AC 相互垂直，那么，只需要测定 $\angle C$ 与 B、C 之间的距离 S_{BC}，即可得到 A、B 之间的距离 S_{AB}，$S_{AB}=S_{BC}\cdot\sin C$。

若使 AB 与 AC 相互垂直存在困难，需要测定 $\angle C$、S_{AC}、S_{BC}，采用余弦定理可得到 A、

B 之间的距离

$$S_{AB} = \sqrt{S_{BC}^2 + S_{AC}^2 - 2S_{BC} \cdot S_{AC} \cdot \cos c}$$

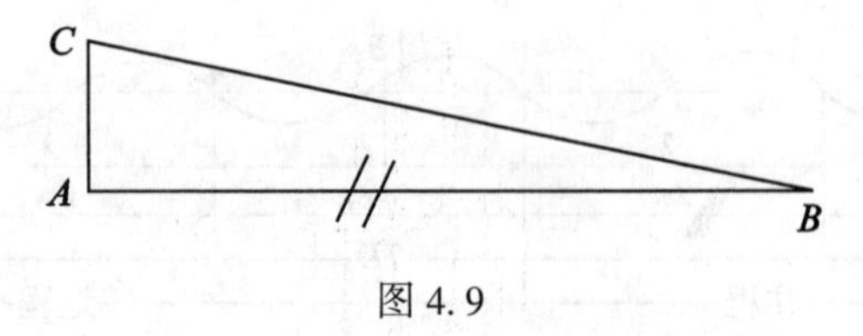

图 4.9

4.5 直线定向

测量工作中，一条直线的方向是根据某一标准方向来确定的。确定一条直线与标准方向之间的水平夹角，称为直线定向。测量上作为定向依据的标准方向线有：真子午线、磁子午线、坐标纵轴线三种，三者的关系如图 4.10 所示。其中，δ 为磁偏角，γ 为子午线收敛角。

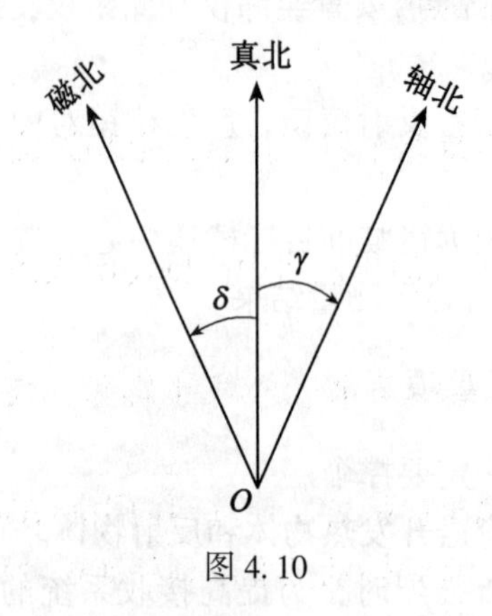

图 4.10

4.5.1 标准方向线

1. 真子午线方向

过地面上一点的子午面与地球表面的交线，称为该点的真子午线方向。真子午线方向可用天文观测和陀螺经纬仪来测定。

2. 磁子午线方向

磁针在某点上自由静止时所指的方向线，就是该点的磁子午线方向。磁子午线方向可用罗盘仪测定。

3. 坐标纵轴线方向

通过地面上某点平行于高斯投影平面直角坐标系 x 坐标轴的方向线，称为该点的坐标纵轴线方向。

4.5.2 方位角和象限角

地面上一条直线的方向通常采用方位角或象限角来表示。

1. 方位角

以过直线一端点的标准方向的北端顺时针旋转到该直线的水平夹角，称为该直线的方位角，角值为0°~360°，如图4.11所示。

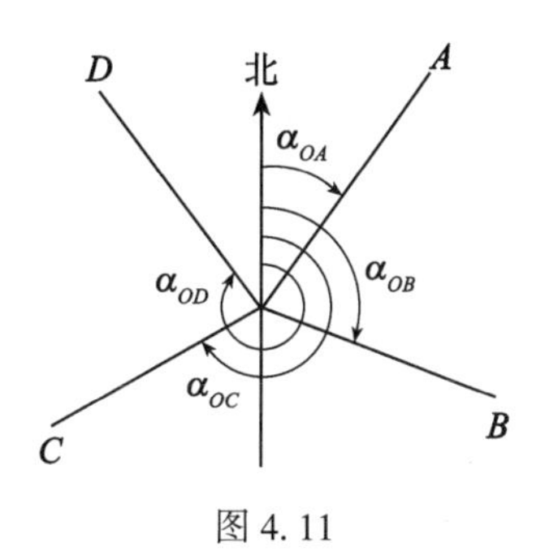

图4.11

由真子午线北端(简称真北)起算的方位角称真方位角，用A表示。

由磁子午线北端(简称磁北)起算的方位角称磁方位角，由A_m表示。

由平行于坐标纵轴的北端(简称轴北)起算的方位角称坐标方位角，用α表示。

根据真北、磁北、轴北三者方向的关系(见图4.10)，方位角有以下几种换算关系：

$$A=A_m\pm\delta(\delta\text{东偏为正，西偏为负}) \tag{4.7}$$

$$A=\alpha\pm\gamma(\gamma\text{以东为正，以西为负}) \tag{4.8}$$

利用式(4.7)和式(4.8)解得

$$\alpha=A_m\pm\delta\mp\gamma \tag{4.9}$$

如图4.12所示，A为直线起点，B为终点，则直线AB的坐标方位角为α_{AB}，直线BA的坐标方位角α_{BA}，又称为直线AB的反坐标方位角。在同一坐标系中，各点的坐标纵轴线是互相平行的，所以

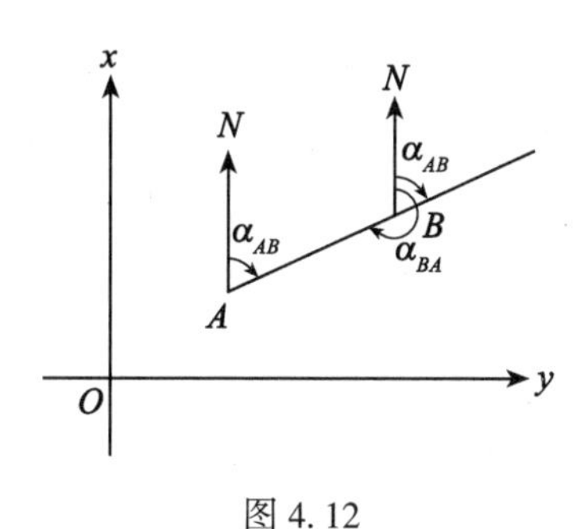

图4.12

$$\alpha_{BA}=\alpha_{AB}\pm180° \tag{4.10}$$

在一般测量工作中均采用坐标方位角进行定向。

2. 象限角

一直线与坐标纵轴线的南、北方向所夹的锐角称为象限角，常用 R 表示。其角值为 0°~90°，如图 4.13 所示。

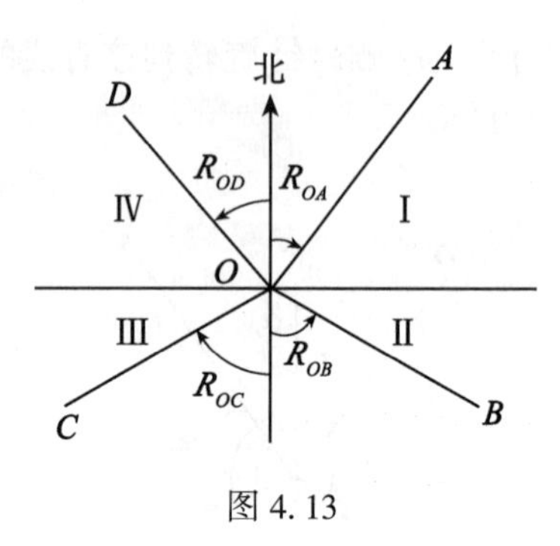

图 4.13

3. 坐标方位角和象限角的换算

坐标方位角和象限角的换算关系见表 4.2。

表 4.2　**坐标方位角与象限角的换算关系**

直线方向	由坐标方位角推算象限角	由象限角推算坐标方位角
北东，第Ⅰ象限	$R=\alpha$	$\alpha=R$
南东，第Ⅱ象限	$R=180°-\alpha$	$\alpha=180°-R$
南西，第Ⅲ象限	$R=\alpha-180°$	$\alpha=180°+R$
北西，第Ⅳ象限	$R=360°-\alpha$	$\alpha=360°-R$

4.6　距离测量的误差分析

用钢尺进行直线丈量时，误差主要来自以下几个方面：

(1)尺长误差。丈量所使用的钢尺虽然已经过检定，并在丈量结果中进行了尺长改正，但由于钢尺检定时的精度一般为 1/100000，因此丈量结果中仍有微小的误差。若使用未检定过的钢尺丈量，则尺长误差更大，并随着距离增长而变大。

(2)拉力误差。拉力的大小会使钢尺的长度产生变化。根据力学定律，若拉力误差为 50N，对于 30m 的钢尺会产生 1.7mm 的误差。

(3)温度变化的误差。在大多数情况下丈量时所测的温度是空气温度，并不是钢尺本身的温度。当沿地面丈量时，尺身的温度与空气温度相差较大。例如相差 4℃时，对 30m 的钢尺来说，由此产生的误差可达 1.5mm，为尺长的 1/20000。

(4)尺身不水平的误差。在丈量时，若尺身不水平将会使所量的水平距离增大。对于 30m 的钢尺，若目估尺身水平的误差为 0.3m，由此而产生的丈量误差可达 1.5mm。若丈量斜距时，由于测量高差不准确而引起的水平距离误差与高差成正比，与所量尺段长成反比。

(5)定线误差。定线不准确，将会使所丈量的直线变成折线，使得丈量结果变大。这种情况与钢尺不水平相似，只是钢尺不水平是在竖直面内倾斜，而定线不准确是在水平面内偏斜。若尺段偏离直线方向 0.3m，也将产生 1.5mm 的定线误差。

(6)钢尺垂曲误差。当悬空丈量时，钢尺因自重而产生下垂，从而使所量距离出现误差。所以，在钢尺检定时，应分悬穿与平放两种情况进行，得出各自的尺长改正数，计算时，若按实际作业情况采用相应的尺长改正数，则可不考虑该项误差。

(7)丈量本身的误差。主要包括钢尺的刻划误差、对点不准确、读数误差以及外界条件影响等。一般而言，这些误差在丈量结果中可以抵消一部分，但不能完全消除，这也是丈量工作中的一项重要的误差来源。

由于建筑工程项目较多，对距离丈量的精度要求往往相差很大。因此，丈量距离时，应根据不同工程的精度要求采用相应的措施。

【本章小结】

本章主要介绍了距离丈量和直线定向的基本内容：

(1)钢尺量具常用的工具有钢尺、皮尺、测钎、光电测距仪等。钢尺量距适用于平坦地区的短距离量距，易受地形限制。

(2)电磁波测距是用仪器发射并接收电磁波，通过测量电磁波在待测距离上往返传播的时间计算出距离，这种方法测距精度高、测程远，一般用于高精度的远距离测量和近距离的细部测量。

(3)确定直线与标准方向线之间的夹角关系的工作，称为直线定向。标准方向线有三种：真子午线方向、磁子午线方向、坐标纵轴方向。同理，由于采用的标准方向不同，直线的方位角也有三种：真方位角、磁方位角和坐标方位角。

◎ 习题和思考题

1. 简述直线丈量的一般方法。
2. 什么是直线定线？丈量时为什么要进行直线定线？如何进行直线定线？
3. 用钢尺量距时，会产生哪些误差？
4. 直线定向的目的是什么？它与直线定线有何区别？
5. 标准方向有哪几种？它们之间有什么关系？

第5章　测量误差的基本知识

【教学目标】

了解观测值、观测误差的概念，认识观测条件对观测值质量的影响，熟知测量平差的任务，掌握误差的分类，学会区分偶然误差及系统误差，学会运用误差传播率同时了解测量计算中数字凑整规则。同时，能够运用测量基本知识，理解各等级平面高程控制网中精度指标的含义，从而能在实际的测量工作中正确选择控制网等级、测量仪器和测量方法等。

5.1　测量误差的概念

5.1.1　观测值与观测误差

通过测量仪器、工具等任何手段获得的以数字形式表示的空间信息，称为观测值，如用仪器观测地面上两点的角度值、距离值、高差值等。

对某一未知量在相同条件下进行若干次观测，每次所得结果是各不相同的。比如，在测量中对一段距离、一个角度或两点间的高差在相同条件下进行多次重复观测都会出现这种情况。但是，只要不出现错误，每次所得的观测值是非常接近的，这些值与所观测的量的真值或理论值相差无几。我们把观测值与真值或理论值之间的差异称为观测误差，简称真误差或误差，用Δ表示。

若用L表示观测值，$\tilde{L}$表示真值，则观测误差Δ的定义为

$$\Delta = \tilde{L} - L \tag{5.1}$$

本节讨论的对象与目的就是通过对误差的研究求得所观测量的最可靠值(最或是值)，评定观测的可靠程序(精度)。为保证测量结果满足规范与施工精度的要求，保证质量，可以在未施测之前，选用相应的一种类型和方法。

在测量过程中，也会因各种原因出现某些错误。错误是不属于误差范围的另一类问题，因为错误是由于粗心大意或操作错误所致，错误的结果与观测值的量无任何内在关系。尽管错误难以完全杜绝，但是可以通过观测与计算中的步步校核，把它从成果中剔除掉，从而保证成果的正确可靠。

5.1.2　误差的来源

观测误差产生的原因是多种多样的，但由于任何观测值的获取都要具备人、仪器、外

界环境这三种要素，所以观测误差产生的原因可归结为以下三方面：

1. 仪器工具的影响

仪器误差的影响可分为两个方面，一是仪器本身固有的误差，给观测结果带来误差影响，如用只有厘米分划的水准尺进行水准测量时，就很难保证在厘米以下的读数准确无误；二是仪器检校时的残余误差，如水准仪的视准轴不平行于水准轴而产生的 i 角误差等。

2. 观测者的影响

人的感觉器官有一定的限度，特别是人的眼睛分辨能力具有局限性，在仪器的安置、对中、整平、照准、读数等方面都会给测量成果带来误差。同时，在观测过程中，操作的熟练程度、习惯都有可能给测量成果带来误差。

3. 外界环境的影响

观测时所处的外界条件，如温度、湿度、风力、大气折光等因素，都会对观测结果直接产生影响；同时，随着温度的高低、湿度的大小、风力的强弱以及大气折光的不同，它们对观测结果的影响也随之不同，因而在这种客观环境下进行观测，就必然使观测的结果产生误差。

上述仪器、观测者、外界环境三方面的因素是引起误差的主要来源。因此，我们把这三方面的因素综合起来称为观测条件。不难想象，观测条件的好坏与观测成果的质量有着密切的联系。当观测条件好时，观测中产生的误差平均说来就可能相对小些，因而观测质量也会高些；反之，当观测条件差时，观测成果的质量就会低些。如果观测条件相同，观测成果的质量也就可以说是相同的。所以说，观测成果的质量高低客观地反映了观测条件的优劣，也可以说，观测条件的好坏决定了现测成果质量的高低。

但是，不管观测条件如何，在整个观测过程中，由于受到上述因素的影响，观测的结果就会产生这样或那样的误差。从这个意义上来说，在测量中产生误差是不可避免的，即误差存在于整个观测过程中，称为误差公理。

5.1.3 误差的分类

根据观测误差对观测结果影响的性质，可将误差分为系统误差和偶然误差(随机误差)两种。

1. 系统误差

在相同的条件下，做一系列观测，其误差常保持同一数值、同一符号，或者随观测条件的不同，其误差按照一定的规律变化，这种误差称为系统误差。例如，有一根长度(名义长度)为 50m 的钢尺，实际长度为 49.9955m，用这根钢尺每量取一整尺就会比实际距离多出 4.5mm，所丈量的距离越长，比实际长度多出的限值就越多；另外，用钢尺量距时，气温的升降会使尺子相应地伸缩，所量的长度就会比实际长度偏大或偏小。再如，水准仪的水准管轴不平行于视准轴，进行水准测量时，水准尺距仪器的距离越大，其误差也会越大。所以，系统误差有积累的特性，符号与数值大小有一定的规律。系统误差的产生主要由仪器工具本身的误差和外界条件变化所引起。此外，观测者的习惯也能带来系统误差，这种误差通常是难以发现的。

对于系统误差可采用两种办法加以消除或抵消：第一种方法是通过计算改正加以消

除，如在用钢尺量距时进行尺长、温度和倾斜的改正；第二种方法是在观测时采用适当措施加以抵消，如经纬仪观测时用正倒镜取平均值可以抵消视准轴不垂直于横轴和横轴不垂直于竖轴的误差，在水准测量中，前后视距相等可以抵消水准管轴不完全平行于视准轴的误差，同时也可以抵消地球曲率和大气折光的影响。此外，应尽量提高观测者的技能与熟练程度，最大限度地减少人为影响。

2. 偶然误差

在相同的观测条件下进行一系列的观测，如果误差在大小和符号上都表现出偶然性，即从单个误差看，该系列误差的大小和符号没有规律性，但就大量误差的总体而言，具有一定的统计规律，这种误差称为偶然误差，如观测时的照准误差，读数时的估读误差等，都属于偶然误差。

偶然误差产生的原因是多种多样的，且偶然误差与系统误差是同时发生的。如前所述，系统误差通过计算和在观测时可以采取相应措施加以消除或抵消，虽不可能完全为零，但却大大地减弱了。系统误差与偶然误差相对而言处在次要的地位，起主导作用的是偶然误差。所以，本节讨论的对象就是偶然误差及其特性，以及在一系列带有偶然误差的观测值中，如何确定未知量的最或是值(最可靠值)及评定观测量的精度(质量)。

5.1.4　偶然误差的特性

从单个偶然误差来看，其出现的符号和大小没有一定的规律，但对大量偶然误差进行统计分析，就发现了规律，并且误差个数越多，规律越明显。

在相同的观测条件下观测了100个三角形的全部内角。由于观测结果中存在着偶然误差，三角形内角之和不等于三角形内角和的理论值(也称真值，即180°)。设三角形内角和的真值为X，三角形内角和的观测值为L_i，则三角形内角和的真误差Δ_i为

$$\Delta_i = X - L_i \tag{5.2}$$

现将217个真误差按绝对值大小及正、负号列于表5.1中。

表5.1　**偶然误差统计表**

误差所在区间	负误差个数	正误差个数	误差总数
0″~3″	23	25	48
3″~6″	13	14	27
6″~9″	8	9	17
9″~12″	3	2	5
12″~15″	1	1	2
15″~18″	1	0	1
18″以上	0	0	0
总计	48	52	100

从表5.1和图5.1中可以看出，小误差出现的个数比大误差出现的个数多；绝对值相

等的正、负误差个数几乎相同；最大误差不超过 18″。

通过大量实验统计，结果表明，当观测次数较多时，偶然误差具有如下统计特性。

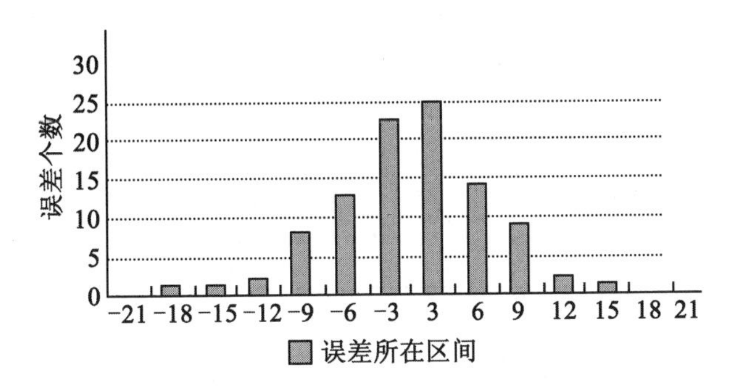

图 5.1 偶然误差统计直方图

(1)在一定的观测条件下，偶然误差的绝对值不会超过一定的限值，即有界性。

(2)绝对值小的误差比绝对值大的误差出现的可能性大，即偶然性或随机性。

(3)绝对值相等的正、负误差出现的可能性相等，即对称性。

(4)同一量的等精度观测，其偶然误差的算术平均值随着观测次数的无限增加而趋近于0，即

$$\lim_{n\to\infty}\frac{[\Delta]}{n}=0 \tag{5.3}$$

式中，$[\Delta]=\Delta_1+\Delta_2+\cdots+\Delta_n$，$n$ 为观测次数。

在测量学中，以“[·]”表示取括号中变量的代数和，即 $[\Delta]=\sum\Delta$。

偶然误差的特性(4)由特性(3)导出，说明偶然性误差具有抵偿性。

为了简单而形象地表示偶然误差的上述特性，下面以偶然误差的大小为横坐标，以其相应出现的个数为纵坐标，画出偶然误差大小与其出现个数的关系曲线，如图 5.2 所示，这种曲线又称为误差分布曲线。误差分布曲线的峰愈高、坡愈陡，表明绝对值小的误差出现较多，即误差分布比较密集，反映观测成果质量好；曲线的峰愈低、坡愈缓，表明绝对值大的误差出现较少，即误差分布比较离散，反映观测成果质量较差。

偶然误差特性图中的曲线符合统计学中的正态分布曲线，标准误差的大小反映了观测精度的低高，即标准误差越大，精度越低；反之，标准误差越小，精度越高。

5.2 衡量精度的标准

测量的任务不仅是对同一量进行多次观测，求得它的最后结果；同时，还必须对测量结果的质量及精度进行评定。这里所说的精度是指对某个量进行多次同精度观测中，其偶然误差分布的离散程度。观测条件相同的各次观测，称为等精度观测，但每次的观测结果之间又总是不完全一致。

测量工作中，观测对象的真值只有一个，而观测值有无数个，其真误差也有相同的个数，有正有负，有大有小。以真误差的平均值作为衡量精度的标准非常不实用，因为真误

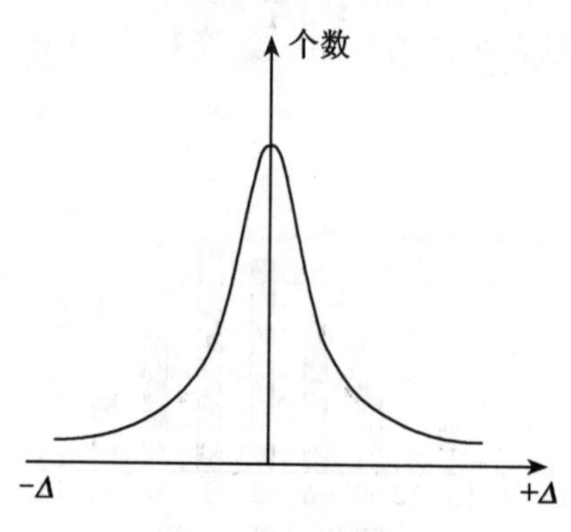

图 5.2　偶然误差特性

差的平均值都趋近于 0。以真误差绝对值的大小来衡量精度也不能反映这一组观测值的整体优劣。因而，测量中引用了数理统计中均方差的概念，并以此作为衡量精度的标准。具体到测量工作中，以中误差、相对中误差和容许误差作为衡量精度的标准，中误差越大，精度越低；反之，中误差越小，精度越高。

5.2.1　中误差

设在相同的观测条件下，对某量进行了 n 次观测，其观测值为 l_1，l_2，…，l_n，相应的真误差为 Δ_1，Δ_2，…，Δ_n，则中误差为

$$m = \pm\sqrt{\frac{[\Delta\Delta]}{n}} \tag{5.4}$$

【例 5.1】对某一三角形之内角用不同精度进行两组观测，每组分别观测 10 次，两组分别求得每次观测所得三角形内角和真误差为

第一组：+4″，+3″，+5″，−2″，−4″，−1″，+2″，+3″，−6″，−2″

第二组：+3″，+5″，−5″，−2″，−7″，−1″，+8″，+3″，−6″，−1″

试求这两组观测值的中误差。

【解】

$$m_1 = \sqrt{\frac{4^2+3^2+5^2+2^2+4^2+1^2+2^2+3^2+6^2+2^2}{10}} = \pm 3.5''$$

$$m_2 = \sqrt{\frac{3^2+5^2+5^2+2^2+7^2+1^2+8^2+3^2+6^2+1^2}{10}} = \pm 4.7''$$

比较 m_1 和 m_2 可知，一组的观测精度比二组高。

在测量中，有时并不知道所观测量的真值，而只能用观测值求得它的算术平均值，然后再求每个观测值的改正数 v。如果观测次数为 n，改正数也有 n 个，用改正数求中误差的公式为

$$m = \pm\sqrt{\frac{[vv]}{n-1}} \tag{5.5}$$

关于这个公式的来源，本章 5.4 节再讨论。

中误差所代表的是某一组观测值的精度，而不是这一组观测中某一次的观测精度。

5.2.2 相对中误差

在某些情况下，单用中误差还不能准确地反映出观测精度的优劣。例如，丈量了长度为100m和200m的两段距离，其中误差均为±0.01m，显然不能认为这两段距离的精度相同。这时，为了更客观地反映实际情况，还必须引入相对中误差的概念，以相对中误差K来作为衡量精度的标准。

相对中误差是中误差的绝对值与相应观测值之比，并用分子为1的分数来表示，即

$$K=\frac{|m|}{D}=\frac{1}{D/|m|} \tag{5.6}$$

在上例中，$K_1=0.01/100=1/10000$，$K_2=0.01/200=1/20000$。显然，后者的精度比前者精度高；如K中分母越大，表示相对中误差精度越高，反之越低。值得注意的是，观测时间、角度和高差时，不能用相对中误差来衡量观测值的精度，这是因为观测误差与观测值的大小无关。

5.2.3 允许误差

由偶然误差的第一特性可知，在相同观测条件下，偶然误差的值不会超过一定的限度。为了保证测量成果的正确可靠，就必须对观测值的误差进行一定的限制，某一观测值的误差超过一定的限度，就认为是超限，其成果应舍去，这个限度就是允许误差，也称限差。

对大量的同精度观测进行分析研究以及统计计算，可以得出如下的结论：在一组同精度观测的误差中，其误差的绝对值超过1倍中误差的机会为32%；误差的绝对值超过2倍中误差的机会为5%；误差的绝对值超过3倍中误差的机会仅为0.3%。上述误差均指偶然误差而言。误差的绝对值超过3倍中误差的机会很小，所以在观测次数有限的情况下，可以认为大于3倍中误差的偶然误差实际上是不会出现的，所以一般情况下将3倍中误差认为是偶然误差的限差，即

$$\Delta_{\text{限}}=3\text{m} \tag{5.7}$$

在实际中，为了提高精度，在有些规范中规定偶然误差的限差为2倍中误差，即

$$\Delta_{\text{限}}=2\text{m} \tag{5.8}$$

在观测数据检查和处理工作中，常用容许误差作为精度的衡量标准。当观测值误差大于容许误差时，即可认为观测值中包含有粗差，应给予舍去不用或重测。

5.3 误差传播定律

上一节中，已经阐述了衡量一组观测值质量的精度指标，并已指出，通常采用的精度指标是中误差。但在实际测量工作中，往往会遇到某些量的大小不是直接测定的，而是由观测值通过一定的函数关系计算出来的，即常常遇到的某些量是观测值的函数。例如，水准测量中，在测站上测得后视、前视读数分别为a、b，则高差$h=a-b$。这里高差h是直接观测量a、b的函数。显然，当a、b存在误差时，h也受其影响而产生误差，这种关系

称为误差传播。阐述这种函数关系的定律称为误差传播定律。误差传播定律随函数的不同而不同，下面按照从简到繁的函数形式来叙述。

5.3.1　倍乘函数

设有函数

$$z = kx \tag{5.9}$$

式中，k 为没有误差的常数；x 为观测值。

当观测值 x 有误差 Δ_x 时，函数 z 的误差为 Δ_z，即

$$z + \Delta_z = k(x + \Delta_x) \tag{5.10}$$

式(5.10) 减去式(5.9) 得

$$\Delta_z = k\Delta_x$$

对 x 进行 n 次观测，则有

$$\Delta_{x_1} = k\Delta_{x_1}$$
$$\Delta_{x_2} = k\Delta_{x_2}$$
$$\cdots\cdots$$
$$\Delta_{x_n} = k\Delta_{x_n}$$

公式两边平方相加，再除以 n，则

$$\frac{[\Delta_z\Delta_z]}{n} = K^2 \frac{[\Delta_x\Delta_x]}{n}$$

当 $n \to \infty$ 时，两边的极限值为

$$\lim_{n\to\infty} \frac{[\Delta_z\Delta_z]}{n} = K^2 \lim_{n\to\infty} \frac{[\Delta_x\Delta_x]}{n}$$

根据中误差定义可得

$$m_z^2 = K^2 m_x^2$$
$$m_z = Km^x \tag{5.11}$$

也就是说，观测值与一常数的乘积的中误差，等于观测值的中误差乘以该常数，即其中误差仍然保持倍乘关系。

【例 5.2】在 1∶500 的地形图上测得两点之间的距离，图上的距离 $d = 42.3\text{mm}$，在地形图上量距中误差 $m_d = \pm 0.2\text{mm}$，求实地的距离 D 及中误差 m_D。

【解】

$$D = 500 \times d$$
$$= 500 \times 42.3(\text{mm}) = 21150(\text{mm})$$
$$m_D = M \times m_d = 500 \times (\pm 0.2)(\text{mm}) = \pm 100(\text{mm})$$

5.3.2　和或差函数

设有函数

$$z = x \pm y \tag{5.12}$$

当 x 与 y 分别含有真误差 Δ_x 与 Δ_y 时，则函数 z 也会产生真误差 Δ_z，由式(5.12) 可得

$$z + \Delta_z = (x + \Delta_x) \pm (y + \Delta_y) \tag{5.13}$$

式(5.13)减去式(5.12)得

$$\Delta_z = \Delta_x \pm \Delta_y$$

设 x 与 y 都观测了 n 次，则有

$$\Delta_{z_1} = \Delta_{x_1} \pm \Delta_{y_1}$$
$$\Delta_{z_2} = \Delta_{x_2} \pm \Delta_{y_2}$$
$$\cdots\cdots$$
$$\Delta_{z_n} = \Delta_{x_n} \pm \Delta_{y_n}$$

公式两边平方相加再除以 n 得

$$\frac{[\Delta_z\Delta_z]}{n} = \frac{[\Delta_x\Delta_x]}{n} + \frac{[\Delta_y\Delta_y]}{n} \pm 2\frac{[\Delta_x\Delta_y]}{n}$$

当 $n \to \infty$ 时，两边的极限值为

$$\lim_{n\to\infty}\frac{[\Delta_z\Delta_z]}{n} = \lim_{n\to\infty}\frac{[\Delta_x\Delta_x]}{n} + \lim_{n\to\infty}\frac{[\Delta_y\Delta_y]}{n} \pm \lim_{n\to\infty}2\frac{[\Delta_x\Delta_y]}{n}$$

由于这里 x 与 y 都是独立观测值，所以 $\Delta_x\Delta_y$ 也具有偶然误差的特性。根据偶然误差特性(4)，当 n 相当大时，$[\Delta_x\Delta_y] = 0$，故上式为

$$\lim_{n\to\infty}\frac{[\Delta_z\Delta_z]}{n} = \lim_{n\to\infty}\frac{[\Delta_x\Delta_x]}{n} + \lim_{n\to\infty}\frac{[\Delta_y\Delta_y]}{n}$$

根据中误差定义可得

$$m_z^2 = m_x^2 + m_y^2 \tag{5.14}$$

由式(5.14)推而广之，设函数 $z = x_1 + x_2 + \cdots + x_n$，$x_1$，$x_2$，$\cdots$，$x_n$ 为独立观测值，它们的中误差为 m_1，m_2，$\cdots$，m_n，则函数 z 的中误差 m_z 为

$$m_z^2 = m_1^2 + m_2^2 + \cdots + m_n^2 \tag{5.15}$$

由式(5.15)可知，和或差函数的中误差等于各个观测值中误差平方之和再开方。假设式(5.15)中

$$m_1 = m_2 = \cdots = m_n = m$$

则

$$m_z^2 = nm^2$$
$$m_2 = \pm\sqrt{n}m \tag{5.16}$$

【例 5.3】 如图 5.3 所示的测站 O，观测了 α，β，γ 三个角度，已知其中误差分别为 12″，24″，24″，求角度 δ 的中误差。

【解】

由图 5.3 可知

$$\delta = 360° - \alpha - \beta - \gamma$$

由误差传播率得

$$m_\delta^2 = m_\alpha^2 + m_\beta^2 + m_\gamma^2 = 12^2 + 24^2 + 24^2 = 1296$$
$$m_\delta = 36''$$

5.3.3 线性函数

设有独立观测值为 L_1，L_2，$\cdots$，L_n，常数 k_1，k_2，$\cdots$，k_n，线性函数 Z 的关系为

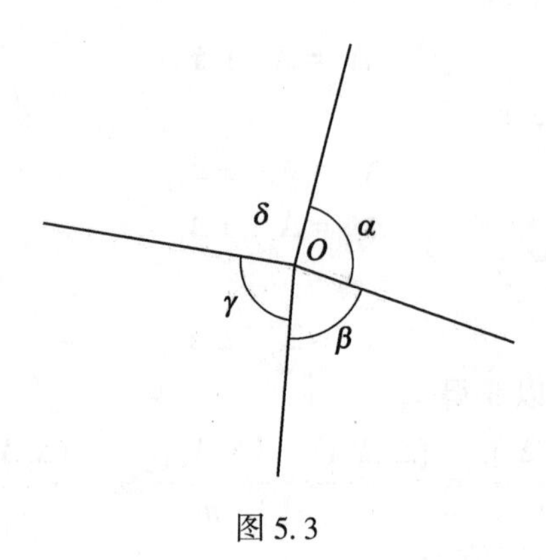

图 5.3

$$Z = k_1L_1 + k_2L_2 + \cdots + k_nL_n \tag{5.17}$$

再设 $x_1 = k_1L_1$，$x_2 = k_2L_2$，…，$x_n = k_nL_n$，则式(5.17) 可变为

$$Z = x_1 + x_2 + \cdots + x_n$$

设 L_i 观测值的中误差为 m_{L_i}，则 x_i 的中误差 $m_{x_i}^2 = k_i^2 m_{L_i}^2$，函数 Z 的中误差为

$$m_z^2 = k_1^2 m_{L_1}^2 + k_2^2 m_{L_2}^2 + \cdots + k_n^2 m_{L_n}^2 \tag{5.18}$$

式(5.18) 的推导过程是：先将线性函数简化为和或差的函数，再把每个变量化为倍数函数。由式(5.18) 可知，线性函数中误差的平方等于各常数项平方与相应观测值中误差平方乘积之和。

【例 5.4】 如图 5.4 所示的三角形 ABC 中，以同精度观测三内角 L_1，L_2，L_3。其相应中误差为 m，且观测值之间相互独立，试求：

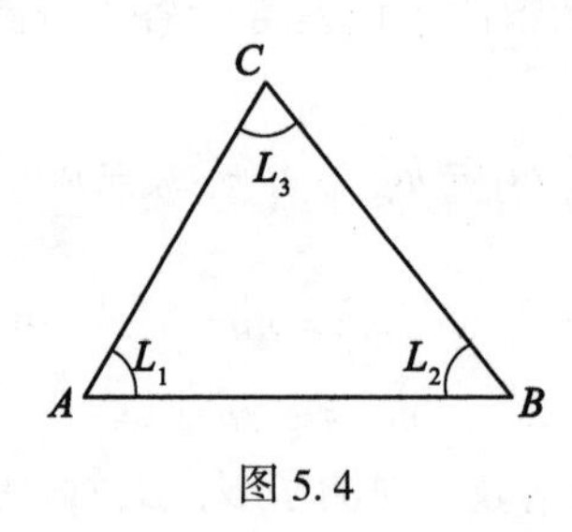

图 5.4

(1) 三角形闭合差 w 的中误差 m_w；

(2) 将闭合差平均分配后角 A 的中误差 m_A。

【解】(1) 三角形闭合差为

$$w = L_1 + L_2 + L_3 - 180°$$

由和差函数误差传播律得

$$m_w^2 = m_{L_1}^2 + m_{L_2}^2 + m_{L_3}^2 = 3m$$

三角形闭合差的中误差为　　$m_w = \sqrt{3}m$

(2) 平均分配闭合差后角 A 的表达式为

$$A = L_1 - \frac{1}{3}w$$

$$= L_1 - \frac{1}{3}(L_1 + L_2 + L_3 - 180°)$$

$$= \frac{2}{3}L_1 - \frac{1}{3}L_2 - \frac{1}{3}L_3 + 60°$$

由线性函数误差传播律得

$$m_A = \left(\frac{2}{3}\right)^2 m^2 + \left(-\frac{1}{3}\right)^2 m^2 + \left(-\frac{1}{3}\right)^2 m^2$$

$$= \frac{6}{9}m^2 = \frac{2}{3}m^2$$

所以闭合差分配后角 A 的中误差为

$$m_A = \sqrt{\frac{2}{3}}m$$

上式表明：闭合差分配后角 A 的中误差比闭合差分配钱角 A 的中误差要小，精度提高了，说明了平差的意义。

5.3.4 一般函数

设有一般函数

$$z = f(x_1, x_2, \cdots, x_n) \tag{5.19}$$

式(5.19) 中 x_1，x_2，…，x_n 为未知量的直接观测值，它们的中误差为 m_1，m_2，…，m_n，f 为关系式。则

$$d_z = \frac{\partial f}{\partial x_1}d_{x_1} + \frac{\partial f}{\partial x_2}d_{x_2} + \cdots + \frac{\partial f}{\partial x_n}d_{x_n} \tag{5.20}$$

式(5.20) 中，$\frac{\partial f}{\partial x_1}$，$\frac{\partial f}{\partial x_2}$，…，$\frac{\partial f}{\partial x_n}$ 为函数分别对 x_1，x_2，…，x_n 求偏导数，且 d_z，d_{x_1}，d_{x_2}，…，d_{x_n} 都可以用 Δ_Z，Δ_{x_1}，Δ_{x_2}，…，Δ_{x_n} 这些微小的量来代替，同时令

$$k_1 = \frac{\partial f}{\partial x_1},\ k_2 = \frac{\partial f}{\partial x_2},\ \cdots,\ k_n = \frac{\partial f}{\partial x_n}$$

则式(5.20) 为

$$\Delta_Z = k_1\Delta x_1 + k_2\Delta x_2 + \cdots + k_n\Delta x_n \tag{5.21}$$

显然，上式是一线性函数关系式。用式(5.18) 可得

$$m_z^2 = \left(\frac{\partial f}{\partial x_1}\right)^2 m_1^2 + \left(\frac{\partial f}{\partial x_2}\right)^2 m_2^2 + \cdots + \left(\frac{\partial f}{\partial x_n}\right)^2 m_n^2 \tag{5.22}$$

利用式(5.22) 可以求得观测值任何函数的中误差。式(5.22) 也称为误差传播定律的一般公式。

【例 5.5】已知长方形的厂房，经过测量，其长 x 的观测值为 90m，其宽 y 的观测值为 50m，它们的中误差分别为 2mm、3mm，求其面积及相应的中误差。

【**解**】矩形面积的函数式为　　　$S = xy$

其面积为　　　$S = xy = 90 \times 50 = 4500(\text{m}^2)$

对面积表达式进行全微分，得

$$ds = y\mathrm{d}x + x\mathrm{d}y$$

转化为真误差形式为

$$\Delta_s = y\Delta_x + x\Delta_y$$

根据式(5.21)，将上式转化成中误差形式，可得

$$m_s^2 = y^2 m_x^2 + x^2 m_y^2$$

将 x、y、m_x、m_y 的数值代入，注意单位的统一，可得

$$m_s^2 = 50000^2 \times 2^2 + 90000^2 \times 3^2 = 8.29 \times 10^{10}(\text{mm}^4)$$

面积中误差为　　　$m_s = 2.88 \times 10^5 \text{mm}^2 \approx 0.29\text{m}^2$

5.3.5　应用实例

1. 水准测量的精度

1）每测站高差限差

每测站高差 $h = a - b$，DS_3 型水准仪读数时估读毫米的误差范围为 ±3mm，即 $m_a = m_b = \pm 3\text{mm}$。由式(5.14)可得

$$m_h^2 = m_a^2 + m_b^2$$

即 $m_h = \sqrt{2} m_a = \pm\sqrt{2} \times 3 \approx \pm 4.2\text{mm} \approx \pm 5\text{mm}$，故规定 DS_3 型水准仪每测站两次高差之差范围为 ±5mm。

2）水准路线精度分析

设在 A、B 两点用水准仪测了 n 个测站，其中第 i 个测站测得的高差为 h_i，则 A、B 两点之间的高差为

$$h = h_1 + h_2 + \cdots + h_n$$

设各测站观测的高差是等精度的独立观测值，其中误差均为 $m_{站}$，即

$$m_1 = m_2 = \cdots = m_{站}$$

由式(5.11)得

$$m_h = \sqrt{n} m_{站} \tag{5.23}$$

若水准路线是在地形平坦的地区进行的，前、后两立尺间的距离 l 大致相等。设 A、B 间距离为 L，即两点测站数 $n = \dfrac{L}{l}$，代入式(5.23)得

$$m_h = \sqrt{\frac{L}{l}} m_{站}$$

若 $L = 1\text{km}$，l 以 km 为单位，代入上式后，既得 1km 路线长的高差中误差 $m_{公里}$

$$m_{公里} = \frac{1}{\sqrt{l}} m_{站}$$

当 A、B 的距离为 Lkm 时，A、B 两点间的高差中误差 m_h 为

$$m_h = \sqrt{L} m_{公里} \tag{5.24}$$

若水准测量进行了往返观测，最后观测结果为往返测高差值取中数 $\bar{h}$，则

$$m_{\bar{h}} = \frac{m_h}{\sqrt{2}} = \sqrt{\frac{L}{2}}m_{公里}$$

设 $\frac{1}{\sqrt{2}}m_{公里} = \bar{m}_{公里}$，称为1km往返高差中数的中误差，则

$$m_{\bar{h}} = \sqrt{L}\bar{m}_{公里} \tag{5.25}$$

由以上分析可看出，根据式(5.23)，当各测站高差的观测精度相同时，水准测量高差中误差与测站数的平方根成正比。由式(5.24)可知，当各测站距离大致相等时，水准测量高差中误差与距离的平方根成正比。

2. 水平角测量的精度

1) DJ_6 型光学经纬仪测角中误差

DJ_6 型光学经纬仪一测回方向中误差为 ±6″，而一测回角值为两个方向值之差，故一测回角值的中误差为

$$m_\beta = \pm\sqrt{2} \times 6'' \approx \pm 8.5''$$

2) 测回之间较差

测回法测角时，各测回之间较差的中误差应为其差值的中误差，即其差值中误差为

$$m_{\Delta\beta} = \sqrt{2}m_\beta$$

若以2倍中误差为限差，则有

$$\Delta_{限} = 2\sqrt{2}\ |\ m_\beta\ |\ = 2\sqrt{2} \times 8.5'' \approx 24.0''$$

故规定，DJ_6 型光学经纬仪用测回法测角时，各测回角值之差的范围不得超过 ±24″。

5.4　算术平均值及其中误差

5.4.1　算术平均值的原理

设相同条件下对一未知量进行观测，共 n 次，观测值为 L_1，L_2，…，L_n，所观测的真值为 X，每次观测值的真误差 Δ_1，Δ_2，…，Δ_n，则有下列公式

$$\left.\begin{array}{l}\Delta_1 = X - L_1 \\ \Delta_2 = X - L_2 \\ \cdots\cdots \\ \Delta_n = X - L_n\end{array}\right\} \tag{5.26}$$

将上式两边相加再除以 n，则有

$$\frac{[\Delta]}{n} = X - \frac{[L]}{n}$$

根据偶然误差特性(4)，则有

$$\lim_{n\to\infty}\frac{[\Delta]}{n} = 0$$

由此可知

$$X=\lim_{n\to\infty}\frac{[L]}{n}$$

从上式可知，当观测次数 n 趋向于无穷大时，算术平均值就趋向于未知量的真值。在实际测量工作中，n 是有限的，算术平均值通常作为未知量的最可靠值，即

$$x=\frac{[L]}{n} \tag{5.27}$$

5.4.2　算术平均值中误差

由微分式(5.27)得

$$\mathrm{d}x=\frac{1}{n}\mathrm{d}L_1+\frac{1}{n}\mathrm{d}L_2+\cdots+\frac{1}{n}\mathrm{d}L_n$$

根据误差传播定律可求得算术平均值中误差 M 如下：

$$M^2=\frac{1}{n^2}m_1^2+\frac{1}{n^2}m_2^2+\cdots+\frac{1}{n^2}m_n^2=\frac{m^2}{n}$$

即

$$M=\frac{m}{\sqrt{n}} \tag{5.28}$$

上式表明，算术平均值的中误差仅为一次观测值中误差的$\frac{1}{\sqrt{n}}$，因此，当观测次数增加时，可提高观测结果的精度。

从图 5.5 可以看出，当观测次数达到 9 次左右时，在增加观测次数，算术平均值的精度提高也很微小，因此，不能单纯依靠增加观测次数来提高测量精度，还必须从测量方法和测量仪器方面来提高测量精度。

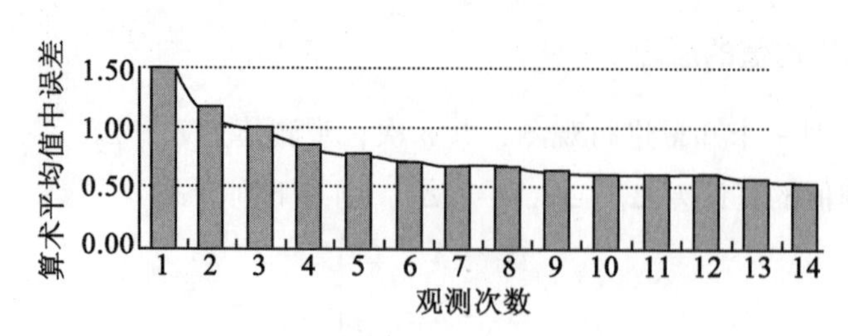

图 5.5　算术平均值中误差与观测次数的关系

5.4.3　用改正数计算观测值的中误差

按中误差的定义计算中误差时，需要知道观测值的真误差 Δ，但一般情况下真值 X 是不知道的，因此也就无法求得观测值的真误差，那么，如何来评定其观测精度呢？在实际工作中，通常是用观测值的改正数计算中误差。计算公式推导如下：

用算术平均值可以求得每次观测值的改正数 $v_i(i=1，2，\cdots，n)$

$$\left.\begin{aligned} v_1 &= x - L_1 \\ v_2 &= x - L_2 \\ &\cdots\cdots \\ v_n &= x - L_n \end{aligned}\right\} \tag{5.29}$$

式(5.29) 等号两边相加，则有

$$[v] = nx - [L]$$

将 $x = \frac{[L]}{n}$ 代入上式，得

$$[v] = 0$$

由此可知，对任何一未知量进行一组等精度观测，改正数的总和应为零。

式(5.26) 是表示真误差的公式，在计算算术平均值中并不知道真误差，只能求得改正数，将式(5.29) 与式(5.26) 相减再整理后得

$$\left.\begin{aligned} \Delta_1 &= v_1 + (X - x) \\ \Delta_2 &= v_2 + (X - x) \\ &\cdots\cdots \\ \Delta_n &= v_n + (X - x) \end{aligned}\right\} \tag{5.30}$$

令 $\delta = (X - x)$，将式(5.30) 两边同时平方相加再除以 n 得

$$\frac{[\Delta\Delta]}{n} = \frac{[vv]}{n} + \delta^2 + \frac{2}{n}[v]\delta$$

因为 $[v] = 0$，上式即为

$$\frac{[\Delta\Delta]}{n} = \frac{[vv]}{n} + \delta^2 \tag{5.31}$$

又因为 $\delta = (X - x)$，$x = \frac{[L]}{n}$，所以

$$\begin{aligned} \delta^2 &= (X - x)^2 = \left(X - \frac{[L]}{n}\right)^2 \\ &= \frac{1}{n^2}(X - L_1 + X - L_2 + \cdots + X - L_n)^2 \\ &= \frac{1}{n^2}(\Delta_1^2 + \Delta_2^2 + \cdots + \Delta_n^2 + 2\Delta_1\Delta_2 + 2\Delta_2\Delta_3 + \cdots + 2\Delta_{n-1}\Delta_n) \\ &= \frac{[\Delta\Delta]}{n^2} + \frac{2}{n^2}(\Delta_1\Delta_2 + \Delta_2\Delta_3 + \cdots + \Delta_{n-1}\Delta_n) \end{aligned}$$

由于 Δ_1，Δ_2，…，Δ_n 为真误差，所以 $\Delta_1\Delta_2 + \Delta_2\Delta_3 + \cdots + \Delta_{n-1}\Delta_n$ 也具有偶然误差的特性。根据偶然误差特性(4)，当 n 无穷大时，它们的总和也为零；当 n 为较大数值时，其值与 $[\Delta\Delta]$ 相比要小很多，因而可以忽略不计，故式(5.31) 可为

$$\frac{[\Delta\Delta]}{n} = \frac{[vv]}{n} + \frac{[\Delta\Delta]}{n^2} \tag{5.32}$$

根据中误差的定义 $m = \pm\sqrt{\frac{[\Delta\Delta]}{n}}$，式(5.32) 可变为

$$m^2 = \frac{[vv]}{n} + \frac{m^2}{n}$$

即

$$m = \pm \sqrt{\frac{[vv]}{n-1}}$$

这就是公式(5.5)，即用改正数求中误差的公式。

5.4.4　算术平均值的中误差计算算例

求算术平均值的中误差的公式为

$$M = \pm \sqrt{\frac{[vv]}{n(n-1)}} \tag{5.33}$$

【例 5.6】某一段距离共丈量了 6 次，结果如表 5.2 所示，求算术平均值、观测中误差、算术平均值的中误差及相对误差。

表 5.2　**距离丈量结果计算**

次序	观测值(m)	改正数 v	vv	观测值中误差
1	148.643	−15	225	$m = \pm \sqrt{\frac{[vv]}{n-1}}$ $= \pm \sqrt{\frac{3046}{(6-1)}}$ $= \pm 24.7(\text{mm})$
2	148.590	+38	1444	
3	148.610	+18	324	
4	148.624	+4	16	
5	148.654	−26	676	
6	148.647	−19	361	
计算	$L = 148.628$	$[v] = 0$	$[vv] = 3046$	

【解】根据计算得：

算术平均值　　$L = 148.628(\text{m})$

观测值中误差　　$m = \pm 24.7(\text{mm})$

算术平均值中误差　　$M = \pm \sqrt{\frac{[vv]}{n(n-1)}} = \pm \sqrt{\frac{3046}{6(6-1)}} = \pm 10.1(\text{mm})$

相对误差　　$K = \frac{10.1}{148.628} = \frac{1}{15000}$

注意：由于数字的取舍而引起的误差称为“凑整误差”或“取舍误差”。为避免取舍误差的迅速积累而影响测量成果的精度，在计算中通常采用“4 舍 6 入，5 前单进双舍”的凑整规则，即：

(1)若拟舍去的第一位数字是 0 至 4 中的数，则被保留的末位数不变；

(2)若拟舍去的第一位数字是 6 至 9 中的数，则被保留的末位数加 1；

(3)若拟舍去的第一位数字是 5，其右边的数字皆为 0，则被保留的末位数是奇数时就加 1，是偶数时就不变。

例如，若取至毫米位，则 1.1084m、1.1076m、1.1085m、1.1075m 都应记为 1.108m。

【本章小结】

本章主要介绍了测量学的基本内容：

(1)理解测量误差的概念以及测量误差的产生原因；

(2)了解误差的分类及粗差；

(3)学会运用误差传播定律；

(4)掌握算术平均值及其中误差的计算。

◎ 习题和思考题

1. 说明测量误差的来源。在测量中，应如何对待错误和误差？

2. 什么是系统误差？什么是偶然误差？偶然误差有什么重要的特性？

3. 什么是中误差、极限误差和相对误差？

4. 为什么等精度观测的算术平均值是最可靠值？

5. 用等精度对16个拍独立的三角形进行观测，其内角和闭合差分别为：+4″、+16″、−14″、+10″、+9″、+2″、−15″、+8″、+3″、−22″、−13″、+4″、−5″、+24″、−7″、−4″，求三角形内角和闭合差的中误差和观测角的中误差。

6. 用钢尺丈量A、B两点间距离，共量6次，观测值分别为187.337m、187.342m、187.332m、187.339m、187.344m及187.338m，求算术平均值D、观测值中误差m、算术平均值中误差M及相对中误差K。

7. 在三角形ABC中，C点不易到达，测量$\angle A=74°32'15''\pm20''$，$\angle B=42°38'50''\pm30''$。求$\angle C$值及中误差。

8. 在一直线上依次有A、B、C 3点，用钢尺丈量得$AB=87.245$ m±10mm，$BC=125.347$ m±15mm，求AC的长度及中误差。在这三段距离中哪一段的精度高？

9. DJ6型光学经纬仪一测回的方向中误差$m_{方}=\pm6''$，求用该仪器观测角度，一测回的测角中误差是多少？如果要求某角度的算术平均值的中误差$M_{角}=\pm5''$，问：用这种仪器需要观测几个测回？

10. 在水准测量中，每一测站观测的中误差均为±3mm，今要求从已知水准点推测待定点的高程中误差不大于±5mm，问：最多只能设多少站？

11. 沿一倾斜平面量得A、B两点的倾斜距离$l=25.000$ m，中误差$m_l=\pm5$mm，A、B两点间的高差$h=2.42$m，中误差$m_h=\pm6$mm，用正勾股定理可求得A、B两点间的水平距离D，求D值及中误差M_D。

12. 在三角形ABC中，已知$AB=c=148.278$ m±20mm，$\angle A=58°40'52''\pm20''$，$\angle B=53°33'20''\pm20''$，求$BC=\alpha$、$AC=b$的边长及其中误差。

第6章 全站仪与GPS

【教学目标】

掌握全站仪和GPS的测量原理，了解全站仪和GPS的构造，熟练掌握仪器的操作方法。

6.1 全 站 仪

6.1.1 全站仪的概念，功能及应用范围

1. 全站仪的概念

近年来，由于电子测距仪、电子经纬仪以及微处理技术的产生与性能不断提高，特别是在20世纪60年代以后，出现了把电子测距仪、电子经纬仪和微处理机结合成一个整体，在此基础上发展起来的一种智能型测量仪器，它是由电子测角、电子测距、电子计算机、数据记录、储存单元等组成的三维坐标测量系统，测量结果能自动显示和自动数据采集、处理、存储等工作，并能与外围设备交换信息的多功能仪器。由于该仪器能较完善地实现测量和处理过程的一体化，所以称为全站型电子速测仪，简称全站仪。

早期的全站仪由于体积大、质量重、使用条件苛刻、价格贵等因素，使其在推广和应用上受到很大的限制。自20世纪80年代起，集成电路、微处理机、半导体元件的性能不断完善和提高，才使全站仪进入了快速发展与推广应用的阶段。

全站仪的基本组成与结构框架，如图6.1所示。

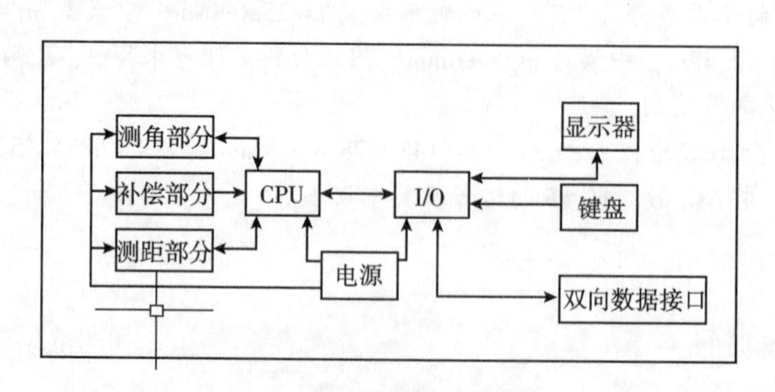

图6.1 全站仪的设计框架

从整体上看，全站仪可分为两大部分组成：一是采集数据的专用设备，主要有电子测

角系统、电子测距系统、数据存储系统、自动补偿设备等；二是测量过程的控制设备，主要用于有序地实现上述每一专用设备的功能，包括于测量数据相连接的外围设备及微处理机等。只有以上这两大部分有机结合，才能真正地体现“全站”功能，既要自动完成数据采集，又要自动处理数据和控制整个测量过程。

随着电子计算机技术的不断发展与应用，全站仪发展到了一个新时期，正朝着质量轻、体积小、全自动、多功能、开放性、智能型、防水型、防爆型、电脑型等方向发展，使得全站仪越来越能满足地形测量、工程测量、建筑工程测量、变形观测等工作的需求，这使得全站仪在工程领域中将发挥更大的作用。

目前，国外主流全站仪品牌主要有瑞士徕卡、美国天宝、日本拓普康、尼康、索佳、宾得；国内主流全站仪品牌主要有南方、中海达、科利达、三鼎、博飞、苏一光等。

全站仪制作厂商不同，仪器的外部外形、内部结构、性能和各部件名称略有区别，但总体来讲基本功能相近，都有照准部、基座和度盘三大部件。照准部上有望远镜，水平、竖直制动与微动螺旋，管水准器，圆水准器，光学对中器等。仪器正反面一般都有液晶显示器和操作键盘。全站仪外形和各部件名称，如图 6.2 所示。

2. 全站仪的基本功能和应用范围

1)全站仪的基本功能

全站仪作为最常用的测量仪器之一，测量功能可分为基本测量功能和程序测量功能。基本测量功能包括距离测量和角度测量。程序测量功能包括数据采集、道路测量、后方交会、施工放样、导线测量、偏心观测、悬高测量、对边测量、自由设站等。目前全站仪大多能够存储测量结果，并能进行大气改正、仪器误差改正、数据处理和三轴补偿等，有丰富的应用程序，如有些全站仪还具有自动调焦、激光对中、激光指示、免棱镜测距及自动跟踪等功能。

2)全站仪的应用范围

全站仪的应用范围不仅仅局限于测绘工程、建筑工程、公路工程、市政工程、水利工程，地籍与房地产测量，而且在大型工业生产设备和构件安装调试、船体设计施工、大桥水坝的变形观测、地质灾害监测及体育竞技等领域中都得到了广泛应用。

全站仪的应用具有以下特点：

(1)在地形测量过程中，可以将控制测量和地形测量同步进行，通过传输设备，可以将全站仪与计算机、绘图仪相连，形成内外一体的测绘系统，从而大大提高地形图测绘的质量和效率。

(2)在施工放样测量中，可以将设计好的管线、桥梁、道路、工程建筑的位置测设到施工地面上，实现三维坐标快速施工放样。

(3)在变形观测中，可以对建筑物(构造物)的变形、地质灾害等进行实时动态监测。

(4)在控制测量中，导线测量、前方交会、后方交会等程序功能操作简单、速度快、精度高，其他程序测量功能方便、实用且应用广泛。

(5)在同一测站点，可以完成测量的全部基本内容，包括角度测量、距离测量、高差测量，实现数据的存储和传输。

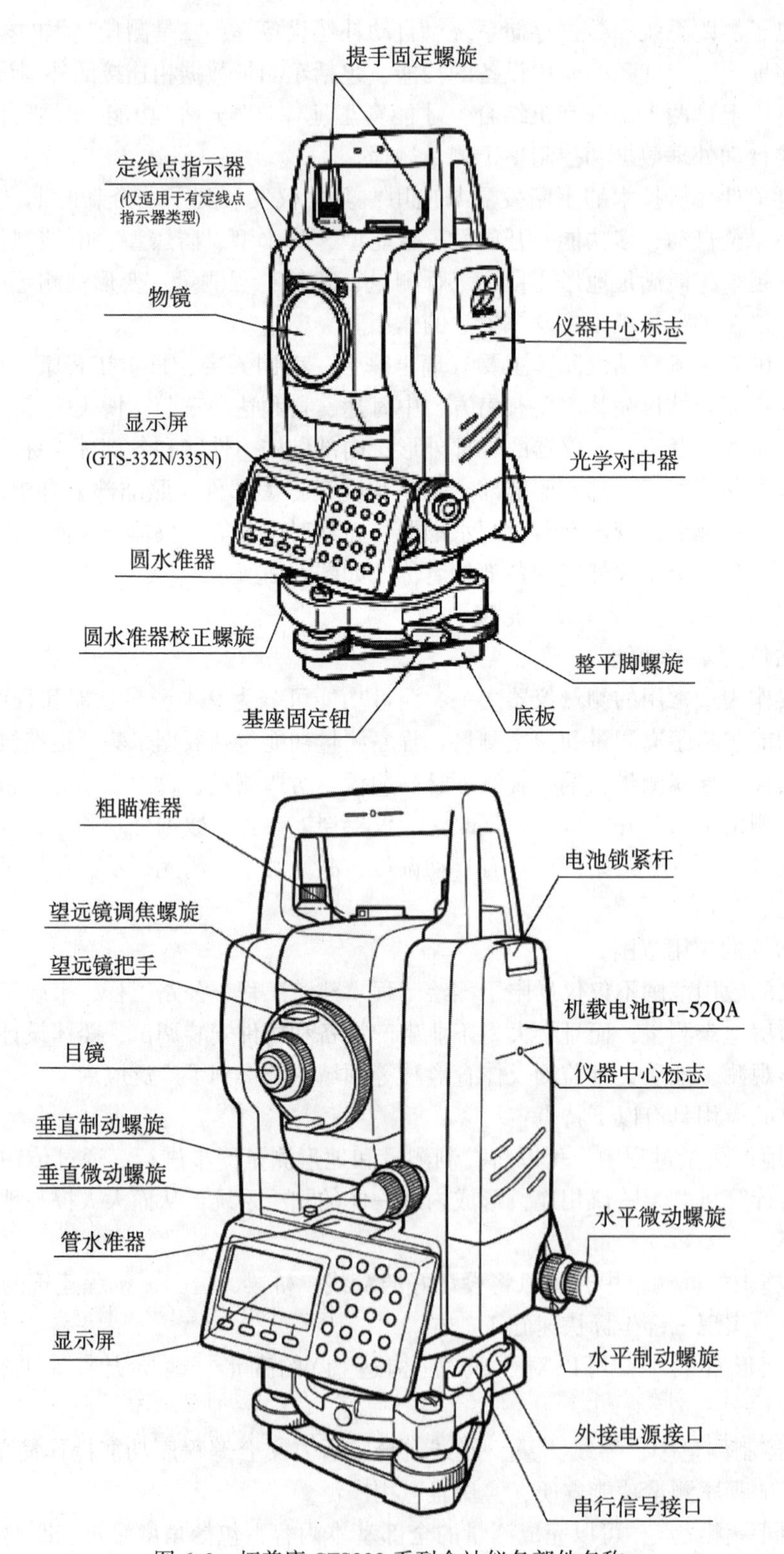

图 6.2　拓普康 GTS332 系列全站仪各部件名称

6.1.2 全站仪的基本结构

全站仪的基本结构，如图6.3所示，其基本组成部件包括光电测角系统、光电测距系统、双轴液体补偿装置和微处理器，有些自动化程度高的全站仪还有自动瞄准与跟踪系统。全站仪按照一定的程序操作，测量并自动计算来实现每一专用设备的功能。

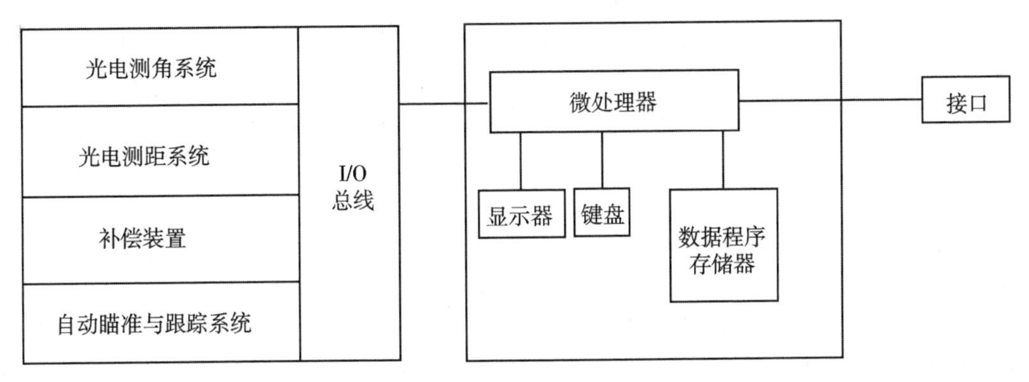

图6.3 全站仪的基本结构

1. 光电测量系统

全站仪有两大光电测量系统，即光电测角系统和光电测距系统，光电测量系统是全站仪的技术核心。电子测角系统的机械转动部分及光学照准部分与一般光学经纬仪基本相同，它们的主要区别在于电子测角采用电子度盘而非光学度盘。光电测距机构与普通电磁波测距仪相同，与望远镜集成于一体。光电测角系统和光电测距系统使用共同的光学望远镜，使得角度和距离测量只需照准一次，光电测量系统通过I/O接口与微处理器联系在一起，控制着光电测角、测距系统，并实时处理数据。

在现代全站仪的光电测距系统中，有的还具有无(免)棱镜激光测距技术，这种技术是在测距时将激光射向目标，经目标表面漫反射后，测距仪接收到漫反射光而实现距离测量。目前由于漫反射信号的衰减的影响，免棱镜时测程一般在300m左右，个别全站仪能够达到2000m。

2. 补偿装置

补偿器又称倾斜传感器，是全站仪里的一个重要部分，按补偿范围可分为单轴补偿器、双轴补偿器、三轴补偿器。

在测量工作中，有许多因素影响着测量的精度，其中仪器的三轴误差是诸多因素中最重要的一项。这就给仪器提出了更高的制造要求，既要尽可能方便操作使用，又要减少误差的影响，因此，补偿器的目的就是减少仪器的三轴误差对观测数据的影响。

单轴补偿器只能补偿由于垂直轴倾斜而引起的垂直度盘读数误差，一般采用簧片式补偿器、吊丝补偿器、液体补偿器。

双轴补偿器能自动补偿由于垂直轴倾斜而引起的垂直度盘和水平度盘读数误差的影响。目前，绝大部分全站仪具有双轴补偿器，均采用液体补偿器。

三轴补偿器不仅能补偿由于垂直轴倾斜而引起的垂直度盘和水平度盘读数误差的影

响，而且能补偿由于水平轴倾斜误差和视准轴误差引起的水平度盘读数的影响。补偿范围一般在±3′以内，超过此范围则起不到补偿作用。

3. 自动瞄准与跟踪系统

全站仪正朝着测量机器人的方向发展，自动瞄准与跟踪是重要的技术标志。全站仪自动瞄准的原理是：用CCD摄像机获取棱镜反射器影像与内存的反射器标准图像比较，获取目标影像中心与内存图像中心的差异量，同时启动全站仪内部的伺服电机，转动全站仪照准部、望远镜，减少差异量，实现正确瞄准目标。比较与调整是反复的自动过程，同时伴随有自动对光等动作。

全站仪的自动跟踪是以CCD摄像技术和自动寻找瞄准技术为基础，自动进行图像判断，指挥自身照准部和望远镜的转动、寻找、瞄准、测量的全自动跟踪测量工程。

4. 测量计算系统

全站仪是测量光电化技术与微处理技术的有机结合，全站仪配有的微处理系统是全站仪的核心部件，如同计算机的CPU，由它来控制和处理电子测角、测距的信号，控制各项固定参数，如温度、气压等信息的输入、输出，还由它进行设置观测误差的改正、有关数据的实时处理及自动记录数据或控制电子手簿等。微处理器通过键盘和显示器控制全站仪有条不紊地进行光电测量工作。

6.1.3　全站仪的使用

全站仪的功能很多，通过显示屏和操作键盘来实现。不同型号的全站仪操作键盘不同，大致可分为两大类，一类是操作按键比较多(15个左右)，每个键都有2~3个功能，通过按某个键执行某个功能；另一类是操作按键比较少，只有几个作业模式按键和几个软键(功能键)，通过选择菜单来执行某项功能。最近几年研制的全站仪，通常带有数字(字母)键母，以方便坐标和编码的输入，一般采用中文菜单，操作更直观。

下面以拓普康GTS-332N为例，介绍全站仪使用方法。

1. GTS-332N简介

拓普康GTS-332N全站仪有两面操作按键及显示窗，操作很方便，能自动进行水平和竖直倾斜改正，补偿范围为-3′~+3′。测角最小读数为1″，测角精度为5″；测距最小读数为1mm，测距精度为±(3mm±2×10^{-6}D)。单棱镜测距为1.1~1.2km，三棱镜测距为1.6~1.8km。内有自动记录装置，可记录2000个测量点。

2. 测量前的准备工作

1)整置仪器

在测站点上对中、整平仪器。

2)电池的安装与检查

装入电池前，先检查电池开关是否在“OFF”的位置。安装电池时，关上电池解锁钮盖，使电的定位导块与仪器安装电池的口处相吻合，按电池的顶部，听到“咔嚓”声为安上。当电源接通时，自检功能将确保仪器正常工作。

3)垂直度盘和水平度盘指标的设置

松开垂直度盘制动钮，将望远镜纵转一周，随即听见一声鸣响，并显示垂直方向(ZA)读数，垂直指标已设置完毕；松开水平度盘制动钮，旋转照准部360°，随即听见一声鸣响，同时显示水平角水平指标已设置完毕(HAR)。

4)倾角的自动补偿与使用

倾角显示进行整平当显示窗出现“+”符号时，则说明垂直和水平均通过双轴倾斜传感器已自动进行了小的倾斜改正，在显示角值稳定后，再读取补偿后的角值。使用双轴(x，y)倾斜传感器所显示的倾角 x 和 y 值可进行仪器的整平。此倾角值可用于计算因垂直轴不垂直而引起的垂直角和水平角的误差。

5)仪器参数的设置

根据测量的要求，通过键盘操作来选择并设置仪器参数，如单位、坐标格式、棱镜常数、大气压、温度等。所设置的仪器参数可储存在存储器中，直到下次改变选择项时才消失。设置大气改正光线在空气中的传播速度并非常数，它随大气的温度和压力而变，仪器一旦设置了大气改正值，即可自动对测距结果实施大气改正。另外，仪器在进行距离测量时已顾及了大气折光和地球曲率改正。

6)安置仪器

将三脚架打开，伸到适当高度，拧紧脚螺旋 3 个固定螺旋。设置棱镜常数拓普康的棱镜常数应设置为零，若不是使用拓普康的棱镜，则必须设相应的棱镜常数。一旦设置了棱镜常数，则关机后该常数仍被保存。将仪器安置到三脚架上。

(1)将仪器小心地安置到三脚架上，松开中心连接螺旋，在架头上轻移仪器，直到锤球对准测站点标志中心，然后轻轻拧紧连接螺旋。

(2)利用圆水准器粗平仪器

旋转两个脚螺旋 A，B，使圆水准气泡移到与上述两个脚螺旋中心线相垂直的一条直线上，如图 6.4 所示。旋转脚螺旋 C，使圆水准气泡居中。

(3)利用长水准器精平仪器。松开水平制动螺旋，转动仪器使管水准器平行于某一对脚螺旋 A、B 的连线。再旋转脚螺旋 A、B，使管水准器气泡居中，如图 6.5 所示。

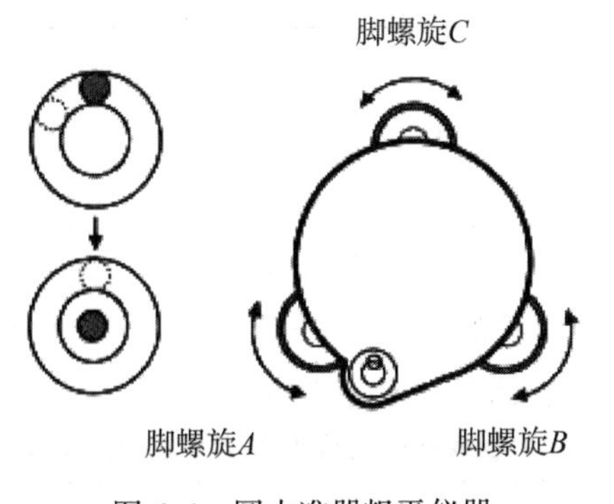

图 6.4　圆水准器粗平仪器

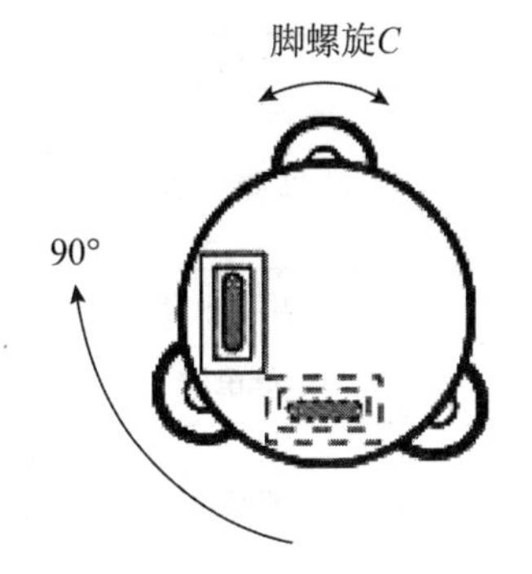

图 6.5　长水准器精平仪器

将仪器绕竖轴旋转 90°(100g)，再旋转另一个脚螺旋 C，使管水准器气泡居中。再次旋转 90°，重复 D. O. 直至四个位置上气。

(4)利用光学对中器对中。根据观测者的视力调节光学对中器望远镜的镜，如图 6.6

所示。松开中心连接螺丝，轻移仪器，将光学对中器的中心标志对准测站点，然后拧紧连接螺旋。在轻移仪器时，不要让仪器在架头上有转动，以尽可能减少气泡的偏多。

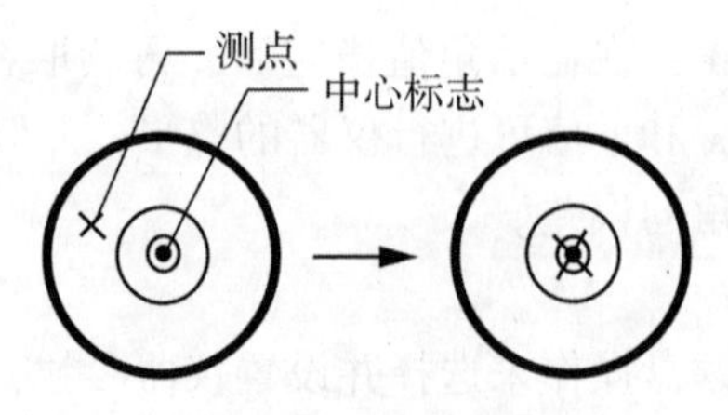

图 6.6　光学对中器

(5)精平仪器。按上一 步精确整平仪器，直到仪器旋转到任何位置时，管水准气泡始终居中为止，然后拧紧连接螺旋。气泡居中为止。

3. 仪器的操作

GTS-332N 全站仪开机后面板如图 6.7 所示，其名称与功能见表 6.1。

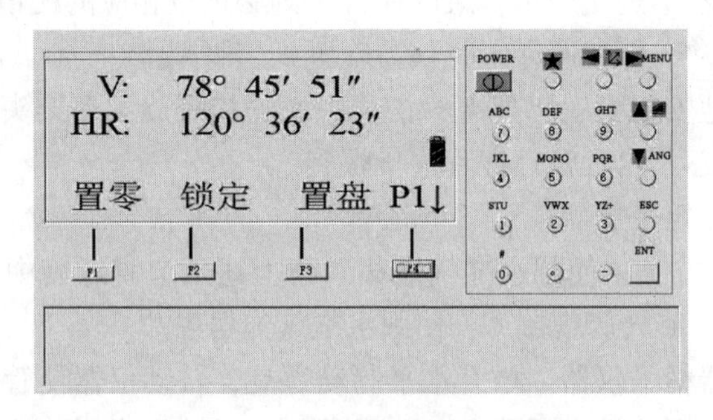

图 6.7　全站仪面板示意图

表 6.1　**全站仪按键名称及功能表**

按键	名称	功　能
	距离测键	距离测量模式
ANG	角度测键	角度测量模式
MENU	菜单键	菜单模式和正常测量模式切换，在菜单模式下设置应用则量
ESC	退出键	(1)返回测量模式或上一层模式 (2)从正常测量模式进入数据采集模式或放样模式
POWR	电源键	电源开关
F1～F4	软键(功能键)	对应于显示的软键信息

GTS-332N 可显示 4 行，通常前 3 行显示测量数据，软键的有关信息显示在最后一行，各软键(功能键)的功能见相应的显示信息，如表 6.2 所示。

表 6.2　　**GTS-332N 显示窗内常用符号的含义**

显示	内容	显示	内容
V	竖直角	E	东向坐标
HR	水平角(右)	Z	高程
HL	水平角(左)	*	EDM(电子测距)正在进行
HD	水平距离	M	以米为单位
VD	高差	F_t	以英尺为单位
SD	斜距	Fi	以英尺与英寸为单位
N	北向坐标		

各软键(功能键)在角度测量、距离测量和坐标测量模式下的功能如表 6.3~表 6.5 所示，面板显示示意图分别如图 6.8~图 6.10 所示。

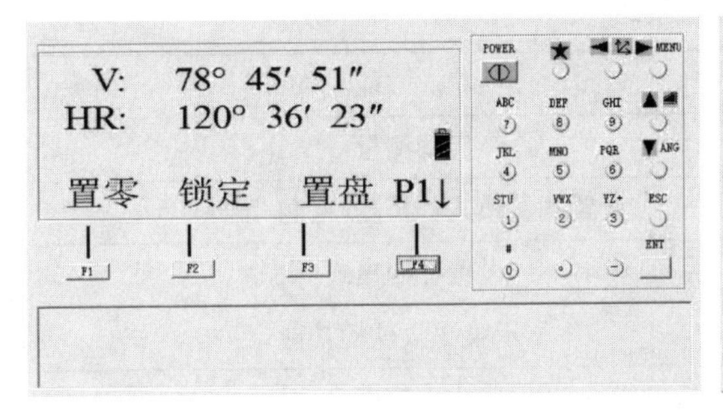

角度测量P1

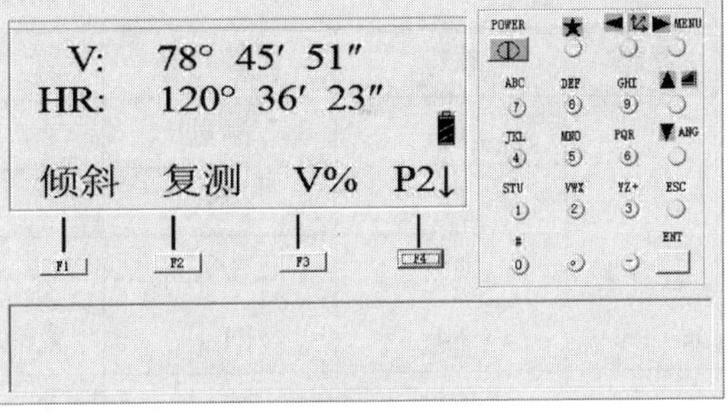

角度测量P2

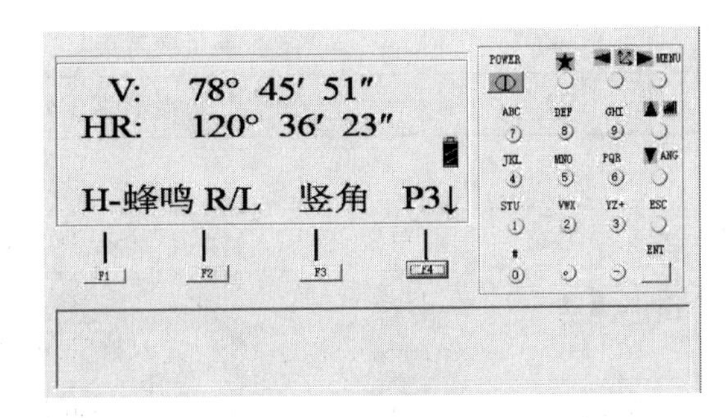

角度测量P3

图 6.8　角度测量

表6.3　　**角度测量模式**

页码	软键	显示符号	功　　能
1	F1	置零	水平角置为0°00′00″
	F2	锁定	锁定水平角
	F3	置盘	通过键入数字设置水平角
	F4	P1↓	显示第2页软键功能
2	F1	倾斜	设置倾斜改正，如果选择ON，则显示倾斜改正数
	F2	复测	角度重复测量模式
	F3	V%	坡度模式
	F4	P2↓	显示第3页软键功能
3	F1	H-蜂鸣	对每隔90水平角设置蜂鸣声
	F2	R/L	变换水平角的右/左旋转计数方向
	F3	竖角	变换天顶距/高度角
	F4	P3↓	显示第1页软键功能

表6.4　　**距离测量模式**

页码	软键	显示符号	功　　能
1	F1	测量	启动测量
	F2	模式	设置测量模式：精测/粗测/跟踪
	F3	S/A	设置音响模式
	F4	P1↓	显示第2页软键功能
2	F1	偏心	偏心测量模式
	F2	放样	放样测量模式
	F3	m/f/i	米、英尺或者英尺、英寸单位的变换网
	F4	P2↓	显示第3页软键功能

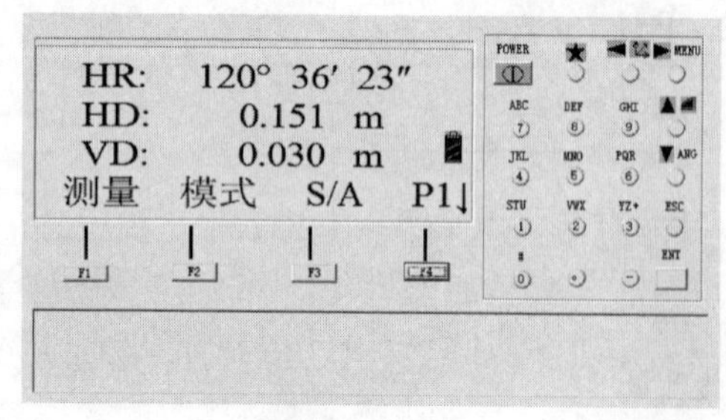

距离测量P1

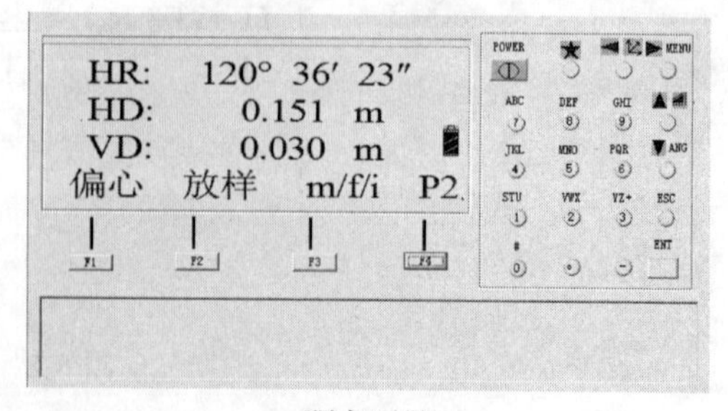

距离测量P2

图6.9　距离测量

表 6.5 **坐标测量模式**

页码	软键	显示符号	功　　能
1	F1	测量	开始测量
	F2	模式	设置测量模式：精测/粗测/跟踪
	F3	S/A	设置音响模式
	F4	P1↓	显示第 2 页软键功能
2	F1	镜高	通过输入设置棱镜高度
	F2	仪高	通过输入设置仪器高度
	F3	测站	通过输入设置测站点坐标
	F4	P2↓	显示第 3 页软键功能

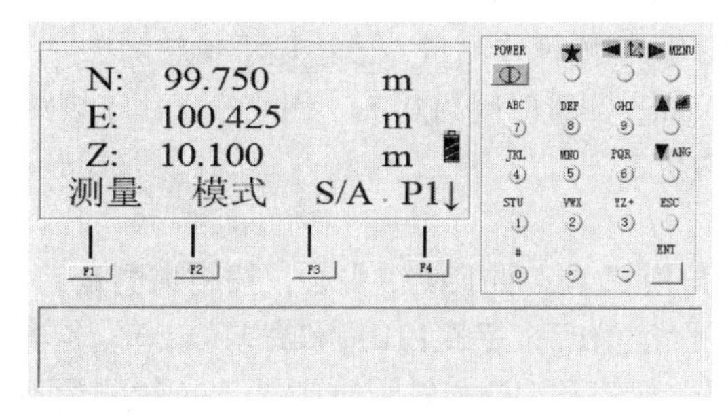

坐标测量P1

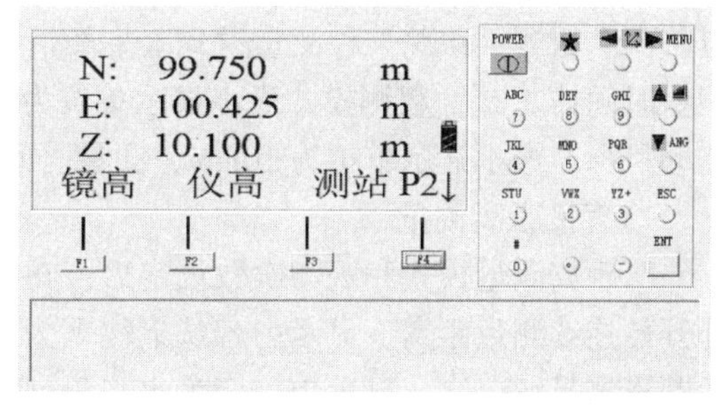

坐标测量P2

图 6.10　坐标测量

4. 角度测量

开机设置好读数指示后，进入角度测量模式。按【ANG】键也可进入角度测量模式。在测角模式下，可进行角度复测、水平角 90°间隔蜂鸣声的设置、竖直角与百分比(坡度)的切换、天顶距与高度角切换等。

1)水平角和竖直角测量

如图 6.11 所示，欲测 *OA*、*OB* 两方向的水平夹角，在 *O* 点安置仪器后，照准目标 *A*，按【OSET】(FI)键和【YES】键，可设置目标 *A* 的水平盘读数为 0°00′00″。旋转仪器照准目标 *B*，直接显示 *AOB* 的水平角 *H* 和目标 *B* 的竖直角 *V*。

2)水平度盘读数设置

水平度盘读数设置有以下两种方法：

方法一：锁定水平度盘读数进行设置：先转动照准部，使水平度盘读数接近要设置的读数，接着水平制动，转动水平微动螺旋，旋转至所需要的水平读数，然后按【HOLD】(F2)键，使水平读数不变，再转动照准部照准目标，按【YES】键完，成水平读数设置。

方法二：键盘输入进行设置：先照准目标，再按【HSET】(F3)键，按照提示输入所要设置的水平读数即可。

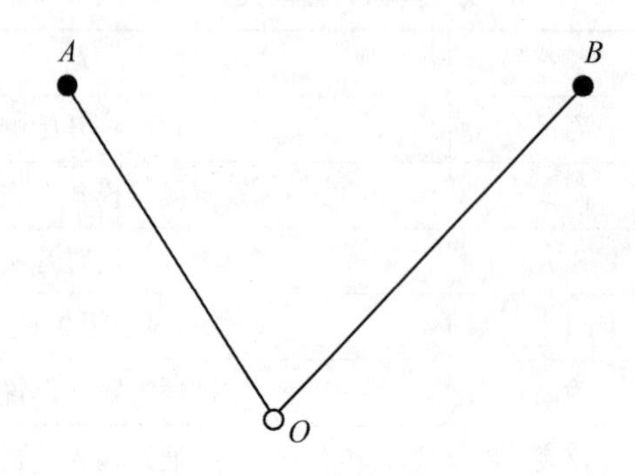

图6.11　水平角测量示意图

5. 距离测量

距离测量可设为单次测量和N次测量。一般设为单次测量，以节约电量。距离测量有精测、粗测、跟踪三种测量模式。一般情况下用精测模式测量，最小显示单位为1mm，测量时间约2.5s。粗测模式最小显示单位为10mm，测量时间约0.7s。跟踪模式用于观测移动目标，最小显示单位为10mm，测量时间约0.3s。

1)直接距离测量

当距离测量模式和观测次数设定后，在测角模式下，照准棱镜中心，按距离测量键，即开始连续测量距离，显示内容从上往下为水平角(HR)、平距(HD)和高差(VD)。若再按距离测量键一次，显示内容变为水平角(HR)、竖直角(V)和斜距(SD)。当连续测量不再需要时，按【MEAS】(FI)键，按设定的次数测量距离，最后显示距离平均值(注意：当光电测距正在工作时，HD右边出现"*"标志)。

2)间接测量

当棱镜直接架设有困难时，例如要测定电线杆中心位置，偏心测量模式是十分有用的。欲测量到电杆中心的平距，只要在与仪器平距相同的点安置棱镜，在设置仪器高度、棱镜高后，用偏心测量即可测得被测物中心的距离和被测物的中心坐标。

在距离测量模式下，选择偏心测量(OFSET)模式，接着照准棱镜，按【MEAS】(FI)键，测定仪器到棱镜的水平距离；再按【SET】(F4)键，确定棱镜的位置；接着用水平制动螺旋照准目标点，然后每按一次距离测量键，平距(HD)、高差(VD)和斜距(SD)依次显示。若在偏心测量之前设置了仪器高、棱镜高、测站点坐标，则每按一次坐标测量键，N、E、Z坐标依次显示。最后按【ESC】键返回前一个模式。

6. 坐标测量

GTS-332N全站仪可在坐标测量模式下直接测定碎部点(立棱镜点)坐标。在坐标测量之前，必须将全站仪进行定向，输入测站点坐标。若测量三维坐标，则还必须输入仪器高和棱镜高。具体操作如下：

在坐标测量模式下先通过F1(R·HT)\F2(INS·HT)、F3(OCC)分别输入棱镜高、仪器高和测站点坐标，再在角度测量模式下，照准定向点(后视点)，测定测站点到定向点(后视点)的水平度盘读数(测站点到定向点的方位角)，完成全站仪的定向。然后照准立于碎部点的棱镜，按坐标测量键，开始测量，显示碎部点坐标(N，E，Z)，即(X，Y，H)。

7. 应用测量

1)悬高测量(REM)

为了得到不能放置棱镜的目标点高度，只需将棱镜架设于目标点所在铅垂线上的任一点，然后进行悬高测量。如图6.12所示。

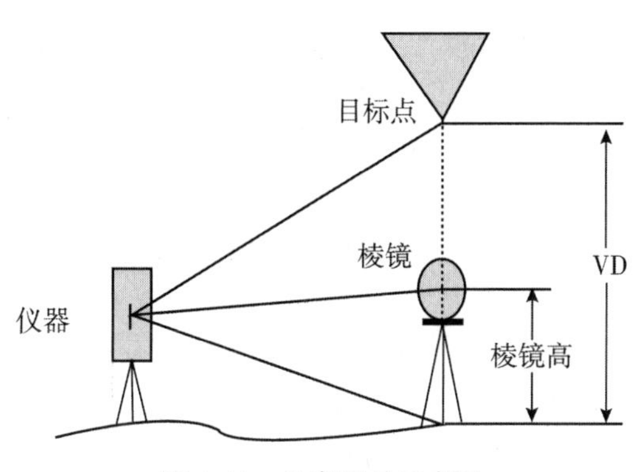

图6.12 悬高测量示意图

2)对边测量(MLM)

测量两个目标棱镜之间的水平距离(dHD)，斜距(dSD)、高差(dVD)和水平角(HR)。也可直接输入坐标值或调用坐标数据文件进计算。

MLM模式有两个功能，如图6.13所示。

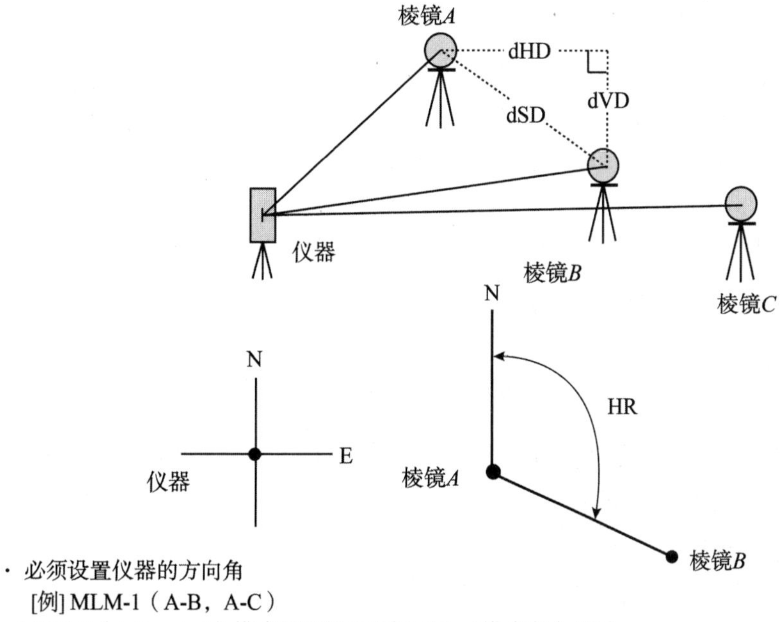

图6.13 对边测量示意图

(1)MLM-1(A-B，A-C)：测量 A-B，A-C，A-D，…；

(2)MLM-2(A-B，B-C)：测量 A-B，B-C，C-D-，…。

3)Z 坐标

可输入测站点坐标，或利用对已知点的实测数据来计算测站点 Z 坐标，并重新设置。已知点数据和坐标数据，可以由坐标数据文件得到。

4)面积计算

该模式用于计算闭合图形的面积，面积计算有如下两种方法：

(1)用坐标数据文件计算面积。

(2)用测量数据计算面积，如果图形边界线相互交叉，则面积不能被正确计算。混合坐标文件数据和测量数据来计算面积是不可能的。如果坐标数据文件不存在，面积计算就会自动利用测量数据来进行。面积计算所用的点数是没有限制的。

5)点到直线的测量

此模式用于相对于原点 A (0, 0, 0)和以直线 AB 为 N 轴的标点坐标测量，将两块棱镜安放在直线上的 A 点和 B 点上，安置仪器在未知点 C 上，在测定这两块棱镜后，仪器的坐标数据和定向角就被计算，且设置在仪器上。如图 6.14 所示。

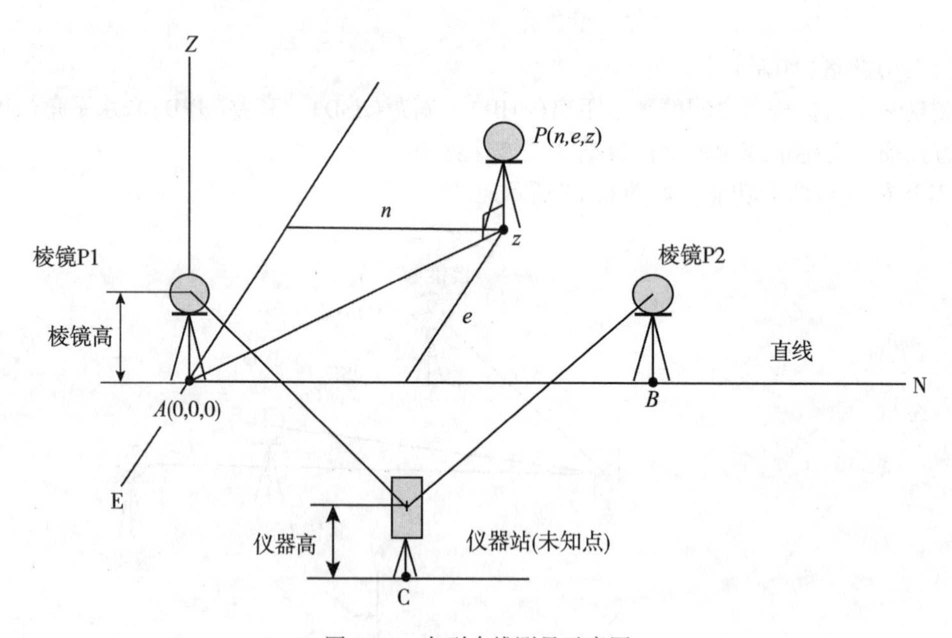

图 6.14　点到直线测量示意图

6)道路

道路由四种类型元素组成：

(1)输入直线数据；

(2)输入圆曲线数据；

(3)输入缓和曲线数据；

(4)输入交点数据。

7)后方交会法

在新点上安置仪器，用最多可达 7 个已知点的坐标和这些点的测量数据计算新点坐标。后方交会的观测方式如下：

距离测量后方交会：测定 2 个或更多的已知点；

角度测量后方交会：测定 3 个或更多的已知点。

测站点坐标按最小二乘法解算(当仅用角度测量作后方交会时，若只有观测 3 个已知点，则无需作最小二乘法计算)。如图 6.15 所示。

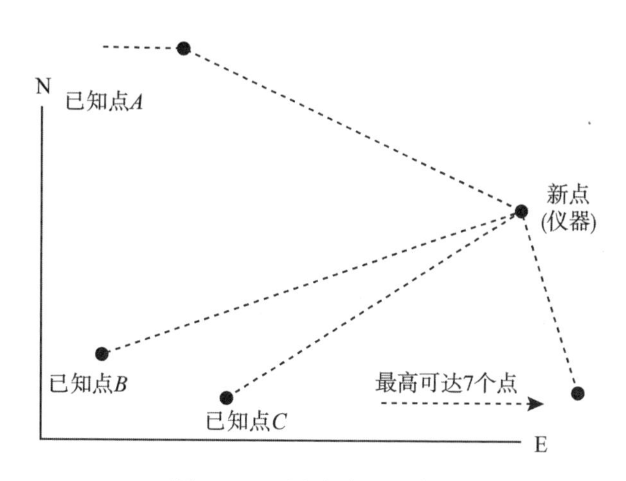

图 6.15 后方交会法示意图

8. 工作模式

设定角度测量、距离测量和坐标测量模式下设定作业模式(或参数)，关机后不能保留，通常在使用全站仪之前，在专门的作业模式设置状态下选择工作模式，按【F2】键的同时打开电源，仪器进入作业模式状态，可进行单位设置(UNTT SET)、模式设置(MODE SET)和其他设置(OTHERS SET)。具体内容可参考 GTS-3232N 全站仪说明书。

9. 储存管理

选择主菜单下 F3(MENU)，进入储存管理模式，共有 3 项 8 条菜单，内容如下：

(1)文件状态(FILES TATUS)。显示已储存测量数据(MEAS.)文件和坐标数据(COORD.)文件总数与数据个数。

(2)查阅(SEARCH)。查阅记录数据，即可查阅测量数据(MEAS. DATA)、坐标数据(COORD. DATA)和编码库(PCODE. LAB)。共有三种查阅方式：查阅第一个数据(FIRSTDATA)，查阅最后一个数据(LAST DATA)，按点号或登记号查阅(PT#DATA)。在查阅模式下，点名(PT#，BS#)、标识符 ID、编码 PCODE 和高度数据(INS · HT，R · HT)可以更正，但观测数据不能更改。

(3)文件管理(FILE MAINTAN)。删除文件(DEL)/编辑文件名(REN)/查阅文件中数据(SRCH)。

(4)输入坐标(COORD INPUT)。将控制点或放样点坐标数据输入并存入坐标数据文件。

(5)删除坐标(DELETE COORD)。删除坐标数据文件中的坐标数据。

(6)输入编码(PCODE INPUT)。将编码数据输入并存入编码库，共有 1~50 的编号。

(7)数据传送(DATA TRANSFER)。可以直接将内存的测量数据或坐标数据或编码库的数据传送到计算机，也可以从计算机将坐标或编码库数据直接装入仪器内存，还可以进行通信参数设置。

初始化(INITIALIZE)用于内存初始化，可对所有测量数据和坐标数据文件(FILEDATA)初始化，对编码数据(PCODE DATA)初始化及对文件数据和编码数据(ALL DATA)初始化，但对测站点坐标而言，仪器高和棱镜高不会被初始化。

6.2　GPS

6.2.1　GPS 的基本概念

GPS 是 Global Positioning System(全球定位系统)的简写，是由美国国防部 1973 年批准开始研制的全球性卫星定位和导航系统，目的是用于美国军队的定位、导航、武器制导等。拟定由 21+3 颗卫星组成，到今天为止经历了 4 个阶段：

(1)理论研究阶段为从 1973 年 12 月到 1978 年 2 月 22 日，第 1 颗 GPS 试验卫星发射成功；

(2)建设阶段为从 1978 年到 1989 年 2 月 14 日，第 1 颗 GPS 工作卫星发射成功；

(3)建成运行阶段为从 1990 年到 1999 年，1993 年实用的 GPS 网(21+3)24 颗 GPS 星座已经建成，1995 年 7 月 17 日，GPS 达到 FOC－完全运行能力(Full Operational Capability)；

(4)改进更新阶段为从 2000 年 5 月 2 日到 2030 年。

GPS 全球定位系统包括三大部分：一是空间部分。空间部分由 21 颗工作卫星和 3 个备用卫星组成。均匀分布在 6 个卫星轨道上，备用卫星随时可以替代发生故障的工作卫星；二是地面监控系统。分为 1 个主控站，3 个注入站，5 个监控站。三是用户设备部分。用于接收 GPS 卫星发射信号，以获得导航和定位信息，经数据处理，完成导航和定位工作。接收机由主机、天线和电源组成。

6.2.2　GPS 在各个领域的应用

GPS 以测量精度高、速度快，无需通视，操作简便，可全天候作业，它以这些显著特点赢得了广大测绘工作者的信赖。GPS 可以应用的领域非常广，包括控制测量、工程测量、地籍测量、海洋测量、航空遥感测量、通信、旅游等各行各业，它的问世给测绘领域带来了深刻的技术革命。

6.2.3　GPS 测量的实施

1. GPS 静态测量

1)GPS 静态测量概述

GPS 测量工作与传统大地测量工作相似，按其性质可分为外业和内业两大部分。外业工作主要包括选点(即观测站址的选择)、埋石(建立观测标志)、野外观测作业以及成果质量检核等；内业工作主要包括 GPS 测量的技术设计、测量数据处理以及技术总结等。GPS 测量实施的工作程序，大体可分为以下几个阶段：技术设计、选点与埋石、外业观测、成果检核与处理。

GPS 测量是一项技术要求高、耗费较大的工作，对这项工作的基本原则是：在满足用户要求的情况下，尽可能地减少人力、物力和财力的消耗。因此，对其各阶段的工作都要精心设计和实施。

2)GPS 测量实际工作阶段

(1)准备阶段。

利用 GPS 卫星定位技术布测基本控制网。

GPS 卫星定位技术的迅速发展，给测绘工作带来了革命性的变化，由于 GPS 技术具有布点灵活、全天候观测、观测及计算速度快、精度高等优点，使 GPS 技术已逐步发展成为控制测量中的重要技术手段与方法。

具体准备工作：①已有资料的收集与整理。主要收集测区基本概况资料、测区已有的地形图、控制点成果、地质、水文和气象等方面的资料。②GPS 网形设计。根据测区实际情况和周边交通情况确定布网观测方案，GPS 网应由一个或若干个独立观测环构成，以增加检核条件，提高网的可靠性，可按点连式、边连式、边点混合连接式、星形网、导线网、环形网等基本构网方法有机地连接成一个整体。其中，点连式、星形网、导线网附合条件少，精度低；边连式附合条件多，精度高，但工作量大；边点混合连接式和环形网形式灵活，附合条件多，精度较高，是常用的布设方案。

(2)选点和埋石。

由于 GPS 各观测点之间不需要相互通视，所以选点工作较常规测量要方便灵活，但是，考虑到 GPS 点位的选择对 GPS 观测工作的顺利进行并得到可靠的结果有非常重要的影响，所以应根据测量任务、目的、测区范围对点位精度和密度的要求，充分收集和了解测区的地理情况及原有的控制点的分布和保存情况，应尽量选点在视野开阔，远离大功率无线电发射源和高压线及对电磁波反射(或吸收)强烈的物体，地面基础坚固、交通方便的地方。选好点位后，应按规范要求埋设标石，以便于保存。

(3)GPS 外业观测。

选择作业模式。为了保证 GPS 测量的精度，在实际工作中通常采用载波相对差分定位的方法。GPS 测量作业模式与 GPS 接收设备的硬件和软件有关，主要分为静态相对定位模式、快速静态相对定位模式、伪动态相对定位模式和动态相对定位模式四种。

天线安置。测站应选择在反射能力较差的粗糙地面，以减少多路径效应，并尽量减少周围建筑物和地形对卫星信号的遮挡。天线安置后，在各观测时段的前后各量取一次基站高。

观测作业。观测作业的主要任务是捕获 GPS 卫星信号并对其进行跟踪、接收和处理，以获取所需的定位信息和观测数据。

观测记录与测量手簿。观测记录由 GPS 接收机自动形成，测量手簿是在观测过程中由观测人员填写，其中包括天气、时间、日期、仪器型号、仪器高、点号、开始观测时间、结束时间等信息。

(4)内业数据处理。

GPS基线向量的计算及检核。GPS测量外业观测过程中，必须每天将观测数据输入计算机，通过软件计算基线向量。计算过程中要对同步环闭合差、异步环闭合差以及重复边闭合差进行检查计算，闭合差符合规范要求方可使用。

GPS网平差。GPS控制网是由GPS基线向量构成的测量控制网。GPS网平差可以构成GPS向量在WGS-84系的三维坐标差作为观测值进行平差，也可以在国家坐标系或地方坐标系中进行约束网平差。

(5)提交成果。

提交成果包括技术设计说明书、卫星可见性预报表和观测计划、GPS网示意图、GPS观测数据、GPS基线解算结果、GPS基点的WGS-84坐标、GPS基点在国家坐标系中的坐标或地方坐标系中的坐标等。

2. GPS-RTK测量

随着GPS-RTK(Real-Time Kinematic，实时动态)技术的日益成熟，利用GPS-RTK进行图根控制测量已经普遍应用在实际工作中，利用RTK进行控制测量不受天气、地形、通视等条件的限制，操作简便，机动性强，工作效率高，大大节省人力，不仅能够达到导线测量的精度要求，而且误差分布均匀，不存在误差积累等问题，相比其他方法更加快捷、方便、高效。

GPS-RTK定位技术是基于载波相位观测值的实时动态定位技术，它能够实时实地获得测站点在指定坐标系中的三维定位结果，其精度能达到厘米级，完全满足图根点点位中误差及界址线与临近物或临近界线的距离中误差不超过10cm的精度要求，而且误差分布均匀，不存在误差积累问题。采用GPS-RTK进行控制测量，能够实时知道定位精度，大大提高作业效率，在实际生产中得到非常广泛的应用。

RTK技术的关键在于数据处理技术和数据传输技术，RTK定位时，要求基准站接收机实时地把观测数据(伪距观测值，相位观测值)及已知数据传输给流动站接收机。随着科学技术的不断发展，RTK技术已由传统的1+1或1+2发展到了广域差分系统WADGPS，有些地区建立起CORS系统，这就大大提高了RTK的测量范围，在数据传输方面也有了长足的进展，从电台传输发展到现在的GPRS和GSM网络传输，大大提高了数据的传输效率和范围。在仪器使用方面，不仅提高了测量结果的精度而且比传统的RTK更简洁、容易操作。

GPS-RTK图根控制测量的作业流程如图6.16所示。

(1)收集测区已有控制成果，主要包括控制点的坐标、等级，中央子午线，采用的坐标系统、高程系统等。

(2)计算转换参数。GPS-RTK测量要实时得出待测点在国家统一坐标系或地方独立坐标系中的坐标，就需要通过坐标转换将GPS观测的WGS-84坐标转换为国家平面坐标(北京54坐标或西安80坐标)，我们可以采用高斯投影的方法，这时需要确定WGS-84与国家平面坐标(北京54坐标或西安80坐标)两个大地坐标系基准之间的转换参数(三参数或七参数)，需要求出三维空间直角坐标轴的偏移量和旋转角度并确定尺度差。在通常情况下，对于一定区域内的工程测量应用，我们往往通过已知的控制点成果求出“小范围”的地方转换参数。

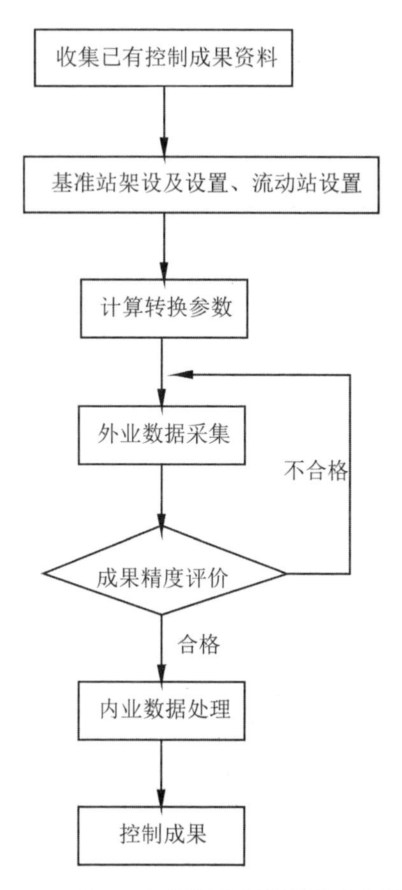

图 6.16 GPS-RTK 图根控制测量的作业流程

(3)基准站设置。GPS-RTK 定位的数据处理过程是基准站和流动站之间的单基线处理过程，基准站和流动站的观测数据质量好坏、无线电的信号传播质量好坏对定位结果的影响很大，因此基准站位置的选择尤为重要。基准站一般要架设在视野比较开阔、周围环境比较空旷、地势比较高的地方，如山头或楼顶上；避免架设在高压输变电设备、无线电通信设备收发天线、树林等对 GPS 信号的接收以及无线电信号的发射产生较大影响的物体附近。GPS-RTK 测量中，流动站随着基准站距离增大，初始化时间增长，精度将会降低，所以流动站与基准站之间距离不能太大，一般不超过 10kM 范围。

基准站的设置包括基准站电台频率选择、GPS-RTK 工作模式选择、基准站坐标输入、基准站工作启动等，以上设置完成后，启动 GPS-RTK 基准站，开始测量并通过电台传送数据。

(4)流动站设置。流动站的设置要同基准站的相关设置一致，主要包括建立项目和坐标系统管理、流动站电台频率选择、已知坐标的输入、GPS-RTK 工作方式选择，流动站工作启动等。以上设置完成后，就可以启动 GPS-RTK 流动站，开始测量作业了。

(5)测量前的质量检查。为了保证 GPS-RTK 的实测精度和可靠性，必须进行已知点检核，避免出现错误。一般采用已知点检核和重测比较的方法，确认无误符合要求后再进行GPS-RTK测量。

(6)内业数据处理。数据传输就是在接收机与计算机之间进行数据交换。GPS-RTK测量数据处理相对于GPS静态测量简单得多，可以从GPS-RTK手簿中直接导出DAT格式的测量数据，也可以将DAT格式得数据以文件的形式输出和打印，得到控制点成果。

6.2.4　Leica 1200系列GPS接收机的使用

1. Leica 1200系列接收机简介

Leica 1200系列是目前最新的GPS接收机之一，如图6.17所示，它具备全新的界面和超强的使用功能。GPS1200与TPS1200结合组成超站仪如图6.18所示，即实现了GPS和全站仪之间的无缝连接。GPS与TPS采用相同的数据库、相同的软件，并具有相同的操作界面。Leica 1200系列产品分为1210-单频GPS、1220-双频GPS、1230-双频RTKGPS。

图6.17　Leica 1200 GPS接收机

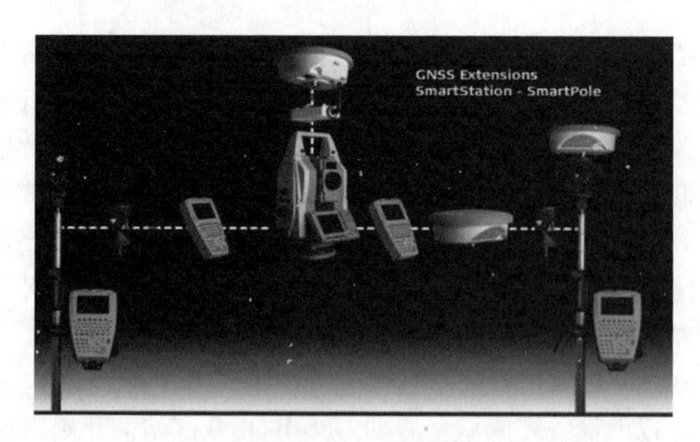

图6.18　Leica超站仪

2. Leica 1200系列接收机组成

Leica 1200系列接收机主要由GPS天线、主机、天线电缆以及配套的数据链组成。

(1)GPS天线：型号为AX1202天线，在使用中由于天线架设方式不同，接收机内的参数设置随之不同，主要有以下两种，一种为天线安置在三脚架上，参数设置为AX1202

三脚架(测量天线高时，用专用的量高尺)；另一种为天线安置在对中杆，设置为AT1202对中杆。其中，AX1201为单频天线，AX1202为双频天线。

(2)GPS接收机：GX1210为单频静态接收机，GX1220为双频静态接收机(有DGPS)，GX1230为双频RTK接收机。

(3)天线电缆：有2.8m、1.2m和1.6m加长电缆，用于连接GPS天线和接收机。

(4)参考站数据链：包括电台、天线连接器与天线、数据传输电缆(数据从接收机到电台)等设备。天线连按器与天线为电台发射信号使用，参考站的数据通过电缆输出到电，然后由天线发射出去。

(5)流动站数据链：电台为0WPDL电台。天线连接器与天线为电台接收信号使用，接收参考站电台发射的数据，然后输入到流动站接收机内进行实时解算。

3. 测量操作简介

1)Leica GPS 1200接收机手簿界面介绍

手簿的主界面显示的子菜单，如图6.19所示。有1测量(Survey)、2程序(Programs)、3管理(Manage)、4转换(Convert)、5配置(Config)、6工具(Tools)。

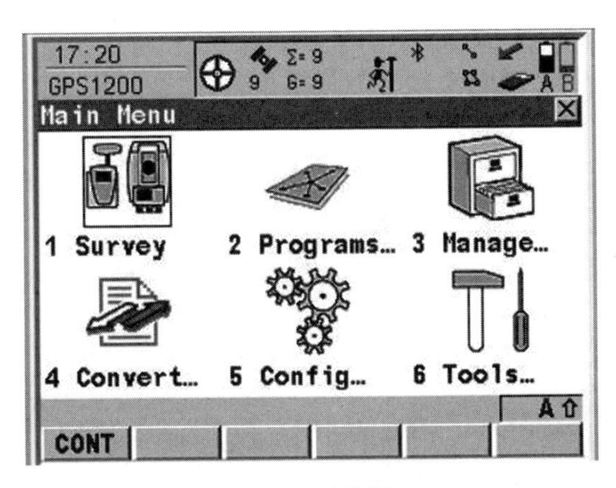

图6.19 手簿界面

2)手簿界面功能简介

(1)测量：包含了所有的测量工作，静态、参考站、流动站的测量。

(2)程序：包含如下几个应用程序：

①测量：和主菜单中的测量是相同的。

②唤醒：在做静态测量或做参考站时，可以设置仪器自动开机测量，在测量一段时间后，仪器自动存储数据，自动关机。

③对齐工具配套元件。

④COCO：是一个交会计算的程序，可以计算两点之间的距离，由点以及方位可以计算出另外一点的坐标，还可以通过两个点坐标交会计算。

⑤确定坐标系统：进行坐标转换(计算转换参数)的程序。

⑥参考线放样：针对石油物探部门的一个沿线放样程序。

⑦道路放样：针对道路放样的专用程序。

(3)管理：包含了对仪器内所有的数据信息的管理。

①作业：对仪器内的所有作业项目进行新建、编辑、删除。

②数据：对其中激活的作业项目中的点进行新建、编辑、删除。

③编码：对仪器里的编码进行新建、编辑、删除。

④坐标系统：对仪器里的坐标系统进行新建、编辑、删除。

⑤配置集：对仪器里的配置集进行新建、编辑、删除。

⑥天线：对天线进行新建、编辑、删除，可以导入各种厂家的天线。

(4)转换：仪器内数据的转换。

①从作业中输出数据：将作业中的数据输出到 CF 卡中。

②输入 ASCI/GSI 数据到作业：将 CF 卡中的数据输出到作业中。

③在两个作业中复制点。

(5)配置：仪器里一些常用参数的设置

(6)工具：仪器的一些应用管理工具。

4. 测量操作

Leica 1200 接收机测量操作的基本流程为：根据需要的测量形式，编辑静态或动态(RTK 基准站或流动站)测量配置集(即测量参数设置)—新建作业—测量。

下面主要介绍静态测量和 RTK 动态测量操作。

1)静态测量

从主界面进入管理子菜单，选择配置管理子菜单，将光标放在 wowo(2sec)行，选择增加，添加新的配置集，如图 6.20 所示。

输入新的配置集名称后，选择保存。保存后，选择列表，对配置集中的各种选项进行编辑，如图 6.21 所示。

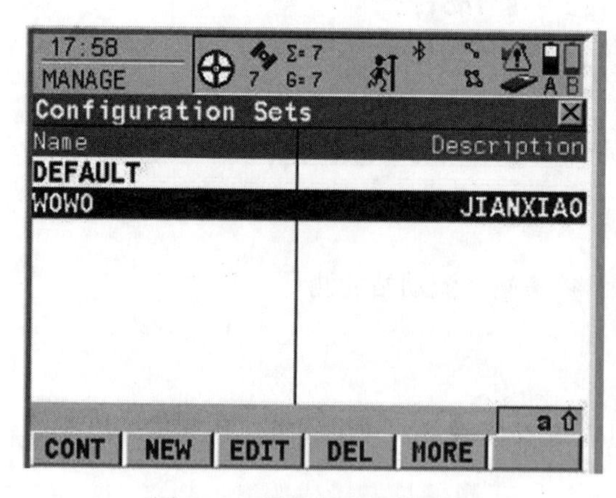

图 6.20　添加新配置集界面

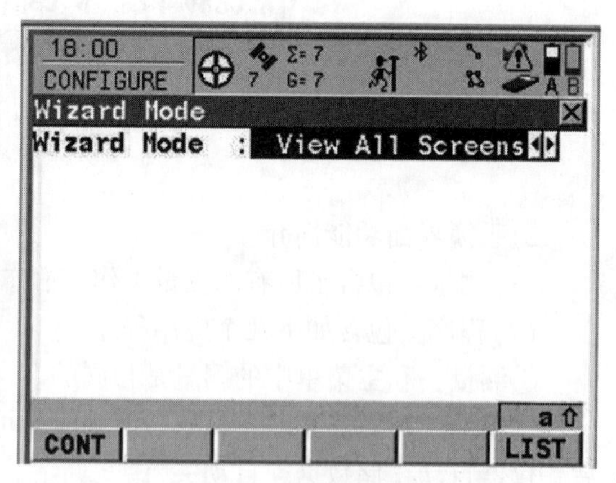

图 6.21　编辑配置集中选项界面

对其中的原始数据上载选项进行修改(主要修改数据存储的采样率)。继续修改点位控制设置选项。改动点位设置，如图 6.22 所示。

最后设置 ID 模板，并保存所改动的设置，回到主界面，新的静态测量配置集已完成。接下来，建立一个新的作业(一个工程项目可以只建立一个作业，也可以每天建立一个作

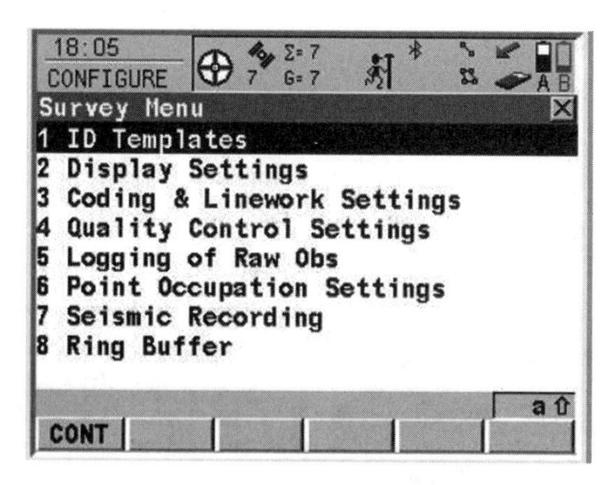

图 6.22　点位设置修改界面

业)。从主界面进入管理子菜单，再进入作业，输入新建的作业名称，选入已建立的测量配置集和相应的接收机天线种类。完成后，保存新建的作业。

作业建立完成后，就可以进入测量菜单，选择新建的作业名称，选择"继续"(F1 按键)，输入点号和天线高，如图 6.23 所示，按"上站"键(此时假定接收机的天线已经对中、整平等安置完毕，接收机记录观测数据)。此时，屏幕上显示已记录的观测历元数量。

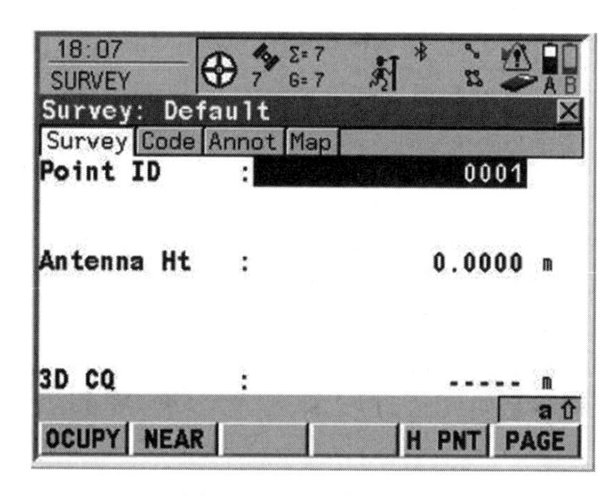

图 6.23　测量菜单界面

当观测数据已足够时，选择停止，结束测量，保存测量数据后，选择退出后即可关机，迁到下一站进行测量。在下一站测量中，直接进入测量菜单，选择相应的作业名称，直接进行测量。

在整个测量结束以后，将 Leica 1200 接收机中数据存储卡(CF 卡)取出，用 CF 卡读卡器与计算机连接。打开 Leica 数据处理软件 LGO，新建任务，读入原始数据，然后转换为 Rinex 数据格式输出。

2)RTK 动态测量

RTK 动态测量包括基准站测量和流动站测量两部分，具体测量操作过程如下：

(1)RTK 基准站测量。

从主界面中进入管理子菜单，接着进入配置管理子菜单，选择 RTK Reference，按增加键，增加新的 RTK 基准站的配置集。在新配置集输入名称并保存，进入向导模式界面，选择列表，对其中的主要选项进行配置。选择实时模式，按编辑键，接着按装置键，选择数据链，操作过程如图 6.24 所示。

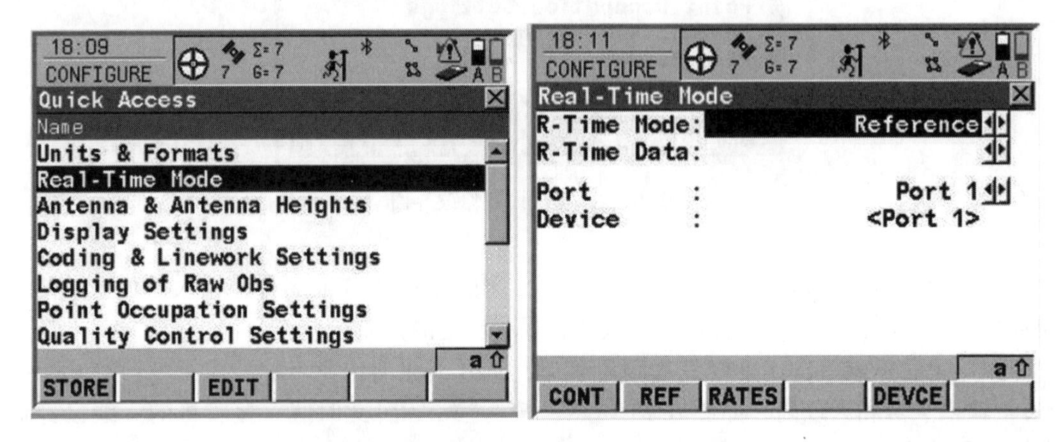

图 6.24 RTK 基准站配置管理操作界面

数据链选择完毕后，按继续键返回配置集菜单，选择保存，新的配置集建立完毕。建立新的作业(同静态测量)。

接下来，开始 RTK 基准站的测量工作：首先从主界面中进入测量菜单，测量前必须检查相应的参数设置，如图 6.25 所示。

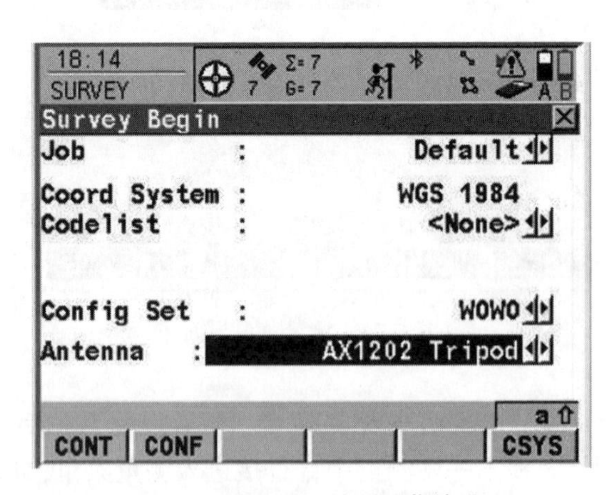

图 6.25 RTK 基准站测量菜单界面

输入天线高如图 6.26 所示。

设置完成开始正常工作。

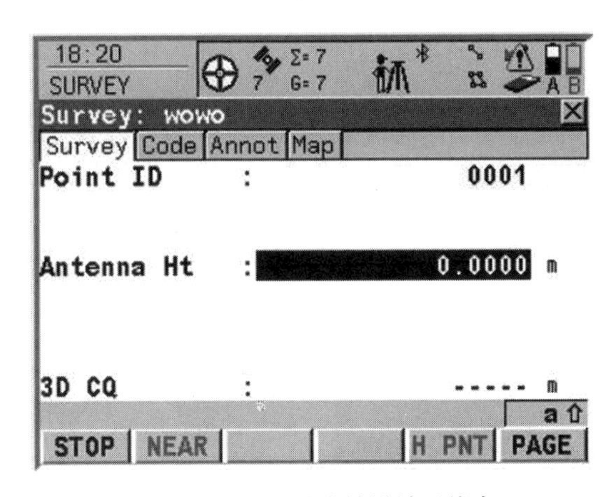

图 6.26　RTK 基准站设计天线高

(2)RTK 流动站测量。

首先要建立 RTK 流动站的配置集，过程和 RTK 基准站相同，其中的实时模式不是参考，而是选择 Rover 或者漫游，相应的通信参数设置必须与对应的基准站相同。

流动站的工作流程如下：

第一步：进入主菜单，如图 6.27 所示。

第二步：测量前必要的参数检查界面，如图 6.28 所示。

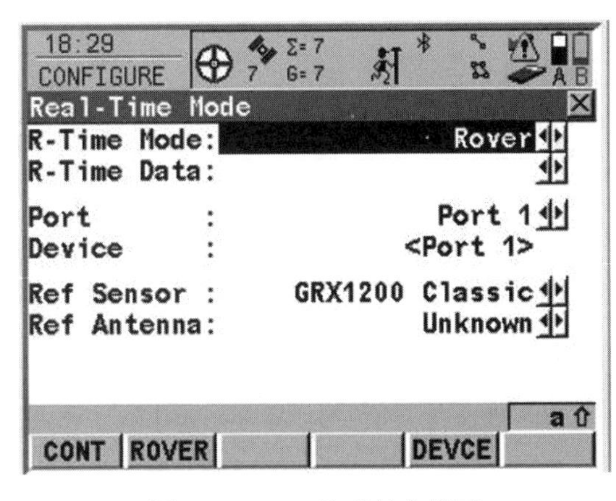

图 6.27　RTK 流动站主界面

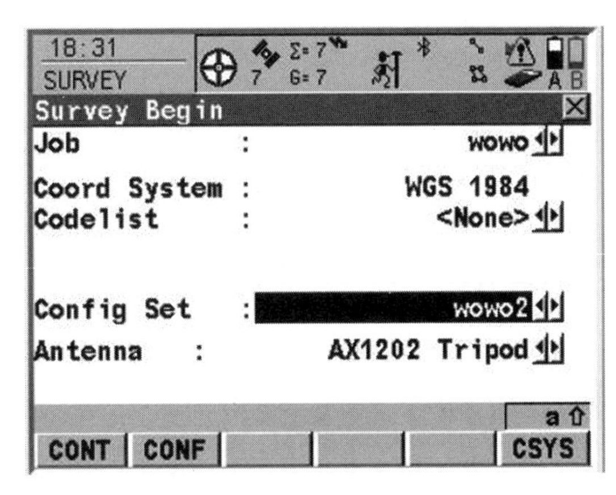

图 6.28　RTK 流动站参数检查界面

第三步：开始测量，如图 6.29 所示。

第四步：结束测量，如图 6.30 所示。

第五步：存储测量的坐标。

第六步：测量过程全部结束，可以进行下一个点的测量。

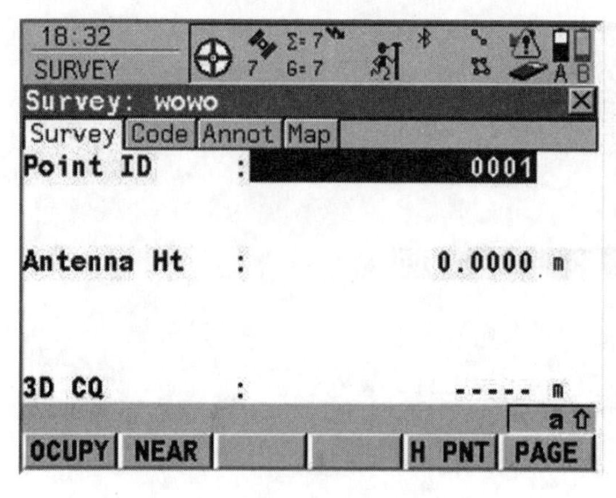

图6.29　RTK流动站测量界面

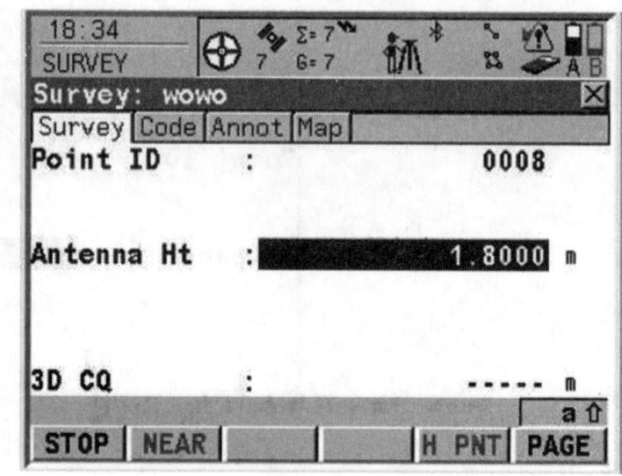

图6.30　RTK流动站测量结果界面

【本章小结】

本章主要介绍了全站仪和GPS的基本使用方法：

(1)会使用全站仪进行角度测量、距离测量、坐标测量等基本测量工作。

(2)了解GPS静态测量的步骤及方法。

(3)了解RTK动态测量的步骤及方法。

◎ 习题和思考题

1. 简述全站仪的基本组成。
2. 全站仪的基本测量功能包括哪些？
3. GPS-RTK图根控制测量的作业流程是什么？

第7章　小地区控制测量

【教学目标】

理解控制测量、导线测量的概念；掌握导线测量，以及三、四等水准测量内外业工作的全部内容；了解三角高程测量的内业与外业计算。

7.1　控制测量概述

在地形图测绘和各种工程的放样中，必须用各种测量方法确定地面点的坐标和高程。任何测量均不可避免地带有某种程度的误差，为了防止测量误差的累积，提高测量的精度和速度，测量工作必须遵循“先控制，后碎部”的工作步骤，即先建立控制网，再以控制网为基础进行碎部测量和测设。

控制测量就是在测区内选择若干有控制意义的点构成一定的几何图形，用精密的仪器工具和精确的方法观测并计算出各控制点的坐标和高程。控制测量分为平面控制测量和高程控制测量。平面控制测量是测定控制点的平面位置，高程控制测量是测定控制点的高程。

7.1.1　控制测量的分类

按控制形式分：平面控制测量、高程控制测量和 GPS 控制测量。

按测量精度分：国家级分为一等、二等、三等和四等，等外又分为一级、二级和三级。

按区域分：国家控制测量、城市控制测量、小区域控制测量和施工场地控制测量。

平面控制测量的主要形式是导线测量，导线测量是在地面上选择一系列控制点，将相邻点连成直线而构成折线形，称为导线网，如图 7.1 所示。在控制点上，用精密仪器依次测定所有折线的边长和转折角，根据解析几何的知识解算出各点的坐标。用导线测量方法确定的平面控制点，称为导线点。

高程控制测量的主要方法是水准测量。在全国范围内测定一系列统一而精确的地面点的高程所构成的网，称为高程控制网。国家高程控制网的建立，也是按照由高级到低级，从整体到局部的原则进行的。按施测次序和施测精度同样分为四个等级，即一、二、三、四等。一等水准网是国家高程控制的骨干，二等水准网布设于一等水准环内，是国家高程控制网的全面基础；三、四等水准网是在二等水准网的基础上进一步加密，直接为测图和工程提供必要的高程控制。

用于小区域的高程控制网，应根据测区面积的大小和工程的需要，采用分级建立。通

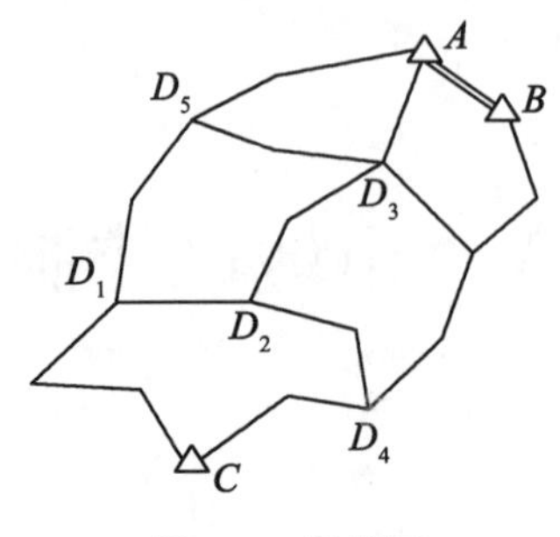

图 7.1　导线网

常是先以国家水准点为基础，在测区内建立三、四等水准路线，再以三、四等水准点为基础，测定等外(图根)水准点的高程。

7.1.2　国家控制网

在全国范围内建立的控制网，称为国家控制网。它是全国各种比例尺测图的基本控制，并为确定地球形状和大小提供研究资料。国家控制网是用精密测量仪器和方法，依照施测精度按一、二、三、四等四个等级建立的，它的低级点受高级点逐级控制。

国家平面控制网主要布设成三角网，如图 7.2 所示，一等三角锁是国家平面控制网的骨干；二等三角网布设于一等三角锁环内，是国家平面控制网的全面基础；三、四等三角网为二等三角网的进一步加密。建立国家平面控制网，主要采用三角测量的方法和 GPS 定位测量。

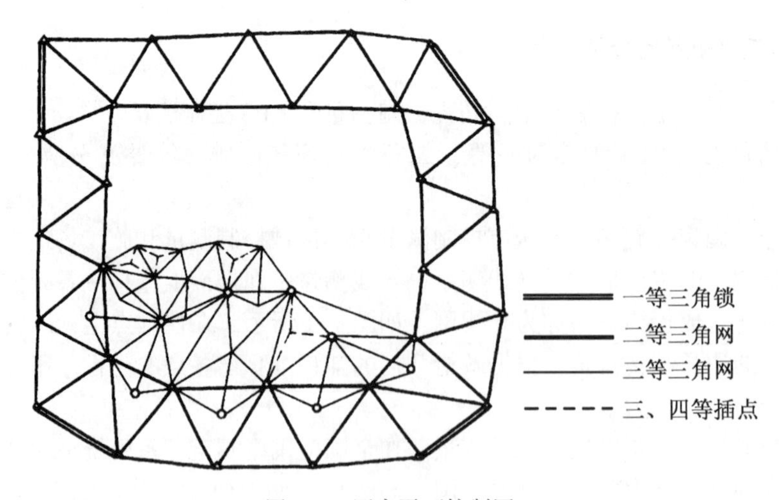

图 7.2　国家平面控制网

国家高程控制网布设成水准网，如图 7.3 所示，一等水准网是国家高程控制网的骨干；二等水准网布设于一等水准环内，是国家高程控制网的全面基础；三、四等水准网为国家高程控制网的进一步加密。国家一、二等高程控制网的建立采用精密水准测量的方法。

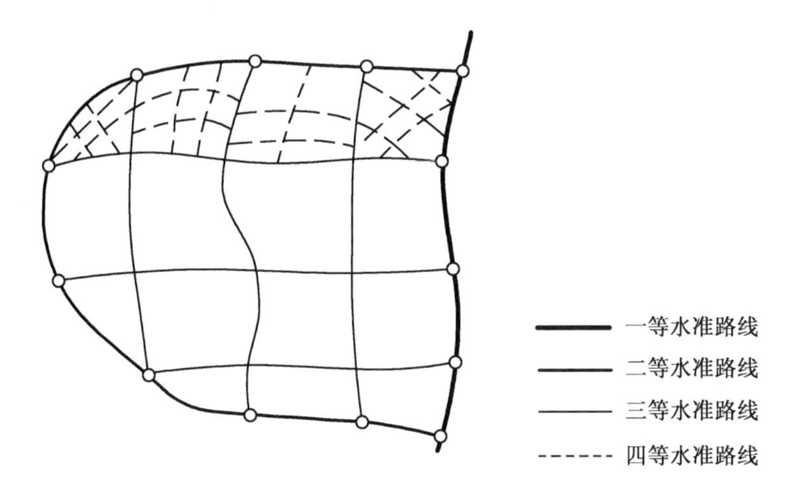

图 7.3　国家高程控制网

7.1.3　城市控制网

在城市地区，为测绘大比例尺地形图进行市政工程和建筑工程放样，在国家控制网的控制下而建立的控制网，称为城市控制网。

城市平面控制网一般布设为一、二、三级导线网，再布设直接为测绘大比例尺地形图所用的和图根导线。

城市高程控制网分为二、三、四等水准网，在四等以下再布设直接为测绘大比例尺地形图用的图根水准测量。

直接供地形测图使用的控制点，称为图根控制点，简称图根点。测定图根点位置的工作，称为图根控制测量。图根控制点的密度(包括高级控制点)，取决于测图比例尺和地形的复杂程度。平坦开阔地区图根点的密度一般不低于表 7.1 的规定；地形复杂地区、城市建筑密集区和山区，可适当加大图根点的密度。

表 7.1　**一般地区解析图根点的数量**

测图比例尺	图幅尺寸(cm)	解析图根点数量(个)		
		全站仪测图	GPS-RTK 测图	平板测图
1∶500	50×50	2	1	8
1∶1000	50×50	3	1~2	12
1∶2000	50×50	4	2	15
1∶5000	40×40	6	3	30

注：表中所列数量，是指施测该幅图可利用的全部解析控制点数量。

7.2　导线测量的外业工作

导线测量是平面控制测量的一种常用的方法，主要用于带状地区、隐蔽地区、城建区、地下工程、线路工程等控制测量。

所谓导线，就是将测区内的相邻控制点连成一系列的折线。构成导线的控制点称为导线点，折线称为导线边。导线测量就是用测量仪器测定各转折角和各导线边长及起始边的方位角，根据已知数据和观测数据计算导线点(即控制点)坐标的工作。

随着测绘科学技术的不断发展，电磁波测距和电子计算机技术的广泛应用，以导线测量的方法来建立平面控制网得到迅速推广。

7.2.1　导线的形式

根据测区的具体情况和要求，导线可布设成下列形式：

1. 闭合导线

起止于同一个已知控制点的导线称为闭合导线。如图7.4所示，从一高级已知点A出发，经过一系列的导线点如2、3、4、5点，最后又回到原出发点A，构成一闭合多边形。闭合导线本身具有严密的几何条件，具有检核的作用。

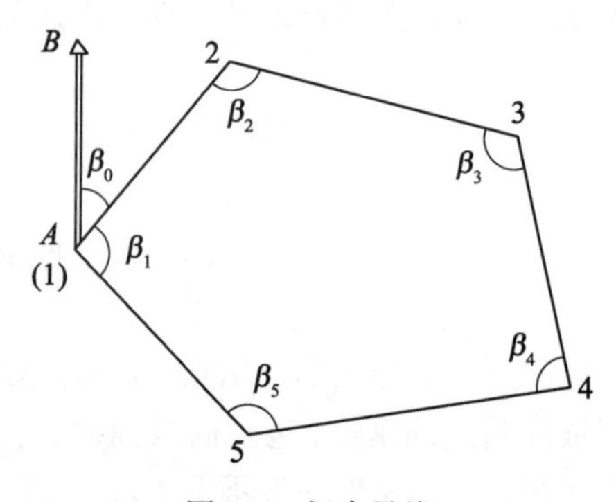

图7.4　闭合导线

2. 附合导线

布设在两个已知控制点之间的导线称为附合导线。如图7.5所示，从一已知控制点A开始，经过若干点如1、2、3，最后附合到另一个已知点D，形成附合导线。

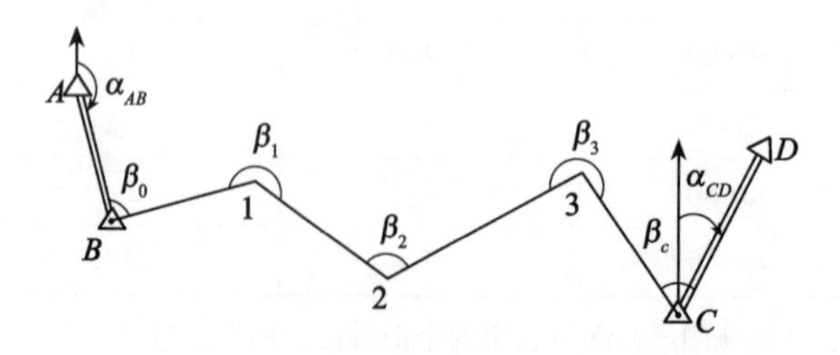

图7.5　闭合导线

3. 支导线

从一已知控制点出发，形成自由向前伸展，既不回到原出发点，也不附合到另一已知控制点上的导线称为支导线。如图 7.6 所示，B 点为一已知控制点，1、2 为支导线点。由于支导线没有校核条件，在测量中若发生错误，无法检核，所以规范规定支导线中的未知点数不得超过两个点。

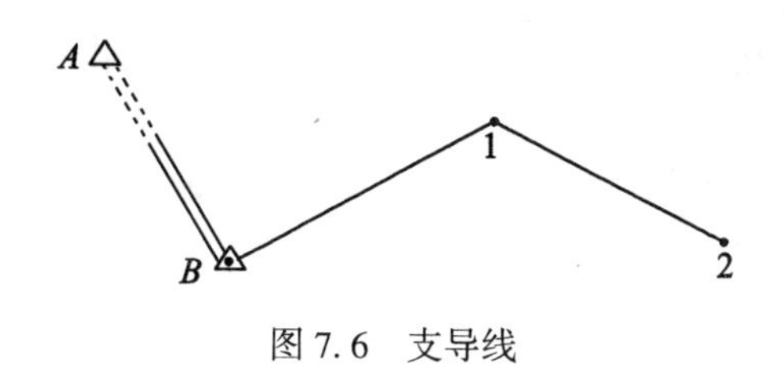

图 7.6 支导线

4. 无定向附合导线

由一个已知点出发，经过若干个导线点，最后附合到另一个已知点上，但起始边方位角不知道，且起、终两点不通视，只能假设起始边方位角，这样的导线称为无定向附合导线。其适用于狭长地区。

各等级导线测量主要技术要求列入表 7.2。

表 7.2 导线的主要技术要求

等级	导线长度（km）	平均边长（km）	测角中误差（″）	测距中误差（mm）	测距相对中误差	测回数			方位角闭合差（″）	导线全长相对闭合差
						1″级仪器	2″级仪器	6″级仪器		
三等	14	3	1.8	20	1/150000	6	10	-	$3.6\sqrt{n}$	1/55000
四等	9	1.5	2.5	18	1/80000	4	6	-	$5\sqrt{n}$	1/35000
一级	4	0.5	5	15	1/30000	-	2	4	$10\sqrt{n}$	1/15000
二级	2.4	0.25	8	15	1/14000	-	1	3	$16\sqrt{n}$	1/10000
三级	1.2	0.1	12	15	1/7000	-	1	2	$24\sqrt{n}$	1/5000
图根	1M	不大于测图视距的1.5倍	20	-	1/3000	-	1	1	$40\sqrt{n}$	1/2000

注：1. 表中 n 为测站数；

2. 当测区测图的最大比例尺为 1∶1000 时，一、二、三级导线的平均边长及总长度可适当放长，但最大长度不应大于表中规定长度的 2 倍。

7.2.2 导线测量的外业工作

导线测量的外业工作包括：踏勘选点、角度测量、边长测量以及导线连接测量。其工作内容如下：

1. 踏勘选点

踏勘选点之前，应先到有关部门收集原有地形图、高一级控制点的坐标和高程，以及这些已知点的位置详图。然后按坐标把已知点展绘在原有的地形图上，在图上规划导线的布设方案。最后带上所规划的导线网图，到实地选定各点点位并建立标志。

现场选点应注意如下事项：

(1)相邻导线点间应互相通视，以便于测角和测边(如果采用钢尺量距，地势应较为平坦)。

(2)点位应选在土质坚实处，以便于保存标志和安置仪器。

(3)视野开阔，以便于测绘周围的地物和地貌。

(4)导线点数量要足够，密度要均匀，以便控制整个测区。

(5)导线边长最好大致相等，尽量避免过短过长。平均边长如表7.2所示。

导线点位置选定后，要在每一点位上打一木桩，桩顶钉一小钉，作为临时性标志。一、二、三级导线点应埋设混凝土桩，如图7.7所示。为了便于寻找，应在附近房角或电线杆等明显处，用红漆写明导线点方位和编号，并量出导线点与附近固定地物点的距离，绘一草图，并注明尺寸。

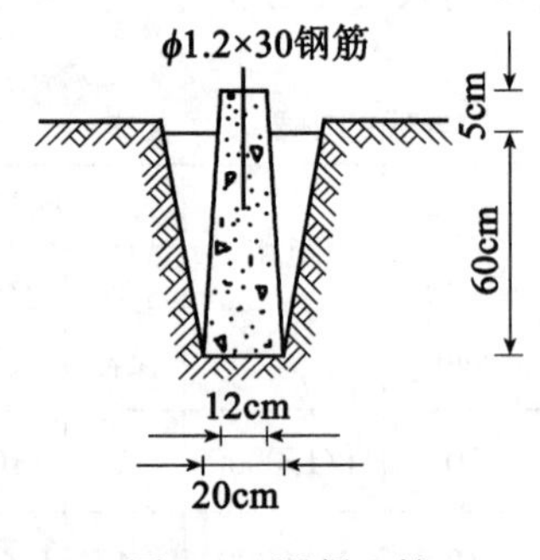

图7.7　混凝土桩

2. 测边

导线边长可用电磁波测距仪或全站仪单向测定，也可以用检定过的钢尺往返丈量；但均应满足表7.2的要求。

3. 测角

导线的转折角分为右角和左角，在前进方向右侧的水平角称为右角，在左侧的水平角称为左角。对于附合导线，可测其左角，也可测其右角，但全线要统一。对于闭合导线，可测其内角，也可测其外角，若测其内角并按逆时针方向编号，其内角均为左角，反之均为右角。角度观测采用测回法，各等级导线的测角要求，均应满足表7.2的要求。

4. 导线连接测量

导线与高级控制点进行连测，以此取得坐标和方位角的起始数据，称为连接测量。

附合导线的两端均是已知点，在已知点上所测的转折角 β_b，β_c(图7.8)称为连接角，B1和3C为连接边。

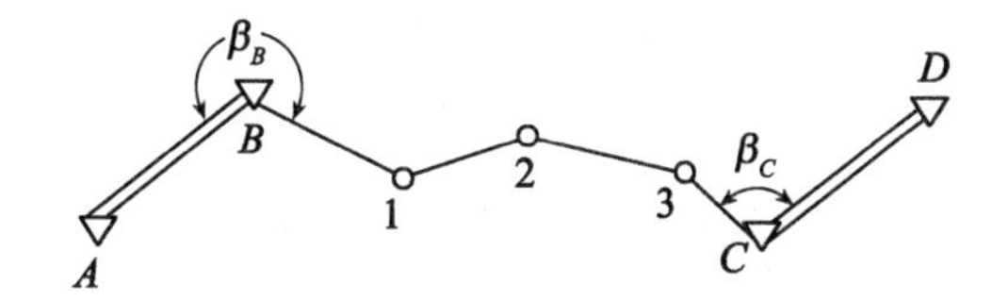

图 7.8　附合导线连接测量

如果没有高一级控制点可以连测，在测区布设的是独立闭合导线，这时，需要在第一点上测出第一条边的磁方位角，并假定第一点的坐标，作为起始数据。

5. 导线测量记录

表 7.3 是导线测量的外业记录。记录字体要端正、清楚，不能涂改，并妥善保存。

表 7.3　　导线测量记录

测站	竖盘位置	目标	水平度盘读数 (°　′　″)	角值(左角) (°　′　″)	平均角值 (°　′　″)	距离测量		备　注
						端点号	边长(m)	
1	左	4	0　37　00	87　25　36	87 25 30	1-4	136.85	略　图
		2	88　02　36					
	右	4	180　37　18	87　25　24		1-2	178.76	
		2	268　02　42					
2	左	1	32　13　30	85　18　00	85 18 06	2-1	178.78	
		3	117　31　30					
	右	1	212　14　00	85　18　12		2-3	125.82	
		3	297　32　12					
3	左	2	95　03　30	98　39　54	98 39 36	3-2	125.81	
		4	193　43　24					
	右	2	275　03　00	98　89　18		3-4	162.91	
		4	13　42　18					
4	左	3	224　34　17	98　36　13	88 36 04	4-3	162.93	测定磁方位角 $\alpha_{12}=245°30'$
		1	313　10　30					
	右	3	44　34　36	88　35　54		4-1	136.85	
		1	133　10　30					

7.3　导线测量的内业工作

导线测量的内业计算，即是在导线测量外业工作完成后，合理地进行各种误差的计算和调整，计算出各导线点坐标的工作。

在进行导线内业计算之前，一是要全面检查外业观测数据有无遗漏，记录、计算是否正确，成果是否符合精度要求。当发现记录、计算有错时，不要改动原始数据，要认真反复校核。二是要根据已知数据和观测结果绘制外业成果注记图。如图7.9所示。当确定外业成果符合要求后，才进行内业的计算。

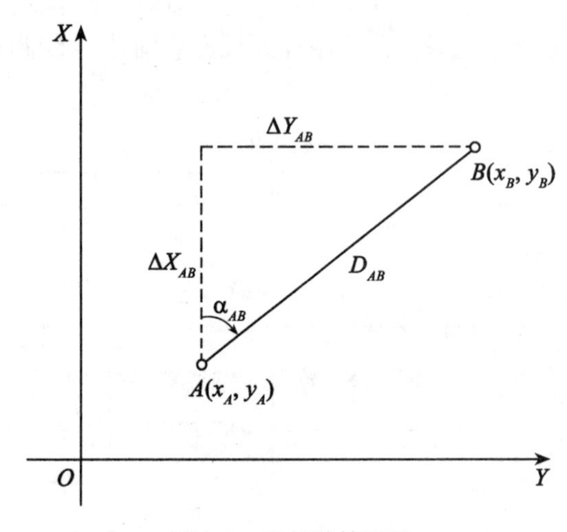

图7.9　坐标计算图示

7.3.1　测量坐标正反算

1. 坐标正算

(1) 定义：设已知点A的坐标为(X_A、Y_A)，测得AB之间的距离D及方位角α_{AB}，推求待定点B的坐标(X_B、Y_B)。

(2) 公式：如图7.9所示，坐标计算公式如下：

$$\Delta X_{AB} = D_{AB}\cos\alpha_{AB}, \quad \Delta Y_{AB} = D_{AB}\sin\alpha_{AB}$$
$$X_B = X_A + \Delta X_{AB} = X_A + D_{AB}\cos\alpha_{AB}$$
$$Y_B = Y_A + \Delta Y_{AB} = Y_A + D_{AB}\sin\alpha_{AB} \tag{7.1}$$

2. 坐标反算

(1) 定义：已知A、B两点的坐标(X_A, Y_A)，(X_B, Y_B)，计算两点间的距离D_{AB}及坐标方位角α_{AB}的过程。

(2) 公式：如图7.9所示，坐标反算公式如下：

$$\alpha_{AB} = \arctan\frac{y_B - y_A}{x_B - x_A}$$

$$D_{AB}=\sqrt{\Delta x_{AB}^2+\Delta y_{AB}^2}=\sqrt{(x_B-x_A)^2+(y_B-y_A)^2} \tag{7.2}$$

7.3.2 闭合导线的内业计算

1. 角度闭合差的计算和调整

(1) 角度闭合差f_β计算：内角和观测值$\sum\beta_{测}$与理论值$\sum\beta_{理}$之差f_β称为闭合导线角度闭合差，计算公式如下：

$$f_\beta=\sum\beta_{测}-\sum\beta_{理}=\sum\beta_{测}-(n-2)\times180° \tag{7.3}$$

(2) 计算角度闭合差允许值$f_{\beta_{允}}$：按导线转折角观测和限差表的规定计算。

(3) 判断精度：当$f_\beta\leqslant f_{\beta_{允}}$时，满足精度要求，如超过则重测。

(4) 计算角度改正数：闭合差按相反符号平均分配到各角上；当f_β不能整除时，余数分在短边上。

2. 导线边方位角的计算

可根据第一条边的方位角和调整后的内角(左角)，推算其他各边的方位角，其公式为

$$\alpha_{前}=\alpha_{后}+180°+\beta_{左} \tag{7.4}$$

式中，β左为改正后的左角。

当采用上式算得的α值超过360°时，应减去360°。由最后一边的方位角推算而得第一边的方位角，其值应等于它的起始值，如不等，则表明计算有错误。

3. 坐标增量计算及坐标增量闭合差的调整

(1) 坐标增量的计算：按坐标正算公式计算各边的坐标增量，其公式如下：

$$\Delta x_i=D_i\cos\alpha_{i(i+1)},\quad \Delta y_i=D_i\sin\alpha_{i(i+1)}\quad(i=1,2,\cdots,n) \tag{7.5}$$

(2) 坐标增量闭合差的计算：

$$f_x=\sum\Delta X_{测}$$
$$f_y=\sum\Delta Y_{测} \tag{7.6}$$

式中，f_x—— 纵坐标增量闭合差；

f_y—— 横坐标增量闭合差。

(3) 导线全长闭合差的计算：

$$f=\sqrt{f_{x^2}+f_{y^2}} \tag{7.7}$$

(4) 导线相对闭合差：

$$K=\frac{f}{\sum D}=\frac{1}{\sum D/f}=\frac{1}{N} \tag{7.8}$$

在通常情况下，图根导线的K值不应超过1/2000，困难地区也不应超过1/1000。

(5) 计算坐标增量改正值：

$$\delta x_i=-\frac{f_x}{\sum D}D_i$$

$$\delta y_i = -\frac{f_y}{\sum D} D_i \tag{7.9}$$

δx_i、δy_i 为第 i 条边纵、横坐标增量改正值；D_i 为第 i 条边的边长。

4. 计算导线点的坐标

根据起点的已知坐标及调整之后的坐标增量，逐一推求。算完最后一点，还要再推算起点的坐标，推算得出的坐标应等于已知坐标。

5. 闭合导线的内业计算算例

表 7.4 为一闭合导线计算算例，外业观测数据均标注在示意图中。

表 7.4　　**闭合导线计算**

点号	观测角 β (° ′ ″)	改正数 (″)	改正后角值 (° ′ ″)	坐标方位角 (° ′ ″)	距离 D (m)	坐标增量 Δx (m)	坐标增量 Δy (m)	改正后坐标增量 Δx (m)	改正后坐标增量 Δy (m)	坐标值 x (m)	坐标值 y (m)	点号
1	2	3	4=2+3	5	6	7	8	9	10	11	12	13
4												4
				215 53 17								
1	89 36 30	+13	89 36 43							500.000	500.000	1
				125 30 00	105.221	−0.024 −61.102	+0.020 +85.662	−61.126	+85.682			
2	107 48 30	+12	107 48 42							438.874	585.682	2
				53 18 42	80.182	−0.018 +47.906	+0.015 +64.298	+47.888	+64.313			
3	73 00 20	+12	73 00 32							486.762	649.995	3
				306 19 14	129.343	−0.029 +76.610	+0.025 −104.214	+76.581	−104.189			
4	89 33 50	+13	89 34 03							563.343	545.806	4
				215 53 17	78.165	−0.017 −63.326	+0.015 −45.821	−63.343	−45.806			
1										500.000	500.000	1
Σ	359 59 10	+50	360 00 00		392.911	(−0.088) +0.088	(+0.075) −0.075	0.000	0.000			

辅助计算：

$\sum \beta_{测} = 359°59'10''$

$-)\ \sum \beta_{理} = 360°$

$f_\beta = -50''$

$f_{\beta容} = \pm 60''\sqrt{4} = \pm 120''$

$f_x = \sum \Delta x = +0.088 \quad f_y = \sum \Delta y = -0.075$

导线全长闭合差 $f = \pm\sqrt{f_x^2 + f_y^2} = \pm 0.116(\mathrm{m})$

相对闭合差 $K = \frac{f}{\sum D} = \frac{1}{3390}$

容许相对闭合差 $K_{容} = \frac{1}{2000}$

$\alpha_{41}=215°53'17''$

129.343m　78.165m　105.221m　80.182m

89°33′50″　73°00′20″　89°36′30″　107°48′30″

1　2　3　4

闭合导线坐标推算时，从已知点 A 开始，推算出 B、C、D 点的坐标，最后推算回到 A

点，应与原来 A 点坐标相同，作为推算坐标的检核。

7.3.3 附合导线的内业计算

1. 附合导线的内业计算

如图7.10所示为一附合导线，它的起点1和终点3分别与高一级的控制点 A、B 和 C、D 连接，后者的坐标为已知，可按坐标反算公式计算起始边和终了边的方位角，即：

$$\alpha_{AB} = \arctan \frac{y_B - y_A}{x_B - x_A}$$

$$\alpha_{CD} = \arctan \frac{y_D - y_C}{x_D - x_C} \tag{7.10}$$

附合导线与闭合导线的计算步骤基本相同，但几何条件不同，角度闭合差和坐标增量闭合差的计算就有所不同。

(1)角度闭合差的计算。根据两端方向已知的特点，可由导线起始边的方位角 α_{AB} 和左角 β_i，推算得终了边的方位角 α'_{CD}，即：

$$\alpha'_{CD} = \alpha_{AB} + n \times 180° + \sum \beta \tag{7.11}$$

由上式计算得到的方位角应减去若干个360°，使其角值在0° ~ 360°之间。

附合导线的角度闭合差为

$$f_\beta = \alpha'_{CD} - \alpha_{CD} \tag{7.12}$$

(2) 坐标增量闭合差的计算

$$f_x = \sum \Delta x \text{测} - (x_C - x_B)$$

$$f_y = \sum \Delta y \text{测} - (y_C - y_B) \tag{7.13}$$

附合导线各导线点坐标计算的其他内容同闭合导线。

2. 附合导线内业计算算例

如图7.10所示为一附合导线算例，外业观测数据均标注在图中，内业计算见表7.5。

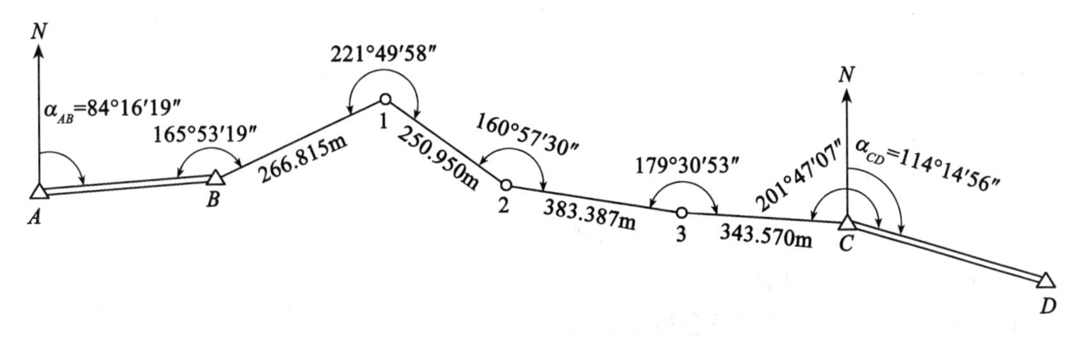

图7.10 附合导线算例

表 7.5　　**附合导线坐标计算**

点号	观测 β (° ′ ″)	改正数 (″)	改正后角值 (° ′ ″)	坐标方位角 (° ′ ″)	距离 D(m)	坐标增量 Δx(m)	坐标增量 Δy(m)	改正后坐标增量 Δx(m)	改正后坐标增量 Δy(m)	坐标值 x(m)	坐标值 y(m)	点号
1	2	3	4	5	6	7	8	9	10	11	12	13
A												A
				84 16 19								
B	165 53 19	−2	165 53 17							2 293.735	4 479.548	B
				70 09 36	266.815	−0.003 +90.556	+0.005 +250.978	+90.553	+250.983			
1	221 49 58	−2	221 49 56							2384.288	4730.531	1
				111 59 32	250.950	−0.003 −93.976	+0.005 232.690	−93.979	+232.695			
2	160 57 30	−2	160 57 28							2290.309	4963.226	2
				92 57 00	383.387	−0.005 −19.731	+0.007 +382.879	−19.736	+382.886			
3	179 30 53	−2	179 30 51							2270.573	5346.112	3
				92 27 51	343.570	−0.004 −14.772	+0.006 +343.252	−14.776	+343.258			
C	201 47 07	−2	201 47 05							2 255.797	5 689.370	C
				114 14 56								
D												D
∑	929 58 47	−10	929 58 37		1244.722	−37.923	+1209.799	−37.938	+1209.822			

辅助计算：

$AB = 84°16'19''$

$+)\ \sum\beta_{测} = 929°58'47''$

$= 1014°15'06''$

$-)\ 5\times180° = 900°$

$'_{CD} = 114°15'06''$

$-)\ _{CD} = 114°14'56''$

$f = +10''$　　$f_{容} = \pm 10''$

$\sqrt{n} = \pm 22$

$\sum\Delta x = -37.923$　　$\sum\Delta y = +1209.799$

$-)\ x_C - x_B = -37.938$　　$-)\ y_C - y_B = +1209.822$

$f_x = +0.015$　　$f_y = -0.023$

导线全长闭合差 $f = \pm\sqrt{f_x^2 + f_y^2} \approx \pm 0.027(\mathrm{m})$

相对闭合差 $K = \dfrac{0.027}{1244.722} = \dfrac{1}{46100}$，容许相对闭合

7.3.4　支导线计算

支导线中没有检核条件，因此没有闭合差产生，导线转折角和计算的坐标增量均不需要进行改正。支导线的计算步骤为：

(1)根据观测的转折角推算各边的坐标方位角。

(2)根据各边坐标方位角和边长计算坐标增量。

(3)根据各边的坐标增量推算各点的坐标。

7.3.5 测角交会定点

小区域平面控制网的布设，一般采用导线测量的方法。当测区内已有控制点的数量不能满足测图或施工放样需要时，也经常采用交会法测量来加密控制点，所谓交会定点的测量方法，就是根据几个平面已知点，测定一个或少量的几个未知点的平面坐标的测量方法。基本方法是：先在实地布设一个较为简单的图形，然后测量水平角，或测定某条(或某些)边的边长，经计算求得未知点的坐标。交会法定点分为测角交会和测边交会两种方法。测角交会法布设的形式有前方交会法、侧方交会法和后方交会法。

导线测量、测角交会、测边交会是大比例尺地形图测绘中平面控制测量和图根点加密的常用方法。但随着科学技术和测量技术的发展，新的测量技术及新的测量仪器设备的不断出现，如全站仪、GPS 等测量方法都在不断更新，其测量的精度也相应地不断提高，以满足不同等级平面控制测量的需求。因此，我们要不断地学习，掌握现代测量仪器的使用及测量方法。

7.4 高程控制测量

7.4.1 高程控制网概述

1. 高程控制测量概述

精确测定控制点高程的工作，称为高程控制测量。高程控制测量首先要在测区建立高程控制网，为了测绘地形图或建筑物施工放样以及进行科学研究工作而需要进行高程测量，我国在全国范围内建立了一个统一的高程控制网，高程控制网由一系列的水准点构成，沿水准路线按一定的距离埋设固定的标志称为水准点，水准点分为临时性和永久性水准点，等级水准点埋设永久性标志，三、四等水准点埋设普通标石，普通水准点见图 7.11。图根水准点可根据需要埋设永久性或临时性水准点，临时性水准点埋设木桩或在水泥板或石头上用红油漆画出临时标志表示。

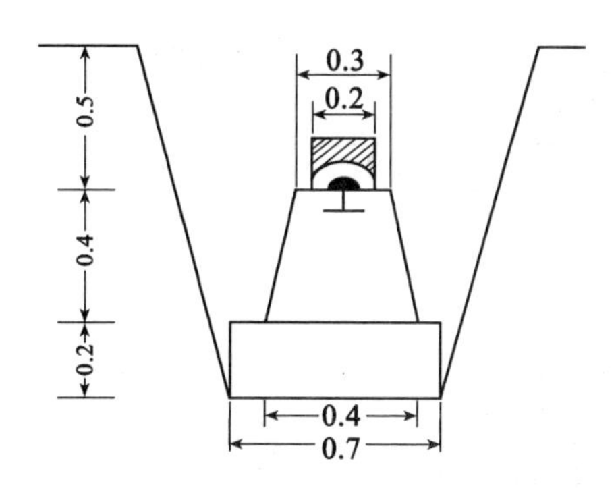

图 7.11 混凝土普通水准标石(单位：m)

2. 国家高程控制网

国家高程控制网分为一、二、三、四等 4 个等级。一、二等水准网是国家高程控制的基础，一、二等水准路线一般沿着铁路、公路进行布设，形成闭合水准网或附合水准网，用精密水准测量方法测定其高程；三、四等水准测量主要用于一、二等水准测量的加密，作为地形测量和工程测量的高程控制，布设闭合水准路线和附合水准路线。

3. 图根高程控制网

为了满足测图的需要，测定图根点的高程称为图根控制测量，图根高程控制网可以布设为水准网及三角高程网。

4. 高程控制网的施测方法

三、四等高程控制网的施测方法一般采用水准测量方法，图根高程网可采用水准测量方法或三角高程测量方法施测。

在地形测量中，高程控制测量一般分为基本高程控制和加密高程控制，基本控制测量一般采用三、四等及以上等级水准测量，加密一般采用五等水准测量及三角高程测量。本章主要介绍三、四等水准测量和三角高程测量。

7.4.2　三、四等水准测量

1. 三、四等水准测量的技术要求

表7.6　**三、四等水准测量的技术要求**

项目 等级	使用 仪器	高差闭合 差限差 (mm)	视线 长度 (m)	前后视 距离差 (m)	前后视 距累积差 (m)	黑红面 读数差 (mm)	黑红面所测 高差之差 (mm)
三	DS_3	$\pm12\sqrt{L}$	≤75	≤3	≤6	2.0	3.0
四	DS_3	$\pm20\sqrt{L}$	≤100	≤5	≤10	3.0	5.0

2. 三、四等水准测量观测方法

三、四等水准测量主要采用双面水准尺观测法，除各种限差有所区别外，观测方法大同小异。现以三等水准测量的观测方法为例加以说明。

按下列顺序进行观测，并记于手簿中，见表7.7。

读取后视尺黑面读数：下丝(1)，上丝(2)，中丝(3)

读取前视尺黑面读数：下丝(4)，上丝(5)，中丝(6)

读取前视尺红面读数：中丝(7)

读取后视尺红面读数：中丝(8)

3. 计算与校核

分为视距部分和高差部分。

1)视距部分

后距 (9)=[(1)-(2)]×100

前距 (10)=[(4)-(5)]×100

后、前视距离差(11)=[(9)-(10)]，绝对值不超过2m。

后、前视距离累积差(12)= 本站的(11)+前站的(12)，绝对值不应超过 5m。

2)高差部分

后视尺黑、红面读数差(13)= K_1+(3)-(8)，绝对值不应超过 2mm。

前视尺黑、红面读数差(14)= K_2+(6)-(7)，绝对值不应超过 2mm。

式中，K_1、K_2分别为两水准尺的黑、红面的起点差，又称尺常数。

黑面高差(16)=(3)-(6)

红面高差(17)=(8)-(7)。

黑红面高差之差(15)=[(16)-(17)±0.100]=[(13)-(14)]，绝对值不应超过 3mm。

高差中数(18)= 1/2[(16)+(17)±0.100]作为该两点测得的高差。

当整个水准路线测量完毕，应逐页校核计算有无错误，校核方法是：

先计算 $\sum(3)$、$\sum(6)$、$\sum(7)$、$\sum(8)$、$\sum(9)$、$\sum(10)$、$\sum(16)$、$\sum(17)$、$\sum(18)$，而后用下式校核

$\sum(9) - \sum(10) = (12)$ 末站

$1/2[\sum(16) + \sum(17) \pm 0.100] = \sum(18)$—— 当测站总数为奇数时。

$1/2[\sum(16) + \sum(17)] = \sum(18)$—— 当测站总数为偶数时

最后算出水准路线总长度 $L = \sum(9) + \sum(10)$

表 7.7　　三等水准测量手簿　　K_1=4.787，K_2=4.687

测站编号	点号	后尺	下丝	前尺	下丝	方向及尺号	水准尺读数(m)		K+黑减红(mm)	高差中数(m)
			上丝		上丝		黑色面	红色面		
		后距(m)		前距(m)						
		前后视距离差(m)		累积差						
		(1) (2) (9) (11)		(4) (5) (10) (12)		后 前 后-前	(3) (6) (16)	(8) (7) (17)	(13) (14) (15)	(18)
1	BM_1-Z_1	1.614 1.156 45.8 +1.0		0.774 0.326 44.8 +1.0		后 1 前 2 后-前	1.384 0.551 +0.833	6.171 5.239 +0.932	0 -1 +1	+0.8325

续表

测站编号	点号	后尺 下丝 上丝 后距(m) 前后视距离差(m)	前尺 下丝 上丝 前距(m) 累积差	方向及尺号	水准尺读数(m) 黑色面	 红色面	K+黑减红(mm)	高差中数(m)
2	Z_1-Z_2	2.188 1.682 50.6 +1.2	2.252 1.758 49.4 +2.2	后 2 前 1 后-前	1.934 2.008 -0.074	6.622 6.796 -0.174	-1 -1 0	-0.0740
3	Z_2-Z_3	1.922 1.529 39.3 -0.5	2.066 1.668 39.8 +1.7	后 1 前 2 后-前	1.726 1.866 -0.140	6.512 6.554 -0.042	+1 -1 +2	-0.1410
4	Z_3-BM_2	2.041 1.622 41.9 -1.1	2.220 1.790 43.0 +0.6	后 2 前 1 后-前	1.832 2.007 -0.175	6.520 6.793 -0.273	-1 +1 -2	-0.1740
校核		$\sum(9)=177.6$ $\sum(10)=177.0$ (12) 末站 = +0.6 总距离 = 354.6			$\sum(3)=6.876$ $\sum(6)=6.432$ $\sum(16)=+0.444$ $\sum(8)=25.825$ $\sum(7)=25.382$ $\sum(17)=+0.443$ $1/2[\sum(16)+\sum(17)]=$ $+0.4435=\sum(18)$			$\sum(18)$ $=+0.4435$

4. 三、四等水准测量的成果整理

根据三、四等水准测量高差闭合差的限差要求，采用普通水准测量的闭合差的调整及高程计算方法，计算各水准点的高程。

7.4.3 三角高程测量

在山区或高层建筑物上，若用水准测量作高程控制，则困难大且速度慢，这时可考虑采用三角高程测量。三角高程测量分为测距仪三角高程测量和经纬仪三角高程测量两种。

1. 三角高程测量的主要技术要求

三角高程测量的主要技术要求，是针对竖直角测量的技术要求，一般分为两个等级，即四、五等，其可作为测区的首级控制，技术要求见表7.8及表7.9。

表7.8 **电磁波测距三角高程测量的主要技术要求**

等级	每km高差全中误差(mm)	边长(km)	观测方式	对向观测高差较差(mm)	附和或环形闭合差(mm)
四等	10	≤1	对向观测	$40\sqrt{D}$	$20\sqrt{\sum D}$
五等	15	≤1	对向观测	$60\sqrt{D}$	$30\sqrt{\sum D}$

注：1. D为电磁波测距边长度(km)。

2. 起讫点的精度等级，四等应起讫于不低于三等水准的高程点上，五等应起讫于不低于四等水准的高程点上。

3. 路线长度不应超过相应等级水准路线的长度限值。

表7.9 **电磁波测距三角高程观测的主要技术要求**

等级	竖直角观测				边长测量	
	仪器精度等级	测回数	指标差较差	测回较差	仪器精度等级	观测次数
四等	2s级仪器	3	≤7s	≤7s	10mm级仪器	往返各一次
五等	2s级仪器	2	≤10s	≤10s	10mm级仪器	往一次

注：当采用2″级光学经纬仪进行垂直角观测时，应根据仪器的垂直角检测精度，适当增加测回数。

2. 三角高程测量的原理

三角高程测量，是根据两点间的水平距离和竖直角计算两点的高差，然后求出所求点的高程。

如图7.12所示，在A点安置仪器，用望远镜中丝瞄准B点觇标的顶点，测得竖直角

α，并量取仪器高 i 和觇标高 v，若测出 A、B 两点间的水平距离 D，则可求得 A、B 两点间的高差，即

$$h_{AB} = D\tan\alpha + i - v \tag{7.14}$$

B 点高程为

$$H_B = H_A + D\tan\alpha + i - v \tag{7.15}$$

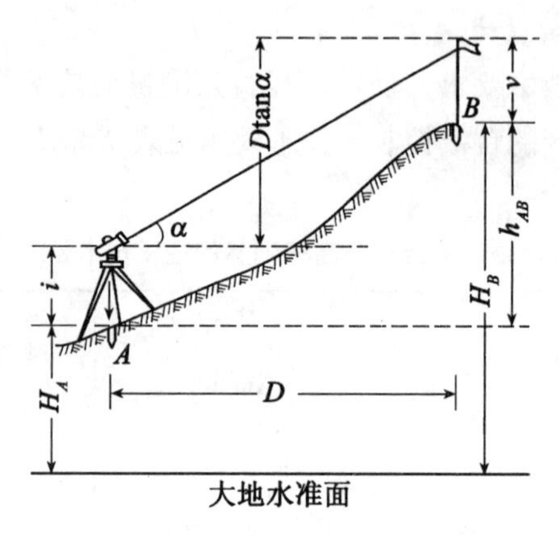

图 7.12　三角高程测的原理

三角高程测量一般应采用对向观测法，如图 7.12 所示，即由 A 向 B 观测称为直觇，再由 B 向 A 观测称为反觇，直觇和反觇称为对向观测。采用对向观测的方法可以减弱地球曲率和大气折光的影响。对向观测所求得的高差较差不应大于 $0.1D$(D 为水平距离，以 km 为单位，其结果以 m 为单位)。取对向观测的高差中数为最后结果，即

$$h_{中} = \frac{1}{2}(h_{AB} + h_{BA}) \tag{7.16}$$

公式(7.15)适用于 A、B 两点距离较近(小于 300m)的三角高程测量，此时水准面可近似看成平面，视线视为直线。当距离超过 300m 时，就要考虑地球曲率及观测视线受大气折光的影响。

3. 三角高程测量的观测和计算

三角高程测量的观测与计算应按以下步骤进行：

(1)安置仪器于测站上，量出仪器高 i；觇标立于测点上，量出觇标高 v；

(2)用经纬仪或测距仪采用测回法观测竖直角 α，取其平均值为最后观测成果；

(3)采用对向观测，其方法同前两步；

(4)用式(7.14)和式(7.15)计算高差和高程。

三角高程路线，尽可能组成闭合测量路线或附合测量路线，并尽可能起闭于高一等级的水准点上。若闭合差 f_h 在所规定的容许范围内，则将 f_h 反符号按照与各边边长成正比例的关系分配到各段高差中，最后根据起始点的高程和改正后的高差，计算出各待求点的高程。全站仪三角高程测量记录计算表见表 7.10。

表 7.10 **全站仪三角高程测量记录计算表**

日期：　　　　班级：　　　　组别：　　　　姓名：　　　　学号：

起算点				
待定点				
往返测	往	返	往	返
平距 D				
竖直角 α				
$D\tan\alpha$				
仪器高 i				
觇标高 v				
两差改正 f				
单向高差 h				
往返平均高差 $\bar{h}$				

【本章小结】

本章主要介绍了小地区控制测量的基本内容；

(1)控制测量概述；

(2)平面控制测量方法；

(3)导线测量外业；

(4)导线测量内业；

(5)高程控制测量方法；

(6)三、四等水准测量；

(7)三角高程测量。

◎ 习题和思考题

1. 控制测量的目的是什么？小地区平面、高程控制网是如何建立的？
2. 导线布设形式有哪几种？试绘图说明。
3. 简述导线计算的步骤，并说明闭合导线与附合导线在计算中的异同点。
4. 闭合导线的点号按顺时针方向编号与按逆时针方向编号，其方位角计算有何不同？
5. 进行三、四等水准测量时，一测站的观测程序如何？怎样计算？
6. 在什么情况下采用三角高程测量？为什么要采用对向观测？
7. 如表 7.11 所列数据，试计算闭合导线各点的坐标。导线点号为逆时针编号。

表 7.11　**闭合导线计算**

点号	观测角 (°　′　″)	坐标方位角 (°　′　″)	边长 (m)	坐标(m)	
				x	y
1	125 52 04			500.00	500.00
		97 58 08	100.29		
2	82 46 29				
			78.96		
3	91 08 23				
			137.22		
4	60 14 02				
			78.67		
1					

8. 根据表 7.12 中所列数据，试计算附合导线各点的坐标。

表 7.12　**附合导线计算**

点号	左角观测角 (°　′　″)	坐标方位角 (°　′　″)	边长(m)	坐标(m)	
				x	y
A					
		50 00 00			
B	253 34 54			1000.00	1000.00
			125.37		
1	114 52 36				
			109.84		
2	240 18 48				
			106.26		
C	227 16 12			936.97	1291.22
		166 02 54			
D					

9. 已知 *A* 点高程为 258.26m，*A*、*B* 两点间水平距离为 624.42m，在 *A* 点观测 *B* 点：$\alpha=+2°38'07''$，$i=1.62$m，$S=3.65$m，在 *B* 点观测 *A* 点：$\alpha=-2°23'15''$，$i=1.51$m，

$S=2.26\mathrm{m}$，求 B 点高程。

10. 如表 7.13 为四等水准测量的记录手簿，试完成表中各种计算和计算校核。

四等水准测量按下列顺序进行观测，并记于手簿中：

(1) 读取后视尺黑面读数：下丝，上丝，中丝；

(2) 读取后视尺红面读数：中丝；

(3) 读取前视尺黑面读数：下丝，上丝，中丝；

(4) 读取前视尺红面读数：中丝。

表 7.13　　**四等水准测量**

测站编号	后尺 下丝 / 上丝 后距 视距差 d	前尺 下丝 / 上丝 前距 $\sum d$	方向及尺号	标尺读数 黑	标尺读数 红	K 加黑减红	高差中数	备注
1	1.842	1.213	后	1.628	6.315			
	1.415	0.785	前	0.999	5.787			
			后—前					
2	1.645	2.033	后	1.364	6.150			
	1.082	1.459	前	1.746	6.434			
			后—前					
								$K_1=4.687$
3	1.918	1.839	后	1.620	6.306			$K_2=4.787$
	1.322	1.253	前	1.546	6.334			
			后—前					
4	1.774	0.910	后	1.576	6.364			
	1.388	0.526	前	0.718	5.405			
			后—前					
检核								

第8章　地形图的测绘与应用

【教学目标】

学习本章，要全面了解地形图的基本知识，了解数字测图的作业过程及步骤，能够识读地形图，会进行地形图的基本应用及在各种工程中会应用地形图。

8.1　地形图的基本知识

8.1.1　地形图的比例尺

地球表面的形状十分复杂，但总体上可分为地物和地貌两大类。地物是具有明显的轮廓、固定性的自然形成或人工构筑的各种物体，如江河、湖泊、房屋、道路等；地貌是地球表面的自然起伏，变化各异的形态，如山地、丘陵、平原、洼地等，地形是地物和地貌的总称。拟建地区的地形资料是工程规划、设计和施工必不可少的基础资料。

当测区范围较小时，可以不考虑地球曲率的影响，将地面上的各种地形沿铅垂方向投影到水平面上，并按规定的符号和一定的比例尺缩绘成图，在图上仅表示地物平面位置的称为地物图；如果在图上除表示地物的平面位置外，还表示出地面的起伏状态(即地貌的情况)，则称为地形图。如果测区范围较大，顾及地球曲率的影响，采用专门的投影方法所编绘而成的图，称为地图。

地形图上任意一线段的长度与地面上相应线段的实际水平长度之比，称为地形图的比例尺。

1. 比例尺的表示方法

比例尺可分为数字比例尺和图示比例尺。数字比例尺一般用分子为1的分数形式表示，设图上某一直线的长度为d，地面上相应线段的长度为D，则该图的比例尺为：

$$\frac{d}{D}=\frac{1}{\frac{D}{d}}=\frac{1}{M} \tag{8.1}$$

式中，M为比例尺分母，分母越大(分数值越小)，则比例尺就越小。地形图的比例尺越大，图上表示的地物、地貌越详尽。通常称1∶100万、1∶50万、1∶20万为小比例尺地形图；1∶10万、1∶5万、1∶2.5万、1：1万为中比例尺地形图；1∶5000、1∶2000、1∶1000、1∶500为大比例尺地形图。按照地形图图式规定，比例尺书写在图幅下方正中处。

直线比例尺又称图示比例尺。为了直接而方便地进行图上与实地相应水平距离的换算并消除由于图纸伸缩引起的误差，常在地形图图廓的下方绘制一直线比例尺，用以直接量测图内直线的实际水平距离。图 8.1(a)、图 8.1(b)分别表示 1∶500、1∶2000 两种直线比例尺。它是在图纸上画两条间距为 2mm 的平行直线，再以 2cm 为基本单位，将直线等分为若干大格，然后把左端的一个基本单位分成 10 等份，以量取不足整数部分的数。在小格和大格的分界处注以 0，其他大格分划上注以 0 至该分划按该比例尺计算出的实地水平距离。

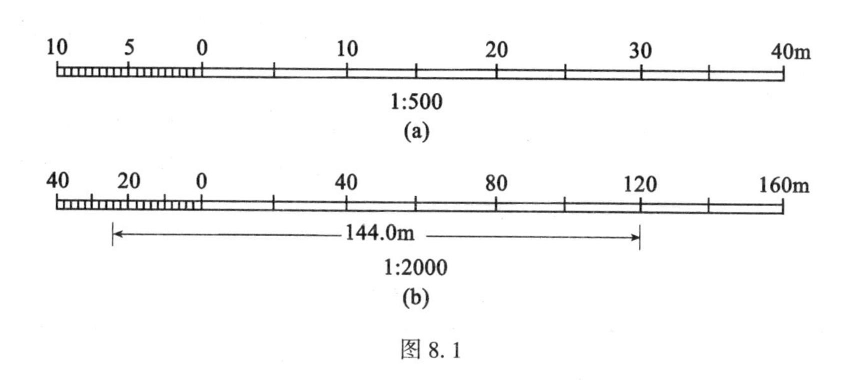

图 8.1

量测时，先用分规在地形图上量取某线段的长度，然后将分规的右针尖对准直线比例尺 0 右边的某整分划线，使左针尖处于 0 左边的毫米分划小格之内以便读数。如图 8.1(b)中，右针尖处于 120m 分划处，左针尖落在 0 左边的 24.0m 分划线上，则该线段所代表的实地水平距离为 120+24.0=144.0(m)。

大比例尺地形图传统的测绘手段是采用经纬仪和平板仪测绘成图，随着电子测量仪器与计算机绘图技术的日益普及，地形测图将实现从外业数据采集到计算与内业成图一整套自动化数字成图作业系统。中比例尺地形图目前均用航空摄影测量方法成图。小比例尺图则由其他比例尺图编绘而成。

在城市及工程规划、设计和施工的各个阶段，将要用到 1∶1 万~1∶500 等不同比例尺的地形图，对一些特种工程(如地下建筑、大桥桥址等)有时还要测绘 1∶200 的地形图，而 1∶100 万~1∶1 万的中小比例尺地形图为国家的基本图。

2. 比例尺精度

在正常情况下，人们用肉眼能分辨出图上两点间的最小距离为 0.1mm，因此一般在图上量度或在实地测图绘制时，就只能达到图上 0.1mm 的精确性，因此把地形图上 0.1mm 所代表的实地水平距离，称为比例尺精度，用 ε 表示，即

$$\varepsilon = 0.1\text{mm} \times M \tag{8.2}$$

式中，M——比例尺分母。

显然，比例尺大小不同，则其比例尺精度的高低也不同，如表 8.1 所示。

表8.1　　相应比例尺的比例尺精度

比例尺	1∶500	1∶1000	1∶2000	1∶5000	1∶10000
比例尺精度(m)	0.05	0.1	0.2	0.5	1.0

比例尺精度的概念，对测图和设计用图都有重要的意义。例如，测绘1∶2000比例尺的地形图时，测量碎部点距离的精度只需达到0.1mm×2000＝0.2m，因为若量的再精细，图上也是表示不出来的。又如某项工程设计，要求在图上能反映出地面上0.05m的精度，则所选图的比例尺就不能小于1∶500。

不同的测图比例尺有不同的比例尺精度。比例尺越大，所反映的地形越详细，精度也越高，但测图的时间、费用消耗也将随之增加。用图部门可依工程需要参照表8.2选择测图比例尺，以免比例尺选择不当造成浪费。

表8.2　　测图比例尺的选用

比例尺	用　途
1∶10000	城市规划设计(城市总体规划、厂址选择、区域位置、方案比较)等
1∶5000	
1∶2000	城市详细规划和工程项目的初步设计等
1∶1000	城市详细规划、管理、地下管线和地下普通建(构)筑工程的现状图、工程项目的施工图设计等
1∶500	

8.1.2　地形图的图名、图号和图廓

1. 地形图的图名

图名即本幅图的名称，一般以本图幅中的主要地名命名。如果大比例尺地形图所代表的实地面积很小，往往以拟建工程名称命名或编号。

2. 地形图的编号

每幅地形图的大小是一定的，当测区范围较大时，为便于测绘和使用地形图，需将地形图按一定的规则进行分幅和编号。

1)正方形图幅的分幅和编号

工程建设中使用的大比例尺地形图一般用正方形分幅。它是以1∶5000地形图为基础按统一的直角坐标格网划分的。正方形图幅的大小及尺寸如表8.3所列。

表 8.3　　正方形图幅的大小及尺寸

比例尺	图幅大小 (cm×cm)	实地面积 (km^2)	一张 1：5000 图幅 所包括本图幅的数目
1：5000	40×40	4	1
1：2000	50×50	1	4
1：1000	50×50	0.25	16
1：500	50×50	0.0625	64

具体分幅的编号如图 8.2 所示。

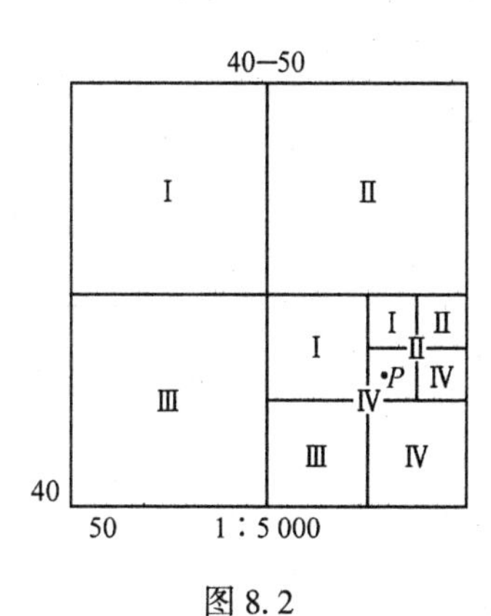

图 8.2

例如，某幅 1：5000 比例尺地形图西南角坐标值为：纵坐标 x = 40.0km，横坐标 y = 50.0km，则它的图号为 40-50。

1：2000、1：1000、1：500 比例尺地形图的编号，是在基础图号后面分别加罗马数字Ⅰ、Ⅱ、Ⅲ、Ⅳ组成。一幅 1：5000 的地形图可分成四幅 1：2000 的地形图，其编号分别为 40-50-Ⅰ、40-50-Ⅱ、40-50-Ⅲ、40-50-Ⅳ。同法，可继续对 1：1000 和 1：500 的地形图进行编号。如图 8.2 中，P 点所在不同图幅的编号如表 8.4 所示。

表 8.4　　不同比例尺图幅编号

比例尺	P 点所在图幅的编号
1：5000	40-50
1：2000	40-50-Ⅳ
1：1000	40-50-Ⅳ-Ⅱ
1：500	40-50-Ⅳ-Ⅱ-Ⅲ

2)数字顺序编号法

在较小区域的测图，图幅数量较少，可用这种方法编号，如图 8.3 所示。

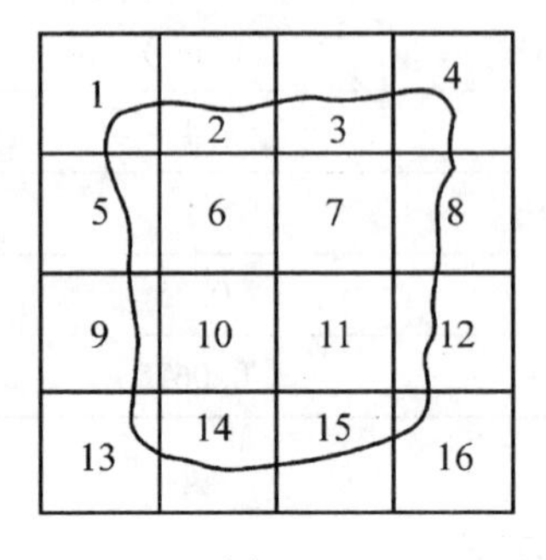

图 8.3

3. 地形图的接合图表

为了便于查取相邻图幅，通常在图幅的左上方绘有该图幅和相邻图幅的接合图表，以表明本图幅与相邻图幅的联系。如图 8.4 所示。

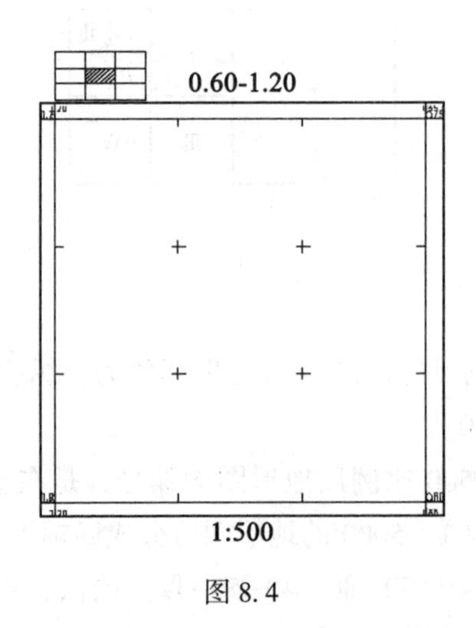

图 8.4

4. 地形图的图廓

图廓是地形图的边界线，有内、外图廓之分。如图 8.4 所示，外图廓线以粗线描绘，内图廓线以细线描绘，它也是坐标格网线。内、外图廓相距 12mm，在其四角标有以 km（或 100m）为单位的坐标值。图廓内以“+”表示 10cm×10cm 方格网的交点，以此可量测图上任何一点的坐标值。

8.1.3　地形图的图式

地面上的地物和地貌在地形图上都用简单明了、准确、易于判断实物的符号来表示，这些符号总称为地形图图式。

表 8.5 是部分地物、地貌符号。

表8.5 **地形图图式（部分）**

编号	符号	1:500 1:1000	1:2000
1	三角点 凤凰山—点名 394．468—高程   	凤凰山 394.468 3.0	
2	小三角点 横山—点名 95．93—高程	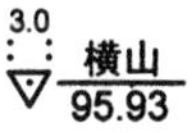 3.0 横山 95.93	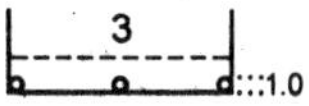
3	图根点 1.埋石的 N16—点号 84．46—高程 2．不埋石的 25—点号 62．74—高程 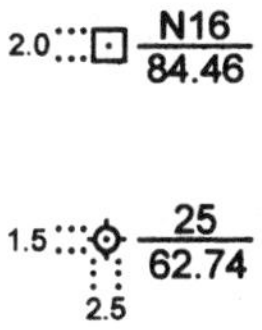 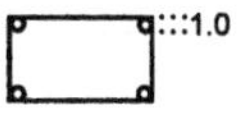 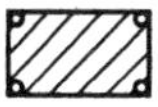	2.0 N16 84.46 1.5 25 62.74 2.5	
4	水准点 II京石5—点名 32．804—高程	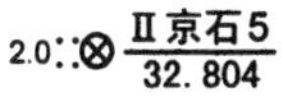 2.0 Ⅱ京石5 32.804	
5	坚固房屋 4—房屋层数  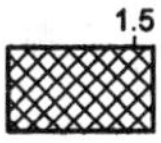 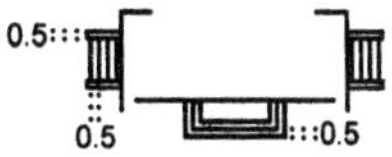	坚 4	1.5
6	普通房屋 2—房屋层数  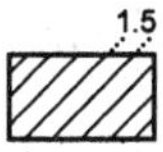 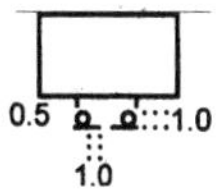	2	1.5
7	简单房屋  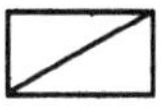 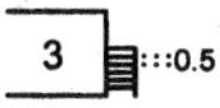	木	
8	棚房	 45° 1.5	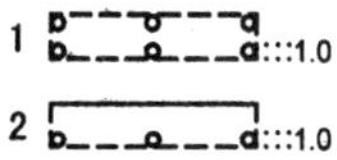
9	窑洞 一、地面上的 1．住人的 2．不住人的 二、地面下的	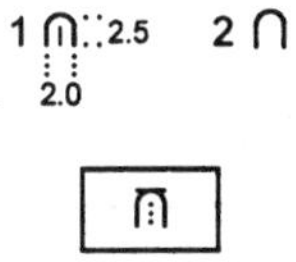 1 2.5 2.0 2	
10	蒙古包 (3~6月)— 驻扎月份  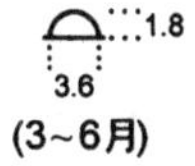 	1.8 3.6 (3~6月)	1.8 3.6 (3~6月)
11	建筑物间的 悬空建筑		
12	建筑物下的 通道	1.5 45°	

编号	符号	1:500 1:1000	1:2000
13	有地下室的楼房	坚 5 1.0	4 1.0
14	街道旁走廊	3 1.0	
15	吊楼、架空楼房	1.0	
16	破坏房屋		
17	台阶	0.5 0.5 0.5	
18	门廊	0.5 1.0 1.0	不表示
19	室外楼梯	3 0.5	不表示
20	柱廊 1．无墙壁的 2．一边有墙壁的	1 1.0 2 1.0	
21	厕所	厕	
22	温室、菜窖、 花房	温	
23	打谷场、球场	球	
24	纪念像、纪念碑	1.5 4.0 1.5 3.0	
25	彩门、牌坊、 牌楼	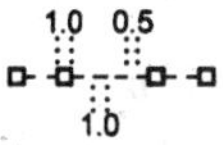 1.0 0.5 1.0	
26	露天设备	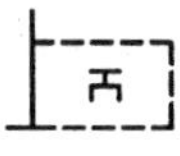 1.0 2.0 2.0	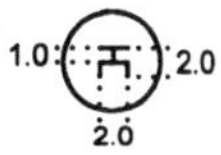

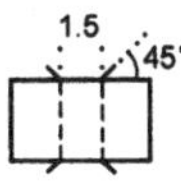

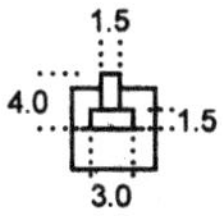

续表

编号	符号	1:500　1:1000	1:2000
27	旗杆	1.5 4.0 1.0 1.0	
28	宣传橱窗、语录牌	1.0 2.0	
29	钻孔	3.0 1.0	
30	浅探井	2.0 2.5	
31	独立坟	2.0 2.5	
32	坟地	2.0 2.0	
33	亭	3.0 3.0 1.5 1.5	
34	岗亭、岗楼、塑像	90° 3.0 1.5　1.0 4.0	
35	宝塔、经塔	3.5 1.0	
36	露天舞台、领操台、检阅台	台	
37	水塔	2.0 3.0 1.0 1.2	
38	烟囱	3.5 1.0	
39	水塔烟囱	3.5 0.5 1.0	
40	变电室(所) 1．依比例尺的 2．不依比例尺的	1 2.5 60° 0.5 0.5 2 3.5 60° 1.0 1.5	
41	燃料库 1．依比例尺的 2．不依比例尺的	1 油 2 3.0 煤气	
42	窑	瓦　2.0 陶 2.0	
43	气象站(台)	3.0 4.0 1.2	
44	加油站	3.5 1.5 0.7	
45	地下建筑物的地表入口 1．依比例尺的 2．不依比例尺的	1 3.0 2 2.0	
46	乱掘地	乱掘	
47	水池、喷水池、污水池	水	
48	地下建筑物的天窗	2.5 1.5	
49	污水篦子	2.0　2.0 1.0	不表示
50	消火栓	1.5 1.5 2.0	
51	阀门	1.5 1.5 2.0	
52	路灯	3.5 1.0	
53	水龙头	3.5 2.0 1.2	
54	架空索道 1.依比例尺的 2.不依比例尺的	1 索道 1.0 2 索道	
55	粪池		

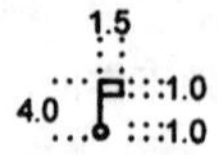

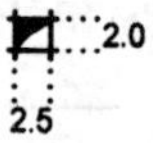

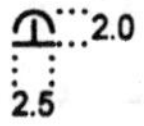

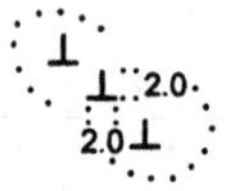

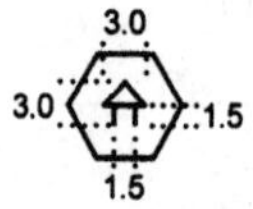

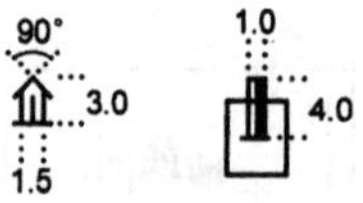

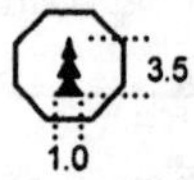

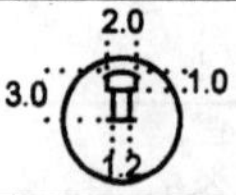

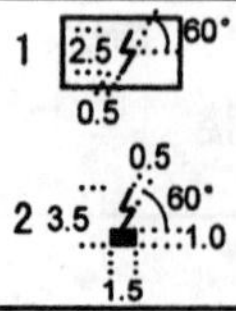

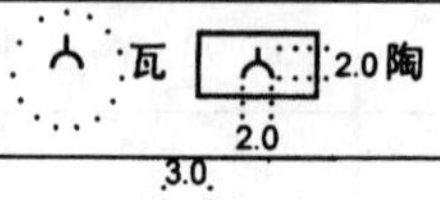

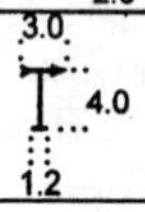

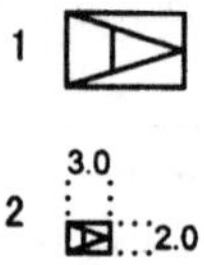

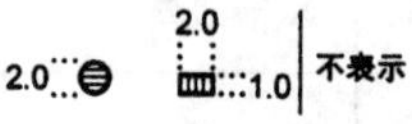

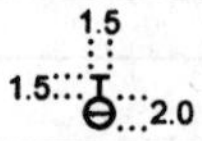

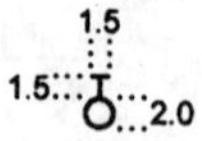

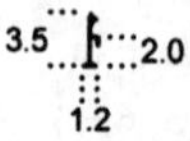

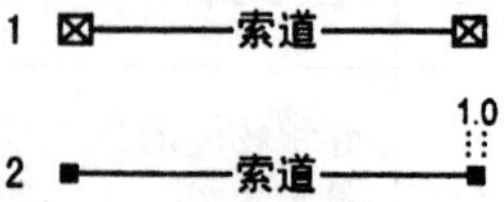

续表

编号	符号	1:500　1:1000	1:2000
56	电力线 1.高压 2.低压 3.电杆 4.电线架 5.铁塔 6.电杆上的变压器	1 4.0 2 4.0 3 1.0 4 5 1.0 6 1.0 2.0	
57	通信线	4.0	
58	地下电力线及电缆 1.高压 2.低压 3.通信	1 8.0 1.0 4.0 2 8.0 1.0 4.0 3 8.0 1.0 4.0	
59	铁丝网	10.0 1.0	
60	围墙 1.砖、石及混凝土墙 2.土壤	1 10.0 2 10.0 0.5 0.5 0.3 10.0	
61	栅栏、栏杆	1.0 10.0	
62	篱笆 活树篱笆	1.0 10.0 3.5 0.5 10.0 1.0 0.8	
63	小路	0.3 4.0 1.0	
64	一、管线、架空的 1.依比例尺的 2.不依比例尺的 二、地面上的 三、有管堤的 四、地面下的 五、地下检修井 1.上水 2.下水 3.煤气 4.暖气 5.通风 6.石油 7.电信 8.电力 9.不明用途	1 上水 2 煤气 1.0 10.0 油 1.0 1.0 油 4.0 0.8 1.0 下水 4.0 0.2 1 2.0　2 2.0 3 2.0　4 2.0 5 2.0　6 2.0 7 2.0　8 2.0 9 2.0	
65	公路	0.3 沥 砾 0.3	
66	建筑中的公路	0.3 0.3 5.0 1.0	
67	简易公路	0.15 0.30 碎石	
68	建筑中的简易公路	0.15 0.30 5.0 1.0	
69	大车路	8.0 2.0	
70	路标、汽车站	1.5 3.0 60° 0.7 2.0 3.0 1.0 0.7	
71	乡村路	4.0 1.0 0.4 0.8 2.0	
72	无线电杆、塔 1.依比例尺的 2.不依比例尺的	电视 0.5 3.5 60° 1.0	

续表

编号	符号	1:500　1:1000	1:2000
73	内部道路 阶梯路	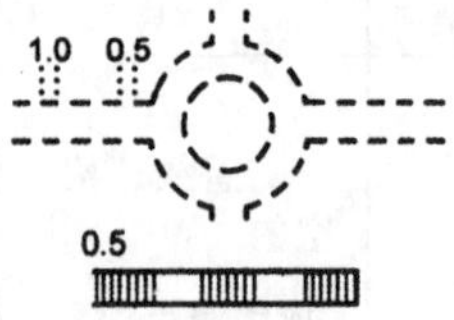 1.0 0.5 0.5	
74	沟渠 1.一般的 2.有堤岸的 3.有沟堑的	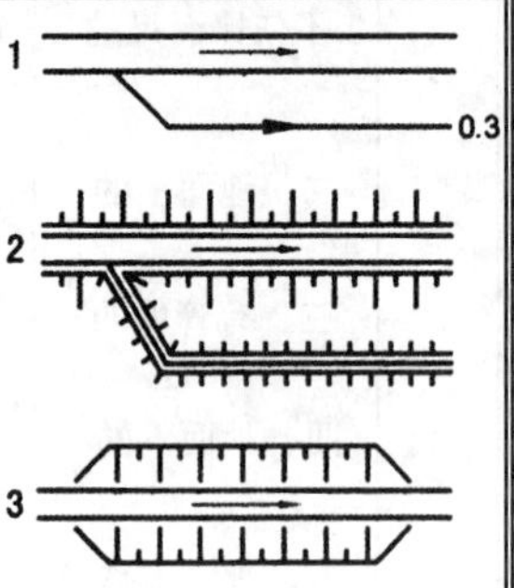 1　0.3 2 3	
75	干沟	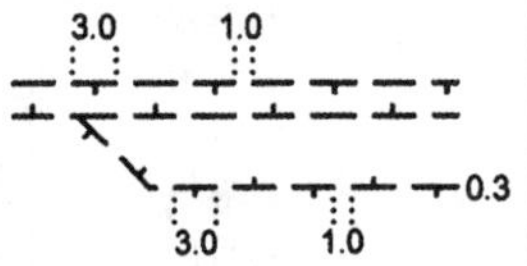 3.0 1.0 0.3 3.0 1.0	
76	散树、行树	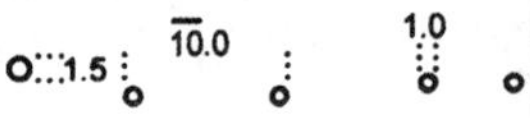 1.5 10.0 1.0	
77	泉、水井 79.39—泉的水面高程	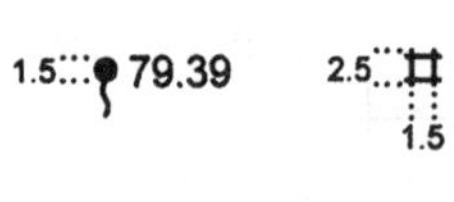 1.5 79.39　2.5 1.5	
78	斜坡、陡坎 一、斜坡 1.未加固的 2.加固的 二、陡坎 1.未加固的 2.加固的	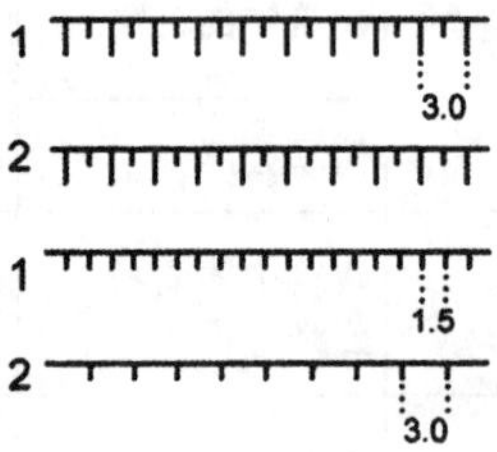 1 3.0 2 1 1.5 2 3.0	
79	土堤 1.堤 2.垅	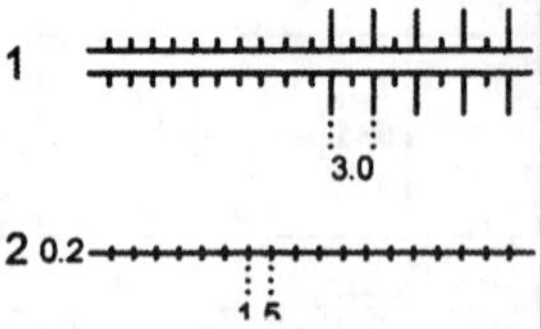 1 3.0 2 0.2 1.5	
80	石垄	 0.8	
81	土堆 4.2—比高	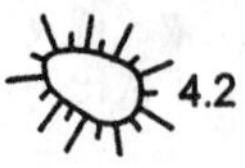 4.2	
82	等高线及其注记 1.首曲线 2.计曲线 3.间曲线	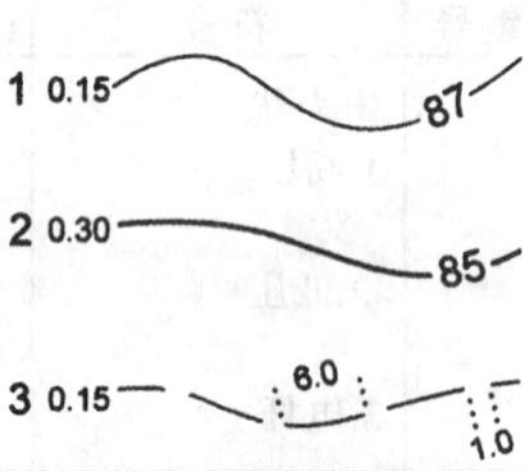 1 0.15 87 2 0.30 85 3 0.15 6.0 1.0	
83	示坡线	 0.8	
84	高程点及其注记	 0.5·163.2　75.4	
85	坑穴 2.8—深度	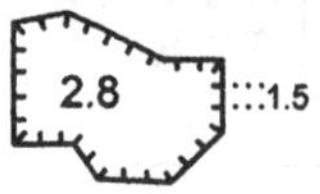 2.8 1.5	
86	菜地	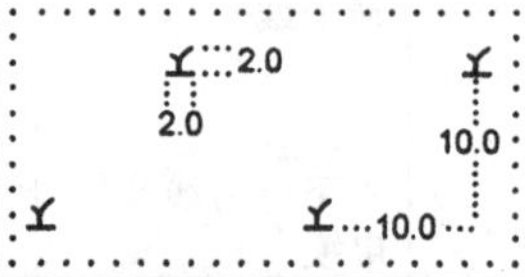 2.0 2.0 10.0 10.0	
87	草地	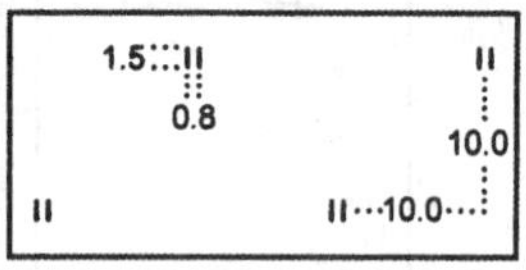 1.5 0.8 10.0 10.0	
88	花圃	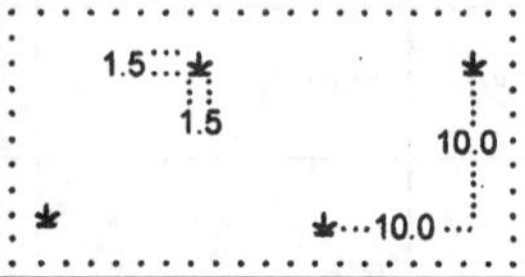 1.5 1.5 10.0 10.0	
89	地类界	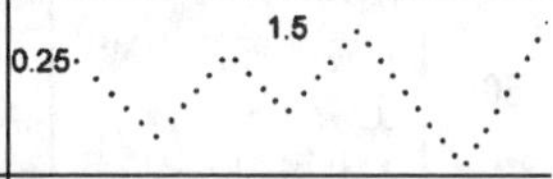 0.25 1.5	
90	独立树 1.阔叶；2.针叶； 3.果树； 4.椰子、棕榈、槟榔	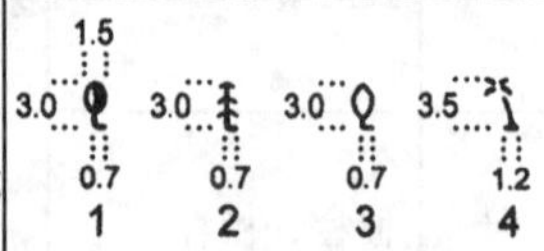 1.5 3.0 0.7 1　3.0 0.7 2　3.0 0.7 3　3.5 1.2 4	
91	耕地 1.水稻田 2.旱地	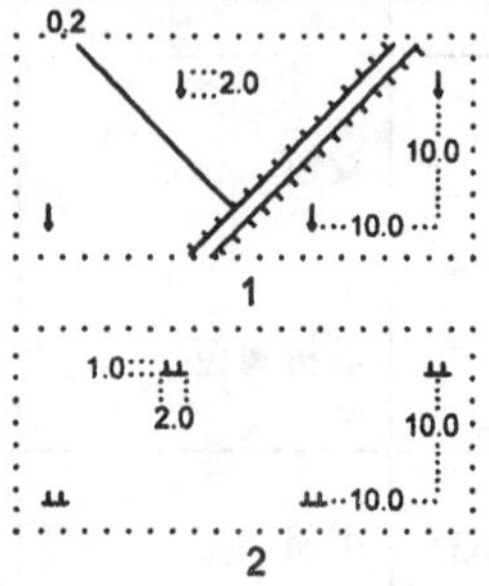 0.2 2.0 10.0 10.0 1 1.0 2.0 10.0 10.0 2	

1. 地物符号

地物符号表示地物的形状、大小和位置，根据地物的形状大小和描绘方法的不同，地物符号有下列几种：

1）比例符号

把地物的平面轮廓按测图比例尺缩绘在图上的相似图形，称为比例符号。它不但能反映地物的位置，也能反映其大小与形状，如房屋、河流、农田等。

2）线形符号

对于一些带状地物，如道路、围墙、管线等，其长度可按比例尺缩绘，但宽度不能按比例尺缩绘，这种符号称为线形符号。线形符号的中心线就是地物的中心线。线形符号又称为半依比例符号。

3）非比例符号

当地物较小时，如控制点、电杆、水井等，很难按测图比例尺在图上画出来，就要用规定的符号来表示，这种符号称非比例符号，它只表示地物的中心位置。

上述符号的使用界限不是固定不变的，这主要取决于地物本身的大小以及测图的比例尺大小，如道路、河流等，其宽度在大比例尺图上按比例缩绘，而在小比例尺图上则不能按比例缩绘。

4）注记符号

注记符号是对地物符号的说明或补充，它包括以下几方面：

(1）文字注记，如村、镇名称等。

(2）数字注记，如河流的深度、房屋的层数等。

(3）符号注记，用来表示地面植被的种类，如庄稼类别、树种类等。

2. 地貌符号——等高线

在大比例尺地形图上，用等高线和规定符号表示地貌。

1）等高线

等高线就是将地面上高程相等的相邻点连接而成的闭合曲线。如图 8.5 所示，假设地面被一组高程间隔大小为 5m 的水平面所截，得四条截线就是高程分别为 30m、35m、40m、45m 的四条等高线。将各水平面上的等高线沿铅垂方向投影到一个水平面上，并按一定的比例尺缩绘到图纸上，就得到用等高线表示的该地地貌图。

这些等高线的形状是由地面的高低起伏状态决定的，并具有一定的立体感。

2）等高距和等高线平距

相邻两条等高线的高差称为等高距，亦称等高线间隔，用 h 表示。同一幅地形图内，等高距是相同的。等高距的大小应综合考虑测图比例尺、地面起伏情况和用图要求等因素确定。综合考虑确定的等高距亦称基本等高距。

相邻等高线间的水平距离，称为等高线平距，用 d 表示。因为同一幅地形图中，等高距是相同的，所以等高线平距的大小是由地面坡度的陡缓所决定的。如图 8.6 所示，地面坡度越陡，等高线平距越小，等高线越密（如图 8.6 中 AB 段）；地面坡度越缓，等高线平距越大，等高线越稀（如图 8.6 中 BC 段），坡度相同则平距相等，等高线均匀（如图 8.6 中 CD 段）。

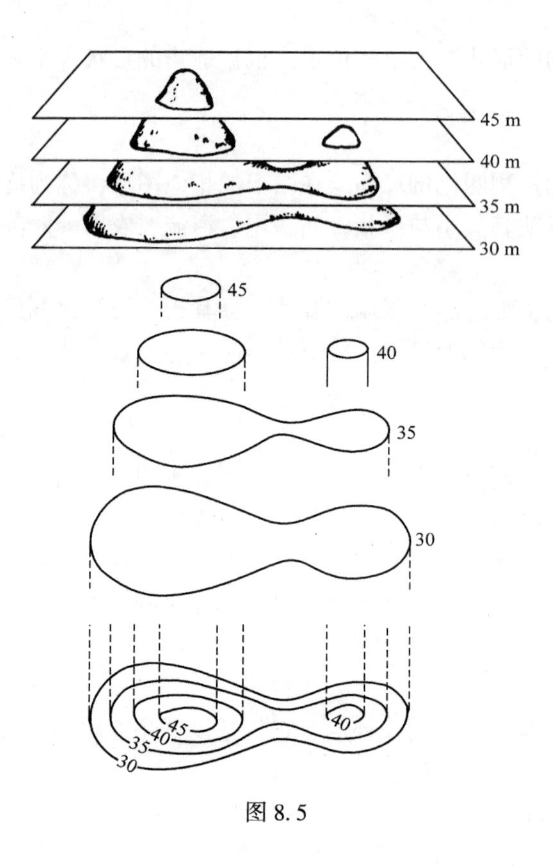

图 8.5

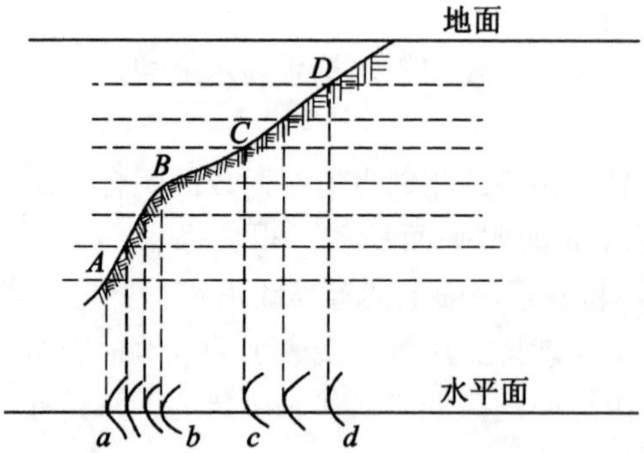

图 8.6

3)等高线分类

(1)首曲线。在地形图上按基本等高距勾绘的等高线称为基本等高线，亦称首曲线。首曲线用细实线描绘，如图 8.7 中高程为 11m、12m、13m、14m 的等高线。

(2)计曲线。为了识图方便，每隔四条首曲线加粗描绘一条等高线，称为计曲线。计曲线上必须注有高程，如图 8.7 中的 10m、15m 等高线。

(3)间曲线、助曲线。当首曲线表示不出局部地貌形态时，则需按 $\frac{1}{2}$ 等高距，甚至

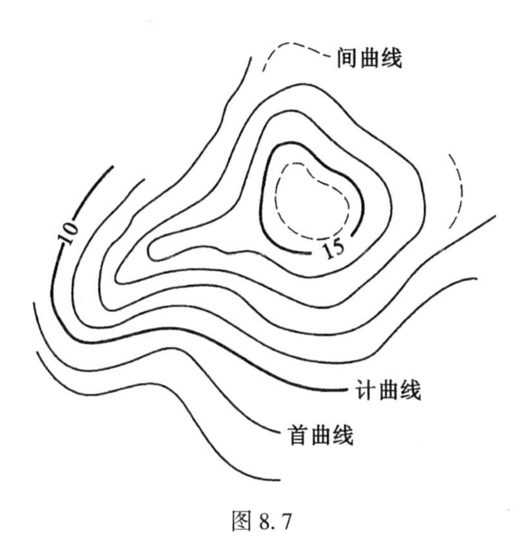

图 8.7

$\frac{1}{4}$ 等高距勾绘等高线。按 $\frac{1}{2}$ 等高距勾绘的等高线，称为半距等高线，亦称间曲线，用长虚线表示。按 $\frac{1}{4}$ 等高距测绘的等高线，称为辅助等高线，也称助曲线，用短虚线表示。间曲线或助曲线表示局部地势的微小变化，所以在描绘时均可不闭合。如图 8.7 中的虚线所示。

4) 几种基本地貌的等高线

地貌形态各异，但不外乎是由山地、洼地、平原、山脊、山谷、鞍部等几种基本地貌所组成。如果掌握了这些基本地貌等高线的特点，就能比较容易地根据地形图上的等高线辨别该地区的地面起伏状态或是根据地形测绘地形图。

(1) 山地和洼地(盆地)。图 8.8 所示为一山地的等高线，图 8.9 所示为一洼地的等高线，它们都是一组闭合曲线，但等高线的高程降低方向相反。山地外圈的高程低于内圈的

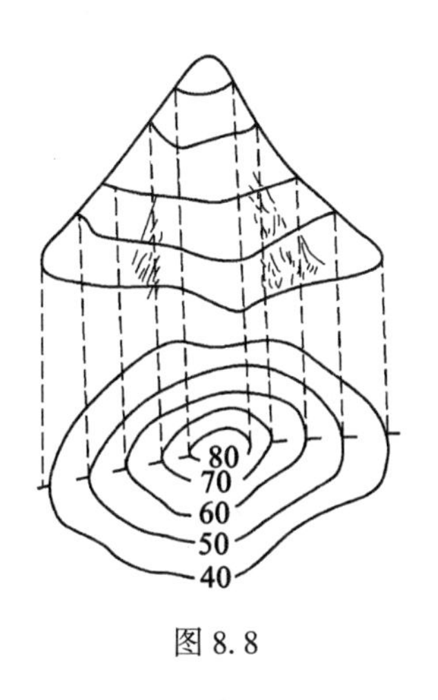

图 8.8

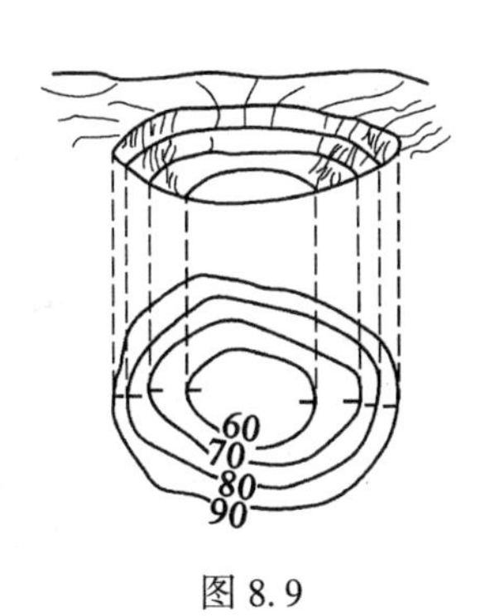

图 8.9

高程，洼地则相反，内圈高程低于外圈高程。如果等高线上没有高程注记，区分这两种地形的办法是在某些等高线的高程下降方向垂直于等高线画一些短线，来表示坡度方向，这些短线称为示坡线。

(2)山脊和山谷。沿着一个方向延伸的山脉地称为山脊。山脊最高点的连线称为山脊线或分水线。

两山脊间延伸的洼地称为山谷。山谷最低点的连线称为山谷线或集水线。

山脊和山谷的等高线均为一组凸形曲线，前者凸向低处(见图 8.10)，后者凸向高处(见图 8.11)。山脊线和山谷线与等高线正交，它们是反映山地地貌特征的骨架，称为地性线。

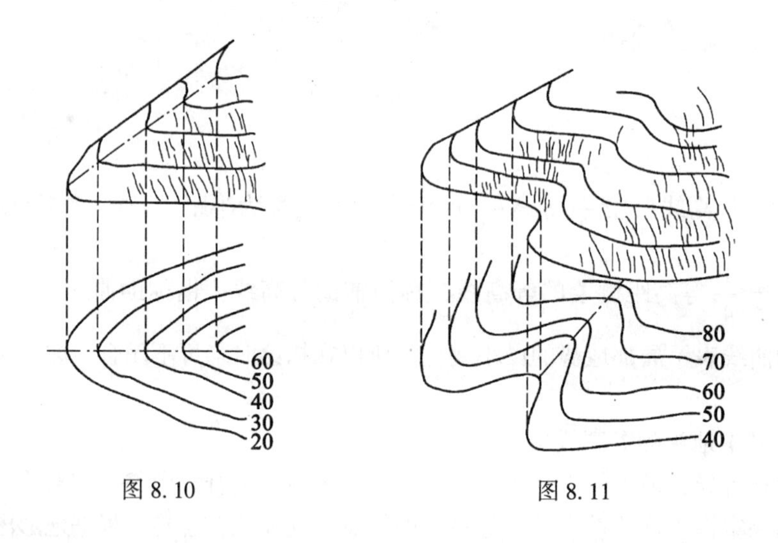

图 8.10　　　　图 8.11

(3)鞍部。相邻两山头之间的低凹部分，形似马鞍，俗称鞍部。鞍部是两个山脊和两个山谷会合的地方。它的等高线由两组相对的山脊与山谷等高线组成。如图 8.12 所示。

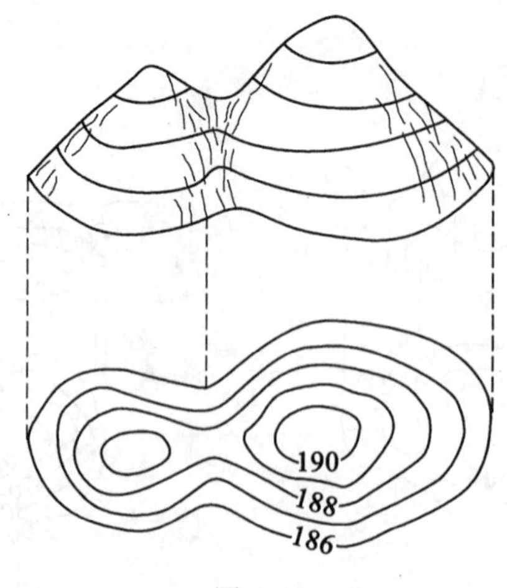

图 8.12

此外，一些坡度很陡的地貌，如绝壁、悬崖、冲沟、阶地等则按大比例尺地形图图式所规定的符号表示。图 8.13 所示为一综合性地貌及其等高线。

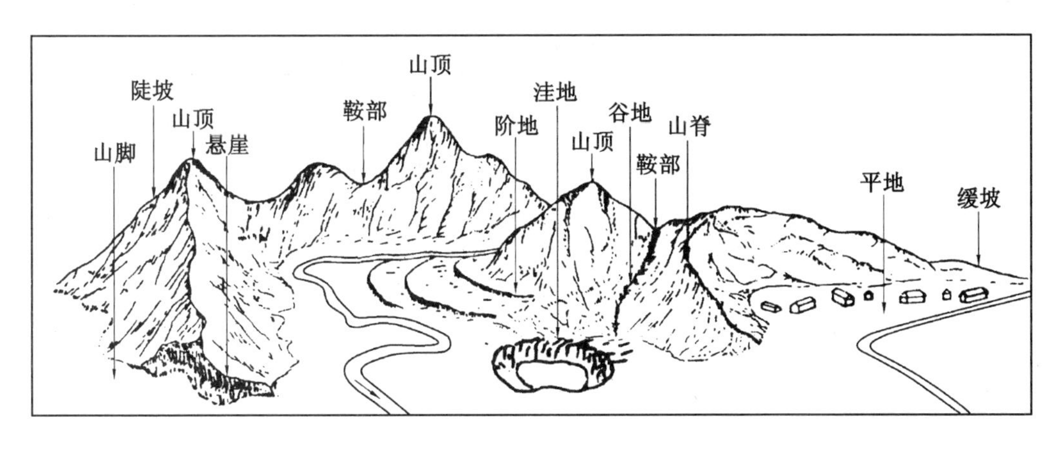

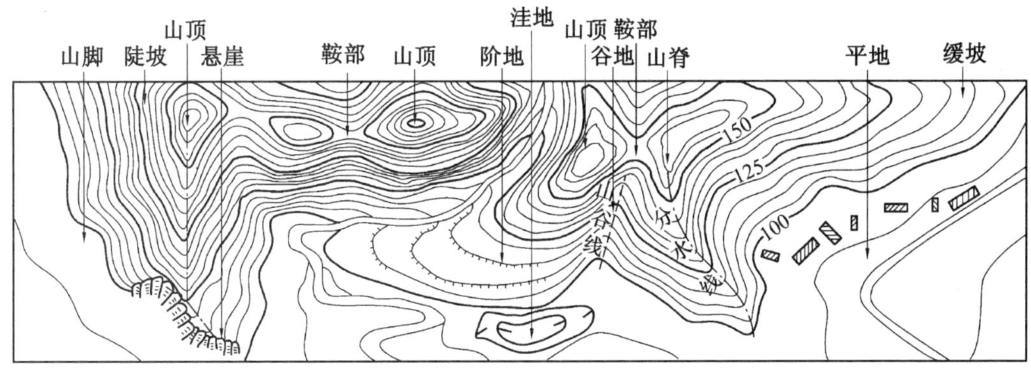

图 8.13

5）等高线的特性

由上述所述，等高线具有以下特征：

（1）同一条等高线上各点的高程必然相等。

（2）等高线是闭合曲线。如不在本图幅内闭合，则在相邻图幅内闭合。所以，勾绘等高线时，不能在图内中断。

（3）除遇绝壁、悬崖外，不同高程的等高线不能相交。

（4）同幅图内，等高距相同，等高线平距的大小反映地面坡度变化的陡缓。地面坡度越陡，平距越小，等高线越密；坡度越缓，平距越大，等高线就越稀；地面坡度相同，平距相等，等高线均匀。

（5）等高线过山脊、山谷时与山脊线、山谷线正交。

6）地形类别的划分及地形图的基本等高距

（1）平地：绝大部分地面坡度在 2°以下的地区。

（2）丘陵地：绝大部分地面坡度在 2°～6°（不含 6°）之间的地区。

（3）山地：绝大部分地面坡度在 6°～25°之间的地区。

(4)高山地：绝大部分地面坡度在 25°以上的地区。

(5)地形图基本等高距见表 8.6。

表 8.6　地形图基本等高距　(单位：m)

比例尺	地形类别			
	平地	丘陵地	山地	高山地
1∶500	0.5	1.0(0.5)	1.0	1.0
1∶1000	0.5(1.0)	1.0	1.0	2.0
1∶2000	1.0(0.5)	1.0	2.0(2.5)	2.0(2.5)

注：括号内的等高距依用途需要选用。

7)地形点密度

地形点间距一般应按照表 8.7 的规定执行。地性线和断裂线应按其地形变化增大采点密度。

表 8.7　地形点间距　(单位：m)

比例尺	1∶500	1∶1000	1∶2000
地形点平均间距	25	50	100

8.2　大比例尺地形图数字测图简介

在工程规划、设计和施工之前，都要施测该地区的地形图。地形图是在控制测量结束以后，以控制点为测站，测量周围地物、地貌特征点的平面位置和高程，依据测图比例尺缩绘在图纸上，按照地形图图式符号和方法绘制成的。

传统的地形图的测绘方法主要有小平板仪配合经纬仪测图法及经纬仪测图法。随着测绘仪器及计算机绘图技术的发展，目前数字测图技术以其作业速度快、测图精度高等优势逐渐取代了传统的地形图的测绘方法。

8.2.1　传统测图方法及数字测图

传统的地形测图(白纸测图)是将测得的观测值在野外用图解的方法转化为图形，原图的室内整饰也需在测区驻地完成，因此劳动强度大，人工解析图形信息的精度要比计算机低，另外，纸质图纸上的图形信息要进行变更、修改也极不方便，还会随着图纸变形而产生各种误差，很难适应当前信息剧增、突飞猛进的经济建设的需要。

随着测绘仪器技术及计算机技术日新月异的发展，测绘行业也发生了根本性的技术变革，数字化技术是当前信息时代的平台，数字化是实现信息采集、存储、处理、传输和再现的关键，20 世纪 80 年代产生的电子速测仪、电子数据终端，使野外数据采集摆脱了许多不利因素的影响，精度大大提高，并且向自动化方向发展。计算机技术的发展又使内业机助制图成为可能，并且形成了一套从野外数据采集到内业制图全过程、一体化的测量制图系统，人们通常称该系统为数字测图或机助成图系统。

8.2.2 数字测图的基本思想及系统简介

数字测图的基本思想是将地面上的地形和地理要素转换为数字量，然后由电子计算机对其进行处理，得到内容丰富的电子地图，需要时由图形输出设备输出地形图或各种专题图图形。其主要系统组成如图 8.14 所示。

数字测图系统主要由数据输入、数据处理和数据输出三部分组成。

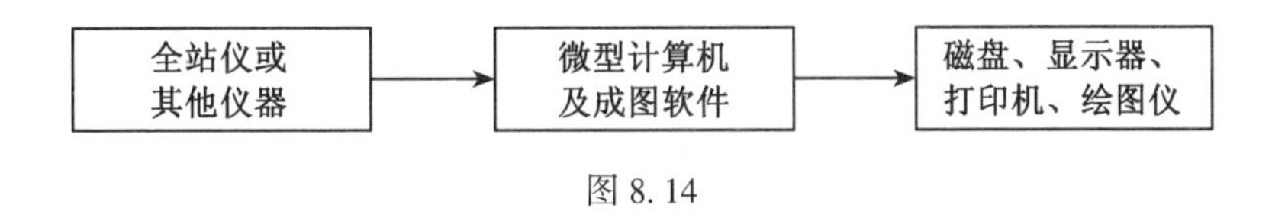

图 8.14

8.2.3 数字测图的作业过程及作业模式

数字测图的作业过程包括数据采集、数据处理和图形输出三个基本阶段。外业数据采集流程如图 8.15 所示。

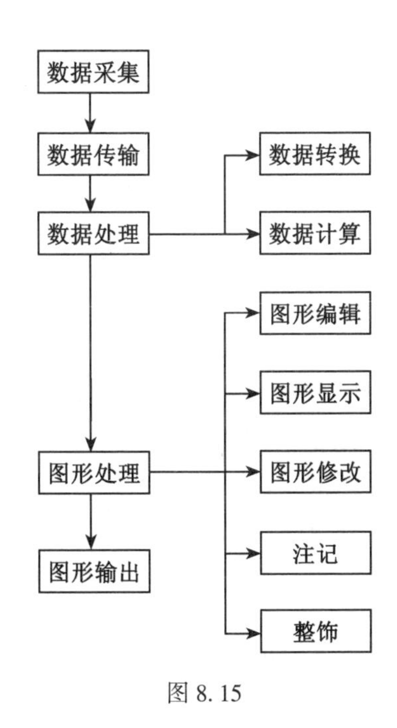

图 8.15

将模拟量转换为数字这一过程通常称为数据采集，数据采集主要有如下几种方法：

(1)野外测量数据采集。野外测量数据采集是使用测量仪器直接在野外进行数据采集。目前野外数据采集的方法主要有全站仪数据采集和 RTKGPS 接收机采集野外碎部点的信息数据。地形图的图形由点、线、面三种要素组成。由点按一定的顺序相连构成线，由线可以围合成闭合的图形。所以，点要素是最基本的图形要素。野外数据采集可获得点的定位信息、连接信息及图形的属性信息三类绘图信息。

(2)原图数字化采集。目前，我国主要采用扫描矢量化来数字化原图(已经测绘好的模拟图)，然后再对原图进行修测，可较快地得到数字图。

(3)航片数字采集。

8.2.4　数字测图的特点及发展趋势

数字测图就是要实现丰富的地形信息和地理信息数字化、作业过程的自动化或半自动化。尽可能缩短野外测图时间，减轻野外劳动强度，而将大部分作业内容安排到室内去完成。同时，电子计算机控制下的机械操作代替了大量手工作业，这样既减轻了劳动强度，又提高了成图的精度。图形实现数字化后可方便地传输、处理和供多用户共享，图形内容的更新与修补十分方便，在图上可方便地提取各项测量数据，进行工程规划设计，图形的保存与管理也特别方便。数字测图能提供现势性强的地理基础信息，其成果经过一定的格式转换后可作为地理信息系统数据库的重要信息源。随着数字测图技术与设备的不断完善以及测绘工作者技术水平的不断提高，数字测图技术会逐渐地以其显而易见的优势代替传统的白纸测图。

8.2.5　数字测图的作业程序及作业方法简介

数字测图的作业模式一般采用测记模式，即边用全站仪或 GPSRTK 采集点的定位信息，边绘制草图记录点的连接信息与属性信息，然后进行内业绘图，测记模式的作业程序从大的方面来说分别为：

(1)图根控制测量；

(2)应用全站仪或 GPSRTK 接收机进行地物地貌数据采集；

(3)地形草图的绘制；

(4)数据传输；

(5)应用绘图软件生成地形图。

1. 图根控制测量

野外数据采集包含两个阶段，即图根控制测量和地形特征点采集，实施数字测图之前，必须先进行图根控制测量。图根控制测量分为图根平面控制测量及图根高程控制测量，图根平面控制测量主要使用图根导线测量，导线点坐标计算成果即可作为图根平面控制点成果。另外，还可以采用支导线法、极坐标法或交会法加密图根点。图根高程控制测量可采用图根水准测量或电磁波测距三角高程测量，水准点的高程计算成果即可作为图根高程控制点成果。

图根控制测量的作业方法及精度要求已在小面积控制测量这一单元中做了详细说明。数字化成图图根点(包括高级控制点)的密度，应根据测图比例尺和地形条件而定，平坦开阔地区不宜小于表 8.8 的规定。地形复杂、隐蔽区及城市建筑区、应以满足测图需要为原则，适当加大密度。

2. 应用全站仪或 GPSRTK 接收机进行地物地貌数据采集

地形特征点采集一般需要 3~4 人一组进行，仪器观测员 1 名，绘草图领镜(尺)员 1

名，立镜(尺)员1~2名。全站仪地物地貌数据采集的作业步骤如下：

(1)全站仪安置于一个图根控制点上，进入数据采集模式，输入测站点及后视点建立测站后，再测量后视点坐标进行测站检核。然后采集测区范围内的地物地貌特征点数据，将数据存储在建立好的测量数据文件名中。

表8.8　**一般地区解析图根点的数量**

测图比例尺	图幅尺寸(cm)	解析图根点数量(个)		
		全站仪测图	GPS-RTK测图	平板测图
1∶50	50×50	2	1	8
1∶1000	50×50	3	1~2	12
1∶2000	50×50	4	2	15
1∶5000	40×40	6	3	30

(2)全站仪数据采集的同时，草图员需及时绘制草图及记录对应点号。

完成了一个测站上全部数据采集工作后，应再对后视点进行定向检查，检查无错误后即可搬到相邻测站进行数据采集。全站仪测图的最大测距长度见表8.9的规定。

表8.9　**全站仪测图的最大测距长度**

比例尺	最大测距长度(m)	
	地物点	地形点
1∶500	160	300
1∶1000	300	500
1∶2000	450	700
1∶5000	700	1000

应用全站仪进行数字测图时，测站点的坐标、后视点的坐标及碎部点的坐标都保存到同一个测量坐标数据文件中，这样建站时就可利用调用点号的方法更快更方便些。同时，可在数据存储管理模式中查找任意一个碎部点测量坐标数据。

3. 地形草图的绘制

草图的绘制要遵循清晰、易读、相对位置准确、比例一致、属性记录完整的原则。草图员绘制草图时需及时与仪器观测者核对点号，将地物点点号标注在草图上，地貌点点号记录清楚，注意相邻测站地物地貌的衔接，既不要重复测量太多，也不要漏测地物地貌。

4. 数据传输

进行数据传输的目的是将全站仪采集并存储的地物地貌数据传输到计算机中，应用绘图软件进行坐标点的展绘。具体作业步骤为：

(1)用全站仪的数据传输线将全站仪与计算机连接好。

(2)应用全站仪数据通讯模式中的发送数据将全站仪中的测量坐标数据发送到计算机

中，并做好保存。

注意，首先应仔细检查数据线与全站仪及计算机相应端口的连接，全站仪中的数据通讯参数的设置内容有：协议、波特率、字符/校验、停止位。首先要选对仪器型号，保证联机状态，然后进行通讯端口、波特率、校验、数据位、停止位的设置。以上各项设置正确后，全站仪中的测量坐标数据即可发送到计算机中，如数据格式与绘图软件要求的数据格式不符，可通过 Word 或 Excel 等进行格式转换。

5. 应用绘图软件生成地形图

内业成图是数字测图的最关键阶段，它是在数据采集以后到图形输出之前对采集的数据进行各种处理，得出数字地图。在数据传输完成之后，应用绘图软件进行地形图的绘制的步骤为：

(1)设置绘图比例尺，展野外测点点号。

(2)应仔细参照外业草图绘制地物平面图。

(3)展野外测点高程，如地面高程起伏较大，需绘制等高线。等高线的绘制步骤为：

①应用全站仪采集的地貌特征点建立数字地面模型；

②通过修改三角网对数字地面模型进行修改；

③根据等高距及一定的拟合方式绘制等高线；

④进行等高线的修饰(如线上高程注记、等高线遇地物断开等)。

(4)图形整饰，若面积较大需分幅时，进行分幅工作后添加图廓图名。

目前，在测绘行业使用较多的测图软件有广州南方公司的 CASS9.2 数字化地形地籍成图软件、北京威远图公司的 CITOMAP 标准化测图软件等。

8.3　地形图的应用

8.3.1　地形图的阅读

地形图不仅反映了地面上地物的形状、大小、平面位置和地貌的形状，还反映了地面上任意两点间的水平距离、高差及它们连线的方向。从地形图上就可以了解到地球表面的有关情况，获得所需要的地形信息，所以地形图便成了人们项目决策、规划设计、施工的依据。

地形图的阅读不仅局限于认识图上哪里是村庄，哪里是河流，哪里是山头等孤立现象，还要能分析地形图，把图上表示的各种符号和注记综合起来构成一个整体的立体模型展现在人们面前。因此，首先要了解图外一些注记内容，然后再阅读图内的地物、地貌。下面以图 8.16 为例，说明阅读的过程和方法。

1. 图廓外注记

阅读时，从图廓外的注记了解这幅图的图名、图号、比例尺、所采用的坐标和高程系统、等高距以及图式版本、测图日期、测图人员等内容。在图的左上方标有相邻图幅接合图表，以便查取相邻的图幅。图的方向以纵坐标轴向上为正北方。

2. 地物分布

在熟悉地物符号的基础上阅读地物。本幅图西北处有一条经纬路，两侧均有路灯，在路和菜地中间有一段加固陡坎，图中央处有一处二层砖房及一处钢筋混凝土房屋，图的西

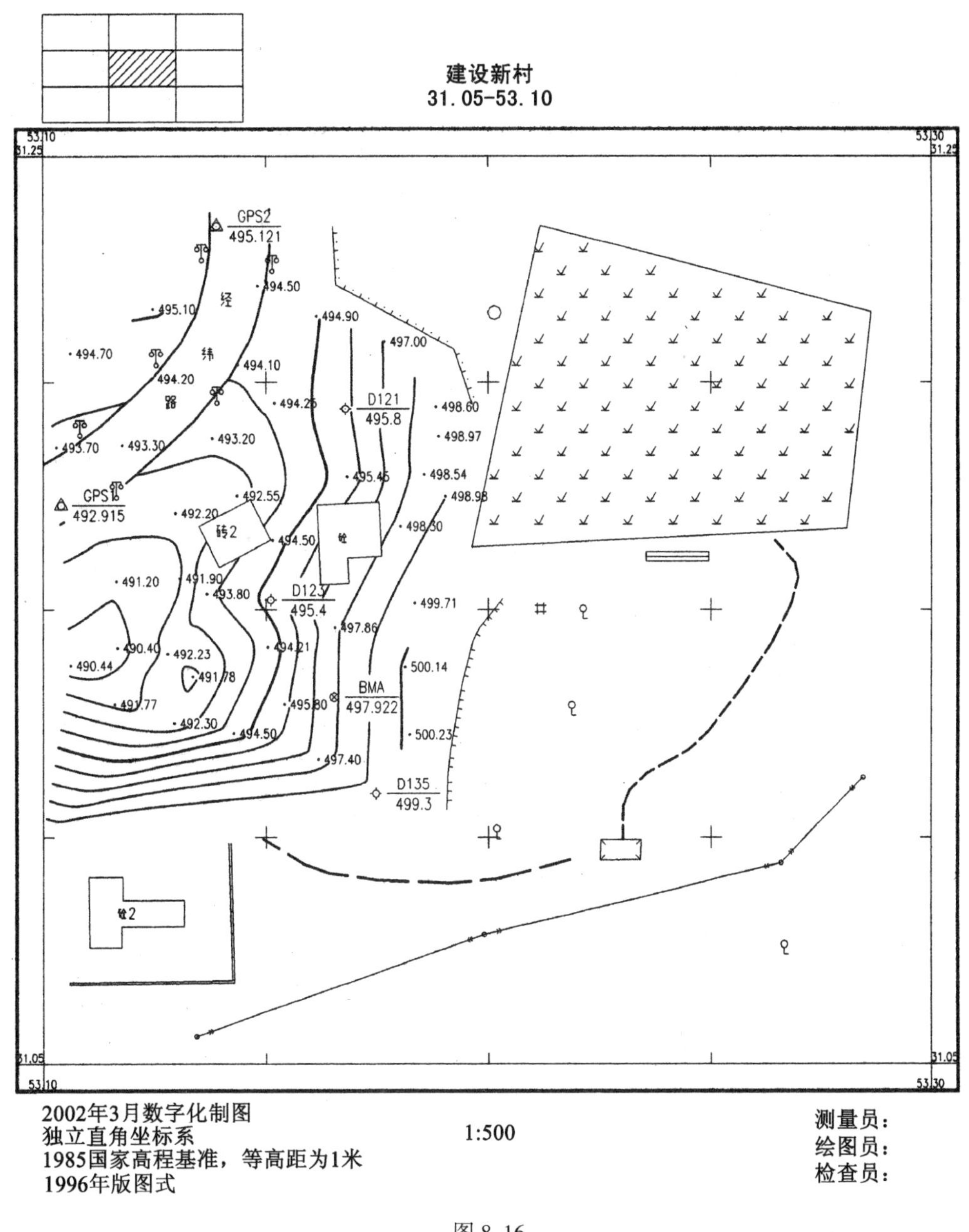

图 8.16

南端有一处围墙包围的二层钢筋混凝土房屋，它和东南处一棚房以小路相连，该小路延伸到菜地，图的最南端有一段输电线，独立地物有肥气池、水井、宣传橱窗、果树独立树，在经纬路上有 GPS1 及 GPS2 两个 GPS 控制点，图中有一个 BMA 水准点，其高程为 497.922m，还有 3 个导线点，点号分别为 D121 号、D123 号、D135 号。图中 10mm 长的十字线中心为坐标格网交点。

3. 地貌分布

图幅的西、北方是逶迤起伏的山地，高差约为 10m，为山脊地形。

4. 植被分布

图的东、北方是一块菜地，南面是零散果树林。

通过以上阅读，对本幅图中的地形情况有了全面的了解。

8.3.2　地形图应用的基本内容

1. 确定地面点的平面坐标

点的平面坐标可以根据地形图上坐标格网的坐标值确定。

大比例尺地形图上 10cm×10cm 的坐标格网线交点，均用十字标绘于图上，并在图廓上注有纵、横坐标值。

如图 8.17 所示，欲求 p 点的坐标，首先根据图廓坐标注记和 p 点的图上位置绘出坐标方格 $abcd$，然后过 p 点分别作平行于 x 轴和 y 轴的两条直线，量取 af 和 ak 的长度，即可计算出 p 点的坐标(x_p，y_p)。

$$\left.\begin{aligned} x_p &= x_a + af \times M \\ y_p &= y_a + ak \times M \end{aligned}\right\} \tag{8.3}$$

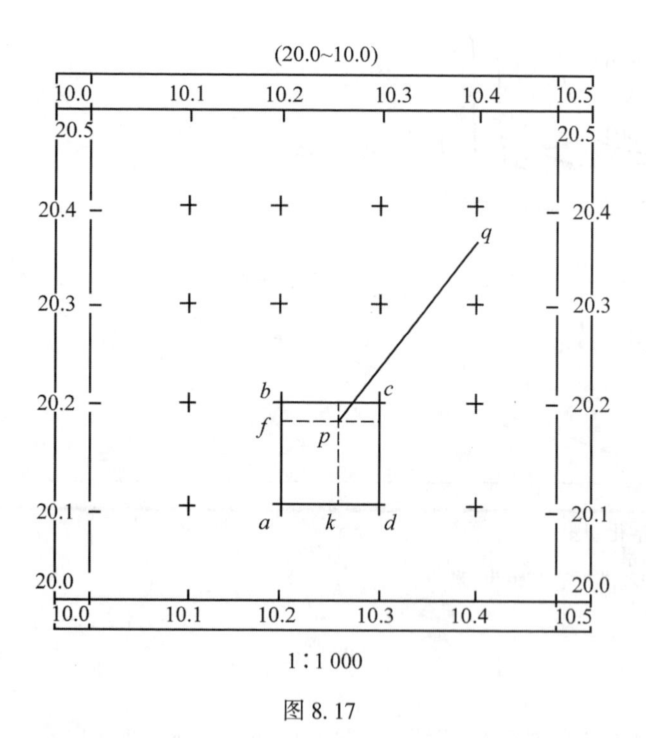

图 8.17

若考虑图纸的伸缩变形，还应量取 ab 和 ad 的长度，即可按下式计算出 p 点的坐标：

$$\left.\begin{aligned} x_p &= x_a + \frac{l}{ab} \cdot af \cdot M \\ y_p &= y_a + \frac{l}{ad} \cdot ak \cdot M \end{aligned}\right\} \tag{8.4}$$

式中，l——坐标方格边长，为 10cm；

M——地形图比例尺分母。

如果有电子版的地形图，则可用地形图绘图软件打开图形，直接用查询点坐标的方式可快速获取图上任意点的平面坐标。注意点位捕捉的正确性。

2. 确定两点间的距离

确定两点间的水平距离有以下几种方法：

1)解析法

如图 8.17 所示，求 qp 的水平距离时，首先按式(8.3)求出 q、p 两点的坐标值 x_q、y_q 和 x_p、y_p。然后按下式计算 qp 的水平距离：

$$D_{qp} = \sqrt{(x_p - x_q)^2 + (y_p - y_q)^2} = \sqrt{\Delta x_{qp}^2 + \Delta y_{qp}^2} \tag{8.5}$$

2)图解法

用卡规在图上直接卡出线段的长度，再与测图比例尺比量，即可得其水平距离。当精度要求不高时，也可用三棱尺直接在图上量取。

3)查询法

如果有电子版的地形图，则可用地形图绘图软件打开图形，直接用查询两点距离的方式可快速获取图上任意两点间的水平距离，注意点位捕捉的正确性。

如果地面坡度较大，需要计算两点间的倾斜距离 D'，则可根据两点间的水平距离 D 和高差 h 求出，即

$$D' = \sqrt{D^2 + h^2}$$

3. 确定两点间直线的坐标方位角

确定两点间直线的坐标方位角有以下几种方法：

1)图解法

如图 8.18 所示，求直线 AB 的坐标方位角时，可先过 A、B 两点精确地作平行于坐标格网纵线的直线，然后用量角器量测 AB 的坐标方位角 α_{AB} 和 BA 的坐标方位角 α_{BA}。

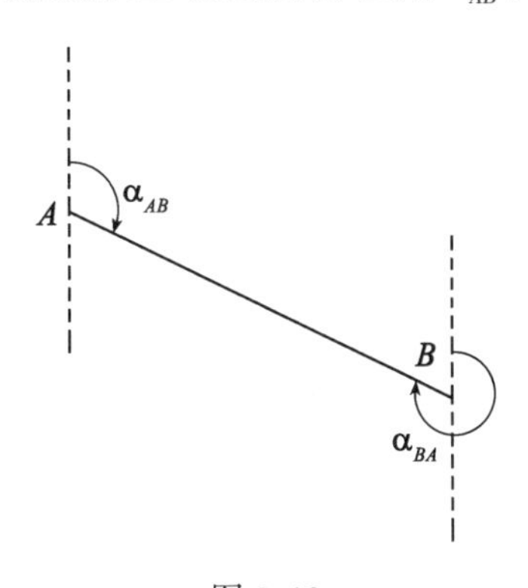

图 8.18

同一直线的正反坐标方位角之差应为 180°，但是，由于量测中存在误差，一般将其误差之半按不同符号分别改正 α_{BA} 和 α_{AB}，或取其平均值，即

$$\alpha_{AB} = \frac{1}{2}(\alpha_{AB} + \alpha_{BA} \pm 180°) \tag{8.6}$$

2)解析法

先求出 A、B 两点的坐标，再按下式计算 AB 的方位角。

$$\tan\alpha_{AB} = \frac{y_B - y_A}{x_B - x_A} = \frac{\Delta y_{AB}}{\Delta x_{AB}}$$

$$\alpha_{AB} = \arctan\frac{\Delta y_{AB}}{\Delta x_{AB}} \tag{8.7}$$

求出 α_{AB}角后，要注意用Δx_{AB}和Δy_{AB}的符号来判定 AB 直线所在的象限，然后才能求算出方位角 α_{AB}值。从图上量测某直线的距离和方位角时，图解法常用于直线两端点位于同幅图内，解析法常用于两端点不位于同幅图内。

3)查询法

如果有电子版的地形图，则可用地形图绘图软件打开图形，直接用查询两点方位的方式可快速获取图上任意两点间的坐标方位角，注意点位捕捉的正确性及点位选择的顺序。

4. 确定地面点的高程

如果所求点恰好在等高线上，如图 8.19 中的 p 点，它的高程与所在等高线的高程相同，从图上看应为 H_p=27.0m。如果所求点不在等高线上，如图中的 k 点，这时，就要过 k 点作一条大致垂直于相邻等高线的线段 mn，量取 mn 的长度 d，再量取 mk 的长度 d_1，k 点的高程 H_k就可按比例内插法求得

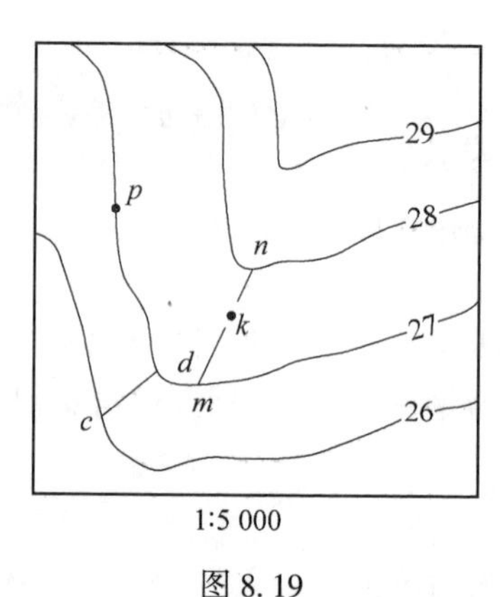

图 8.19

$$H_k = H_m + h = H_m + \frac{d_1}{d}h \tag{8.8}$$

式中，H_m——m 点的高程，m；

h——等高距(该图 h 等于 1m)，m。

假设 d 的长度为 14.5mm，d_1为 9.0mm，则 k 点的高程为

$$H_k = 27.0 + \frac{9.0}{14.5}\times 1 \approx 27.6(\mathrm{m})$$

求图上某点的高程时，在精度要求不高时，也可根据等高线的高程用目估法求取。

如果有电子版的地形图，则可用地形图绘图软件打开图形，直接用查询指定点高程的方式可快速获取图上任意点的高程，需要输入高程点数据文件名。

5. 确定两点间直线的坡度

在地形图上求得两点间直线的实地水平距离 D 及其两点间的高差 h，高差与水平距离

之比即为坡度，用 i 表示，即

$$i=\frac{h}{D}=\frac{h}{d\times M} \tag{8.9}$$

式中，d——图上两点的长度，以 m 为单位；

M——地形图比例尺的分母。

坡度 i 有正有负，“+”为上坡，“-”为下坡。坡度通常用千分率(‰)或百分率(%)的形式表示，如图 8.19 中，$cd=0.01\text{m}$，$h=+1\text{m}$，$M=5000$，则

$$i=\frac{h}{d\cdot M}=\frac{+1}{0.01\times 5000}=+\frac{1}{50}=+2\%$$

6. 量测图形面积

在规划设计和工程建设中，常需要知道某一范围地块的面积，如平整土地的填、挖面积，规划设计城市某一区域的面积，厂矿用地面积，渠道和道路工程中的填、挖断面的面积等。量测图形面积的方法很多，随着测绘仪器及计算机绘图技术的发展，图形面积的量测也变得快捷简便了许多。

应用全站仪的面积测量功能可进行土地面积测量工作，并能自动计算显示所测地块的面积，特别适合于小范围的土地面积测量。当仪器距离待测点位斜距小于 1km 时，点位精度都可以达到三等界址点的精度(±0.15m)要求。

如果在纸质地形图上量测某一图形的面积，则首先需解析出边界特征点坐标，应用 AutoCAD 等绘图软件展绘各个边界特征点，然后应用多义线按顺序(顺时针或逆时针)连接各点，组成闭合多边形，即可查询到图形面积及周长以及各边长等数据。

如果有电子版的地形图，则可用地形图绘图软件打开图形，直接用查询面积的方式可快速获取图上任意闭合多边形的面积，注意所选图形必须为一闭合实体，如采用逐点捕捉的方式应注意点位捕捉的正确性及点位顺序。

电子求积仪是采用集成电路制造的一新型求积仪，可靠性高，操作简单方便。例如，日本牛方商会生产的 X-PLAN360d 型电子求积仪，如图 8.20 所示。这种求积仪不仅可以测定面积而且可以同时测定线长，特别在量测多边形时，无需描迹各边，只要依次描对各顶点，就可以正确地得到图形的面积或线长(周长)。

8.3.3 地形图在工程设计中的应用

1. 地形图在场地平整中的应用

在各项工程建设中，往往要对拟建地区的原地形作必要的改造，以便适于布置和修建各类建筑物，排泄地面积水以及满足交通运输和敷设地下管线的要求，这种改造地形的工作称为场地平整。在场地平整之前，必须先在地形图上进行平整后的标高设计，以及计算施工中的填挖方量，尽量降低施工成本，提高经济效益。要想降低成本，只有减少填挖方量和运距，要做到这两点，就必须遵守填挖方量平衡的原则，使工程量最少。通常情况下，根据设计要求，建筑场地一般要求平整成水平面或倾斜面。场地平整的方法很多，下面介绍应用方格网法进行水平面或倾斜面的平整方法。

1)平整成水平面

平整场地需先作“场平设计”，确定平整后的场地高程，并应做土方计算。其具体步

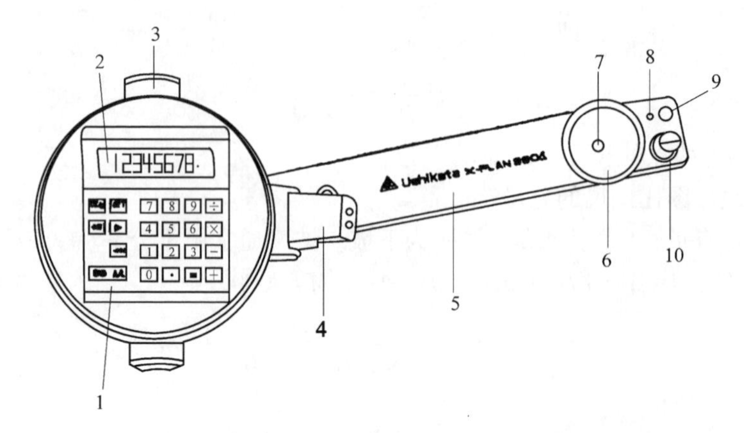

1—键盘；2—显示器；3—滚轮；4—描杆固定扳手；5—描杆；6—描迹放大镜；
7—描点；8—LED 表示；9—测定方式变换开关；10—START/POINT 开关

图 8.20

骤如下：

（1）绘制方格网。在场地地形图上拟建范围内绘制方格网，方格大小根据地形复杂程度、地形图比例尺以及要求的精度而选定。方格的边长以 10~40m 为宜（一般多用 20m）。根据等高线计算各方格顶点的高程，称为“地面高程”，标注于各顶点的右上角（亦可用水准仪，以视线高法测出各顶点的高程）。方格网编号，横向按 1，2，3，…编，纵向按 A，B，C，…编，方格用Ⅰ，Ⅱ，Ⅲ，…编，如图 8.21（a）所示，各方格顶点编号即用纵横向编号来编定，标注在该点的左下角，如图 8.21（b）所示。

场地平整后的地面高程称为“设计高程”，标注于方格顶点的右下角。原地面标高与设计高程之差称为“填挖数”，规定挖方为“+”，填方为“-”，标注在方格顶点的左上角，如图 8.21（b）所示。

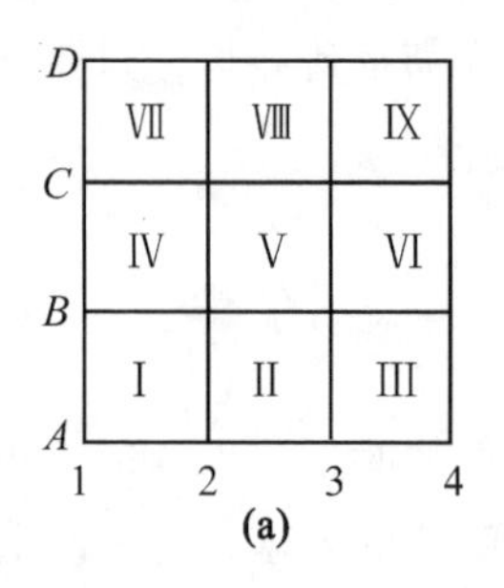

(a)

(填挖数)　+2.30　58.80　+2.12　58.62
(顶点编号)　B　B_3　56.50　B_4　56.50
Ⅲ
A　+0.73　57.23　+1.08　57.58(地面高程)
A_3　56.50　A_4　56.50(设计高程)
3　4

(b)

图 8.21

（2）计算设计高程。要使工程量最少，必须使填挖土方量平衡，即需要算出使填挖土方量平衡的设计高程。计算时，先将每一小方格顶点的高程加起来除以 4，就得到各方格的平均高程 H_i，再把每一方格的平均高程相加除以方格总数，就得到设计高程 $H_{设}$。

$$H_{设} = \frac{\sum H_i}{n} \quad (i = 1,\ 2,\ \cdots) \tag{8.10}$$

式中，H_i——每一方格的平均高程，m；

n——方格总数，个。

【例 8.1】一场地方格网边长为 20m，各顶点地面高程如图 8.22 所示。现拟平整成一填挖方均衡的水平面，试计算其设计高程。

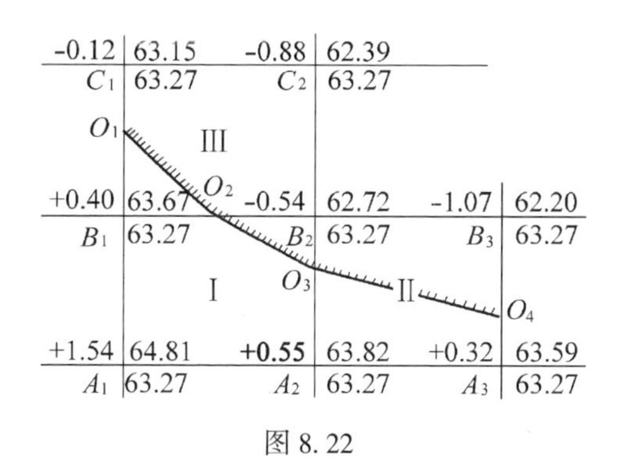

图 8.22

【解】用代数平均值计算。

各方格平均高程为

$$H_{\mathrm{I}}=\frac{64.81+63.82+62.72+63.67}{4}=63.76(\mathrm{m})$$

$$H_{\mathrm{II}}=\frac{63.82+63.59+62.20+62.72}{4}=63.08(\mathrm{m})$$

$$H_{\mathrm{III}}=\frac{63.67+62.72+62.39+63.15}{4}=62.98(\mathrm{m})$$

将 H_{I}、H_{II}、H_{III} 代入式(7.7)中得设计高程

$$H_{设}=\frac{H_{\mathrm{I}}+H_{\mathrm{II}}+H_{\mathrm{III}}}{3}=\frac{63.76+63.08+62.98}{3}=63.27(\mathrm{m})$$

把设计标高程注于各顶点的右下角。

(3)计算各方格点的填挖数。由各方格点的地面高程与设计高程就可计算出各点的填挖数

$$h_i=H_{地i}-H_{设}\quad(i=1,2,\cdots)\tag{8.11}$$

当 h_i 为"+"时表示下挖，为"-"时表示上填。

由式(8.11)计算出的填挖数 h_i 标注在各方格点的左上角，如图 8.22 所示。

(4)求出填挖边界线。用内插法在方格网上求出高程为 $H_{设}$ 的点，把各点相连即为填挖边界线，在该线上既不填也不挖即填挖数为零，该线也称为零线。在该线高程低的一侧画上小短线，以示填方区，另一侧则为挖方区，如图 8.22 所示的 $O_1—O_2—O_3—O_4$ 线。

(5)计算土方量。由填挖边界线把方格网分割成以下三种形式：

①全挖的方格。该方格的下挖土方量为各方格点下挖数的平均值与方格面积的乘积，即

$$V_{挖i}=\frac{1}{4}\sum h_{挖i}\times A\tag{8.12}$$

式中，A——每方格的面积，m^2。

②全填的方格。该方格的上填土方量计算方法与全挖方格计算相同，即

$$V_{填i} = \frac{1}{4}\sum h_{填i} \times A \tag{8.13}$$

式中，A——每方格的面积，m^2。

③既有挖也有填的方格。由于填挖边界线穿过该方格，使得该方格内既有填方区，也有挖方区，计算土方量时各自分开计算。根据填挖边界线所分割的不同几何图形，计算出其面积乘以该图形各顶点填挖数的平均值，即为相应的填(挖)土方量。

如图 8.22 中Ⅰ、Ⅲ方格被分割为一个三角形和一个五边形，其土方量可按下式计算：

$$V_{三角i} = \frac{1}{3}\sum h_i \times \frac{1}{2}(c_{直}\times d_{直}) \tag{8.14}$$

式中，$c_{直}$、$d_{直}$——三角形的两个直角边边长，m。

$$V_{五边i} = \frac{1}{5}\sum h_i \times \left[A - \frac{1}{2}(c_{直}\times d_{直})\right] \tag{8.15}$$

如图 8.22 中Ⅱ方格被分割为两个梯形，其土方量可分别按下式计算：

$$V_{梯i} = \frac{1}{4}\sum h_i \times \frac{1}{2}(a_{底}+a_{顶})\times b \tag{8.16}$$

式中，$a_{底}$——梯形底边长，m；

$a_{顶}$——梯形顶边长，m；

b——方格边长，m。

【例 8.2】试计算图 8.23 中填挖的土方量。

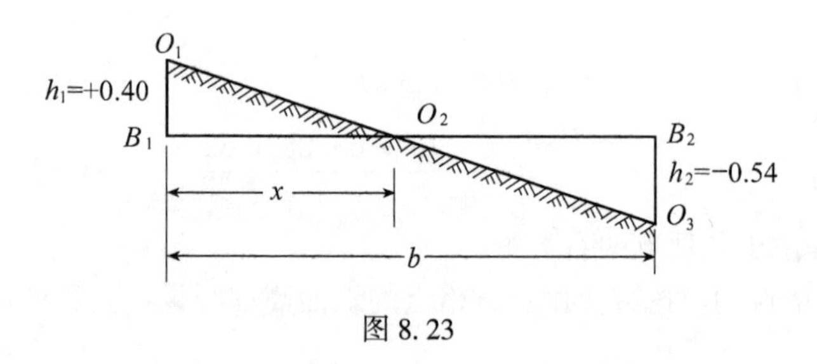

图 8.23

【解】(1)计算Ⅰ、Ⅲ方格中的三角形及五边形的填挖土方量。

在Ⅰ方格中的 B_1B_2边，一端为填方，另一端为挖方，故中间必有一零点，如图 8.23 所示。该边零点为 O_2，设零点 O_2至 B_1的距离为 x，由相似三角形的对应边边长比例关系可得

$$x = \frac{b}{|h_1| + |h_2|} \times |h_1| \tag{8.17}$$

把 h_1、h_2、b 代入式(8.17)得

$$x = \frac{20}{0.40 + 0.54} \times 0.40 \approx 8.51\ (\mathrm{m})$$

即 O_2B_1长为 8.51m，那么 O_2B_2长为 20m−8.51m=11.49m。

同理，按式(8.14)可计算出 C_1O_1 长为4.62m，O_1B_1 长为15.38m；O_3B_2 长为9.91m；O_3A_2 长为10.09m；O_4B_3 长为15.40m，O_4A_3 长为4.60m。

把上述有关数据及各点填挖数代入式(8.14)和式(8.15)中就可求出Ⅰ、Ⅲ格的三角形和五边形的填挖土方量。

$$V_{\text{Ⅰ三角填}}=\frac{1}{3}(0.54+0+0)\times\frac{1}{2}(11.49\times9.91)\approx10.25(\text{m}^3)$$

$$V_{\text{Ⅰ五边挖}}=\frac{1}{5}(0.40+1.54+0.55+0+0)\times[400-\frac{1}{2}(11.49\times9.91)]$$
$$=170.85(\text{m}^3)$$

同理

$$V_{\text{Ⅲ三角挖}}=\frac{1}{3}(0.40+0+0)\times\frac{1}{2}(15.38\times8.51)=8.72(\text{m}^3)$$

$$V_{\text{Ⅲ五边填}}=\frac{1}{5}(0.12+0.88+0.54+0+0)\times\left[400-\frac{1}{2}(15.38\times8.51)\right]$$
$$=103.04(\text{m}^3)$$

(2)计算Ⅱ方格梯形填挖土方量。把上述有关数据及各点填挖数，代入式(8.16)中，就可求出Ⅱ方格的填挖土方量。

$$V_{\text{Ⅱ梯挖}}=\frac{1}{4}(0.55+0.32+0+0)\times\frac{1}{2}(10.09+4.60)\times20=31.95(\text{m}^3)$$

$$V_{\text{Ⅱ梯填}}=\frac{1}{4}(0.54+1.07+0+0)\times\frac{1}{2}(9.91+15.40)\times20=101.87(\text{m}^3)$$

(3)计算填挖出土方量。

总的挖方量为

$$170.85+8.72+31.95=211.52(\text{m}^3)$$

总的填方量为

$$10.25+103.04+101.87=215.16(\text{m}^3)$$

两者相差3.64m³，占总土方量的2%，在工程实际中是容许的，可认为填、挖土方量基本上是平衡的。

2)设计成一定坡度的倾斜场地

如图8.24所示，根据原地形情况，欲将方格网范围内平整成从北到南的坡度为-0.5%，从西到东坡度为-3%的倾斜平面，倾斜平面的设计高程应填挖土方量基本平衡。其设计步骤如下：

(1)绘制方格网，按设计要求方格网长为20m，用内插法求出各点地面高程，并标注于图上各方格点的右上角，左下角标注点号。

(2)按填挖方平衡的原则计算出设计高程，根据式(8.10)计算出设计高程 $H_{\text{设}}$ = 93.15m，也就是场地的几何图形重心点 G。

(3)从重心点 G，根据其高程，各方格网点的间隔及设计坡度，沿方格方向，向四周推算各方格点的设计高程。

如图8.24所示，南北两方格点间的设计高差 $h=20\times0.5\%=0.10(\text{m})$；东西两方格点

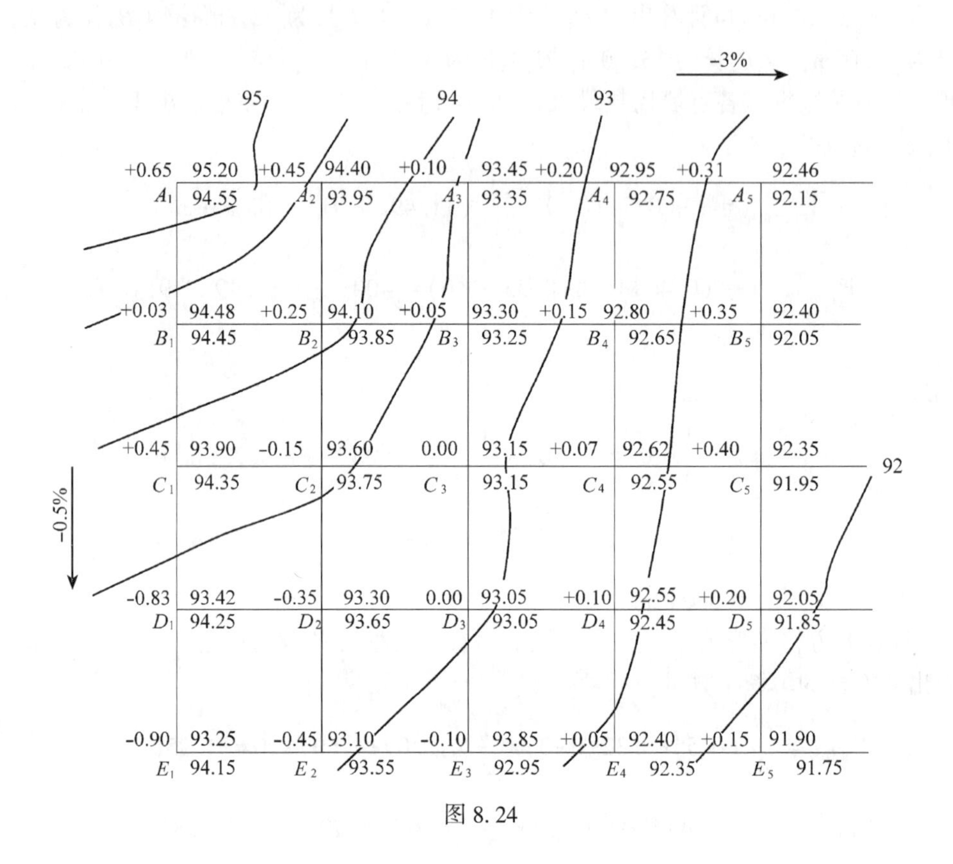

图 8.24

间设计高差 $h=20\times3\%=0.60$(m)。

重心点 G 的设计高程为 93.15m，其北 B_3点的设计高程为 $H_{B3}=93.15+0.10=93.25$(m)，A_3的设计高程为 $H_{A3}=93.25+0.10=93.35$(m)，其南 D_3的设计高程为 $H_{D3}=93.15-0.10=93.05$(m)，$H_{E3}=93.05-0.10=92.95$(m)。同理可推得其余各方格点的设计高程，并注在方格点右下角。

对于各点推算出的设计高程应按下列方法进行检核：

①从一个角点起沿边界逐点推算一周后回到起点，设计高程应该闭合；

②对角线上各点间设计高程的差值应相等。

(4)由各点的地面高程减去设计高程就为各点的填、挖数，标注在方格点左上角。

(5)由各方格点的填、挖数，确定出填挖的边界线，就可分别计算出各方格内的填、挖土方量及总的填、挖土方量。

2. 地形图在建筑设计中的应用

1)根据地形图确定建筑物的面积和形状

在城镇建筑设计之前，首先使用反映拟建场地及其周围地形的地形图，根据地形的有关情况及城市规划要求拟定建筑物的形状和面积，上报城市规划部门审批。

2)根据地形来确定建筑物±0 的标高及其构造形式

(1)根据地形图上拟建地面标高及排污管道的标高来确定建筑物±0 的标高。

(2)±0 标高确定以后，根据地形高差状况来确定±0 以下的构造形式。

拟建场地较平，当其标高不低于±0标高时，按常规设计；当其标高低于±0标高时，采取填高至±0或建地下室，或采用支撑柱悬空，也可采用支撑柱悬空与地下室相结合。具体选择哪种形式要根据具体情况，通过比较看哪种构造形式最经济、合理。

拟建场地为坡地时，根据±0标高，采取悬空、半悬空或整平等几种形式，如图8.25所示。

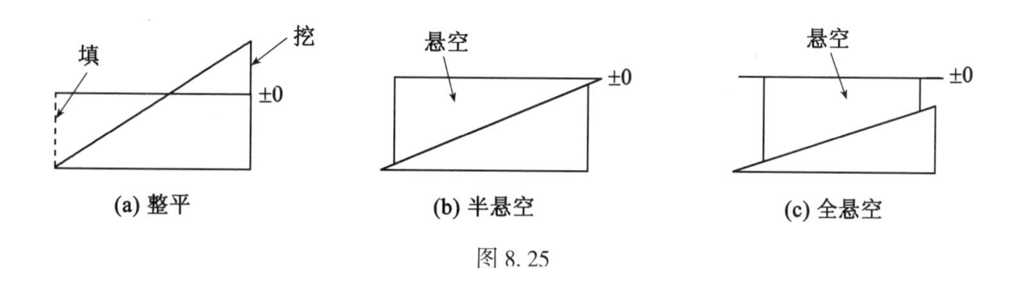

图8.25

3. 地形图在管线设计、施工中的应用

1)绘制设计方向线的纵断面图

在各种管线工程设计中，为了进行填挖方量的概算，合理确定管线的坡度，都需要了解沿线方向的地面起伏情况，为此常利用地形图绘制指定方向的纵断面图。如图8.26所示，pq的方向已定，要作出pq方向的断面图，可先将pq直线与图上等高线的交点以及山脊和山谷的方向变化点b、e标明，然后按该地形图的比例尺，把图上p、a、b、c、d、e、f、g、h、q点转绘在一水平线上。过水平线上各点，作水平线的垂线，在各垂线上按比例尺截取出各点相应的高程，最后用平滑曲线连接这些顶点，便得到pq线的断面图。为了使断面图能明显地表示地面的起伏情况，常把高程的比例尺增大为距离比例尺的10倍或20倍来描绘。

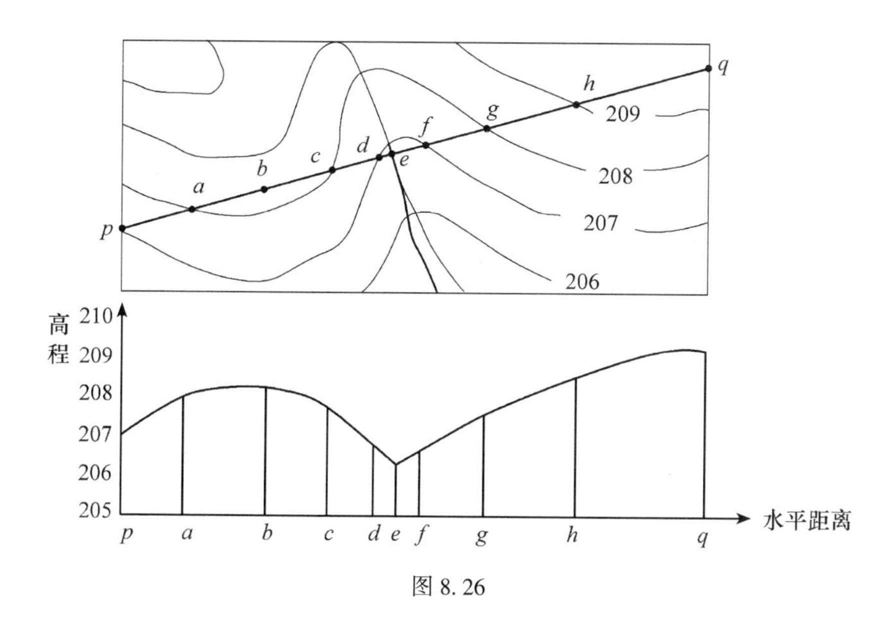

图8.26

2) 根据地形图进行管线的设计

(1) 根据地形图上地物、地貌情况，通过对客观容许范围内多条线路的比较，选择距离既短，方量又少的路线。

(2) 路线选定后进行设计时，在符合管线坡度要求的范围内，根据纵断面图，选择最佳管线坡度，使土方量和架空工程量最少，即造价最低。

3) 地形图在管线施工中的应用

(1) 应用地形图，根据管线的设计标高及挖宽计算土方工程量。

(2) 在精度容许条件下，可用图解法在地形图上求出主点的测设数据。

4. 地形图在道路规划、设计中的应用

1) 选线

根据地形图，在满足坡度要求的情况下选择最短且土方量最少的路线。

(1) 按限制坡度选定最短路线。如图 8.27 所示，设从公路旁 A 点到山头 B 点先定一条路线，限制坡度为 6%，地形图比例尺为 1∶2000，等高距为 1m。为了满足限制坡度的要求，可根据式(8.6)求出该路线通过相邻两条等高线的最小等高平距(在地形图上的长度)为

$$d=\frac{h}{i\cdot M}=\frac{1}{0.06\times 2000}\approx 0.0083(\mathrm{m})=8.3(\mathrm{mm})$$

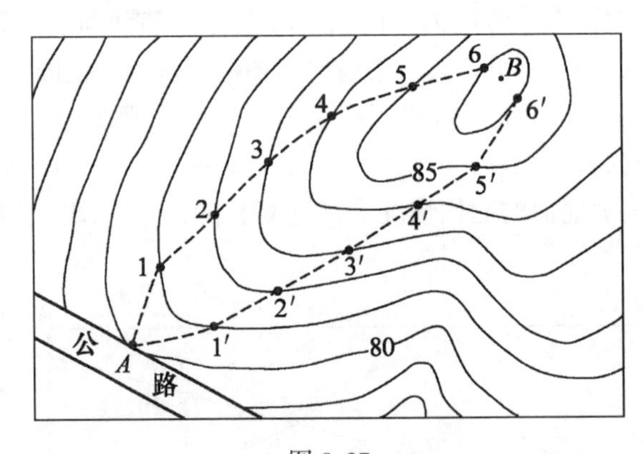

图 8.27

然后，用卡规张开 8.3mm，先以 A 点为圆心作圆弧，交 81m 等高线于 1 点；再以 1 点为圆心作圆弧，交 82m 等高线于 2 点；依此类推，直至 B 点。连接相邻点，便得同坡度路线 A-1-2-…-B。若所作圆弧不能与相邻等高线相交，则以最小等高线平距直接相连，这样，该线段为坡度小于 6% 的最短路线，符合设计要求。在图上尚可沿另一方向定出第二条路线 A-1′-2′-…-B，可以作为比较方案。在实际工作中，还需在野外考虑工程上其他因素，如少占或不占良田、避开不良地质、使工程费用最少等进行修改，最后确定一条最佳路线。

(2) 应用地形图绘制横断面图。在进行道路土方量计算时，单有纵断面图是不够的，还要用到横断面图。横断面图就是垂直于纵断面方向的剖面图，其画法与纵断面图完全一样。

(3)应用地形图做方案比较。当线路经过高差较大的山地时，在满足道路坡度要求的前提下，是绕山走还是劈山或打隧道，具体采用何种方案，要通过对各种方案工程造价的比较才能确定。

2)应用地形图确定汇水面积

在修筑道路经过山谷地段时，需建造一涵洞以排泄水流。设计时，涵洞孔径的大小应根据流经该地段的水量来决定，而这水量又与汇水面面积有关。如图 8.28 所示，由分水线 *BC*、*CD*、*DE*、*EF* 及道路 *MN* 所围成的面积即为汇水面积。各分水线处处都与等高线垂直，且经过一系列的山头和鞍部，并与河谷的指定断面(图 8.28 中 *A* 处的直线)闭合。

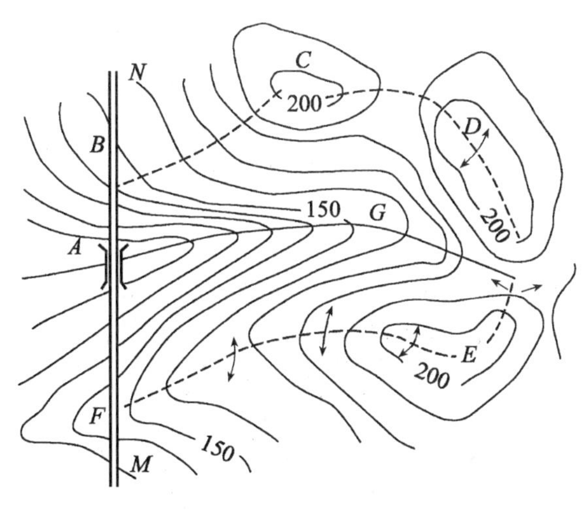

图 8.28

【本章小结】

本章主要介绍了大比例尺地形图的基本知识、大比例尺地形图的测绘方法及地形图的基本应用及在实际工程中的应用。

(1)大比例尺地形图的基本知识包括地形图的比例尺和比例尺精度；地形图的图名、图号和图廓；地形图的图式等内容，要全面了解和掌握才能更好地识读与应用地形图。

(2)传统的地形图的测绘方法主要有小平板仪配合经纬仪测图的作业方法。

(3)从数字测图的概念、数字测图的基本思想及系统、数字测图的作业过程及作业模式、数字测图的特点及发展趋势、数字测图的作业程序及方法这几个方面对数字测图作了简要介绍。

(4)地形图的应用包括正确识读地形图，地形图的基本应用及地形图在工程测量中的应用。

◎ 习题和思考题

1. 地物图、地形图及地图分别指的什么？
2. 什么是地形图的比例尺？如何表示？

3. 什么是比例尺精度，它在测图工作中有何用途？

4. 什么是等高线？等高线有哪些特性？

5. 进行碎部测量时，如何正确选择地物地貌特征点？

6. 应用绘图软件绘制地形图时的作业流程是什么？

7. 数字测图时为什么绘制草图相当重要？绘制草图时应如何与数据采集员进行很好的配合，有什么注意事项？

8. 利用图 8.29 完成如下作业：

(1) 用内插法求 p、q 两点的高程。

(2) 图解法求 p、q 两点的坐标。

(3) 求 p、q 两点之间的水平距离。

(4) 求 p、q 两点连线的坐标方位角。

(5) 求从 p 点至 m 点的平均坡度。

(6) 从 p 点至 q 点选定一条坡度为 3.5% 的路线。

(7) 绘制 pq 方向的纵断面图。

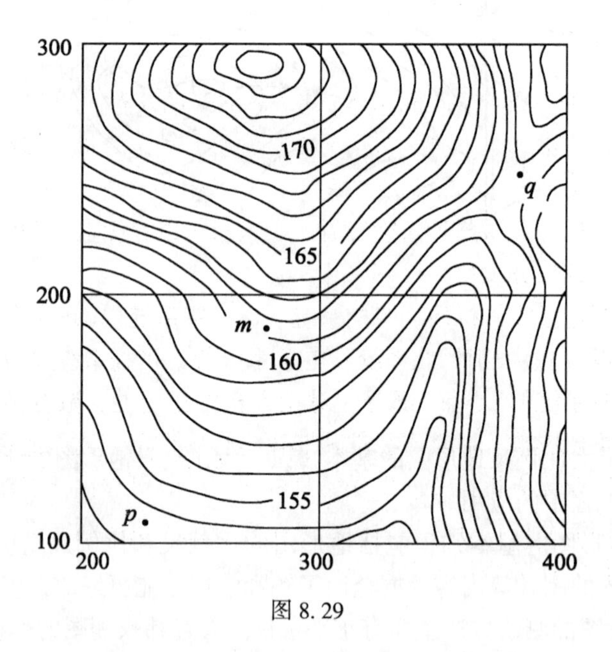

图 8.29

9. 地形图在建筑设计中有何作用？如何结合地形来进行设计？

10. 地形图在管线设计施工中有何作用？

11. 在道路规划设计中怎样选线？

第9章　无人机测绘简介

【教学目标】

了解无人机的定义、分类、技术、发展历史，以及其在各个领域的应用，掌握测绘用无人机的系统组成和作业流程，掌握无人机技术在测绘中的应用，了解现有的一些无人机相关政策。

9.1　无人机基本概念

9.1.1　无人机定义

无人机是无人驾驶飞机(Unmanned Aerial Vehicle)的简称，是利用无线电遥控设备和自备的程序控制装置的不载人飞机，包括无人直升机、固定翼机、多旋翼飞行器、无人飞艇、无人伞翼机。广义地看也包括临近空间飞行器(20~100km空域)，如平流层飞艇、高空气球、太阳能无人机等。从某种角度来看，无人机可以在无人驾驶的条件下完成复杂空中飞行任务和各种负载任务。

无人机系统主要包括飞机机体、飞控系统、数据链系统(MDS数传电台是国内无人机用得最多的数据链设备)、发射回收系统、电源系统等。飞控系统又称为飞行管理与控制系统，相当于无人机系统的“心脏”部分，对无人机的稳定性、数据传输的可靠性、精确度、实时性等都有重要影响，对其飞行性能起决定性的作用；数据链系统可以保证对遥控指令的准确传输，以及无人机接收、发送信息的实时性和可靠性，以保证信息反馈的及时有效性和顺利、准确的完成任务。发射回收系统保证无人机顺利升空以达到安全的高度和速度飞行，并在执行完任务后从天空安全回落到地面。

图9.1　多旋翼无人机

9.1.2　无人机分类

按照不同平台构型来分类，无人机可主要有固定翼无人机、无人直升机和多旋翼无人机三大平台，其他小种类无人机平台还包括伞翼无人机、扑翼无人机和无人飞船等。固定翼无人机是军用和多数民用无人机的主流平台，最大特点是飞行速度较快；无人直升机是灵活性最强的无人机平台，可以原地垂直起飞和悬停；多旋翼(多轴)无人机是消费级和部分民用用途的首选平台，灵活性介于固定翼和直升机中间(起降需要推力)，但操纵简单、成本较低。具体可见表9.1。

图9.2　固定翼无人机

图9.3　无人直升机

表9.1　各平台无人机特点

类型	特　点
固定翼无人机	优点：续航时间长、载荷大。 不足：起飞需助跑，降落需滑行，不能空中悬停。 应用领域：军用、专业级民用。
无人直升机	优点：可垂直升降、空中悬停。 不足：机翼结构复杂，维护费用高昂。 应用领域：军用、专业级民用。
多旋翼无人机	优点：可垂直升降、空中悬停，结构简单。 不足：续航短、载荷小、飞控要求高。 应用领域：消费级、专业级民用。
其他：伞翼无人机、扑翼无人机和无人飞船(无人飞艇)、仿生无人机等	

按不同使用领域来划分，无人机可分为军用、民用和消费级三大类，对于无人机的性能要求各有偏重：

(1)军用无人机对于灵敏度、飞行高度、速度、智能化等有着更高的要求，是技术水平最高的无人机，包括侦察、诱饵、电子对抗、通信中继、靶机和无人战斗机等机型。

(2)民用无人机一般对于速度、升限和航程等要求都较低，但对于人员操作培训、综合成本有较高的要求，因此需要形成成熟的产业链提供尽可能低廉的零部件和支持服务，目前来看民用无人机最大的市场在于政府公共服务的提供，如警用、消防、气象等，占到总需求的约70%，而我们认为未来无人机潜力最大的市场可能就在民用，新增市场需求可能出现在农业植保、货物速度、空中无线网络、数据获取等领域。

(3)消费级无人机一般采用成本较低的多旋翼平台，用于航拍、游戏等休闲用途。

按起飞重量来划分，无人机可以分为大型无人机、中型无人机、小型无人机和微型无人机四种。其中大型无人机的起飞重量通常在500kg以上，中型无人机则为200~500kg，小型无人机通常在200kg以下，而微型无人机一般特指翼展在15cm以下的无人机。

按飞行航程来划分，无人机可以分为近程无人机、短程无人机、中程无人机和远程无人机四种。其中近程无人机是指航程在50km左右的无人机，短程无人机是指航程在300km左右的无人机，中程无人机是指航程在1000km左右的无人机，航程超过1000km的无人机一般统称为远程无人机。

9.1.3 无人机技术难点

1. 飞行控制系统

1)飞行原理

无人机升空时，主要飞行原理是伯努利定律。伯努利定律是空气动力最重要的公式，简单地说，流体的速度越大，静压力越小，速度越小，静压力越大，这里说的流体一般是指空气或水。在无人机起飞时，这里的流体是指空气，设法使机翼上部空气流速较快，静压力则较小，机翼下部空气流速较慢，静压力较大，二力互相作用之下(如图9.4)，机翼被向上推去，飞机随之起飞。

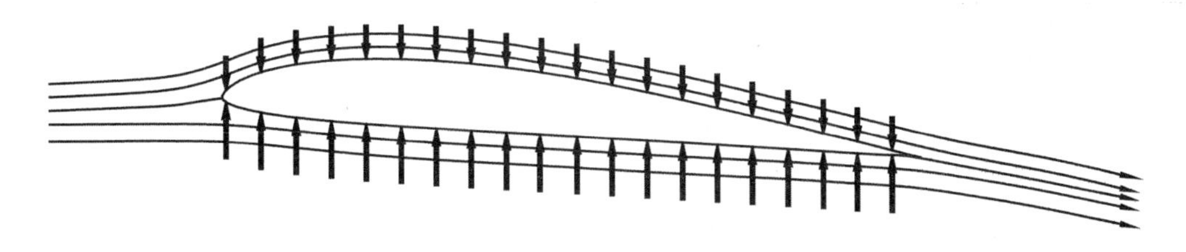

图9.4 固定翼无人机起飞原理

飞行中的飞机受的力可分为升力、重力、阻力、推力(如图9.5)，升力由机翼提供，推力由引擎提供，重力由地心引力产生，阻力由空气产生，我们可以把力分解为两个方向的力，称x及y方向。如要使飞机等速直线飞行，x方向阻力与推力大小相同方向相反，故x方向合力为零，飞机速度不变，y方向升力与重力大小相同方向相反，故y方向合力亦为零，飞机不升降，所以会保持等速直线飞行。

如果作用于飞机的力不平衡，则合力不为零，依牛顿第二定律，会产生加速度，为了分析方便，我们把力分为X、Y、Z三个轴力的平衡及绕X、Y、Z三个轴弯矩的平衡。轴力不平衡，则会在合力的方向产生加速度，弯矩不平衡，则会产生旋转加速度，在飞机

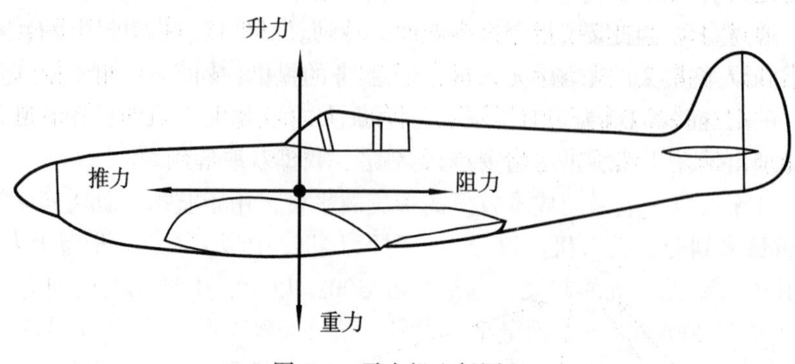

图 9.5　无人机飞行原理

来说，X 轴弯矩不平衡时，飞机会滚转，Y 轴弯矩不平衡时，飞机会偏航，Z 轴弯矩不平衡时，飞机会俯仰(如图 9.6)。

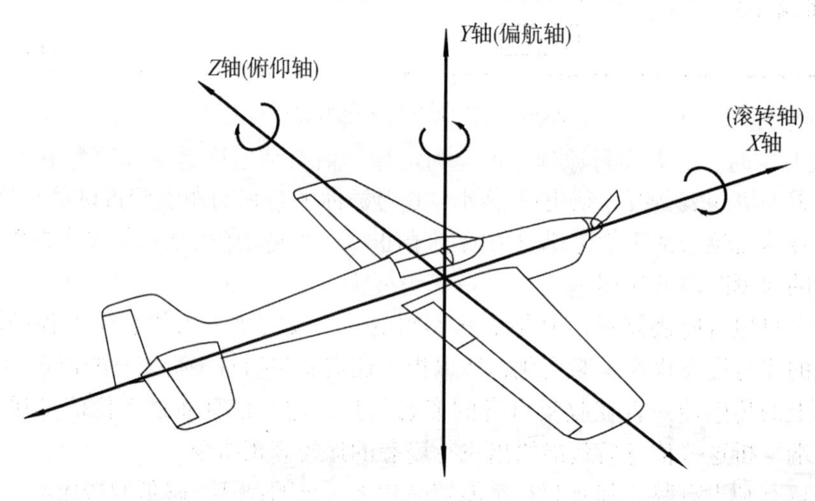

图 9.6　无人机轴弯矩

2)飞行控制

飞行控制系统是无人机的“驾驶员”，如何使之更精确、更清晰，是无人机现阶段的技术难点之一。

飞控子系统是无人机完成起飞、空中飞行、执行任务和返场回收等整个飞行过程的核心系统，飞控对于无人机相当于驾驶员对于有人机的作用，一般被认为是无人机最核心的技术之一。

其中，机身大量装配的各种传感器(包括角速率、姿态、位置、加速度、高度和空速等)是飞控系统的基础，是保证飞机控制精度的关键，在不同飞行环境下，不同用途的无人机对传感器的配置要求也不同。

无人机上没有驾驶员，所以无人机和飞行靠“遥控”或“自控飞行”。

(1)遥控飞行。遥控即对被控对象继续远距离控制，主要是指无线电遥控。

遥控站通过发射机向无人机发送无线电波，传递指令，无人机上的接收机接收并译出指令的内容，通过自动驾驶仪按指令操纵舵面，或通过其他接口操纵机上的任务载荷。遥控站设有搜索和跟踪雷达，其测量无人机在任意时刻相对地面的方位角、俯仰角、距离和高度等参数，并把这些参数输入到计算机，计算后就能绘出无人机的实际航迹，与预定航线比较，就能求出偏差，然后发送指令进行修正。如图 9.7 所示。

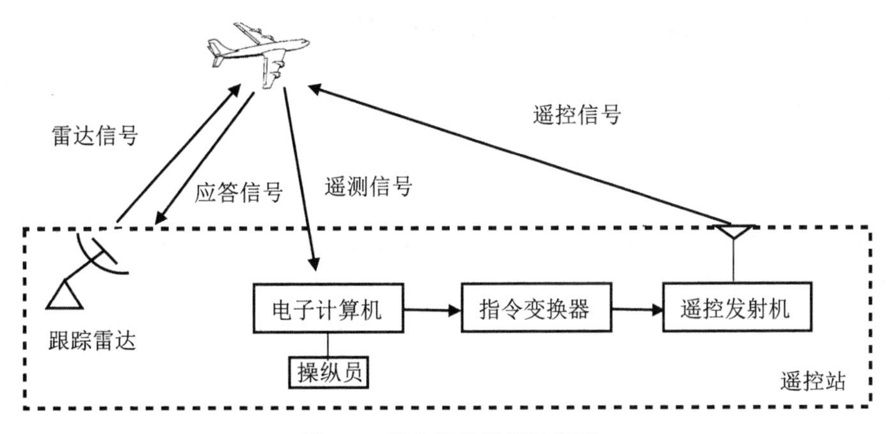

图 9.7 指令遥控系统示意图

此外，无人机还装备有无线电应答器，也叫信标机。它能在收到雷达的询问信号后，发回一个信号给雷达。由于信标机发射的信号比无人机发射的雷达信号要强得多，起到增加跟踪雷达的探测距离的作用。

遥控指令只包含航迹修正信号是显然不够的，在飞行中无人机会受到各种因素的影响，无人机的飞行姿态也在不断变化，所以指令还需要包括对飞行姿态的修正内容。

无人机上的传感器一直在收集自身的姿态信息，这些信息通过下传信号送到遥测终端，遥测终端分析这些信息后就能给出飞行姿态的遥控修正指令。

遥控飞行有利也有弊，其有利在于能够简化无人机的设计，降低制造成本，提高战术使用的灵活性；其弊端一是受无线电作用距离的限制，限制通信距离通常只可达 320~480km，二是容易受到电子干扰。

(2) 自控飞行。自控飞行不依赖地面控制，一切动作都自动完成的飞行。为此，机上需要有一套装置来保证飞行航向和飞行姿态的正确，这套装置就是导航装置。通常的导航装置有惯性导航、卫星导航、多普勒导航、组合导航和地形辅助导航这几种。

自控飞行的优点在于航程加大，能够独立自主工作，不需要与地面站联系，不易被敌方发现和干扰；其缺点在于复杂的自主导航系统和控制系统，增加了重量，提高了成本。

(3) 遥控与自控结合。现代无人机在不同的飞行段，交替地采用遥控或自控飞行，这样可以充分利用遥控和自控两种控制方式各自的优势，克服彼此的缺陷。

2. 导航系统

导航系统是无人机的“眼睛”，多技术结合是未来的发展方向。

导航系统向无人机提供参考坐标系的位置、速度、飞行姿态，引导无人机按照指定航线飞行，相当于有人机系统中的领航员。通常的导航装置有惯性导航、卫星导航、多普勒导航、组合导航和地形辅助导航这几种。

(1)惯性导航。在机载设备上，它一般简称惯导。惯性导航是以牛顿力学为基础，依靠安装在载体内部的加速度计测量载体在三个轴向的加速度，经积分运算后得到载体的瞬时速度和位置，以及测量载体的姿态的一种导航方式。惯性导航完全依赖机载设备自主完成导航任务，工作时不依赖外界信息，也不向外界辐射能量，不易受到干扰，不受气象条件限制。

惯导系统是一种航位推算系统。只要给出载体的初始位置及速度，系统就可以实时地推算出载体的位置速度及姿态信息，自主地进行导航。纯惯导系统会随着飞行航时的增加，因积分积累而产生较大的误差，导致定位精度随时间增长而呈发散趋势，所以惯导一般与其他导航系统一起工作来提高定位精度。

(2)卫星导航。全球定位系统可以提供全球任意一点的三维空间位置、速度和时间，具有全球性、全天候、连续的精密导航系统。全球卫星导航分为三部分，包括空间卫星部分、地面监控、卫星接收机部分。在飞机上安装卫星接收机就能得到自身的位置信息和精确到纳秒级的时间信息。

现在全球在使用的卫星导航系统还有俄罗斯的 Glonass，欧洲的伽利略系统，以及中国的北斗系统。

(3)多普勒导航。多普勒导航是飞行器常用的一种自主导航系统，它的工作原理是多普勒效应。

多普勒导航系统由磁罗盘或陀螺仪、多普勒雷达和导航计算机组成。磁罗盘或陀螺仪类似指北针，用于测出无人机的航向角，多普勒雷达不停沿着某个方向向地面发射电磁波，测出无人机相对地面的飞行速度以及偏流角。根据多普勒雷达提供的地速和偏流角数据，以及磁罗盘或陀螺仪提供的航向数据，导航计算机就可以不停地计算出无人机飞过的路线。

多普勒导航系统能用于各种气象条件和地形条件，但由于测量的积累误差，系统会随着飞行的距离增加而使误差加大，所以一般用于组合导航中。

(4)组合导航。组合导航是指组合使用两种或两种以上的导航系统，达到取长补短，以提高导航性能。目前飞行器上实际使用的导航系统各基本上都是组合导航系统，如GPS/惯性导航、多普勒/惯性导航等，其中应用最广的是 GPS/惯性导航组合导航系统。

(5)地形辅助导航。地形辅助导航是指飞行器在飞行过程中，利用预先存储的飞行路线中某些地区的特征数据，与实际飞行过程中测量到的相关数据进行不断比较来实施导航修正的一种方法。其核心是将地形分成多个小网格，将其主要特征，如平均标高等输入计算机，构成一个数字化地图。

地形辅助导航技术就是利用机载数字地图和无线高度表作为辅助手段来修正惯导系统的误差，从而构成新的导航系统。它与导航方法的根本区别在于：数字地图对主导航系统仅能起到辅助修正作用，离开了惯导系统，数字地图无法独立地提供导航信息。

地形辅助系统可分为地形匹配、景象匹配等。

地形匹配也称地形高度相关。其原理是地球表面上任意一点的地理坐标都可以根据其周围地域的等高线或地貌来当值确定。飞行一段时间后，既可以得到真航迹的一串地形标高，也可以将测得的数据与存储的数字地图进行相关分析，确定飞机航迹对应的网格位置。因为事先确定了网格各点对应的经纬度值，这样就可以使用数字地图校正惯导。

景象匹配也称景象相关。它与地图匹配的区别是，预先输入到计算机的信息不只是高度参数，还包含了通过摄像等手段获取的预定飞行路径的景象信息，将这些景象数字化后存储在机载设备上。飞行中，通过机载摄像设备获取飞行路径中的景象，与预存数据比较，确定飞机的位置。

目前现有无人机载导航系统有易受干扰和误差积累增大的缺点，而未来无人机的发展要求障碍回避、物资或武器投放、自动进场着陆等功能，需要高精度、高可靠性、高抗干扰性能，因此多种导航技术结合的“惯性+多传感器+GPS+光电导航系统”将是未来发展的方向。

3. *动力系统*

不同用途的无人机对动力装置的要求不同，但都希望发动机体积小、成本低、工作可靠。

①无人机目前广泛采用的动力装置为活塞式发动机，但活塞式只适用于低速低空小型无人机；

②对于一次性使用的无人机，要求推重比高但寿命可以短(1~2h)，一般使用涡喷式发动机；

③低空无人直升机一般使用涡轴发动机，高空长航时的大型无人机一般使用涡扇发动机(美国全球鹰重达12t)；

④消费级微型无人机(多旋翼)一般使用电池驱动的电动机，通常情况下，起飞质量不到100g、续航时间小于1h。

随着涡轮发动机推重比、寿命不断提高、油耗降低，涡轮将取代活塞成为无人机的主力动力机型，太阳能、氢能等新能源电动机也有望为小型无人机提供更持久的生存力。

4. *数据链传输系统*

数据链传输系统是无人机的重要技术组成，负责完成对无人机遥控、遥测、跟踪定位和传感器传输，上行数据链实现对无人机遥控、下行数据链执行遥测、数据传输功能。普通无人机大多采用定制视距数据链，而中高空航行以及长航时，无人机则都会采用视距和超视距卫通数据链。

现代数据链技术的发展推动者无人机数据链向着高速、宽带、保密、抗干扰的方向发展，无人机实用化能力将越来越强。往前看，随着机载传感器、定位的精细程度和执行任务的复杂程度不断上升，对数据链的贷款提出了很高的要求，未来随着机载高速处理器的突飞猛进，预计几年后，现有射频数据链的传输速率将翻倍，未来在全天候要求低的领域可能还将出现激光通信方式。

从美国制定的无人机通信网络发展战略上看，数据链系统从最初IP化的传输、多机互连，正在向卫星网络转换传输，以及最终的完全全球信息格栅(GIG)配置过渡，为授权用户提供无缝全球信息资源交互能力，既支持固定用户又支持移动用户。

9.1.4　无人机在各个领域的应用

无人机的应用主要体现在军用和民用两个层面，现阶段的军事无人机应用主要体现在空中侦查、战术统计、对地打击、人员伤亡的评估等，而且在干扰敌方通信设备方面有着突出的表现。

民用无人机需求非常广泛，覆盖农业、电力石油、检灾、林业、气象、国土资源、警用、海洋水利、测绘、城市规划等多个行业。近年来，无人机在民用市场的应用受到越来越多的关注，如农林植保和电力巡线两个领域，无人机需求较为迫切，且具备较大的市场规模。我国民用无人机市场空间巨大，将进入快速发展期。

1. 农业植保

农业植保是民用无人机最大市场，农业植保市场规模超百亿。

日本植保无人机已经使用 20 多年，目前每年更新量约为 3000 架。我们按照中日年农药使用量进行测算，中国如果达到日本目前植保无人机的普及率和使用频次，年更新量约为 30000 架，植保无人机价格按 50 万元/架测算，年市场规模可达 150 亿元。

2. 电力巡检

目前，无人机在电力巡检领域的应用政策有望出台，市场规模预计超过十亿元。

2009 年 1 月，国家电网公司正式立项研制无人直升机巡检系统。

2013 年 3 月，国家电网公司出台《国家电网公司输电线路直升机、无人机和人工协同巡检模式试点工作方案》，方案指出，建立直升机、无人机和人工巡检相互协同的新型巡检模式是坚强智能电网发展的迫切需要，目前公司系统直升机巡检作业正在逐步向规范化、制度化方向发展，为此公司选定山东、冀北、山西、湖北、四川、重庆、浙江、福建、辽宁、青海 10 个检修公司作为试点单位，利用 2~3 年时间开展开展新型巡检模式试点工作。到 2015 年，国网公司系统将全面推广直升机、无人机和人工巡检相互协同的输电线路新型巡检模式。

2014 年 6 月，中国电力企业联合会标准化中心对外发布名为《架空输电线路无人机巡检作业技术导则》的电力行业标准草案，公开征求意见。我们预计电力联合会的无人机行业标准在今年有望正式出台。

我国 110kV 以上高压输电线约为 52km，按每年巡检次数 30 次测算，则每年总巡检长度约为 1560×10^4km。无人机每小时巡检 20km，单机年飞行时间按 150 小时计算，全国需要 5200 架，按每架 20 万元人民币计算，则年市场空间约 10.4 亿元。

3. 森林防火

无人机在森林防火和火情监测方面成效显著，可以说是需求迫切，但目前尚处于初始阶段。

我国拥有森林面积 1.75 亿公顷，森林蓄积量为 124.56 亿立方米，森林覆盖率为 18.21%，既是森林资源大国，又是森林火灾多发国家。

目前，国外森林防火中应用了较多的新技术和新设备，国内在此方面的应用需求也日益增加，对森林保护的投入逐渐加大，先后运用卫星进行资源普查、森林火场监视，而使用无人机系统对森林火情监测还是初始阶段。

4. 减灾

无人机在减灾领域的应用可以说是国情需要，未来发展空间广阔。

2008 年汶川地震引发了大量崩塌、滑坡、泥石流、堰塞湖等次生地质灾害，引起灾区大部分国道、省道、乡村道路严重破坏，给救灾工作造成难以想象的困难。由于天气因素的影响，卫星遥感系统或载人航空遥感系统难以及时获取灾区的实时地面影像。地震发生后，多种型号的无人机航空遥感系统迅速进入灾区，在灾情调查、滑坡动态监测、房屋与道路损害情况评估、救灾效果评价、灾区恢复重建等方面得到广泛使用，取得了很好的效果，起到了其他手段无法替代的作用。无人机航空遥感系统第一次大规模用于应急救灾就取得了成功。

2013年雅安地震搜救过程中，国家地震灾害紧急救援队使用旋翼无人机对灾区地形地貌、受损情况进行空中排查，为国家地震灾害紧急救援队的搜救工作提供了参考和依据。该无人机由国家地震灾害紧急救援队与中国科学院沈阳自动化研究所联合研制，并在地震搜救过程中应用，探测精度达到0.1m，可在200m低空连续飞行100km。

我国自然灾害发生频繁，每年灾害造成的损失巨大。灾害发生时，为了提高救灾效率和质量，必须提供及时准确的灾害信息。常规灾害监测方法周期长、成本高，难以满足救灾应急的需要。无人机航空遥感系统作为卫星遥感和载人航空遥感的补充手段，具有实时性强、灵活方便、外界环境影响小、成本低的优点，其在灾害应急救援方面具有广阔的发展空间和应用前景。

9.2 测绘用无人机的系统组成和作业流程

近年来，伴随着经济建设的快速发展，地表形态发生了剧烈变化，地理空间数据的快速获取与实时更新变得越来越重要。无人机技术在获取地理、地面地形信息，预警以及地下的地层、地质信息等方面应用广泛，由飞行平台载体、机载遥感设备和相应的地面辅助设备构成，其应用方法综合集成了摄影测量技术、遥感传感器技术、遥测遥控技术、GPS差分定位技术、无人驾驶飞行器技术、通讯技术和遥感应用技术等高端科学技术。

9.2.1 测绘用无人机主要参数

测绘用无人机主要是指无人机摄影测量。无人机低空航摄系统一般由地面系统、飞行平台、传感器、数据处理四部分组成。地面系统包括用于作业指挥、后勤保障的车辆等；飞行平台包括无人机飞机、维护系统、通信系统等；影像获取系统包括电源、GPS程控导航与航摄管理系统、数字航空摄影仪、云台、控制与记录系统等。数据处理系统包括空三测量、正射纠正、立体测图等。

目前测绘测量常用的无人机品牌有Trimble(测图鹰)、senseFly(瑞士Ebee)、Quickeye(快眼)系列、劲鹰系列、大地鹰系列、武汉智能鸟系列等。测绘用无人机机身长度普遍位于0.65~2.7m之间，空机重量最小约为0.63kg，最大一般不超过30kg，最大载荷一般不超过15kg，部分无人机不可负载，最大空速可达220km/h左右，续航时间约为40min至6h不等，起飞方式主要有滑跑、弹射、手抛等，降落方式主要有滑降、手接、伞降等。

无人机数据处理主流软件：

(1)ERDAS LPS(Leica Photogrammetry Suite);

(2)DPGRID新一代数字摄影测量网格;

(3)Pix4DMAPPER全自动快速无人机数据处理软件;

(4)pixel grid软件;

(5)map-at:现代航测全自动空三软件;

(6)INPHO;

(7)PHOTOMOD;

(8)武汉航天远景。

无人机技术具有以下几个特点:

(1)数据资料更新快速。无人机航测通常低空飞行,空域申请便利,受气候条件影响较小。对起降场地的要求,可通过一段较为平整的路面实现起降。升空准备时间15min即可、操作简单、运输便利。车载系统可迅速到达作业区附近设站,根据任务要求每天可获取数十至两百平方公里的航测结果,从而有效地保证了数据采集和更新的及时性。

(2)数据分辨率高。系统携带的数码相机、数字彩色航摄像机等设备可快速获取地表信息,获取超高分辨率数字影像和高精度定位数据,可以获取厘米级的影像数据,生成DEM、三维正射影像图、三维景观模型、三维地表模型等二维、三维可视化数据,便于进行各类环境下应用系统的开发和应用,能满足各种比例尺监测图的需求,这是传统技术所不能媲美的。

(3)性价比高。无人机操作简单,该技术运营成本低、高性价比,能获得较高的经济效益。相比人工测绘,无人机每天至少几十平方公里的作业效率必将成为今后小范围测绘的发展趋势。

无人机测量作为航空摄影测量的一种,日益成为一项新兴的测绘重要手段,其具有续航时间长、成本低、机动灵活等优点,是卫星遥感与有人机航空遥感的有力补充。与其他航空摄影测量手段有显著区别,具体内容见表9.2。

表9.2 **航空摄影测量主要手段对比**

项目	卫星	载人机	无人机
使用高度	高(太)空	中低空	低空
制约因素	轨道位置、大气影响	大气影响、天气影响、空域审批	天气影响、空域审批
主要应用比例尺	1∶10000以上比例尺的数字产品	1∶5000以上比例尺的数字产品	1∶500以上比例尺的数字产品
主要数据成果	多光谱数据、卫星照片等	多光谱数据、航空照片	航空照片
常用任务载荷	卫星专用数据采集设备	ADS系列专业航摄像机等	5D等民用全画幅单反相机

续表

项目	卫星	载人机	无人机
劣势	拍摄时效性较差，易受卫星轨道、太阳光照位置影响，当有大气云团覆盖地表时，无法进行数据采集。同时无法提供地面分辨率1m以上精度的数据，数据更新周期较长	拍摄时易受大气云团以及阴雨雪等天气影响，造成废片。同时，我国航空测绘相关的空域申请非常严格，周期较长，机组人员、机场停机等使用成本较高	因主要用于低空摄影测量，不受大气云团影响，但易受天气因素的影响，对天气要求较高，空域审批难度同载人机

9.2.2 无人机测绘系统组成

随着无人机技术的不断发展，无人机测绘测量在遥感测绘中占有非常重要的作用。无人机可以机载多种遥感设备，如高分辨率CCD数码相机、激光扫描仪、轻型光学相机等获取信息，并通过相应的软件对所获取的图像信息进行处理，按照一定精度要求制作成图像。在实际应用中，为适应测绘测量的发展需求，提供相应的资源信息，需获取正确、完整的遥感影像资料，无人机测绘技术可直接获取相应的遥感信息，并在多种领域中得以应用。如图9.8所示。

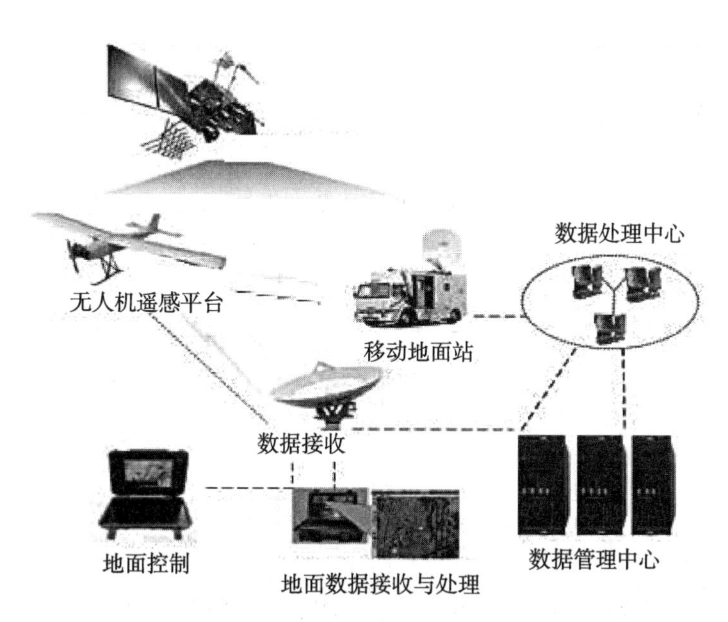

图9.8 无人机遥感测绘系统组成

无人机低空遥感测绘系统包括遥感信息采集和遥感信息处理两大部分，其中遥感信息采集部分包括无人机遥感平台、飞行控制系统和地面监控系统，遥感信息处理部分包括遥感像片处理、空中三角测量和全数字立体测量系统，无人机低空遥感测绘系统见图 9.9。

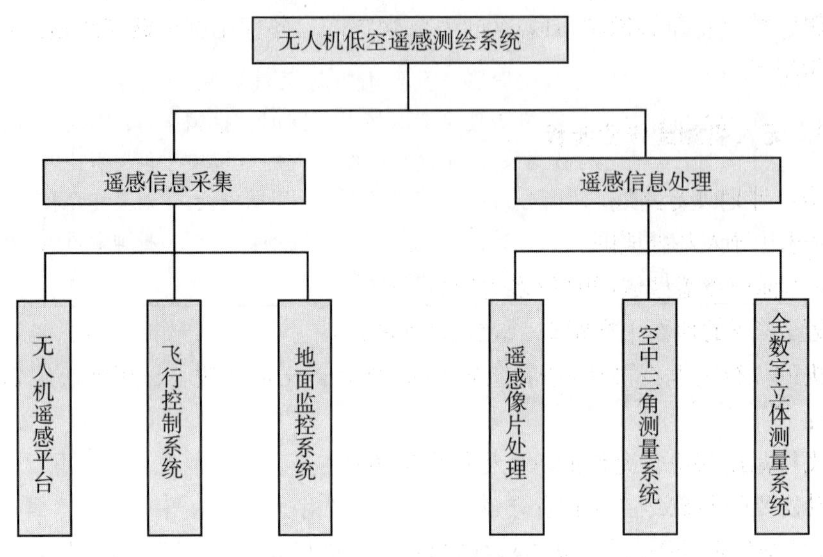

图 9.9　无人机低空遥感系统

1. 遥感信息部分

(1)无人机遥感平台。包含：无人机、传感器、机载飞控，是遥感信息采集的核心设备。

(2)飞行控制系统。作为无人机的飞行控制关键部分，其主要任务是利用 GPS 等导航定位信号以及加速度计、陀螺等飞行器平台的动态信息，实时解算无人机在飞行中的俯仰、横滚、偏航、位置、速度、高度、空速等信息，以及接收处理地面发射的测控信息，对无人机进行数字化控制，根据所选轨道来设计舵面偏转规律，控制无人机按照预定的航迹飞行，并实现定点信息采集。

(3)地面监控系统。地面监控系统主要由便携式计算机、全向天线、供电系统以及监控软件组成，利用地面监控软件设置必要的飞行参数，如航点输入、航线规划、相机曝光、数据的上传与下载、导航模式的选择、基本飞行参数的设置、危险情况下的报警设置等，利用全向天线和数据链与机载飞控系统进行通信，实时上传或下载飞行信息。

2. 遥感信息处理部分

(1)遥感像片处理。根据任务航摄规范表、相机检定参数等初始文件对原始像片进行航带整理、质量检查、预处理、拼接、畸变改正等，形成可供野外像控测量和室内空三处理的像片文件。

(2)空中三角测量系统。空中三角测量系统是遥感信息处理系统的核心部分，根据整理好的航带列表，确定航线间的相互关系，对影像进行内定向，经过影像间连接点的布局、像控点量测、平差计算进行自动空三加密，以此建立三维立体模型，并进行模型定向以及生成核线影像。

(3)全数字立体测量系统。系统由专用的立体观测设备、手轮脚盘、三维鼠标等硬件和若干软件模块组成，可高度自动化地生产数字测绘产品，包括数字高程模型(DEM)的提取和编辑、数字正射影像图(DOM)的生成和镶嵌、各种比例尺数字线划地形图(DLG)的测绘与编辑等。

9.2.3 无人机测绘作业流程

第一步：计划飞行路线。

(1)挑选并导入基础地图；

(2)突出标记覆盖区域(矩形/多边形)；

(3)设置需要的地面采样距离(如5cm/像素)；

①飞机的飞行高度将自动生成(比如5cm/像素=162m海拔，试用默认的eBee飞机及WX相机)；

②此飞行高度将决定允许的单飞程最大覆盖；

③自动定义飞行路线及图像获取点；

(4)设置图像覆盖率(需要立体覆盖率)；

(5)设定安全的下降区域；

第二步：地面控制点(GCP)(也称相控点)的设置。

(1)对于 X，Y，Z 的绝对精度可以达到3cm/5cm(1.2in/2in)；

(2)使用eBee RTK的话，不需要地面控制点；

(3)根据定义的图像GSD来优化控制点的大小和形状；

第三步：飞行。

(1)自动飞行；

(2)通过控制软件来监控飞行流程或改变飞行计划；

(3)自动降落在预定义的降落区域；

第四步：导出图像。

(1)内置的SD卡储存图像及飞行日志(.bbx file)；

(2)图像导入中每张图片都有地理信息标记，即包含指每张图片的中心点的三维GPS坐标和拍照的相机3个自由度的角度；

(3)使用图像处理软件现场生成图像质量报告，用于检查图片质量及覆盖率；

第五步：生成Orthomosaics及3D点云。

(1)采用相关的飞后图像测量软件；

(2)二维Orthomosaic和三维模型的相对精度：1-3x GSD分析/生成可交付成果；

(3)建立分割线，参考点，数字高程模型，等高线；

(4)堆场量(如果煤矿堆放量)的计算与分析；

(5)根据需求导出文件(geoTIFF，obj，dxf，shape，LAS，KML tiles等)到第三方处理软件。如图9.10所示。

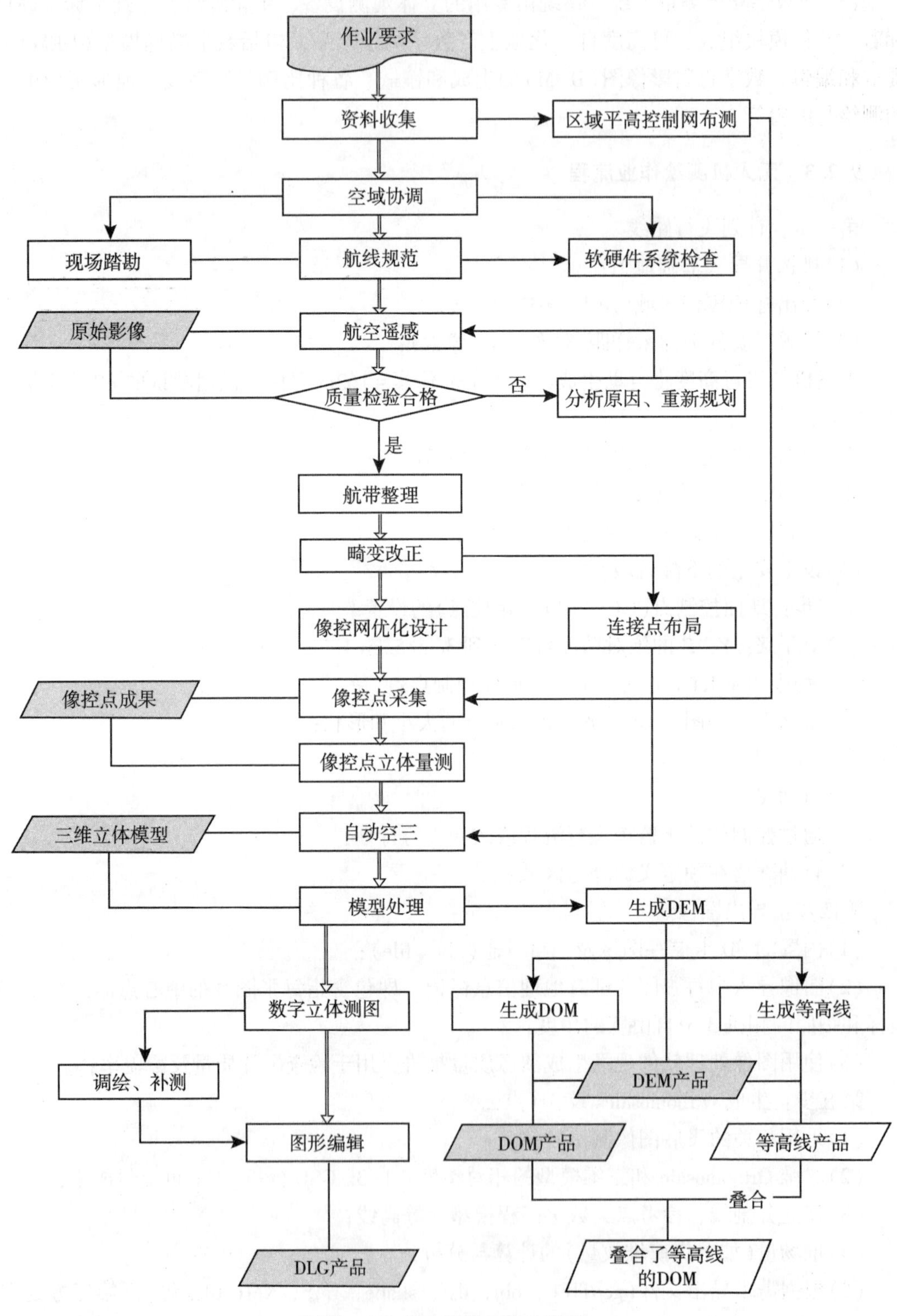

图9.10　无人机测绘作业流程

9.3 无人机技术在测绘中的应用

无人机技术可以实时更新、修改和升级地质环境测量信息和地理空间测量信息等，为政府和企业提供最新的地理信息，为环境整治、土地开发和国土资源管理等方面提供信息保障。

9.3.1 无人机技术在矿山测量中的应用

随着社会经济的快速发展，煤炭资源的需求量也在不断提高，矿山开发深度和广度均有所延伸。矿山测量测绘是安全开采的基本保证，可以为矿山开采和管理提供有益的信息依据，还可以保护煤炭资源和矿山周边的生态环境。

1. *为数字矿山建设提供数据*

数字矿山的建设有助于为矿山开采构建良好的信息管理系统，它需要大量的遥感影像、地形图件和数字模型等基础数据；而无人机技术采用低空飞行方法获取地理信息，能克服矿山处于偏远山区、地理环境复杂的劣势，为数字矿山建设提供大量数据。

2. *加强矿山环境整治的重要措施*

矿山开采破坏了周边的自然环境，如果不注重环境保护，最终将会影响到矿山开采的顺利进行。然而，矿山所处的地理环境使得环境整治较困难，获取基本的环境信息难是一直困扰相关职能部门的问题。采用低空飞行的无人机技术，能快速获取大量目标区域的雷达、彩色、多光谱遥感数据，经过数据处理，得到更多定量、定性分析数据，从而为矿山的环境整治提供依据。

3. *矿山资源保护和利用*

矿产资源属于不可再生能源，必须合理利用和保护，严禁肆意开采。虽然有行政部门监管，但仍存在不少乱采、乱挖现象。对此，政府部门必须学会利用先进技术来监测矿山的开采情况，而采用无人机技术恰好可以实现在无人到达目标区域的情况下即可取证、空中监测的效果，实现资源保护和利用的动态检测，促进矿山开采的合理性和科学性。

9.3.2 无人机技术在城市规划测量中的应用

城市规划对城市的发展至关重要，城市规划需要大量的大地测量测绘信息，采用无人机技术获取大量精度高的测量信息，根据测量信息制作数字地形模型，绘制大比例地形图，促进有关部门和人员作出科学的城市规划决策，推动城市健康发展。

1. *无人机航空摄影*

低空飞行的无人机利用遥感传感器获取大量的地理信息，获取分辨率高、色彩均匀的影像资料，同时可以从不同角度拍摄同一地区的地理状况，从多方位了解目标区域的实际情况。

2. *数据采集*

根据无人机的飞行状况和影像分布情况，在空三区域中的两个区域采用手动和自动结合的加密形式，有效剔除粗差信息，获取精确信息；再根据空三测量的成果进行单模型定向，如果无法定向，则需要分析在无人机航飞过程中是否存在倾角、旋偏角不合理、航线弯曲等现象，并及时调整，有效保障采集数据的准确性。

3. 数据的处理

无人机技术的数据处理中心将采集的信息进行相应的处理，从而为人们提供更加有用的数据，比如对影响资源进行色差处理。

9.3.3 无人机技术在海岸地形测量中的应用

港口建设、水产养殖、围海造田、敷设电缆管道、海岸资源开发、登陆作战训练和海岸军事工程等都需要海岸地形信息，因此，海岸地形测量也是社会经济生活中的一项重要内容。在海岸地形测量中，无人机技术能满足海岸地形成图的要求，有效地提高测量效率。无人机可在预定航线上50～1000 m范围内低空飞行，并保持平稳的飞行姿态，获取大量的海岸地形航拍、摄影信息。无人机可载油5 kg，一次性飞行1600 km，滞空时间长达16 h，一次性可完成100个航点，实现大区域的长时间航拍。

1. 准备工作

做好航测地区的海岸带质地、开发现状、地形地貌和滩涂等情况的调查工作。由于海岸地形测量受潮汐影响较大，所以还需调查大量的潮汐资料，以保证无人机航拍时处于海岸的低潮时间。航线设计会影响到测量精度和质量，我们可以先将航摄区域的坐标和最新地形图调入到AutoCAD中进行航线设计。由于天气会对航拍质量产生一定的影响，所以应尽量在晴朗天气作业，避免产生影像资料的模糊、重叠、能见度低等问题。

2. 布设控制点

布设控制点主要有以下几种情况：①单航带可以覆盖测量区域时，则隔3～4条基线布设梯队平高控制点；②单航带无法覆盖测量区域时，需沿航向每隔3～4条基线布设1个平高点，沿旁向间隔航线布设1个平高电气，在整个测量区域中心布设1个平高点。所有的控制点均匀地分布在测量区域，且有非常明显的标记，保证1张成片上的控制点在4～6个。

3. 数据处理

处理分析获得的地理信息数据，再综合各方面信息绘制海岸地形图。

9.3.4 辅助传统航空摄影测量

随着无人机遥感技术的不断发展，在影像获取方面应用非常广泛，特别是近年来，无人机航空摄影测量系统应用于大中比例尺地形图、地质灾害等航空摄影测量领域，为传统航空摄影测量提供了更有力的补充。

1. 无人机测绘测量遥感在突发事件处理中的应用

在突发事件中，要用常规的方法进行测绘地形图制作，往往达不到理想效果，且周期较长，无法实时进行监控。在2008年汶川地震救灾中，由于震灾区是在山区，且环境较为恶劣，天气比较多变，多以阴雨天为主，利用卫星遥感系统或载人航空遥感系统，无法及时获取灾区的实时地面影像，不便于进行及时救灾。而无人机的航空遥感系统则可以避免以上情况，迅速进入灾区，对震后的灾情调查、地质滑坡及泥石流等实施动态监测，并对汶川的道路损害及房屋坍塌情况进行有效地评估，为后续的灾区重建工作等方面提供了更有力的帮助。无人机测绘测量在突发事件处理中的应用取得了很好的效果，并取得了出乎意料的成功。

2. 测绘无人机在特殊目标获取方面的应用

1)特殊目标获取

无人机遥感在特殊目标获取方面的应用主要是军事测绘目标的获取等。2014 年 9 月 24 日某单位在制作 1∶10000 大比例尺地形图时，针对特殊目标清真寺需要获取该地区影像资料数据，而该目标较小，如果通过其他航拍影像或卫星影像很难获取精准的影像资料。因此，利用无人机遥感对该地区及特殊目标进行获取，所获得的影像精度高，并且特殊目标位置准确，对大比例尺图幅的快速制作有很大的帮助，大大节省了人力、物力。

2)布设控制点

通过小中型无人机测绘测量获取的特殊目标影像没有坐标文件，需人工布设控制点。在该地区布置控制点时，主要是以基准点为基础，在航摄区域 1km 的范围内布设控制点 120 个，四周分别布控一个点位，区域边缘尽量多布设点位，中间可适当减少进行布控，其中将误差范围外的点位剔除，并保留 30 个点作为检校点。通过内业处理结果显示达到精度要求。

9.4 无人机的发展历程及相关政策

9.4.1 无人机起源发展阶段

无人机发展的初期是为了纯粹的军事用途：一战时期英国研制的世界第一款无人机被定义为“会飞的炸弹”，二战时期德军已经开始大量应用无人驾驶轰炸机参战；二战后无人机研发的中心出现在美国和以色列，用途延伸至战地侦察和情报搜集。正是由于无人机在侦查方面低成本、控制灵活、持续时间长的天然优势，各国军队相继投入大量经费研发无人机系统。

无人机技术在 20 世纪末经历了三次发展浪潮，真正进入了第一个“黄金时代”：

(1)1990 年后，全球共有 30 多个国家装备了师级(大型)战术无人机系统，代表机型有美国“猎人”“先驱者”，以色列“侦察兵”“先锋”等；

(2)1993 年后，中高空长航时军用无人机得到迅速发展，以美国“蒂尔”无人机发展计划为代表，在波黑战争中大放异彩；

(3)20 世纪末，旅团级(中小型)固定翼和旋翼战术无人机系统出现，其体积更小、价格更低、机动性更好，标志着无人机进入大规模应用时代。

早期的航空技术解决的是无人机能够飞行的问题，而 20 世纪 80 年代以来现代技术的发展为无人机更高的飞行性能、更好的可靠性提供了条件：

(1)智能化：自主飞控技术、急剧攀升的计算机处理能力推动无人机向智能化发展，真正成为“会思考”的空中机器人；

(2)高速带宽：高速宽带网数据链实现无人机组网和互相连通，无人机编组、空地装备联合成为可能；

(3)更轻的材料和传感器：材料科学和微机电技术进一步减轻无人机平台重量、提高精确度；

(4)更强的续航能力：电池续航能力的大幅上升，以及新能源技术赋予无人机更长的飞行时间。

9.4.2　无人机普及阶段

由于军用无人机在3D(DULL，DIRTY，DANGEROUS)环境下执行任务的显著优势以及灵活机动的特性，民用各行各业对无人机的应用也翘首以盼。但相比军用无人机近百年的发展历史，民用无人机在20世纪80年代军用无人机的现代系统得到大发展的基础上才开始尝试应用，各领域全面开花应用只有10余年时间。

日本的民用无人机开发较早。早在1983年雅马哈公司采用摩托车发动机，开发了一种用于喷洒农药的无人直升机。1989年，其成为实际首架成功用于试飞的无人直升机。2002年CERP公司及发明一款JAXA多用途民用无人机。2003年开始，耗时3年，岐阜工业协会先后开发了4代无人机产品，主要应用于森林防火、地震灾害评估等领域。

美国NASA牵头成立世界级无人机应用中心。2003年美国NASA成立世界级的无人机应用中心，专门研究装有高分辨率相机传感器无人机的商业应用。

近年美国国家海洋和大气管理局用无人机追踪热带风暴有关数据，借此完善飓风预警模型。2007年森林大火肆虐时，美国宇航局使用“伊哈纳”(Ikhana)的无人机来评估大火的严重程度，以及灾害的损失估算工作。2011年墨西哥湾钻井平台爆炸后艾伦实验室公司的无人机协助溢油监测和溢油处理等。

以色列也专门组建了一个民用无人机及其工作模式的试验委员会，2008年给予“苍鹭”无人机非军事任务执行证书，并与有关部门合作展开多种民用任务的试验飞行。

欧洲在2006年制定并即刻实施的“民用无人机发展路线图”，之后欧盟拟筹够一个泛欧民用无人机协调组织，为解决最关键的空中安全和适航问题提供帮助。

中国的民用无人机起步早，近年发展较快。中国20世纪80年代，就将自行开发的无人机(脱胎于军用机型)在地图测绘和地质勘探中做了尝试。近些年，专为民用研制的“黔中一号”无人机于2010年顺利首飞，2011年国产“蜜蜂”28无人机，可全自主起飞、着陆、悬停和航路规划，能应用农业喷洒、电力巡检、防灾应急、航拍测绘、中继通信等。

对于民用领域，无人机仅仅是一个飞行平台，其功能归根结底要通过机载系统中的任务载荷设备来完成。

9.4.3　无人机应用成熟时期

近十年民用和消费级无人机市场的兴起，和硬件产业链的成熟、成本曲线不断下降密不可分。随着移动终端的兴起，芯片、电池、惯性传感器、通信芯片等产业链迅速成熟，成本下降，使智能化进程得以迅速向更加小型化、低功耗的设备迈进。这也给无人机整体硬件的迅速创新和成本下降创造了良好条件。

(1)芯片。目前一个高性能FPGA芯片就可以在无人机上实现双CPU的功能，以满足导航传感器的信息融合，实现无人飞行器的最优控制。

(2)惯性传感器。伴随着苹果在iPhone上大量应用加速计、陀螺仪、地磁传感器等，MEMS惯性传感器从2011年开始大规模兴起，6轴、9轴的惯性传感器也逐渐取代了单个传感器，成本和功耗进一步降低，GPS芯片仅重0.3g，成本仅在几美元。

(3)Wifi 等无线通信。Wifi 等通信芯片用于控制和传输图像信息，通信传输速度和质量已经可以充分满足几百米的传输需求。

(4)电池。电池能量密度不断增加，使得无人机在保持较轻的重量下，续航时间能有25~30分钟，达到可以满足一些基本应用的程度，此外，太阳能电池技术使得高海拔无人机可持续飞行一周甚至更长时间。

(5)相机等。近年来移动终端同样促进了锂电池、高像素摄像头性能的急剧提升和成本下降。

如果说硬件成本下降解决了无人机“身体”的问题，近年来，飞控系统开源化的趋势则解决了无人机“大脑”的问题，从此无人机不再是军用和科研机构的专利，全世界的商业企业和发烧友都加入了无人机系统设计的大潮中，是引爆民用和消费无人机市场的“爆点”。

德国 MK 公司是多旋翼无人机系统开源的鼻祖，其后 2011 年美国 APM 公司开放无人机设计平台彻底点燃了市场对无人机系统开发的热情，2012 年以后民用和消费无人机进入了加速上行的通道。

至今，国际无人机行业已经形成了 APM(用户最多)、德国 MK(最早的开源系统)、Paparazzi 稳定性高、扩展性强)、PX4 和 MWC(兼容性强)五大无人机开源平台。

以 PPZ(Paparazzi)为例，始于 2003 年的 PPZ 是一个软硬件全开源的系统，至今已经形成了不仅覆盖传感器、GPS、自动驾驶软件，同时覆盖地面设备的全套成熟解决方案，既可以驱动固定翼飞机，也可以驱动旋翼机，还可以通过地面控制软件实时监控飞机飞行的卫星地图。可以说，强大的开源飞控系统已经使得无人机全面进入“用户友好”时代。

2014 年 10 月，著名计算机开源系统公司 Linux 推出了名为“Dronecode”的无人机开源系统合作项目，将 3D Robotics、英特尔、高通、百度等科技巨头纳入项目组，旨在为无人机开发者提供所需要的资源、工具和技术支持，加快无人机和机器人领域的发展。根据 Teal 航空市场调研公司的报告，Dronecode 项目使未来十年世界无人机研发、测试和评估等活动的总值达到 910 亿美元。Dronecode 开发界面囊括了无人越野车、无人固定翼飞机、无人直升机和各种多轴旋翼无人机等，吸收了 APM、PX4 等多个平台，进一步推动了系统开发的可视化和友好化。

随着无人机应用的逐渐成熟，消费级无人机市场迅速升温。近年来，国内外科技公司对无人机关注热度持续上升，无人机不仅仅是航拍的“玩具”，更是颠覆未来的机器人，如亚马逊的 Prime Air 无人机物流计划已进入第 9 代的研发；Google 收购无人机公司 TitanAerospace 提供网络覆盖；Facebook 也以 2000 万美元收购英国无人机公司 Ascenta；3D Robotics 无人机已获由其领投的 5000 万美元投资；Matternet 建造无人机网络向全球的偏远农村运送食品和医疗用品。

国内无人机市场也逐渐兴起，诞生出类似大疆科技、零度智控、极飞科技、一电科技、亿航无人机、天翔无人机、昆明劲鹰等专业级无人机企业。

目前无人机主要应用于航拍等各行业应用，包括边防、农业等，比如昆明劲鹰无人机专业从事航测无人机设备的设计、生产、销售和航测航拍服务，是中国技术顶尖的航测航拍无人机设计制造及航飞服务商，开发研制出劲鹰 1 型汽油航测航拍无人机、劲鹰 2 型垂直起飞固定翼无人机、劲鹰 3 型可垂直起飞悬停固定翼无人机、劲鹰 650 航拍专用飞行器、劲鹰1000型八轴航拍航测无人机、劲鹰1600大型载重旋翼飞行平台和劲鹰S1型汽油航测航拍水上无人机等多种型号的无人机，并成功到非洲飞行完成航测任务，拥有为民用、商用航空领域提供优质服务的能力和实力。

NASA也在开发无人机“低空交通管理系统”，计划用于农业。无人机生产商Skycatch，主要做建造业、矿业、太阳能行业以及农业的数据采集，此前已经获得了1320万美元融资。其他创新应用包括蜜蜂大小的无人机对花朵进行授粉等。

GoPro去年也加入了“小型无人机联盟”，并已经为多款无人机推出了视频摄像设备，GoPro也宣布将进入消费级无人机领域，并预计今年正式推出第一款多马达驱动无人机，定价介于500~1000美元之间。大疆也宣布将在未来无人机产品上采用自主研发生产的摄像头。无人机与运动相机的结合，将是无人机在运动健康等个性化航拍领域的重要应用，例如STELLA推出的专为GoPro Hero 3系列相机设计的稳定云台。

无人机配合Oculus Rift使用，可以获得虚拟现实、增强现实的体验。例如Parrot推出无线控制配件Skycontroller，用HDMI接口连上Oculus Rift，能直接操控飞行器的飞行，用上下左右按键，控制飞行器的运行轨迹。借助“连接”方式，把人的感知带到另一个真实空间。这样的体验或许今后还能应用在隧道、峡谷与水下等场景，探险者将不再需要亲历，就能收获相应的感官体验。更重要的是，这种模式不需要耗费人力物力去建模、创建一个虚拟世界，任何一个地点都能够体验。

9.4.4 无人机相关政策

目前，各国无人机相关政策都处于持续完善中。

1. 国外无人机相关政策

1)美国无人机相关政策

经历了长时间的等待，数次延期，2015年2月15日，美国联邦航空管理局终于公布了期盼已久的无人机商转管理办法草案。这项新规打破了之前全面禁飞的局面，但是还有待最终定案。这份规则主要适用于重量25kg以下的无人机，主要限定包括：

(1)飞行时间，高速，速度，搭载限制：它限定无人机只能在白天飞行，且全程都必须保持在操作人员的视线范围内，飞行高度不得超过150m，时速不得超过160km。不得从人头顶上飞过，不得从无人机上扔东西，机体外侧不得搭挂包裹。

(2)飞行路线地点限制：无人机都必须避开飞机飞行路线和飞行限制区，必须严格遵守相关临时限飞令。无人飞机应避开人驾驶的飞机机场至少8km。无人飞机飞行时，应始终维持于无线电操作者视界以内。

(3)驾驶员资格要求：无人机操作人员至少满17岁，需考取美国联邦航空局无人机操作人员资格证书，并且通过TSA(美国运输安全管理局)的审查要求。

(4)另外，关于爱好者的模型无人机，则仍然跟之前一样不受限制，只要不妨碍空中交通。

2)英国无人机政策

英国的无人机相关法规政策走在世界前列。CAP 722是英国民航局在英国领空内对无人机使用的指导准则，第四版的CAP 722发布于2010年4月，随着空中导航法2009的推出，所有关于无人机的法规现在都收在空中导航法2009中。在那之前，CAP 722是行业的参考标准，并被全世界所模仿学习与实施。这份文件强调了在英国操作无人机前需要注意的适航性和操作标准方面的安全要求。最新版的 CAP 722 发布于 2012 年 8 月，并且对民用无人机实施相当程度的开放政策。

英国民航局是无人机法规领域的领航者。

欧洲法规 2008 第 216 号监管着所有整机重量超过 150kg 的无人机。无人机的设计和生产也必须和常规飞机一样遵循相关的认证规范（该规范由 EuroUSC 公司主导，该公司获得民航局的授权实施轻型无人机计划），并且必须获得适航认证或准飞许可。在英国，整机重量在 20~150kg 的无人机需要具有英国法律下的适航性资质。如果飞行器在半径 500m 和低于 400 英尺的范围或者在隔离的飞行区域内，并且无人机和该飞行有一定的适航性保证，英国民航局可以豁免适航性认证的需求。英国民航局也会在自己调查和被推荐的基础上颁发豁免权，当前仅有一家组织获得了此项许可。整机重量 20kg 以下的无人机并不需要遵从很多主要政策要求，但是领航法第 98 号文中设立了一些条件，这些条件包括禁止在管制区域或者飞机场附近飞行，除非获得空管局的许可，最大高度 400 英尺和禁止在没有英国民航局特别许可的情况下高空作业。

当前英国航空法中操控无人机并不需要认证飞行员执照，但是英国民航局要求所有潜在无人机操控者都掌握飞行资质。飞行资质可以通过完成指定课程获得，并有四家认证机构运营着培训与考试。

2. 中国无人机监管规定

中国无人机相关政策已经走出了规范化的第一步。总的来说，2009 年前，无人机处于无监管的空白状态。2009 年以后至今，开始进入持证飞行阶段，但是法律法规和监管执行尚未完善和正规化。

中国民航总局要求操作员在操作重量超过 7kg 的无人机时必须持有执照。如果无人机的重量超过 116 千克且在综合空域内飞行（有人驾驶的飞机也会在该空域内飞行），操作员则必须持有飞行员执照和无人机认证书。

2009 年以来，中国民航总局各管理部门下发了一系列文件：

《民用无人机有关管理问题暂行规定》和《民用无人机适航管理备忘录》主要解决无人机适航性的航空管理问题。

《民用无人机空中交通管理办法》主要解决无人机空域管理的问题。

《民用无人机系统飞行员暂行规定》主要解决无人机驾驶员资格的问题。

近些年来，由于民用无人机产业的迅猛发展，我国关于民用无人机的规定也在不断更新和增加，以更好地适应我国无人机应用产业。

【本章小结】

本章主要介绍了如下内容：

(1)无人机的定义、分类和技术难点。

(2)无人机在各个领域的应用。

(3)测绘用无人机的系统组成和作业流程。

(4)无人机的发展历史和相关政策。

◎ 习题和思考题

1. 什么是无人机？无人机有哪些种类？
2. 无人机可以应用在哪些方面？
3. 无人机摄影测量的系统组成有哪些方面？其作业流程是什么？
4. 无人机可以应用在测绘领域的哪些方面？
5. 无人机在未来能够为我们做些什么？

第 10 章　测设的基本工作

【教学目标】

掌握测设点的平面位置、高程、坡度线、已知直线的基本方法；了解激光定位仪器的分类和应用范围。

10.1　测设的基本知识

测设也称为放样，就是根据工程设计图纸上待建的建(构)筑物的轴线位置，尺寸及其高程，算出待建的建(构)筑物各特征点(或轴线交点)与控制点(或原有建筑物特征点)之间的距离、角度、高差等测设数据，然后根据已有的控制点或地物点，将待建的建(构)筑物的特征点在实地标定出来，以便施工。测设的基本工作是测设已知的水平距离、水平角度和高程。

10.1.1　已知水平距离的测设

测设已知长度的水平距离，是从地面一个已知点开始，沿给定方向，量出设计的距离，在地面上定出直线另一个端点的位置。

1. 钢尺测设

如图 10.1 所示，设 A 为地面上已知点，D 为设计的水平距离，要在地面上 AB 方向测设出水平距离 D，以定出 B 点。当精度要求不高时，可将钢尺的零点对准 A 点，沿 AB 方向拉平、拉紧钢尺，在尺上读数为 D 处插测钎或吊垂球，定出一个点。为了检核，应往返丈量该段距离，若往返丈量结果的相对误差应在容许范围(1/3000～1/2000)之内，则取其平均值 D' 与设计值 D 比较得 $\Delta D=D'-D$，由 ΔD 对所定点进行改正，求得 B 点的位置。

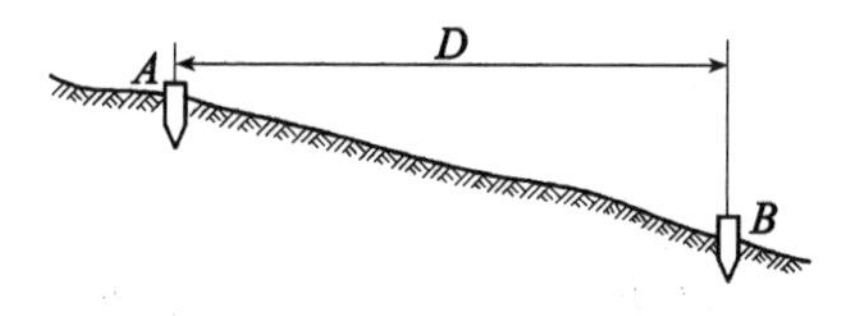

图 10.1　钢尺测设已知水平距离

2. 光电测距仪测设

如图 10.2 所示，在 A 点安置光电测距仪，在已知方向上移动反光棱镜，使仪器显示值略大于测设的距离定出 C'点。在 C'点上安置反光棱镜，测出竖直角 α 及斜距 S(加气象改正)，计算出水平距离 $D'=S\cos\alpha$，求出 D' 与设计的水平距离 D 之差 $\Delta D=D'-D$。根据 ΔD 的符号在实地用钢尺沿测设方向改正 C' 至 C 点。

为了检核，应将反光棱镜安置于 C 点，再实测 AC 的水平距离，其测量结果与设计距离的差值应在限差之内，否则应再进行改正，直到符合限差为止。

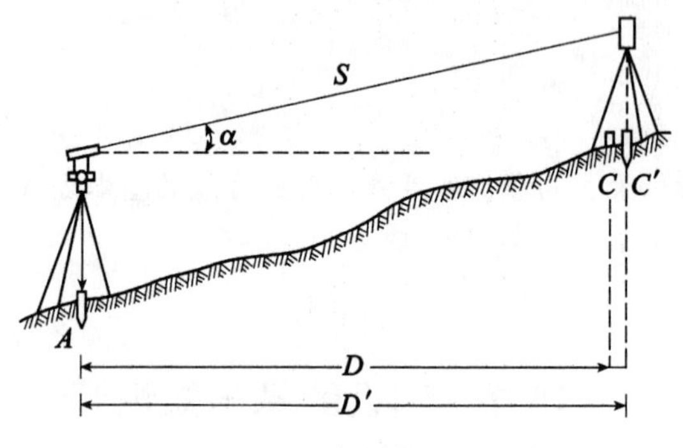

图 10.2　光电测距仪测设已知水平距离

若光电测距仪有跟踪功能，可用跟踪法沿测设方向前后移动反光棱镜杆，来寻找略大于测设距离的 C' 点，然后在 C' 点设置反光棱镜，按上述方法测距并改正 C' 点。

10.1.2　已知水平角的测设

测设已知角值的水平角是根据地面上的一个已知方向，按设计的水平角值在地面上标定出角度的另一个方向。

1. 一般方法

如图 10.3 所示，OA 为一个已知方向，要在 O 点测设 β 角值。其方法是：在 O 点安置经纬仪，以盘左照准 A 点，使水平度盘读数为零；然后右转照准部，当水平度盘读数为 β 时，在视线方向上定出 B' 点。再以盘右同样的方法定出一点 B''，取 B'、B'' 的中点 B，即得 β 角。

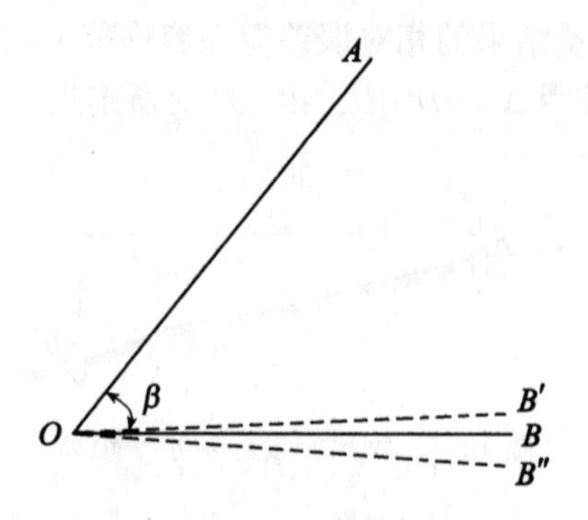

图 10.3　一般方法测设已知水平角

2. 精确方法

当测设精度要求较高时，如图 10.4 所示，可先按一般方法定出 B_1点，再用测回法观测$\angle AOB_1$若干测回，取各测回的平均值β_1。当β_1与β不等，其差值$\Delta\beta=\beta_1-\beta$超过限差时，则须改正$B_1$的位置。改正时，由角值差$\Delta\beta$和边长$OB_1$计算出垂直距离$B_1B$，即

$$B_1B=OB_1\times\tan\Delta\beta=OB_1\times\frac{\Delta\beta}{\rho''} \tag{10.1}$$

式中，$\rho=206265''$。

从B_1点沿OB_1的垂直方向量出B_1B，定出B点，则角$\angle AOB$即为要放样的已知水平角。如果$\Delta\beta$为正，则沿OB_1的垂直方向向内量取；反之向外量取。

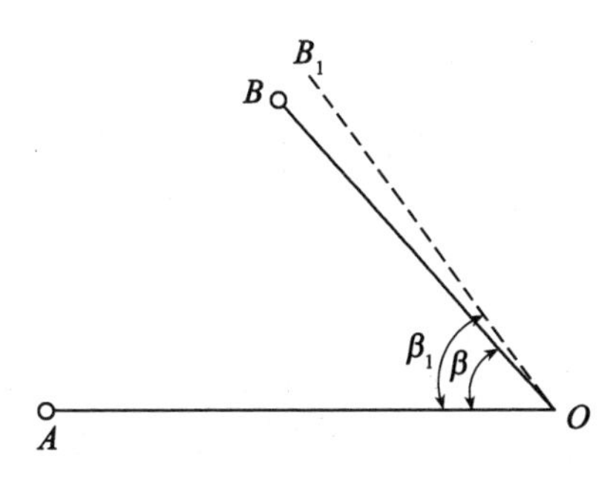

图 10.4 精确方法测设已知水平角

【例 10.1】已知地面点A、O，测设 60°角$\angle AOB$。

【解】在O点安置仪器，利用盘左盘右的方法测设$\angle AOB$，得中点B_1，量得$OB_1=65$m，用测回法观测三个测回，测得$\angle AOB_1=60°00'45''$。

$$\Delta\beta=+45''$$

$$B_1B=65\times\frac{45''}{206265''}=0.014(\text{m})$$

过B_1点作OB_1的垂线，再从B_1点沿垂线方向向内量取 0.014m，定出B点，则$\angle AOB$即为 60°角。

3. 简易方法

在施工现场，如果测设精度要求不高(如建筑物内部放样)时，可采用简易方法测设。

1)用钢尺按 3∶4∶5 法测设直角

3∶4∶5 法是根据几何学上的勾股定理：斜边的平方等于两个直角边的平方和。如图 10.5 所示，则

$$CD^2=AD^2+AC^2$$

$$CD=\sqrt{AD^2+AC^2}$$

所以，当$AC=3$、$AD=4$时，则$CD=5$。据此，要在已知线段AB上的A点处测设直角，可用钢尺在AB线上，量取 3m 定出C点，再以A点为圆心，4m 为半径画弧，然后以C点为圆心，5m 为半径画弧，两弧相交于D点，则$\angle DAB$为直角。若AD要求有较长的距离，各边可同时放大n倍，即$3n:4n:5n$(但不应超过一整尺)来测设直角。

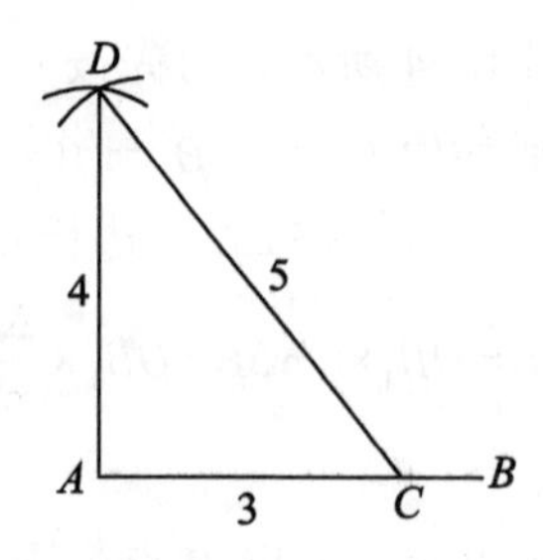

图 10.5　用钢尺按 3∶4∶5 法测设直

2) 等腰直角法测设直角

如图 10.6 所示，欲在 MN 直线的 D 点测设直角。首先用钢尺自 D 点，在 MN 直线上分别量出相等的线段 DA、DB 得 A、B 两点。然后分别以这两点为圆心，大于 DA 之长为半径画弧，相交于 C 点。则 $\angle ADC$ 与 $\angle BDC$ 即为所求之直角。

(3) 钢尺测设任意角

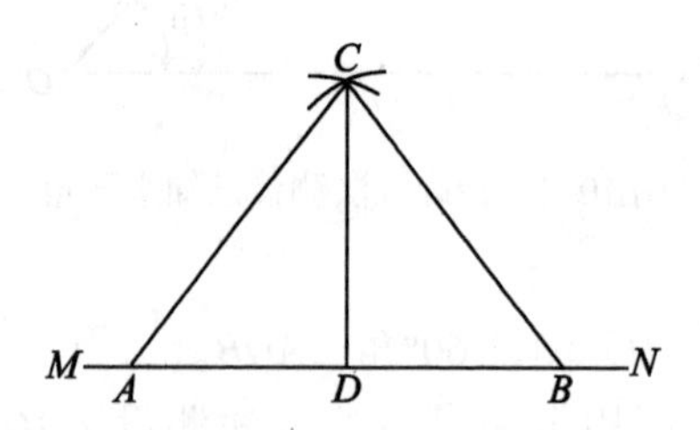

图 10.6　等腰直角法测设直角

如图 10.7 所示，要在地面已知直线 AD 上测设 β 角。首先在 AD 直线上量取一段距离 AB(可取一整数)，计算出垂线 $BC=AB\times\tan\beta$。然后过 B 点作 AB 的垂线，在垂线上量取 BC 值，连接 AC，则 $\angle CAB$ 即为所测设的 β 角。

若 $90°<\beta<180°$ 时，如图 10.8 所示，则

$$BC=AB\times\tan(180°-\beta) \tag{10.2}$$

求出 BC 后，在 DA 的延长线上量取 AB，过 B 作 AB 的垂线，在垂线上量取 BC 值，连接 AC，则 $\angle CAD$ 即为所测设的 β 角。

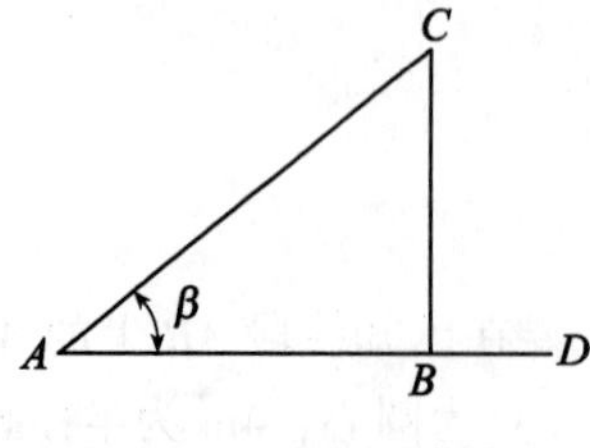

图 10.7　钢尺测设任意角

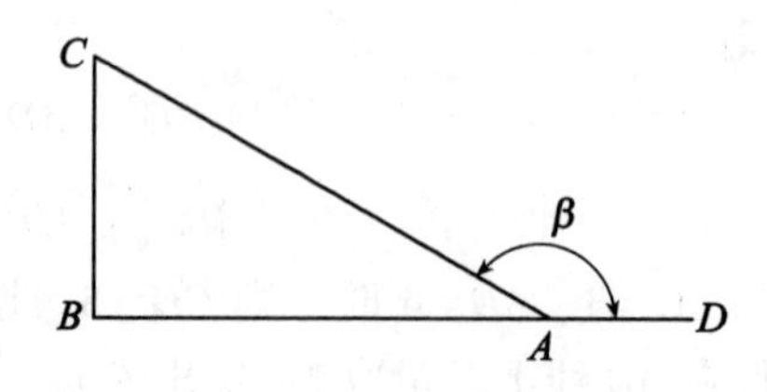

图 10.8　钢尺测设任意角

10.1.3 已知高程的测设

已知高程的测设是利用水准测量的方法，根据施工现场已知的水准点，将设计的高程测设到地面上。在建筑设计和施工的过程中，为了计算方便，一般把建筑物的室内地坪面用±0表示，基础、门窗等标高都是以±0为依据，相对于±0测设的。

测设时，把水准仪安置在水准点与待测点中间，在水准点上立尺读取后视读数，求得视线高程 $H_{视}$，再由视线高程 $H_{视}$ 和建筑物的设计高程 $H_{设}$ 求出测设时的应读前视读数 $b_{应}$，即

$$b_{应}=H_{视}-H_{设} \tag{10.3}$$

然后在待测处立尺，上下移动，当水准仪读数为 $b_{应}$ 时，其尺底即为设计高程的位置。

【**例 10.2**】如图10.9所示，欲根据3号水准点(高程 $H_3=44.680$m)测设某建筑室内地坪(±0)的设计高程 $H_{设}=45.000$m 的位置，并标定在木桩 A 上，作为施工时控制高程的依据。测设步骤如下：

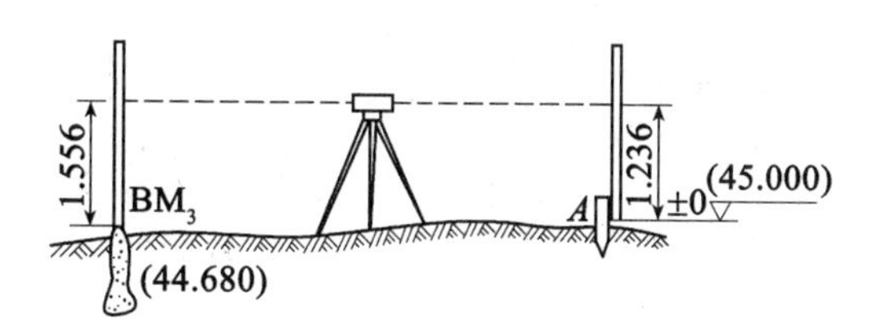

图10.9 已知高程的测设

(1)在水准点 BM_3 和木桩 A 中间安置水准仪，在 BM_3 上立水准尺，读取后视读数 a 为1.556m。那么视线高为：$H_{视}=H_3+a=44.680+1.556=46.236$(m)。

(2)由 $H_{视}$ 和 $H_{设}$ 计算应读前视读数 $b_{应}$ 为：$b_{应}=H_{视}-H_{设}=46.236-45.000=1.236$(m)。

(3)上下移动竖立在木桩 A 侧面的水准尺，当水准仪读数为1.236m时，在桩上紧靠尺底处画一横线，其高程即为45.000m。

在深基槽内或较高的楼层上测设高程时，如水准尺的长度不够，则应在槽底或楼面上先设置临时水准点，然后将地面点的高程(或室内地坪±0)传递到临时水准点上，再测设所需要高程。

图10.10为由地面水准点的高程向槽底临时水准点 B 进行高程传递的示意图。在槽边

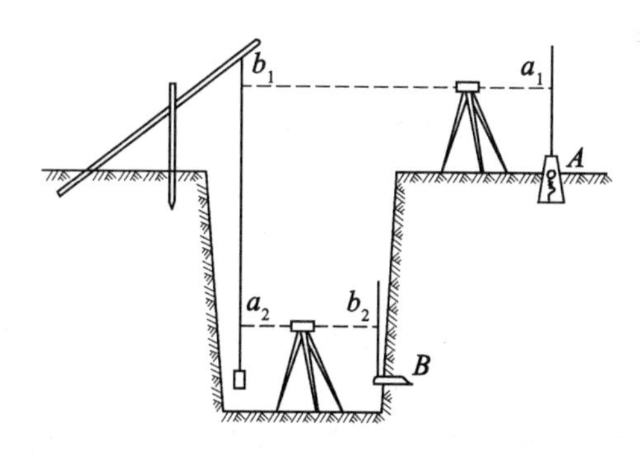

图10.10 深基坑高程的测设

架设吊杆并吊一根零点向下的钢尺，尺的下端挂上一重锤。分别在地面和槽底安置两台水准仪。若已知水准点 A 的高程为 H_A，则 B 点的高程为

$$H_B = H_A + a_1 - (b_1 - a_2) - b_2 \tag{10.4}$$

式中，a_1、b_1、a_2、b_2为尺读数。

图 10.11 为由±0 标志向楼层上进行高程传递的示意图。同样在楼梯间悬吊一零点向下的钢尺，下端挂一重锤。即可用水准仪逐层引测。楼层 B 点的高程为

$$H_B = \pm 0.000 + a + (c - b) - d \tag{10.5}$$

式中，a、b、c、d 为尺读数。

改变吊尺位置，再进行读数计算高程，以便检核。

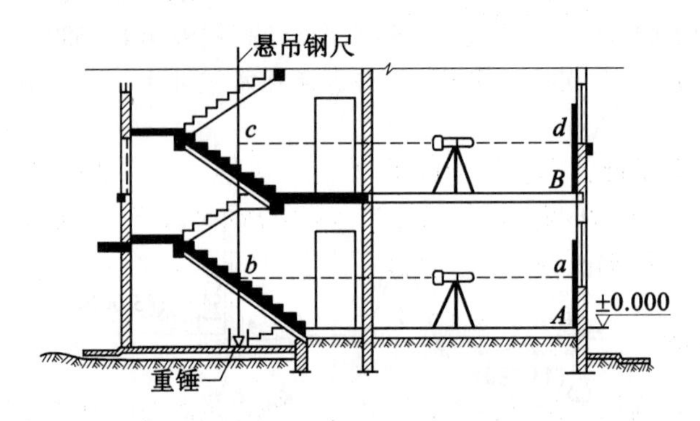

图 10.11　楼层上高程的传递

在实际工作中，常测设比每层地面设计标高高出 0.5m 的水平线来控制每层各部位的标高，该线称为“+50”线。

10.2　点的平面位置的测设

点的平面位置测设是根据已布设好的控制点的坐标和待测设点的坐标，反算出测设数据，即控制点和待测设点之间的水平距离和水平角，再利用上述测设方法标定出设计点位。根据所用的仪器设备、控制点的分布情况、测设场地地形条件及测设点精度要求等条件，可以采用以下几种方法进行测设工作。

10.2.1　直角坐标法

如果在施工现场设有互相垂直的主轴线或方格网且地面平坦，就可以用直角坐标法测设点的平面位置。

如图 10.12 所示，1、2、4 为施工现场的建筑方格网点，P、Q、R、S 为待测设的建筑物角点，各点坐标如图所示。

首先由各坐标值计算出测设数据。由于建筑物墙轴线与坐标格网平行，建筑物的长度为 108m，宽度为 30m。过 P、Q 点向方格网边作垂线得 b、c 两点，可算得 $Pb = Qc = 40$m，$1b = 20$m，$bc = 108$m。测设时，先在 1 点安置经纬仪，瞄准 2 点，从 1 点开始沿此方向量取 20m 定出 b 点，再继续量出 108m 定出 c 点。然后将经纬仪搬到 b 点，照准 2 点，逆时

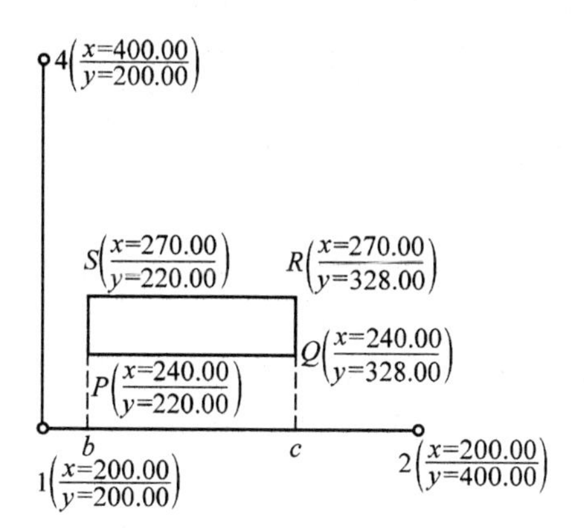

图 10.12　直角坐标法

针方向测设出直角，并沿此方向量取 40m 得 P 点，再继续量取 30m 得 S 点。在 c 点安置经纬仪，同样方法定出 Q、R 两点。最后丈量 RS 和 PQ 是否等于 108m 以做检核。

用该方法测设、计算都比较方便，精度亦高，是较常用的一种方法。

10.2.2　极坐标法

当被测设点附近有测量控制点，且相距较近，便于量距时，常采用极坐标法测设点的平面位置。

如图 10.13 所示，首先根据控制点 A、B 的坐标及 P 点的设计坐标按下式计算测设数据水平角 β 及水平距离 D_{AP}：

$$a_{AB}=\arctan\frac{y_B-y_A}{x_B-x_A} \tag{10.6}$$

$$a_{AP}=\arctan\frac{y_p-y_A}{x_P-x_A} \tag{10.7}$$

$$\beta=a_{AP}-a_{AB} \tag{10.8}$$

$$D_{AP}=\frac{y_p-y_A}{\sin\alpha_{AP}}=\frac{x_P-x_A}{\cos\alpha_{AP}}=\sqrt{\Delta x_{AP}^2+\Delta y_{AP}^2} \tag{10.9}$$

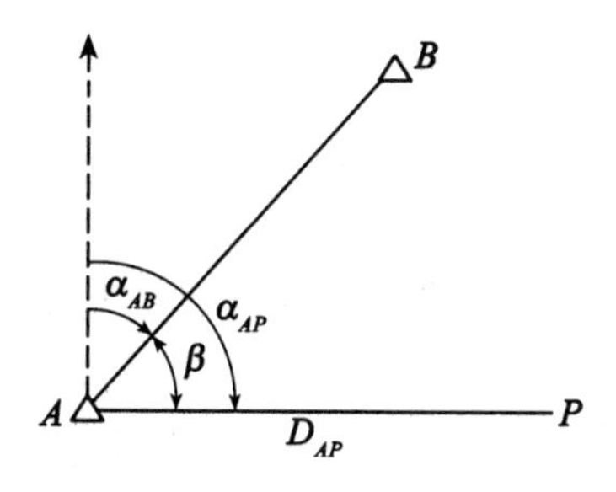

图 10.13　极坐标法

然后将经纬仪安置在 A 点，测设 β 角以定出 AP 方向，再沿该方向测设距离 D_{AP}，即可定出 P 点在地面上的位置。同法定出建筑物其余各点，并做必要的检核。

随着光电仪器及计算机应用的普及，越来越多地采用该方法测设点位。

10.2.3　角度交会法

角度交会法是测设出两个已知角度的方向交会出点的平面位置，此法又称为方向线交会法。当不便量距或测设的点距离控制点较远时，采用此法较为适宜。

如图 10.14(a)所示，A、B、C 为控制点，P 为所要测设的点，其设计坐标已知。测设时首先由各点的坐标计算出测设数据 β_1、β_2、β_3。然后在 A、B、C 三个控制点上安置经纬仪，测设出 β_1、β_2、β_3 角度，得到 AP、BP、CP 三条方向线，在各方向 P 点前后各钉两个小木桩，桩顶上钉钉，分别用细绳相连，就可交会出 P 点。若观测有误差，则三条方向线不交于一点，而形成示误三角形。如果三角形最大边长不超过 5cm，则取三角形的重心作为 P 点的最终位置。如图 10.14(b)所示，如果只有两个方向，应重复交会，以做检核。同法可交会出建筑物的其余各点，并对测设出的建筑物进行必要的检核。

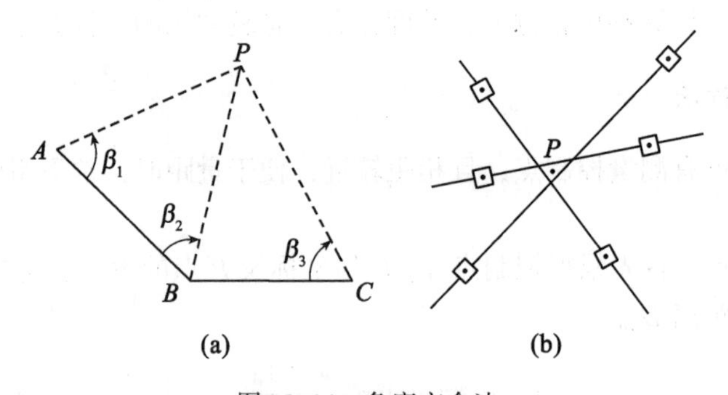

图 10.14　角度交会法

10.2.4　距离交会法

距离交会法是测设两段已知距离交会出点的平面位置。该方法适用于场地平坦、量距方便且控制点离测设点不超过一整尺的长度。

如图 10.15 所示，P 点为待测点。测设前根据 P 点的设计坐标及控制点 A、B 的已知

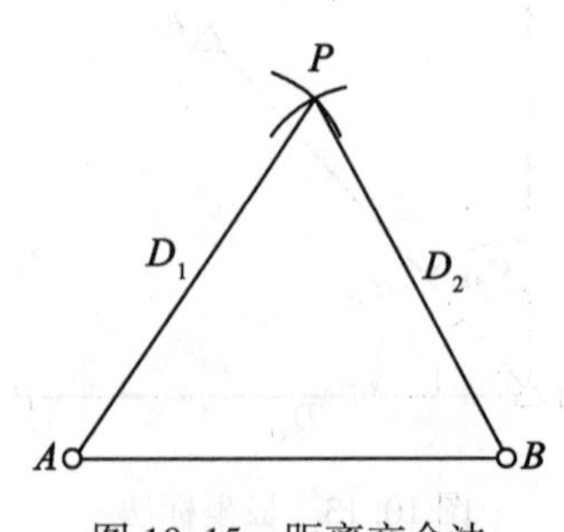

图 10.15　距离交会法

坐标计算出测设距离 D_1、D_2。测设时分别用两把钢尺的零点对准 A、B 点，同时拉紧、拉平钢尺，以 D_1 和 D_2 为半径在地面上画弧，两弧的交点即为待测点的位置。

该方法的优点是不需要仪器，但精度较低，施工测设细部点时常采用此法。

10.2.5　全站型电子速测仪坐标测设法

如果用全站仪按极坐标法测设点位，则更为方便，因为全站仪不仅具有测设高精度、速度快的特点，而且可以直接测设点的位置。同时，在施工放样中受天气和地形条件的影响较小，从而在生产实践中得到了广泛应用。

全站仪坐标测设法，就是根据控制点和待测设点的坐标定出点位的一种方法。如图 10.16 所示，测设 P 点的方法如下：

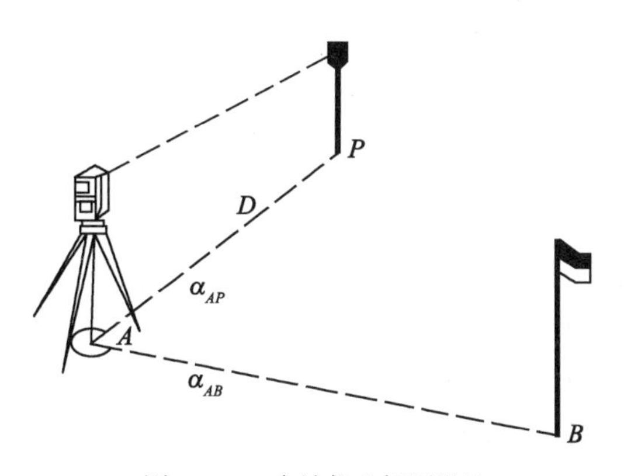

图 10.16　全站仪坐标测设法

(1)仪器安置在控制点 A 上，使仪器置于测设模式；

(2)输入 P 点的设计坐标和控制点 A、B 的坐标，仪器将自动计算极坐标法测设数据，此时照准 B 点进行后视定向；

(3)根据屏幕显示当前方位角、测设点的方位角与两者之差，可使望远镜转至 AP 方向，指挥持棱镜者在此方向上前、后移动，需移动的距离也会在屏幕上显示，直至距离为 D 即可确定 P 点的平面位置。

(4)把棱镜安置在 P 点后，再测定 P 点坐标，如正确即得 P 点位置，否则应重复进行，直到正确为止。

10.3　已知坡度线的测设

已知坡度线测设是根据附近水准点的高程、设计坡度和坡度端点的设计高程，用高程测设的方法将坡度线上各点的设计高程标定在地面上。它主要用于场地平整，层面施工及管道、道路等工程中。根据地形情况及设计坡度的大小，可采用以下几种测设方法。

10.3.1　水平视线法

如图 10.17 所示，A、B 为设计坡度的两个端点，A 点设计高程 H_A，为了施工方便，

每隔距离 d 钉一木桩，要求在木桩上标定出坡度为 i 的坡度线。施测步骤如下：

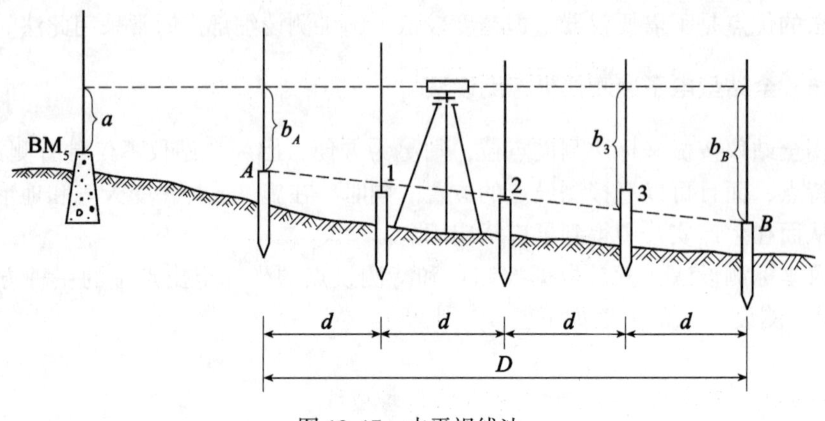

图 10.17　水平视线法

(1)按公式

$$H_{设}=H_{起}+id \tag{10.10}$$

计算各桩点的设计高程。

第 1 点的高程：　　$H_1=H_A+id$

第 2 点的高程：　　$H_2=H_1+id$

B 点的设计高程：　$H_B=H_3+id$

B 点的检核高程：　$H_B=H_A+iD$

坡度 i 有正有负，计算设计高程时，坡度应连同其符号一并运算。

(2)沿 AB 方向，按间距 d 定出中间点 1、2、3 的位置。

(3)安置水准仪于水准点 BM_5 附近，后视读数 a，得仪器视线高 $H_{视}=H_{BM5}+a$，然后根据各点设计高程计算各点的应读前视读数 $b_{i应}=H_{视}-H_{i设}$。

(4)将水准标尺分别立在各木桩的侧面，上下移动尺子，当水准仪读数为 $b_{i应}$ 时，沿尺底在木桩侧面画一横线，该线即在 AB 的坡度线上。

10.3.2　倾斜视线法

倾斜视线法是根据视线与设计坡度线平行时，其竖直距离处处相等的原理，以确定设计坡度线上各点高程的一种方法。它适用于地面坡度较大且设计坡度与地面自然坡度较一致的地段。

如图 10.18(a)所示，A、B 为设计坡度线的两端点，其水平距离为 D，设 A 点的高程为 H_A，设计坡度为 i，由此就可计算出 B 点高程 $H_B=H_A+iD$。

通过测设已知高程的方法，将 A、B 两点的高程测设到地面的木桩上。

在 A 点上安置水准仪，使基座上一个脚螺旋在 AB 方向线上，另外两个脚螺旋的边线与 AB 方向线垂直(见图 10.18(b))。量取仪器高 i，转动微倾螺旋及 AB 方向线上的脚螺旋，使十字丝横丝照准 B 点水准尺上 i 读数，此时视线就与坡度线平行。

分别在 AB 方向的中间各木桩侧面立尺，并上下移动，当读数为 i 时，沿尺底在木桩

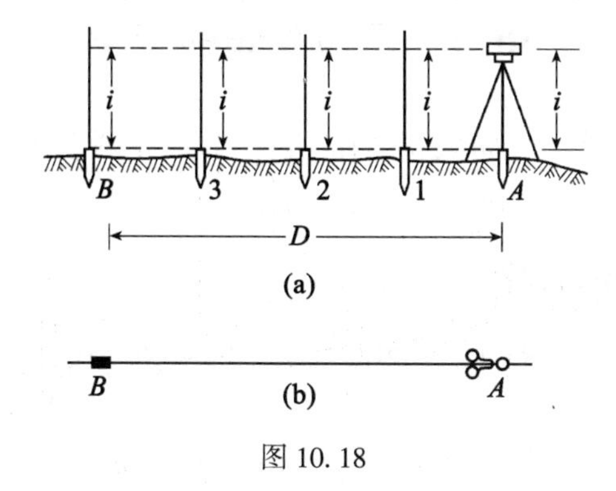

图 10.18

侧面上画一横线，各木桩横线的边线就是设计坡度线。

若设计坡度较大时，超过水准仪脚螺旋的调节范围，则可用经纬仪测设。

10.3.3 改正数法

当地面起伏较大，无法在木桩上画出坡度线时，可采用改正数法测设。

如图 10.19 所示，由 A 点高程、设计坡度 i 及间距 d 计算出各点的设计高程：

$$H_{i设}=H_A+i\cdot n\cdot d\quad(n=1,\ 2,\ \cdots)\tag{10.11}$$

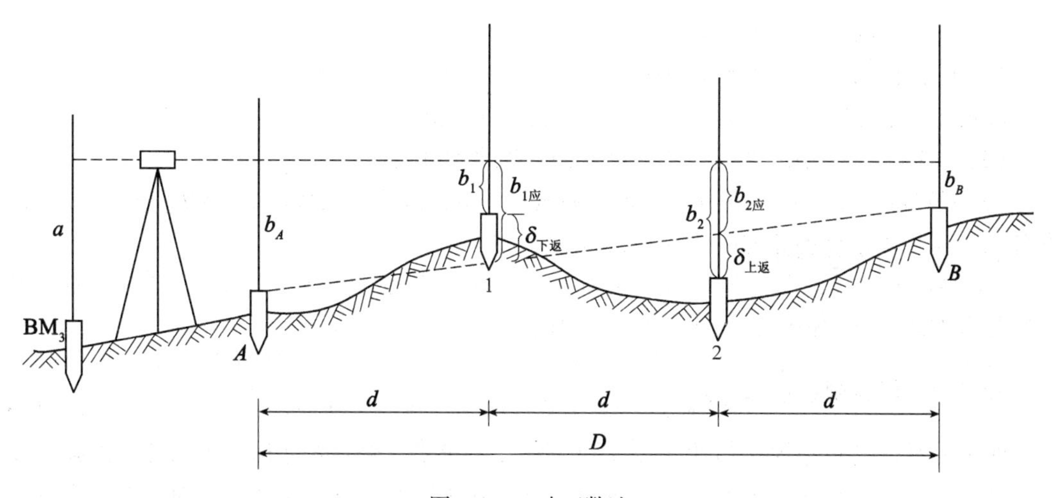

图 10.19 改正数法

在水准点附近安置水准仪，读取水准点上水准尺读数 a 求得视线高程 $H_{视}$，再由各点设计高程计算出各点应读前视读数 $b_{i应}$。将水准标尺分别立在各木桩桩顶，读取各前视读数 b_i，求得各桩顶改正数 δ_i

$$\delta_i=b_i-b_{i应}\tag{10.12}$$

若 $\delta_i<0$，自桩顶下返 δ_i；若 $\delta_i>0$，自桩顶上返 δ_i，并用红油漆注明在各桩侧面。施工时由此就可找出设计的坡度线。

10.4　已知直线的测设

在建筑工程施工测量中，经常要将已知直线延长或在两点间测设直线。测设方法可由现场具体情况来确定，现介绍如下：

10.4.1　在两点间测设直线

如图 10.20 所示，在 A、B 两点间测设直线。可按经纬仪定线的方法测设，其测设过程如下：

(1) 在 A 点安置经纬仪，照准 B 点，固定照准部；

(2) 指挥持测钎者，左右移动测钎，直到恰好与望远镜的竖丝重合，该点即位于 AB 直线上。同法可定出其余各点。

若测设精度要求较高，可用木桩和小钉标定点位。

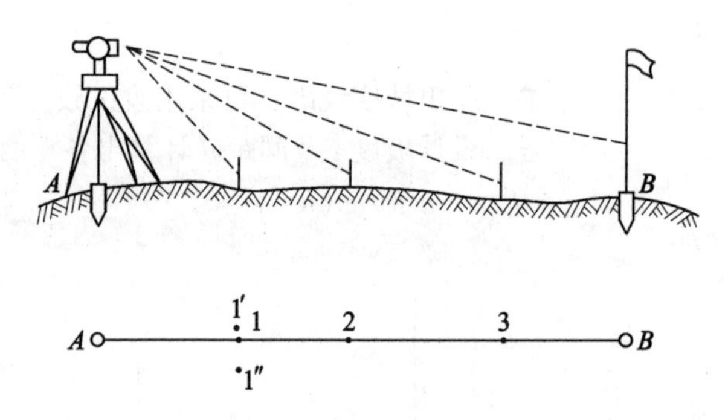

图 10.20　在两点间测设直线

10.4.2　延长直线测设

1. 正倒镜延长直线

如图 10.21 所示，将经纬仪安置在 B 点上，盘左照准 A 点，固定照准部。纵转望远镜，在视线上定出 C_1点，再以盘右照准 A 点，同法在视线上定出 C_2点。当 C_1、C_2两点间距离在允许范围内时，取 C_1、C_2之中点 C 为 AB 直线的延长点。

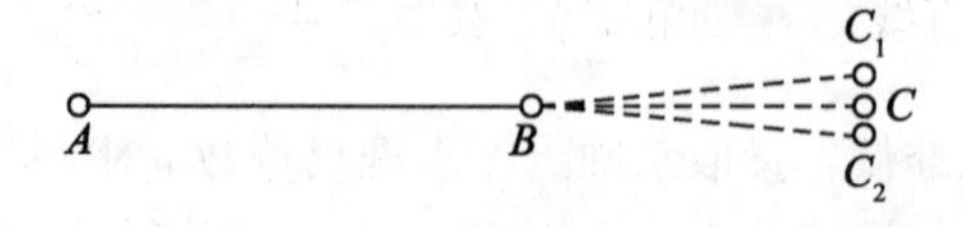

图 10.21　正倒镜延长直线

为了保证延长直线的精度，应尽量使直线的长度大于延长直线的长度，以减少照准误差的影响。

2. 过障碍物延长直线

当延长直线上有障碍物不能通视时，可根据实际情况，采用平行线法或等腰三角形法绕过障碍物以延长直线。

1)平行线法

如图 10.22 所示，欲将 AB 直线延长到 MN。先在 A 和 B 点测设垂线 d，得 A_1和 B_1点；然后在 B_1点安置经纬仪，用正倒镜延长直线法得 M_1和 N_1点。再分别在 M_1和 N_1点上作垂线 d，而得 M 和 N 点。此法占用场地小，且精度有保证。

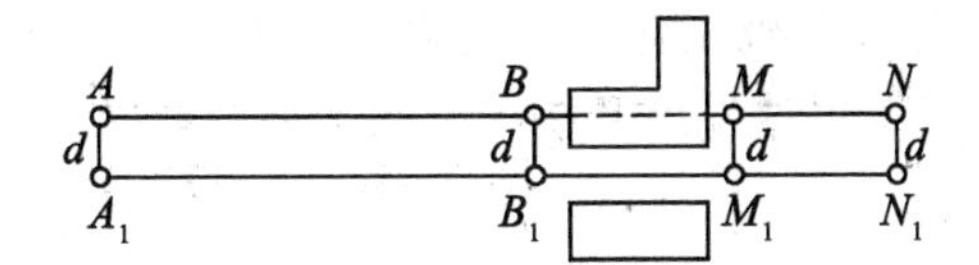

图 10.22 平行线法延长直线

2)等腰三角形法

如图 10.23 所示，欲将 AB 直线延长到 DE，首先在障碍物一侧选定 C 点，将经纬仪安置在 B，观测 $\angle ABC=\beta$，量取 B、C 两点的水平距离 l；将经纬仪安置于 C 点，照准 B 点，测设出角度 $2\beta-180°$，并在该方向上量出距离 l，定出 D 点；在 D 点安置经纬仪，照准 C 点，测设出角度 β，在该方向上定出 E 点，则 DE 即为 AB 直线的延长线。

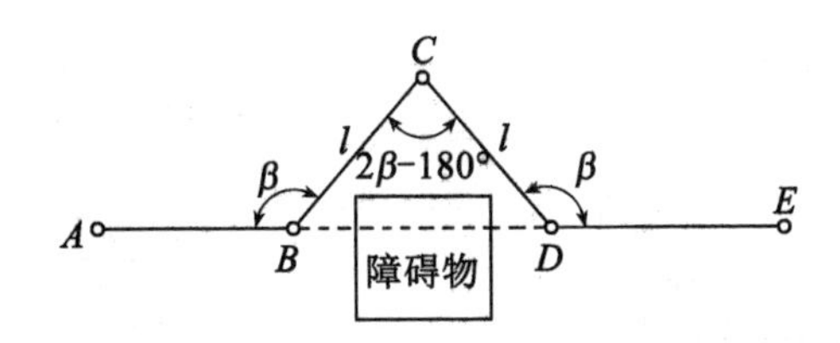

图 10.23 等腰三角形法延长直线

10.4.3 测设坐标纵轴(南北)方向线

在建(构)筑物测设时，有时需要标定出坐标纵轴(南北)方向线。如图 10.24 所示，A、B 为控制点，其坐标已知，要求标定出过 A 点的坐标纵轴(南北)方向线。首先由 A、B 两点坐标值计算出 AB 直线的方位角 a_{AB}。然后在 A 点安置经纬仪，照准 B 点，逆时针

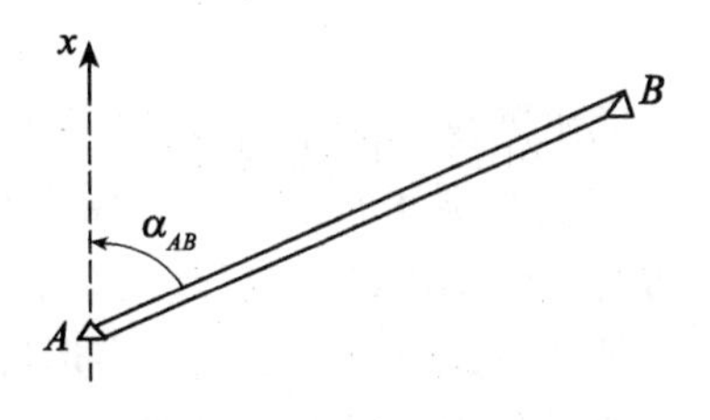

图 10.24 测设坐标纵轴(南北)方向线

方向测设出 a_{AB} 角，在视线上定出一点。为了检核也可顺时针测设 $360°-a_{AB}$ 角，在视线上又可定出一点，两点应重合。若两点不重合，其差值在允许范围内取中点，该点与 A 点的连线即为所要测设的坐标纵轴(南北)方向线。

10.5　激光定位仪器的使用

激光定位仪器主要由氦氖激光器和发射望远镜构成，这种仪器提高了一条空间可见的有色激光束。该激光束发散角很小，可成为理想的定位基准线。如果配以光电接收装置，不仅可以提高测量精度，还可在机械化、自动化施工中进行动态导向定位。基于这些优点，所以激光定位仪器得到了迅速发展，相继出现了多种激光定位仪器。下面介绍几种典型激光定位仪器及其应用。

10.5.1　激光水准仪

激光水准仪是在普通水准仪望远镜筒上安装激光装置而成的，激光装置由氦氖激光器和棱镜导光系统所组成，氦氖激光器发出的激光导入水准仪的望远镜筒内，在视准轴方向能射出一束可见光。

如图 10.25 所示为烟台光学仪器厂生产的 YJS_3 型激光水准仪。激光器的功率为 1.5～3mW，光束发散角小于 2mrad。有效射程：白天 150～500m，晚上 2000～3000m，电源亦可用交流、直流两种。

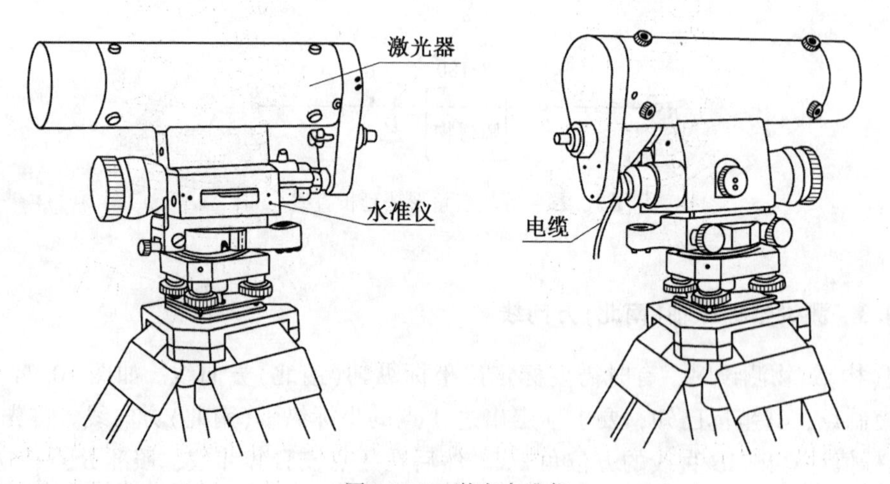

图 10.25　激光水准仪

使用激光水准仪时，首先按照水准仪的操作方法安置、整平仪器，并瞄准目标。然后接好激光电源，开启电源开关，待激光器正常起辉后，将工作电流调至 5mA 左右，这时将有最强的激光输出，目标上将得到明亮的红色光斑。当光斑不够清晰时，可调节镜管调焦螺旋，至清晰为止。如装上波带片，光斑即可变为十字形红线，故可提高读数精度。与一般水准测量不同，激光水准仪测量是由持尺人负责读尺并记录。

激光水准仪不仅适用于工程施工测量、机械安装测量及机械化、自动化施工中的准直和导向，也可在仪器整平后，利用发射的激光束在空间扫描出一个水平面，用来抄平，尤其是大面积的场地平整测量中，用它来检查场地的平整度及造船工业等大型物件装配中的水平面和水平线，放样十分方便、精确。

10.5.2　激光经纬仪

激光经纬仪是在普通经纬仪望远镜筒上安装激光装置而成的，激光装置由激光目镜、光导管、氦氖激光器和激光电源组成，激光装置可随望远镜一起转动。激光装置用电缆与电源箱连通后，则将激光导入经纬仪的望远镜筒内，并与视准轴重合，沿视准轴方向射出一束可见的激光，以代替视准轴。

图 10.26 所示为苏州第一光学仪器厂生产的 J_2-JD 型激光经纬仪。激光器的功率为 1.2mW，可发射波长为 0.6328mm 的橙红色单色光，其发散角为 3mrad，照准有效射程白天是 500m，夜间为 2600m，激光照准中误差范围为±0.3″。

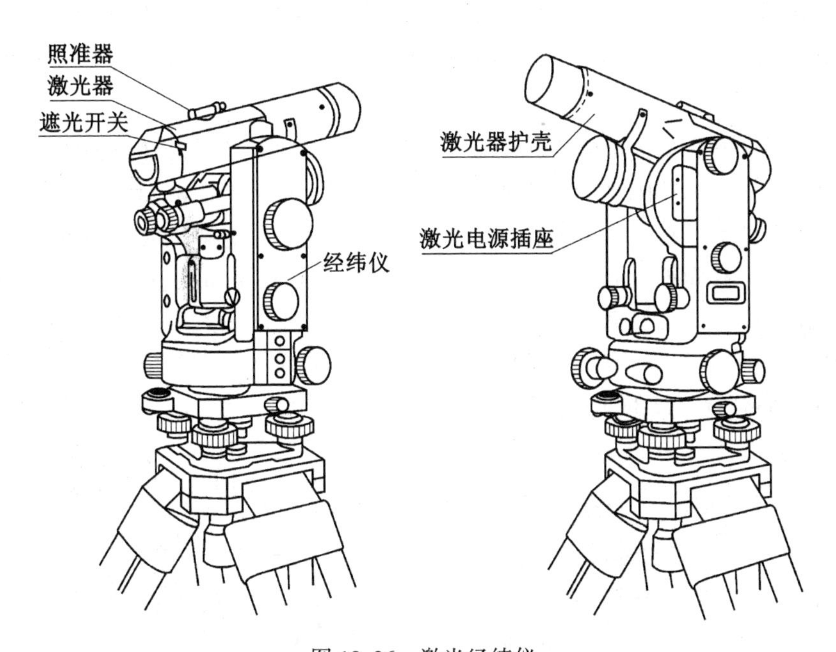

图 10.26　激光经纬仪

激光经纬仪可用于定线、定位、测角、测设已知的水平角和坡度等，与光电接收器相配合可进行准直工作，亦可用于观测建筑物的水平位移。例如，激光经纬仪常用于检验墙角线是否垂直，检验建筑物的倾斜度，以及为自动化顶管施工进行动态导向等。

10.5.3　激光扫平仪

激光扫平仪是一种新型的平面定位仪器，主要由激光准直器、转镜扫描装置、自动安平敏感元件和电源等部件组成。激光扫平仪从主机的旋转发射筒中连续射出平行激光束，在扫描范围(工作半径 100~300m)内提供水平面、铅垂面或倾斜面，能快速完成非常繁琐的平面测量工作，高施工和装修提供大范围的平面、立面和倾斜基准面。

图 10.27 为日本索佳公司生产的自动安平激光平面仪 LP3A，除主机外还配有两个受光器(即光电接收靶)。受光器上有条形受光板、液晶显示屏和受光灵敏度切换钮，此钮从 L 转至 H，受光感应灵敏度由低感度(±2.5mm)转变到高敏度(±0.8mm)，可根据测量要求进行选择。受光器也可通过卡具安装在水准标尺或测量杆上，即可测出任意点的标高或用以检查水平面等。

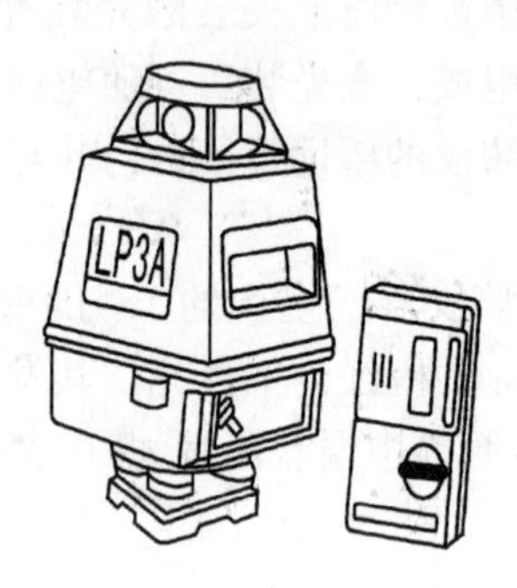

图 10.27　激光扫平仪

激光扫平仪的激光束入射时，出射光束为水平束，当五角棱镜在电动机驱动下水平旋转时，出射光束成为连续闪光的激光水平面，可以同时测定扫描范围内任意点的高程。在大面积的施工场地上，在激光平面仪扫描范围内，任何工种的施工人员都可以利用它们为掌握标高的基准，从而控制各工序的施工误差，提高平整度和平直度，并能加快作业进度。在建筑施工中无论是检查混凝土楼板的模板标高，还是在大型公共建筑装修中为天花板龙骨起拱定基准面(见图 10.28)以及控制大理石地板或水磨石板安装的总体平整度(见图 10.29)等方面有着广泛的应用。

图 10.28　激光扫平仪在天花板装修中的应用

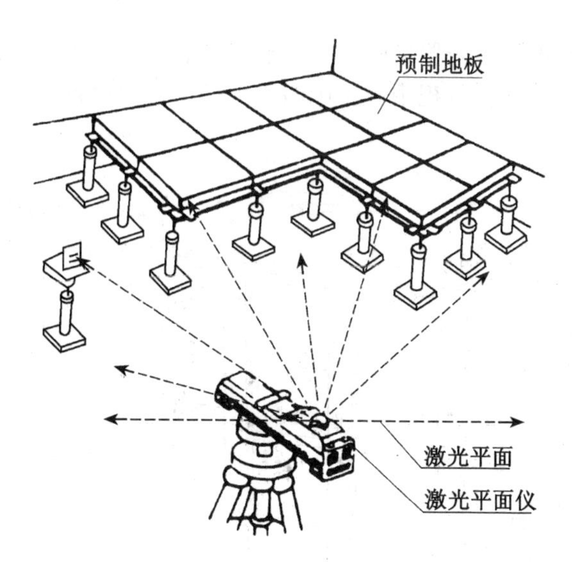

图 10.29　激光扫平仪在地板铺设中的应用

10.5.4　激光垂准仪

激光垂准仪是一种专用的垂直定位仪器。适用于高烟筒、高塔架及高层建筑的垂直定位测量。

图 10.30 所示为一种国产激光垂准仪的示意图。仪器的竖轴是一个空心筒轴，两端有螺扣连接望远镜和激光器的套筒，在构造上要求发射望远镜视准轴、仪器竖轴和激光束光轴三轴共线，作为仪器的准直基线。将激光器安在筒轴下端，望远镜安在上端，构成向上发射的激光垂准仪，借助于仪器上的两个高灵敏度水准管，便可将仪器发射的激光束导向铅垂方向。观测时，将仪器安置在建(构)筑物的轴线控制点上(见图 10.31)，严格对中、

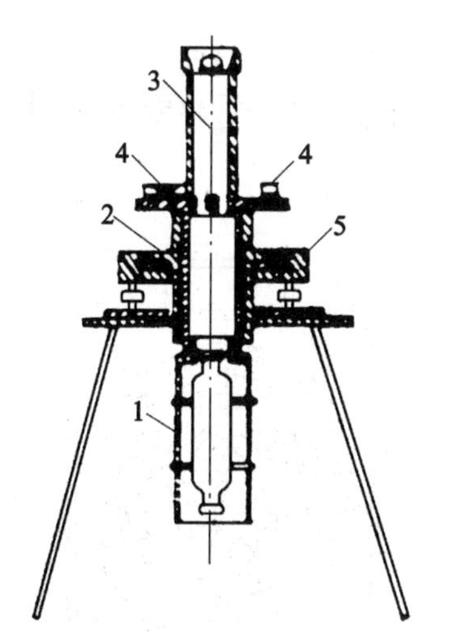

1—氦氖激光器；2—竖轴；3—发射望远镜；4—水准管；5—基座

图 10.30　激光垂准仪的构造

整平，在施工层预留垂准孔上安置接收靶，接通电源后，起辉激光器，预热稳定后，水平旋转仪器，光斑若总是照准接收靶中心，则激光束处于铅垂位置。

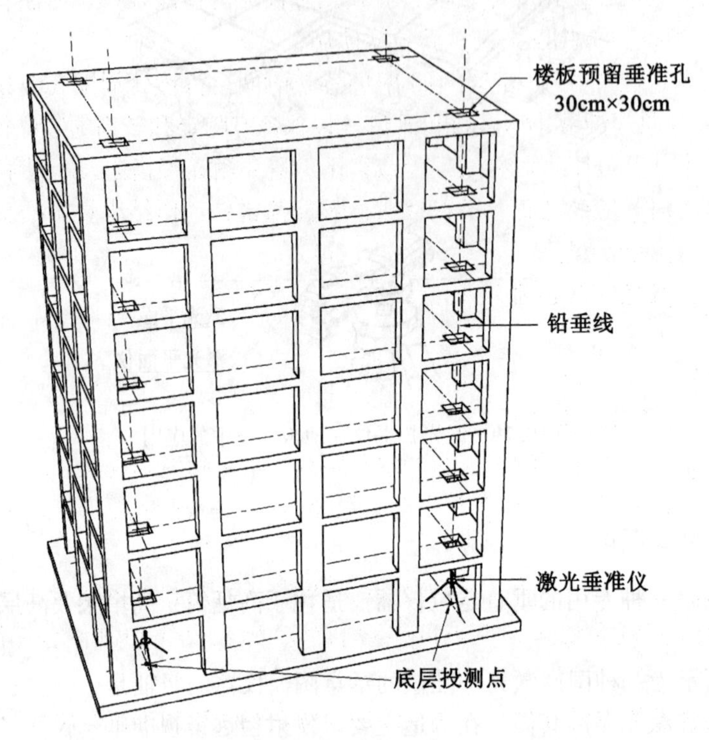

图 10.31　激光垂准仪在高层建筑垂直定位测量中的应用

10.5.5　激光接收靶

利用激光仪器进行定位，当精度要求不高时，一般采用白色有机玻璃制作的简单目估接收靶标，如图 10.32 所示，上面绘有坐标方格网或若干同心圆，可直接标出光斑中心偏离靶心的位置。

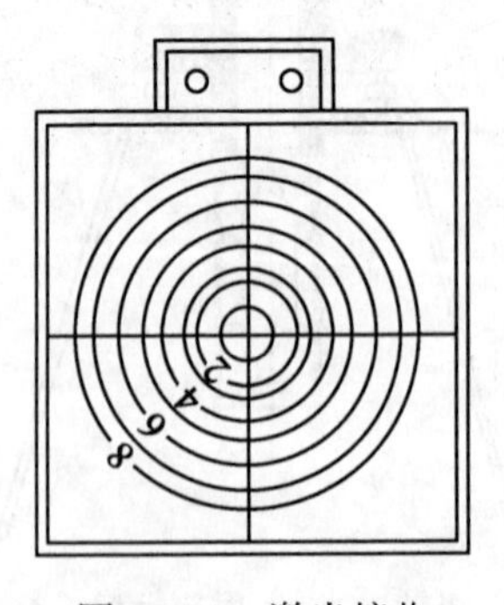

图 10.32　激光接收

10.5.6 应用激光定位仪器的注意事项

(1)仪器操作人员在使用仪器之前，应先熟悉仪器的性能及操作方法，并对仪器各主要部件进行仔细检查和检验校正，然后方能使用。

(2)使用激光定位仪器时，应有半小时的预热时间，待镜管周围气温场的气温比较均匀，使激光漂移现象逐渐减小后再进行观测，以保证有稳定和较高的定位精度。

(3)调整光束使其处于人眼视线以上或以下，避免激光束指向人的眼睛。

(4)接通电源时，应注意正、负极插头，不能插错；工作结束拔出插头时，应使其相互接触一下，以消除残余电流。

(5)观测时，激光仪器必须有人照管。

【本章小结】

本章主要介绍了测设的基本工作：

(1)测设的基本知识包括测设已知的水平距离、水平角度和高程。

(2)点的平面位置测设的主要方法有直角坐标法、极坐标法、距离交会法和角度交会法。

(3)坡度线测设的主要方法有水平视线法、倾斜视线法和改正数法。

(4)已知直线测设主要包括两点间测设直线、延长直线和测设坐标纵轴(南北)方向线。

(5)坡度线测设的主要方法有水平视线法、倾斜视线法和改正数法。

(6)常见的激光定位仪器有激光水准仪、激光经纬仪、激光扫平仪和激光垂准仪。

◎ 习题和思考题

1. 测设与测绘有何不同？

2. 测设的基本工作有哪些项目？试述各个项目的测设方法。

3. 测设点的平面位置有哪几种方法？各适用于什么场合？

4. 测设坡度线用的水平视线法和倾斜视线法各在什么条件下采用最为方便？为什么？

5. 在地面上要求测设一个直角，先用一般方法测设出$\angle AOB$，再测量该角若干测回，取平均值为$\angle AOB=90°00'20''$，如图10.33所示。又知OB的长度为160m，问：在垂直于OB的方向上B点应该移动多少距离才能得到90°的角？

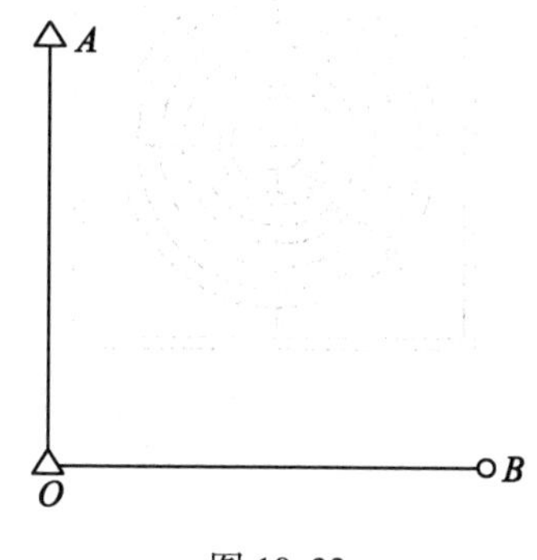

图10.33

6. 利用高程为 107.531m 的水准点测设高程为 107.931m 的室内±0 标高。设尺立在水准点上时，按水准仪的水平视线在尺上画一条线，问：在同一根尺上应该在什么地方再画一条线，才能使视线照准此线时，尺子底部就是±0 高程的位置？

7. 如图 10.34 所示，利用高程为 125.545m 的水准点 BM_A，欲测设出高程为 120.000m 的基坑水平桩 C。设 B 点为基坑边的转点，将水准仪安置在 A、B 两点之间，后视读数为 1.205m，前视读数为 2.546m；再将水准仪搬进坑内设站，用水准尺或钢尺在 B 点向坑内立倒尺（即尺的零点在 B 端），其后视读数为 2.663m，然后在 C 点处立倒尺。问：在坑内 C 点处前视尺上读数为多少时，尺底才是欲测的高程线？

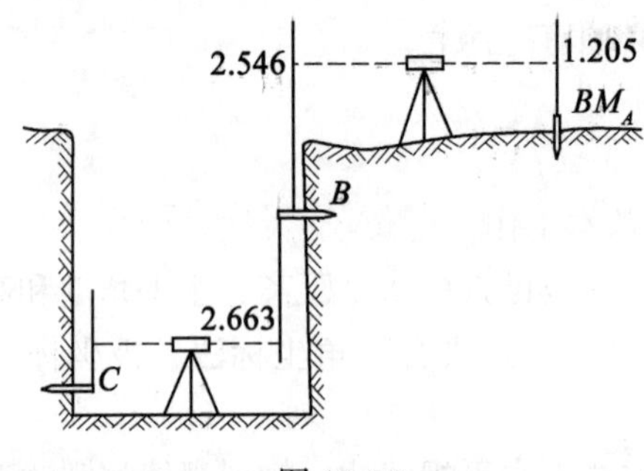

图 10.34

8. 已知 $\alpha_{MN}=300°04'$，控制点 M 的坐标为 $x_M=14.22$m，$y_M=86.71$m；若要测设坐标为 $x_A=42.34$m，$y_A=85.00$m 的 A 点。试计算仪器安置在 M 点用极坐标法测设 A 点所需的数据。

9. 已知水准点 4 的高程 $H_4=240.050$m，后视读数 $a=1.050$m，设计坡度线起点 A 的高程 $H_A=240.00$m，设计坡度 $i=0.01$。拟用水准仪按水平视线法测设点 A、20m 及 40m 桩点，使各桩顶在同一坡度线上，试计算测设时各桩顶的应读数 $b_{应}$。

10. 常用的激光定位仪器有哪些？在建筑施工测量中各有哪些用处？

11. 在高层建筑、高烟筒施工中，如何应用激光经纬仪或激光垂准仪进行准直定位？

12. 激光定位仪器为什么在施工放样中得到广泛应用？应用激光定位仪器应注意哪些事项？

第 11 章　建筑施工测量

【教学目标】

掌握施工控制测量的方法和要求以及建筑定位放线、各部位施工测量的内容和方法。能熟练把各项技能应用到施工过程中。

11.1　施工测量概述

11.1.1　施工测量的内容

在施工阶段所进行的测量工作，称为施工测量，包括以下主要内容：

1. 施工控制测量

开工前，在施工场地上建立施工控制网，以保证施工测设(放样)的整体精度，可分批分片测设，同时开工，可缩短建设工期。

2. 建(构)筑物的测设(放样)工作

在施工过程中，将图纸上设计好的建(构)筑物的平面位置、几何尺寸及标高，测设到施工现场和不同的施工部位，设置明显的标志，作为施工定位的依据。

3. 质检测量

在每项工序施工完成后，需要通过测量的方法，检查工程各部位的实际位置、几何尺寸、标高是否符合施工规范要求。根据实测验收的记录、资料编绘竣工图，作为验收时鉴定工程质量的必要资料以及工程交付使用后运营管理、维修、扩建的重要依据之一。

4. 变形观测

在高层、大型建(构)筑物的施工中，随着施工的进度，测量施工部位在平面和标高方面产生的位移和沉降，收集整理各种变形资料，作为鉴定工程质量和验证工程设计、施工是否合理的重要资料。

11.1.2　施工测量的精度

为了确保建(构)筑物测设(放样)的正确性，满足设计要求，施工测量必须具有一定的精度要求。施工测量的精度要求可概括为以下三个方面：

1. 施工控制网的精度

施工控制网的精度是根据建(构)筑物的测设定位精度和控制范围的大小来决定的。当定位精度要求较高和施工现场较大时，则需要施工控制网具有较高的精度。若由于某一部分建(构)筑物要求较高的定位精度，则在大的控制网内建立精度较高的局部独立控制网。

2. 建(构)筑物轴线测设的精度

建(构)筑物轴线测设的精度是指建(构)筑物定位轴线的位置相对控制网、周围建(构)筑物或建筑红线、马路中线的精度。这种精度除自动化和连续性生产车间的特殊要求外，一般要求不高。

建筑红线是指由城市规划部门确定的建筑用地的边界线，在规划图上它是以红线标明，故称建筑红线。

3. 建(构)筑物细部放样的精度

建(构)筑物细部放样的精度是指建筑物内部各轴线对定位轴线的精度，这种精度的高低取决于建(构)筑物的形式、规模、重要性、结构、材料及施工方法等因素。一般而言，高层建筑物的放样精度高于低层建筑物，工业建筑物放样精度高于一般民用建筑物，钢结构建筑物放样精度高于钢筋混凝土结构建筑物，框架结构建筑物放样精度高于砖混结构建筑物，装配式建筑物放样精度高于非装配式建筑物。总之，应根据具体的精度要求进行放样。精度过高，将导致人力、物力及时间的浪费；精度过低，则会影响施工质量，甚至造成工程事故。

11.1.3　施工测量的特点

施工测量工作与工程质量及施工进度有着密切的关系。测量人员必须了解设计的内容、性质及其对测量工作的精度要求，熟悉设计图纸上尺寸和标高数据，了解施工的全过程及施工工艺、方法，并掌握施工现场的变动情况，使测量工作能够与施工密切配合。其特点表现如下：

(1)由于施工现场复杂，障碍物多，测设定位桩时，必须有足够的数量，了解现场布置，避开施工干扰。

(2)密切配合施工进度，及时准确地测设施工需要的轴线、标高线。若有差错，将延误工期，甚至造成质量事故。

(3)由于现场各工种交叉立体作业，不安全因素多，不但要注意高空坠物，也要防止脚下踩空，保证人身及仪器安全，防止发生意外事故。

(4)由于现场有大量的土方填挖，地面变动很大，交通频繁，动力机构震动等影响，各种定位标志必须埋设牢固，妥善保护，经常检查。如有损坏，及时恢复。

(5)必须明确按图测设，为施工服务，一切服从施工的安排，满足施工的需要。

11.1.4　施工测量的基本要求

1. 施工测量的基本准则

1)遵守测量工作的基本原则

为了保证各种建(构)筑物、管线等之间相对位置能满足设计要求，以便于分期分批地进行测设(放样)，施工测量必须遵循“从整体到局部，先控制后碎部”的原则，即首先在施工场地上，以原勘测设计阶段所建立的测图控制网为基础，建立统一的施工控制网，然后根据施工控制网来测设建(构)筑物的轴线，再根据轴线测设建筑物各个细部(基础、墙、柱、门窗等)。施工控制网不单是施工放样的依据，同时也是变形观测、竣工测量以及将来建筑物扩、改建的依据。

施工测量所提供的轴线、标高线等施工标志，只能正确，不能出错；否则，将会误导施工，造成不必要的损失。因此，施工测量也必须遵循“处处检核”的原则。不但要检核设计提供的定位条件及现场的控制点位或红线桩位，而且也要核对设计图纸的分尺寸与总尺寸的一致性，检查各张图纸标高的一致性等，发现问题应立即提出。测设(放样)之前，检查测设数据的正确性，测设(放样)之后，复查成果的可靠性。当查证内、外业都无差错时，方能将成果交付施工。

(2)选用科学、简洁、能满足精度要求的实测方法。

(3)一切定位放线工作要经过自检、互检合格后，方可申请主管部门验线。实测时要现场做好原始记录，测后要及时保护好测量标志。

2. 测量记录的基本要求

(1)测量记录应做到：原始、正确、完整、工整。

(2)记录应采用规定的表格。

(3)记录中的简单计算，应在现场及时进行，并作校核。草图、点之记等，应当场绘制，其方向、有关数据和地名等均应标注清楚。

(4)测量记录，多为保密资料，应妥善保管。

11.1.5　施工测量的准备工作

为了充分做好施工测量前的准备工作，不仅能使开工前的测量工作顺利进行，而且对整个施工过程中的测量工作都有重要的影响。准备工作的主要内容如下：

(1)检校仪器、检定钢尺。对经纬仪、水准仪各轴线几何关系进行检验校正，使其满足规范要求。对所用钢尺的实长，送到有关计量部门进行检定，尤其是精度要求较高的工程中，如钢结构建筑施工中，若尺长没有检定，就根本无法保证精度要求。

(2)了解设计意图，学习与校核图纸。通过学习总平面图，以了解工程所在位置，周围环境及与原有建筑物的关系，现场地形及拆迁情况，红线桩位置及原有控制点，建筑物的布局，定位依据，±0 标高位置等。其中要特别注意的是定位依据、条件及建(构)筑物主要轴线的布局。另外还需要校对图之间相应轴线尺寸、标高是否对应等，确保测设(放样)无误。

(3)校核红线桩(定位点)与水准点。为保证整个场地定位和标高的正确性，对原勘测图图纸提供的控制点、红线桩及水准点均应进行严格的校核，以取得正确的测量起始数据与起始点位，这是做好整个施工测量的基础。

(4)制定施工测量方案。根据施工现场情况、原有控制点位置、建筑结构的形状以及设计给定的定位条件，制定切实可行的测设方法及方案，并健全测量组织。

11.2　施工控制测量

利用勘测时期所建立的测图控制网，可以进行建(构)筑物的测设(放样)。但是，由于测图时未考虑施工的要求，控制点的分布、密度和精度都难以满足施工测量的要求。另外，由于平整场地时控制点大多被破坏，因此在施工之前，建筑场地上要重新建立专门的施工控制网。

11.2.1　施工控制网的特点

与测图控制网相比较，施工控制网具有以下特点：

(1)控制点的密度大，精度要求较高，使用频繁，受施工干扰多。这就要求控制点的位置应分布恰当和稳定，使用方便，并能在施工期间保持桩位不被破坏。因此，控制点的选择、测定及桩点的保护等项工作，应与施工方案、现场布置统一考虑确定。

(2)在施工控制测量中，局部控制网的精度要求往往比整体控制网的精度高。如有些重要厂房的矩形控制网，精度常高于工业场地建筑方格网或其他形状的控制网。在一些重要设备安装时，也往往要建立高精度的专门施工控制网。因此，大范围的控制网只是给局部控制网传递一个起始点的坐标及方位角，而局部控制网则布置成自由网的形式。

11.2.2　施工控制网的种类及选择

施工控制网分为平面控制网和高程控制网两种。平面控制根据地形情况可以采用导线网、三角网、建筑基线或建筑方格网；高程控制根据施工精度要求，可采用三、四等水准或图根水准网。

选择平面控制网的形式，应根据建筑总平面图、建筑场地的大小和地形、施工方案等因素综合考虑。

在山区或丘陵地区，常采用三角网作为建筑场地的首级平面控制。如图 11.1 中Ⅲ部分。三角网常布设成两级，一级为基本网，是以控制整个场地为主。按地形条件，基本网可采用单三锁或中心多边形，根据场地的大小和放样的精度要求，基本网可按城市一级或二级小三角的技术要求建立。组成基本网的控制点应埋设成永久标志。另一级是以测设建(构)筑物为主的放样网，它直接控制建(构)筑物的轴线及细部位置，它是在基本网的基础上用交会法加密而成。当厂区面积较小时，可采用二级小三角网一次布设。

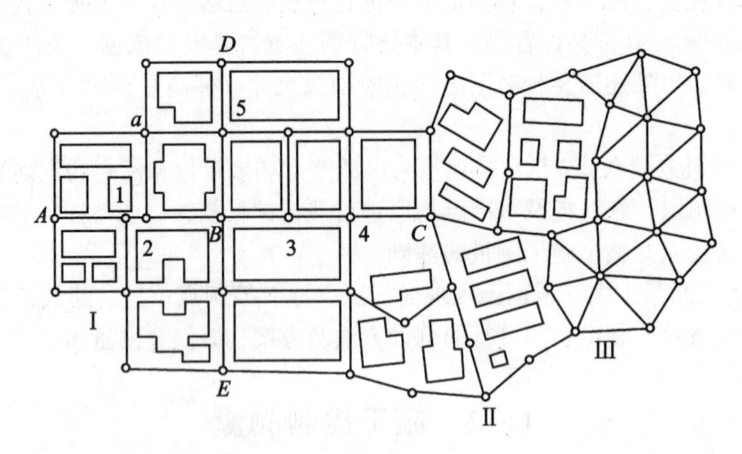

图 11.1

对于地形平坦但通视比较困难地区，如扩建或改建的施工场地或建(构)筑物布置不很规则时，则可采用导线网作为平面控制网(如图 11.1 中的Ⅱ部分)。它也常布设成两级。一级为首级控制，多布设成环形，往往按城市一级或二级导线的要求建立。另一级为加密导线，用以测设局部建筑物。根据测设精度要求，可以按城市二级或三级导线的技术要求建立。

对于地面平坦而有简单的小型建(构)筑物的场地，常布设一条或几条建筑基线，如图 11.2 所示，组成简单的图形作为施工测设(放样)的依据。而对于地势平坦、建(构)筑物众多且布置比较规则和密集的工业场地，一般采用建筑方格网(图 11.1 中的 I 部分)。

总之，施工控制网的形式应与设计总平面图布局相一致。

由于某些施工场地狭小、多变，无法采用上述各施工控制网，可采用全站仪随时测设控制点，满足施工测量的需要。

11.2.3 施工控制网的测设方法

以下主要介绍建筑基线和建筑方格网的测设方法。

1. 建筑基线

建筑基线是建筑场地施工控制基准线，如图 11.2 所示，即在建筑场地中央测设一条长轴线和若干条与其垂直的短轴线，在轴线上布设所需要的点位。由于各轴线之间不一定组成闭合图形，所以建筑基线是一种不甚严密的施工控制，它适合于总图布置比较简单的小型建筑场地。

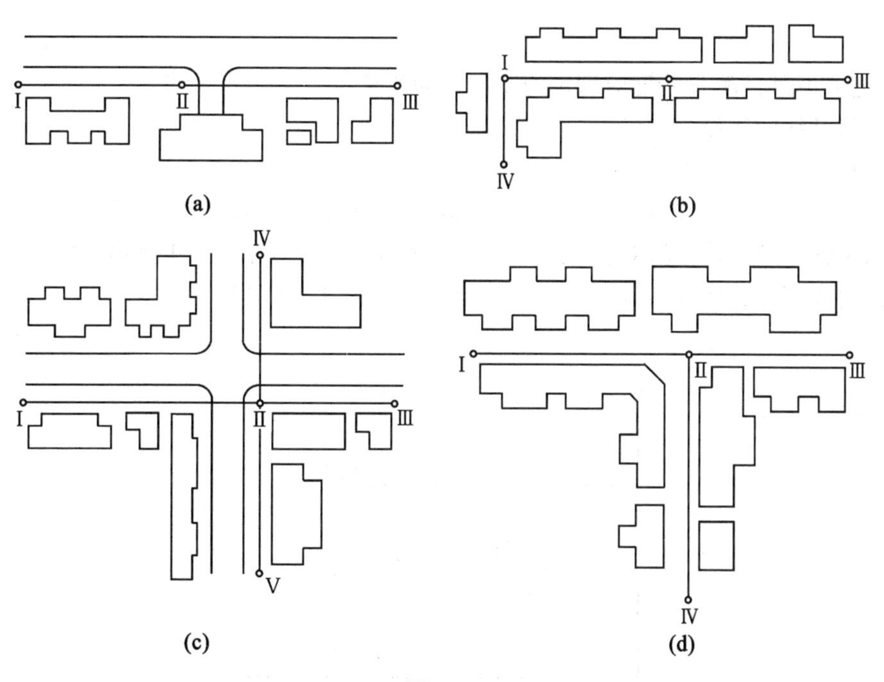

图 11.2

1) 建筑基线的设计

根据建筑设计总平面的施工坐标系及建筑物的布置情况，建筑基线可以设计成“一”字形、直角形、“十”字形及“丁”字形等形式，如图 11.2(a)、(b)、(c)、(d)所示。建筑基线的形式可以灵活多样，适合于各种地形条件。

基线设计时应注意以下几点：

(1)建筑基线应尽量位于厂区中心中央通道的边沿上，其方向应与主要建筑物轴线平行。基线的主点应不少于三个，以便检查点位有无变动。

(2)建筑基线主点间应相互通视，边长 100~400m。

(3)主点在不受挖土损坏的条件下，应尽量靠近主要建筑物，为了能长期保存，要埋设永久性的混凝土桩，如图 11.3 所示。

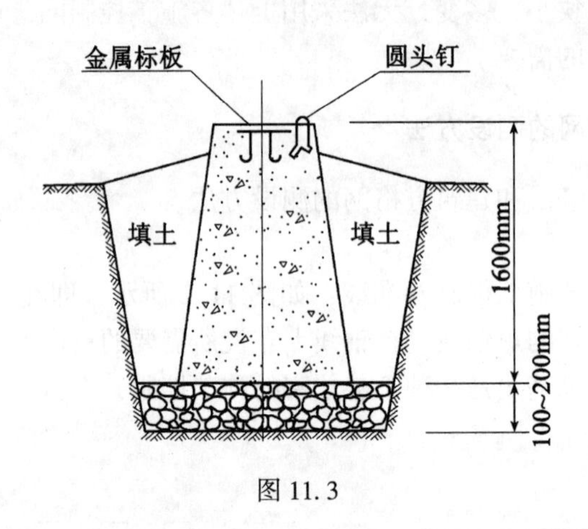

图 11.3

(4)建筑基线的测设精度应满足施工放样的要求。

2)建筑基线的测设

(1)施工坐标系与测图坐标系的换算。

为了便于建(构)筑物设计和施工测设(放样)，设计总平面图上，建(构)筑物的平面位置常采用施工坐标系(又称建筑坐标系)的坐标来表示，如图 11.4 所示。施工坐标系的纵轴通常用 A 表示，横轴用 B 表示，施工坐标也称为 A、B 坐标。

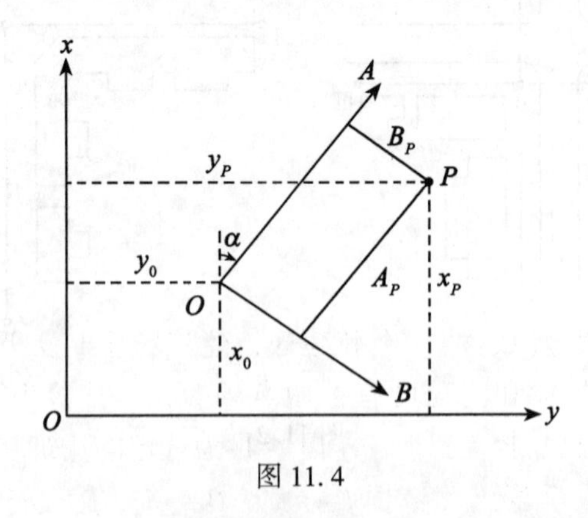

图 11.4

施工坐标的 A 轴和 B 轴应与施工场地上的主要建筑物或主要管线方向平行，坐标原点设在总平面图的西南角，使所有建筑物和构筑物的设计坐标值均为正值。如果点的设计施工坐标为 1A+00.00，1B+35.00，即 A=100.00，B=135.00，表示沿 A 轴 100m，沿 B 轴 135m。

由于受地形的限制或工艺流程的需要，施工坐标系与测图坐标系往往不一致。如图 11.4 所示，施工坐标系与测图坐标之间的关系，可用施工坐标系原点 O' 的测图坐标 x_0、y_0 及 $O'A$ 轴的坐标方位角 a 来确定，在进行施工测量时，上述数据由勘测设计单位给出。因此，在测设前应先将建筑基线或建筑方格网的施工坐标换算成测图坐标，然后进行测设。设 x_P、y_P 为 P 点在测图坐标系 xOy 中的坐标，A_P、B_P 为 P 点在施工坐标系 $AO'B$ 中的坐标，若将 P 点的施工坐标 A_P、B_P 换算成相应的测图坐标，可采用下列公式计算：

$$\left.\begin{aligned} x_P &= x_0 + A_P\cos\alpha - B_P\sin\alpha \\ y_P &= y_0 + A_P\sin\alpha + B_P\cos\alpha \end{aligned}\right\} \tag{11.1}$$

反之，已知 x_P，y_P，也可求 A_P、B_P 为

$$\left.\begin{aligned} A_P &= (x_P - x_0)\cos\alpha + (y_P - y_0)\sin\alpha \\ B_P &= -(x_P - x_0)\sin\alpha + (y_P - y_0)\cos\alpha \end{aligned}\right\} \tag{11.2}$$

(2)建筑基线的测设。

建筑基线的测设方法，根据建筑场地的情况不同，主要有以下两种：

①根据建筑红线测设(放样)。在建成区，建筑红线是由城市规划部门批准、测绘部门测设的，可用做建筑基线放样的依据。如图 11.5 所示，AB、AC 是建筑红线，Ⅰ、Ⅱ、Ⅲ是建筑基线点，从 A 点沿 AB 方向量取 d_2 定Ⅰ′点，沿 AC 方向量取 d_1 定Ⅱ′点。通过 B、C 作红线的垂线，沿垂线量取 d_1、d_2 得Ⅱ、Ⅲ点，则ⅡⅠ″与ⅢⅠ′相交于Ⅰ点。Ⅰ、Ⅱ、Ⅲ点即为建筑基线点。将经纬仪安置在Ⅰ点处，精确观测∠ⅡⅠⅢ，其角值与 90°之差在 ±20″范围之内，距离相对误差不超过 1/10000。否则，应进行调整。如果建筑红线完全符合作为建筑基线的条件时，可将其作为建筑基线用。

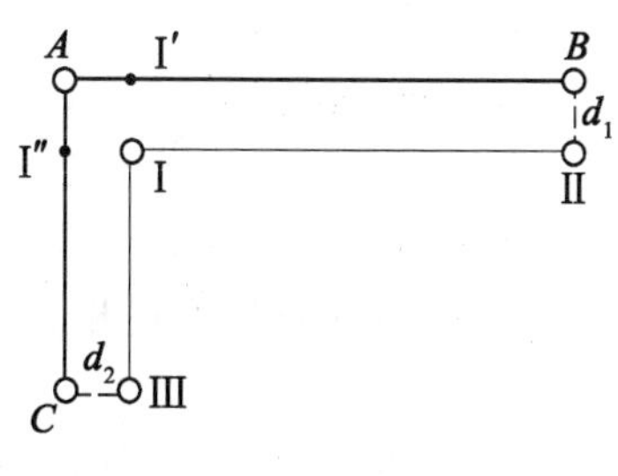

图 11.5

②根据测量控制点测设(放样)。在新建区，建筑场地上没有建筑红线作依据时，可根据建筑基线点的设计坐标和附近已有控制点的关系，按极坐标方法进行测设。如图 11.6 所示，A、B 为附近已有控制点，Ⅰ、Ⅱ、Ⅲ为选定的建筑基线点。首先根据已知控制点和待测点的坐标关系反算出测数据 β_1、d_1、β_2、d_2、β_3、d_3，然后用经纬仪和钢尺(测距仪、全站仪)以极坐标法测设Ⅰ、Ⅱ、Ⅲ点。

由于存在测量误差，测设的基线点往往不在同一直线上(如图 11.7 中的Ⅰ′、Ⅱ′、Ⅲ′点)，故尚需在Ⅱ′点安置经纬仪，精确观测出∠Ⅰ′Ⅱ′Ⅲ′角度。沿与基线垂直的方向各移

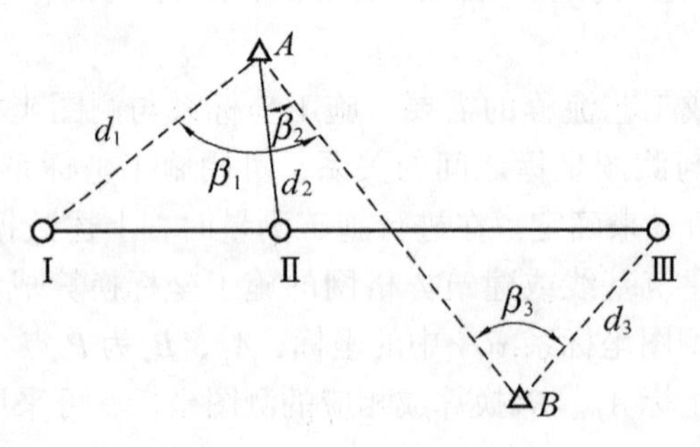

图 11.6

动相等的调整值δ，其值按下式计算：

$$\delta = \frac{ab}{a+b}\left(90^\circ - \frac{\angle \text{Ⅰ}'\text{Ⅱ}'\text{Ⅲ}'}{2}\right)\frac{1}{\rho''} \tag{11.3}$$

式中，d——各点调整值，m；

a、b——分别为ⅠⅡ、ⅡⅢ的长度，m；

ρ''——$\rho''=206265''$。

例如，在图 11.7 中，$a=150\text{m}$，$b=200\text{m}$，$\angle$Ⅰ′Ⅱ′Ⅲ′$=180^\circ 00'50''$，则

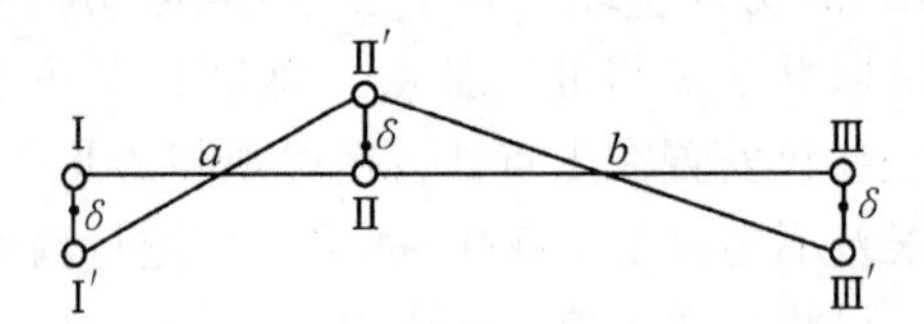

图 11.7

$$\delta = \frac{150\times 200}{150+200}\times\left(90^\circ - \frac{180^\circ 00'50''}{2}\right)\times\frac{1}{206265''} = -0.010\ (\text{m})$$

当$\angle$Ⅰ′Ⅱ′Ⅲ′ < 180°时，δ为正值，Ⅱ′点向下移动，Ⅰ′、Ⅲ′点向上移动；当$\angle$Ⅰ′Ⅱ′Ⅲ′>180°时，δ为负值，点位调整方向与上述相反。此项调整应反复进行，直至误差在允许范围之内为止。

除了调整角度 以外，还应调整Ⅰ、Ⅱ、Ⅲ点之间的距离，若丈量长度与设计长度之差的相对误差大于1/10000，则以Ⅱ点为准，按设计长度调整Ⅰ、Ⅲ两点。

如图 11.8 所示，定出Ⅰ、Ⅱ、Ⅲ点之后，在Ⅱ点安置经纬仪，瞄准Ⅲ点，分别向左、右测设 90°角，并根据主点间的距离，在实地测设出Ⅳ′点、Ⅴ′点。用全圆测回法观测各方向，分别求出$\angle$ⅠⅡⅣ′及$\angle$ⅠⅡⅤ′的角值与 90°之差值ε_1、ε_2，若ε_1、ε_2在±15″范围之外，则按下式计算方向改正数l_1及l_2，即

$$l = L\times\frac{\varepsilon''}{\rho''} \tag{11.4}$$

式中，L——主点间的距离，m。

将Ⅳ′、Ⅴ′两点分别沿ⅡⅣ′及ⅡⅤ′的垂直方向移动l_1和l_2，得Ⅳ、Ⅴ点，Ⅳ′、Ⅴ′的

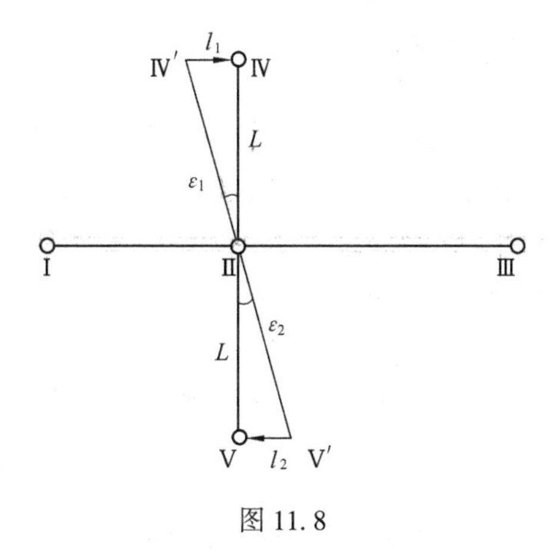

图 11.8

移动方向按观测角值的大小决定，若角值大于 90°，则向左移动。最后再检查∠ⅣⅡⅤ，其值与 180°之差应在±15″范围之内。

建筑基线的测设方法除了上述两种方法以外，还可以根据已有建筑物或道路中线进行测量，其方法与利用建筑红线测设方法相同。

2. 建筑方格网

1) 建筑方格网的布设

在一般工业建(构)筑物之间的关系要求比较严格或地上、地下管线比较密集的施工现场，常需要测设由正方形或矩形格网组成的施工控制网，称为建筑方格网，或矩形网。它是建筑场地中常用的控制网形式之一，也适用于按正方形或矩形布置的建筑群或大型、高层建筑的场地。如图 11.9 所示。

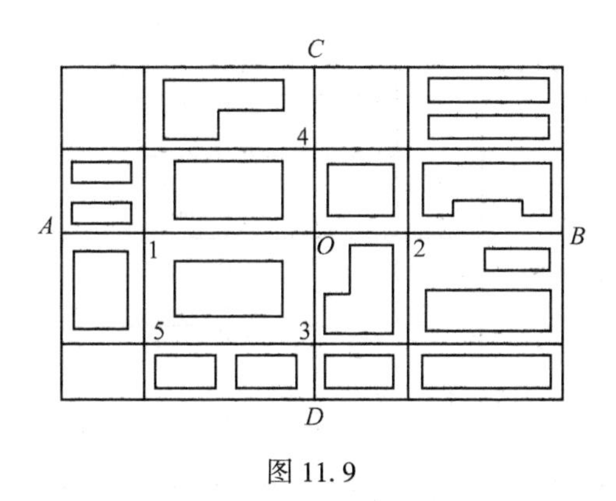

图 11.9

建筑方格网轴线与建(构)筑物轴线平行或垂直，因此可用直角坐标法进行建(构)筑物的定位，放样较为方便，且精度较高。

布设建筑方格网时，其位置或形式应根据建(构)筑物、道路、管线的分布，结合场地的地形等因素，先选定方格网主轴线(图 11.9 中的 A、B、C、D、O 为主轴线点)，再全面布设方格网。布设要求与建筑基线基本相同，需考虑以下几点：

(1)主轴线点应接近精度要求较高的工程；

(2)方格网的轴线应彼此严格垂直；

(3)方格网点之间能长期保持通视；

(4)在满足使用的前提下，方格网点数应尽量少。正方形格网边长一般为 100~200m。矩形控制网边长应根据建筑物的大小和分布而定，一般为几十米或几百米的整数长度。为了能长期保存，各方格网点均应设置固定标志，如图 11.3 所示。考虑到调整点位误差的需要，桩顶一般须固定一块 15cm×15cm×0.5cm 的钢板。

2)建筑方格网的测设

(1)主轴线测设。主轴线测设方法与“十”字形建筑基线测设方法相同，其测设精度应符合表 11.1 中的规定。

表 11.1　　**建筑方格网测设精度要求**

等级	边长(m)	测角中误差(″)	边长相对中误差
一级	100~300	5	1/30000
二级	100~300	8	1/30000

(2)方格网的测设。主轴线确定后，进行分部方格网测设，然后在分部方格网内进行加密。

①分部方格网的测设。在主轴线点 A 和 C 上安置仪器，各自照准主轴线另一端 B 和 D，如图 11.10 所示。分别向左和向右测设 90°角，两方向的交点为 1 点位置，并进行交角的检测和调整。

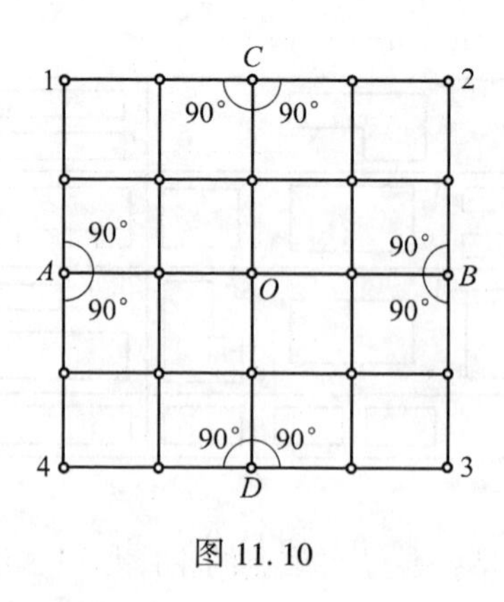

图 11.10

同法，可交会出方格网点 2、3、4。

②直线内分点法加密。在一条方格边上的中间点加密方格网时，如图 11.11 所示，在已知点 A 沿方向线 AO 及丈量至中间点 M 的设计距离 AM，由于定线偏差得 M'点，安置经纬仪于 M'点精确测定 $\angle AM'O$ 的角值 β，按下式求得改正数：

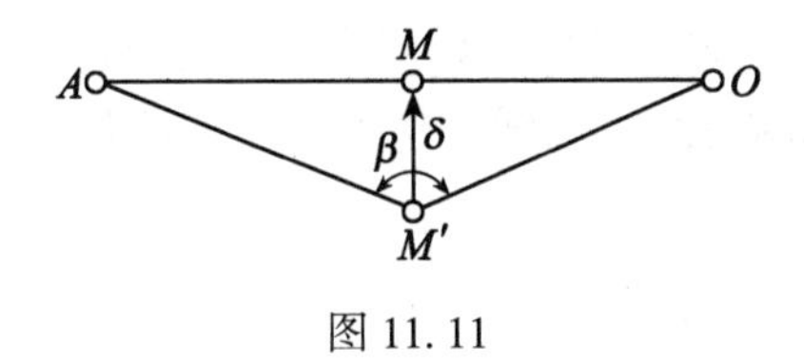

图 11.11

$$\delta = \frac{\Delta\beta''}{2\rho''}D \tag{11.5}$$

式中，D——AM'的距离，m；

$\Delta\beta$——$\Delta\beta = 180° - \beta$。

然后将 M'点沿与 AO 直线垂直方向移动 δ 值到 M 点。同法加密其他各方格点位。

(3)方格网点的验测、调整。由于各种因素的影响，方格网点的几何关系肯定不会完全满足，为此应进行验测以符合表 11.1 中的要求。一般的方法是将测设的方格网点组成导线网，按导线测量的方法测量各网点的实际坐标，与设计值相比较，计算出各点的改正数

$$\begin{aligned}\delta_x &= x_{设计} - x_{实际} \\ \delta_y &= y_{设计} - y_{实际}\end{aligned} \tag{11.6}$$

在毫米方格纸上，以实测点位为原点，以改正值 δ_x 和 δ_y 为坐标 1∶1 地画出两点的相互关系，得到设计点位。带图纸到施工现场，逐个地把图上实测点位对准桩上标志，按方格网边定向后，把设计点位投在桩顶，做好标志，即得到正确的点位。为了防止使用中发生错误，桩顶上的原实测点位标志必须设法消去或与正确点位的标志严格区分。如图 11.12 所示，“·”为原实测点位，“+”为改正后设计点位。

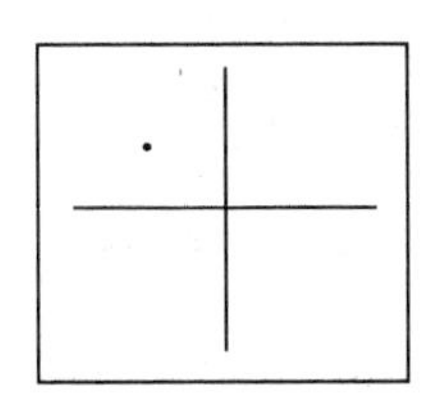

图 11.12

11.2.4　施工高程控制测量

施工高程控制测量的要求是：一是水准点的密度尽可能满足在施工放样时一次安置仪器即可测设出所需的高程点；二是在施工期间，高程控制点的位置应保持不变。

大型的施工场地高程控制网一般布设两级。首级为整个场地的高程基本控制，相应的水准点称为基本水准点，用来检核其他水准点是否稳定。它应布设在场地平整范围之外、土质坚实的地方，以免受震，并埋设成永久性标志，便于长期使用。个数一般不少于 3 个，组成闭合水准路线，尽量与图家水准点联测。可按四等水准测量要求进行施测。对于为连续性生产车间、地下管道放样所设立的基本水准点，按三等水准测量要求进行施测。

另一级为加密网，相应的水准点称为施工水准点，用来直接测设建(构)筑物的高程。通常采用的建筑基线(方格网点)的标桩上加设圆头钉作为施工水准点(如图 11.3 所示)。由基本水准点开始组成闭合或附合水准路线，按四等水准测量要求进行施测。

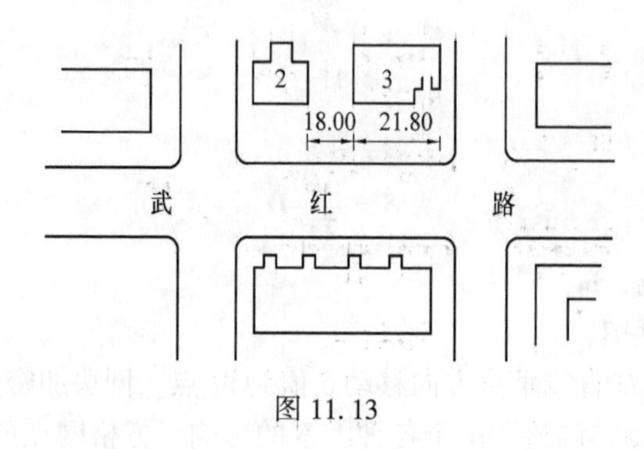

图 11.13

中、小型的建筑场地，首级高程控制网可按四等水准测量要求进行布设，加密网根据不同的测设要求，可按四等水准测量或图根水准测量的要求进行布设。

为了施工放样的方便，在每栋较大的建(构)筑物附近，还要测设±0.000 高程标志，其位置大多选在较稳定的建(构)筑物墙、柱的侧面，用红油漆涂成上顶为水平线的“∇”形，旁边注明其标高值。

11.3　建筑物的定位放线

民用建筑按用途分类有住宅、商店、办公楼、学校、影剧院等，按层数分类有单层、低层(2~3 层)、多层(4~8 层)和高层(9 层以上)。由于类型不同，其测设(放样)的方法及精度要求有所不同，但过程基本相同，大致为准备工作，建筑物的定位、放线，基础工程施工测量，墙体工程施工测量，各层轴线投测及标高传递等。

11.3.1　熟悉有关图纸，准备测设数据，绘制测设略图

设计图纸是施工及施工测量的主要依据。与测设有关的图纸主要有以下几项：

(1)建筑总平面图(见图 11.13)。从该图中查出或计算设计建筑物与原有建筑物或测量控制点之间的平面尺寸和高差，作为测设建筑物总体位置的依据。

(2)建筑平面图(底层和标准层见图 11.14)。从该图中查取建筑物总尺寸和内部各定位轴线之间的关系尺寸，它是施工放样的基本资料。

(3)基础平面图(见图 11.15)。从该图中查取基础边线与定位轴线的平面尺寸，以及基础布置与基础剖面位置关系。

(4)基础剖面图(见图 11.16)。从该图中查取基础立面尺寸、设计标高、宽度变化以及基础边线与定位轴线的尺寸关系，它是基础放样的依据。

(5)建筑结构的立面图和剖面图。从该图中查取基础、室内外地坪、门、楼板、屋架、屋面等处的设计标高，它是高程放样的主要依据。

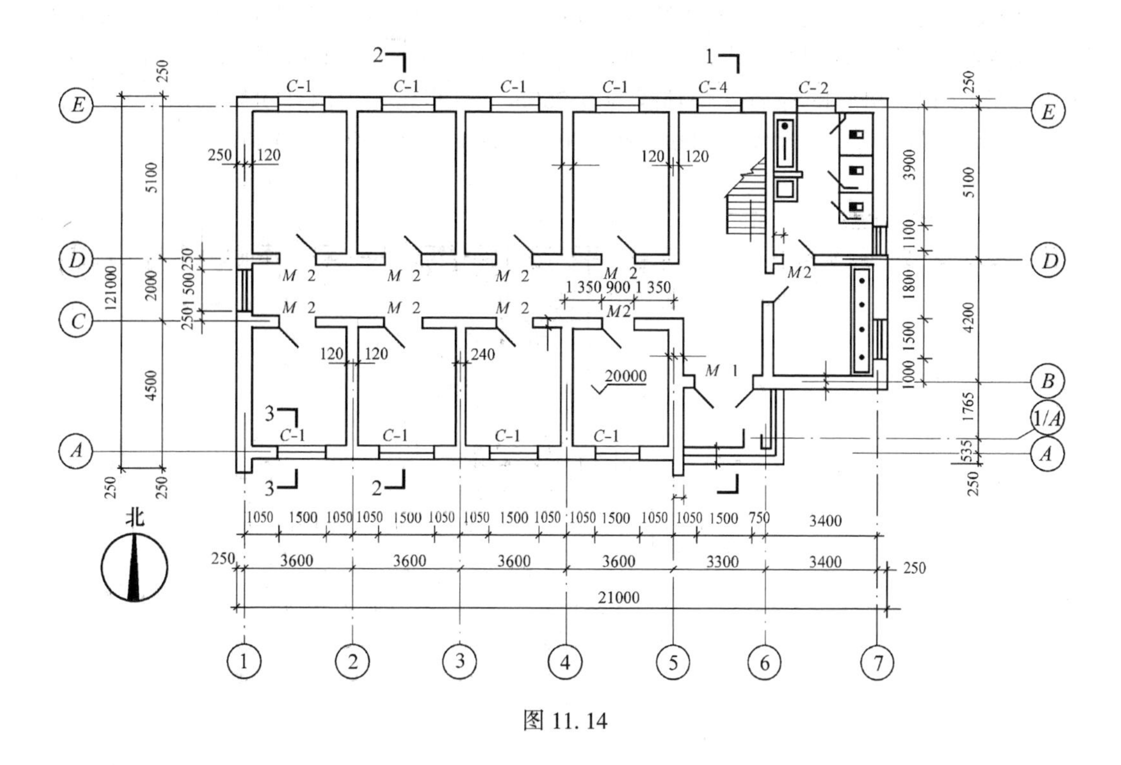

图 11.14

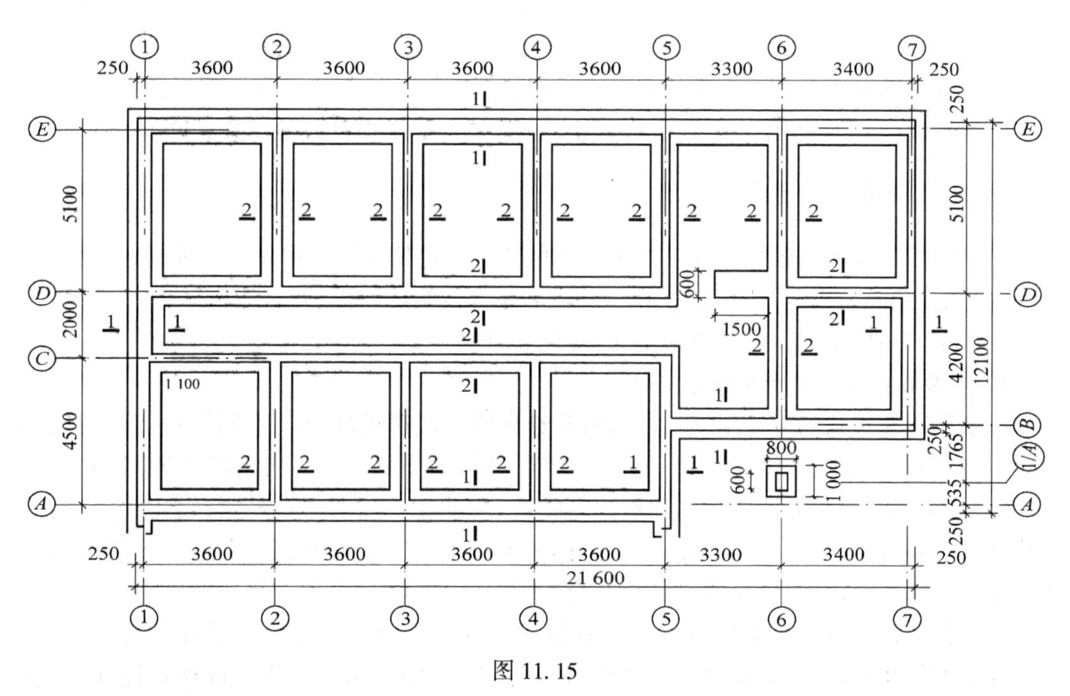

图 11.15

从上述各种设计图中获得所需的测设数据，并对各设计图纸中相应部位的有关尺寸及测设数据进行仔细核对，必要时将图纸上主要尺寸抄于施测记录本上，以便随时查找使用。

根据测设数据绘制测设(放样)略图，如图 11.17 所示。图中标有已建的房屋Ⅱ号及拟建房屋Ⅲ号之间平面尺寸、定位轴线间平面尺寸和定位轴线控制桩等。由图 11.15 或图 11.16 可知，拟建房屋的外墙皮距轴线为 0.250m，为使施工后两建筑物的南墙皮齐平，所以在测设略图上将定位尺寸 18.00m 和 4.00m 分别加上 0.250m 后注在图上。

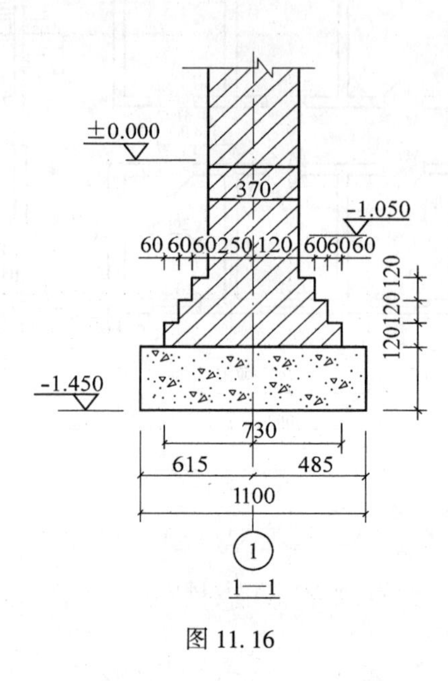

图 11.16

通过现场踏勘，全面了解现场情况，检校仪器工具，检查原有测量控制点，准备测设数据，绘测设(放样)略图，按照施工进度计划，制定测设方案，即可开始测设。

11.3.2　建筑物的定位

建筑物的定位就是根据设计中给定的定位条件、定位依据，将建筑物外廓各轴线的交点(或外墙皮角点)测设到地面上，作为基础和细部放线的依据。

由于定位条件不同，定位方法主要有以下四种。

1. 根据与原有建筑物的关系定位

一般民用建筑物的设计图上，有时通常给出的是拟建建筑物与附近原有的建筑物的相对位置及尺寸，如图 11.17 所示。此时就可根据原有的建筑物测设出拟建的建筑物。

如图 11.18 所示(有斜线的是原有建筑物)，先从 A、B 两个点作平行线 $A'B'$。延长平行线 $A'B'$，可定出 E'、F'、I'等点，然后用直角坐标法就可测设出拟建建筑物的 EF、GH、IJ 等轴线(交)点。以此就可定出其余各轴线。

如果拟建建筑物与原有建筑物的主轴线成一任意角度，可以利用平行线的方法来测设。如图 11.19 所示(有斜线的是原有建筑物)，距离 MB、MQ 以及 $\angle AMQ$ 是设计图纸给定的，在测设拟建建筑物 PQ 轴线前先作平行线 $A'B'$，其与 AB 的间隔为 d，为了确定 C 点在平行线 $A'B'$上的位置，需要确定出距离 CC'。由图 11.19 可知，$CC'=d\times\cot60°$，由 B' 点起量距离 $CB'=CC'+MB$，即可在平行线上定出 C 点的位置。而距离 $CQ=MQ-MC$，其中

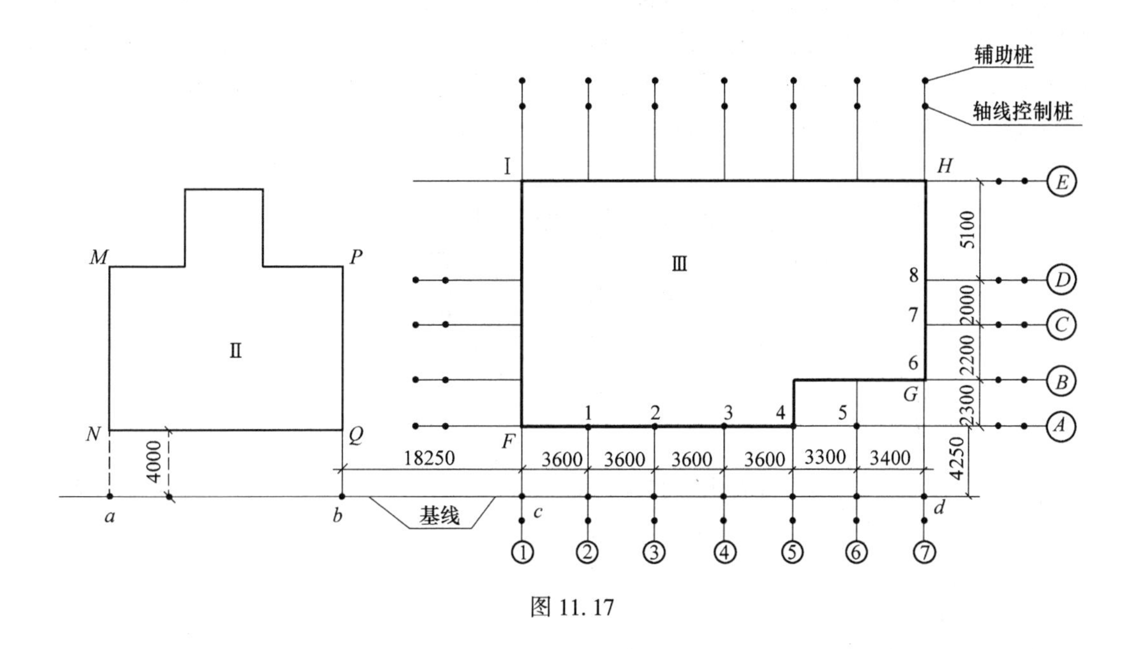

图 11.17

$MC=\dfrac{d}{\sin 60°}$。在 C 点安置经纬仪，照准 A' 逆时针方向转动照准部 60°角，得 CQ 的方向，自 C 点起量距离 CQ 得 Q 点。在 Q 点上安置经纬仪，照准 C 点，逆时针方向转动照准部 90°角，量取距离 QP，即定出 PQ 轴线。

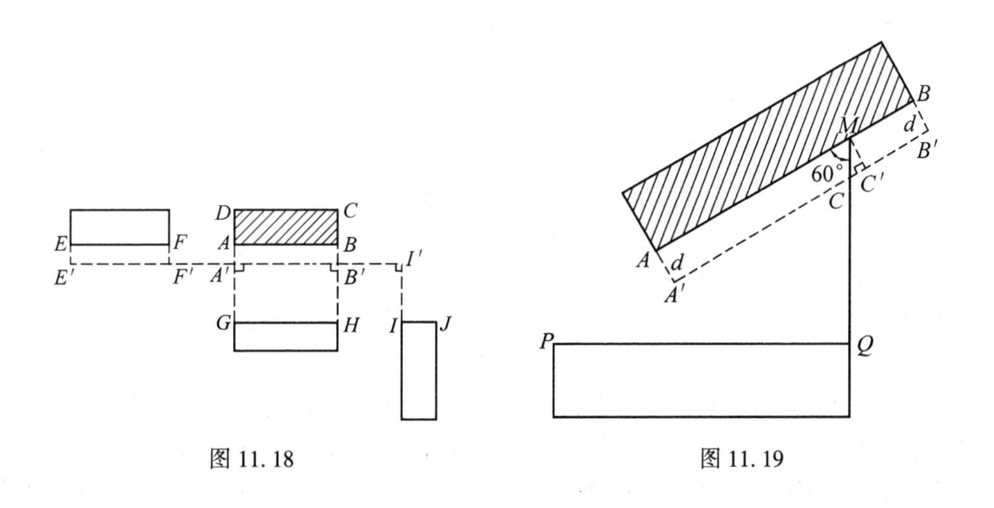

图 11.18　　图 11.19

Q 点也可由 MQ、AQ 两段距离交会来确定。因 AM、MQ 及 $\angle AMQ$ 为已知，则

$$AQ=\sqrt{\overline{AM}^2+\overline{MQ}^2-2\,\overline{AM}\times\overline{MQ}\times\cos\angle AMQ} \tag{11.7}$$

用两把钢尺将零点分别对准 A、M 两点，在对准 A 点的钢尺上找出 AQ 读数和在对准 M 点的钢尺上找出 MQ 读数，拉直两钢尺，则两读数对齐处即为 Q 点的位置，采用此法时，MQ、AQ 两段距离必须小于一整尺。

【例 11.1】欲在原锅炉房西侧进行扩建，其设计尺寸与原锅炉房的相对位置如图 11.20 中所注，叙述其定位方法与过程。

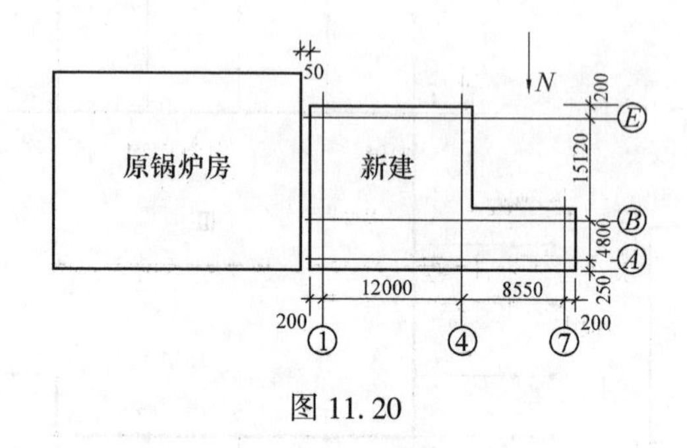

图 11.20

【解】(1)分析。从图中可看出两建筑物的北墙外皮对齐，中间留有 0.050m 的施工缝。①轴到原锅炉房西墙外皮为 0.250m，Ⓐ轴到北墙外皮为 0.250m，定位时直接定出各轴线的桩位，以便施工。

(2)定位过程：

①在原锅炉房的西墙外皮上，从北墙外皮向里量取 0.250m，即得Ⓐ轴标志，再继续量出 4.800m 和 15.120m+4.800m＝19.920m 分别得到Ⓑ轴、Ⓔ轴标志，如图 11.21 所示。

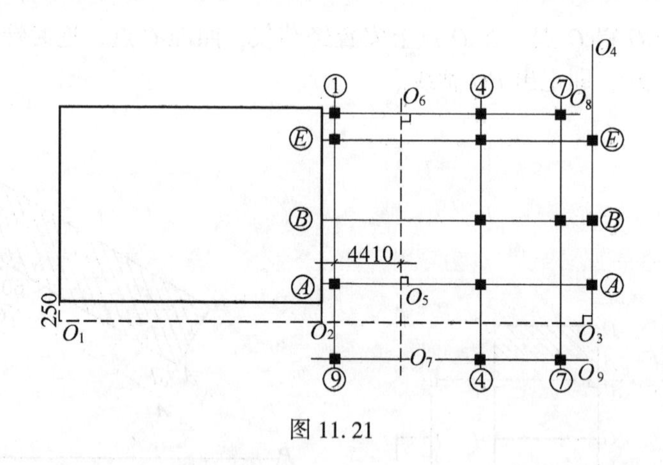

图 11.21

②从原锅炉房北墙两端各向外丈量出 0.250m 得 O_1、O_2 两点，在 O_2 上安置经纬仪，延长 O_1O_2 到 O_3 点，在 O_3 点上安置经纬仪照准 O_1 点旋转照准部 90°得 O_3O_4 方向线。

③在 O_3O_4 方向上依次量取 0.500m 得Ⓐ轴桩位，继续丈量 4.800m 和 4.800m+15.120m＝19.920m 得到Ⓑ轴、Ⓔ轴桩位，各自与墙上相应轴线标志的连线就是Ⓐ、Ⓑ、Ⓔ三轴的位置。

④在Ⓐ轴桩位上安置经纬仪，照准墙上标志Ⓐ，下转望远镜在Ⓐ轴线上得 O_5 点，量取 O_5 到西墙皮的距离，若为 4.410m，在 O_5 点上安置经纬仪照准Ⓐ轴桩位，旋转照准部 90°得 O_6O_7 方向线。在 O_6 点上安置经纬仪，照准 O_7 点，旋转照准部 90°，得 O_6O_8 方向线，从该方向上由 O_6 向东量取 4.410m−0.250m＝4.160m 得①轴桩位，向西分别量取 12.000m

+0.250m−4.410m=7.840m 和 12.000m+0.250m−4.410m+8.550m=16.390m 得到④轴、⑦轴的桩位。同理，在 O_7 点安置仪器也可定出①轴、④轴和⑦轴的桩位。相应轴线桩位的连线即①、④、⑦轴的位置。

⑤由各轴线的交点即可定出该建筑物的位置。在交点上安置经纬仪，观测其夹角应为 90°，其差值不超过容许值，否则应调整桩位。

2. 根据建筑红线或道路中心线定位

图 11.22(a)、(b)中的甲、乙两点为建筑红线点，其连线就为建筑红线，它一般与道路中心线平行。

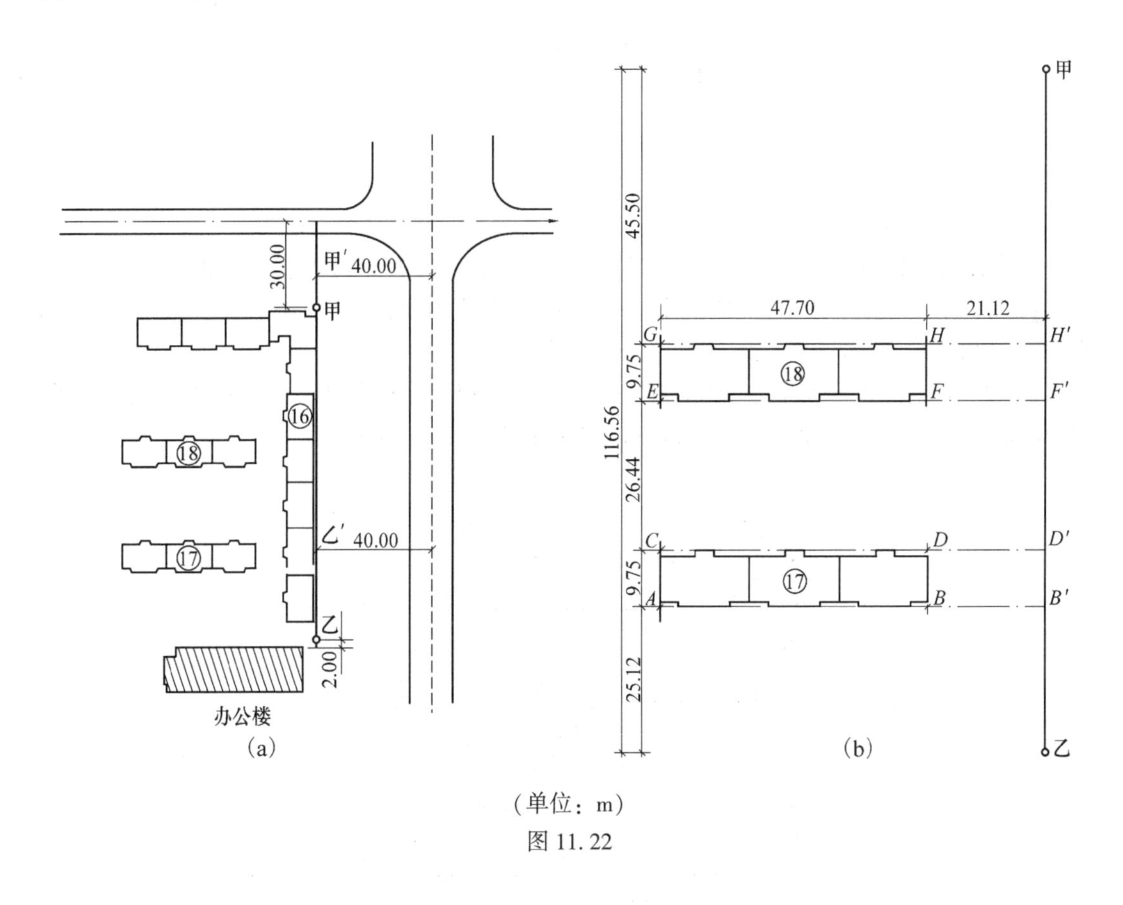

（单位：m）

图 11.22

根据甲、乙红线桩测设 17 号和 18 号拟建建筑物的轴线 AB、CD 和 EF、GH 时，先在甲点上安置经纬仪，照准乙点，在视线方向上从甲点起量取 45.50m 得到 H' 桩点，再继续量取 9.75m+26.44m+9.75m=45.94m 得到 B' 桩点(桩上钉中心钉)。然后分别在 H' 和 B' 点上安置经纬仪，照准乙(甲)点，顺(逆)时针转动照准部 90°角，在视线方向上依次量取 21.12m、47.70m，钉出 H、G 和 B、A 各桩。随后在 G 点和 A 点上安置仪器，观测 $\angle H'GA$ 和 $\angle GAB'$ 值，与 90°比较，其差值在±40″范围内即为合格，实量 AG 与 $B'H'$，比较其相对误差不超过 1/3000 即为合格。在容许范围之内，根据实际情况对桩位做适当的调整。最后，由矩形 $ABHG$ 测设出 C、D、E、F 各点，就得到 17 号和 18 号拟建建筑物的轴线 AB、CD 与 EF、GH。

图 11. 23 所示为拟建建筑物 $ABCD$ 与道路中心线平行，根据设计给定的条件，在 M 点上安置经纬仪定出 N、Q 两点，在这两点上用经纬仪按直角坐标法可测设出该建筑物的轴线。

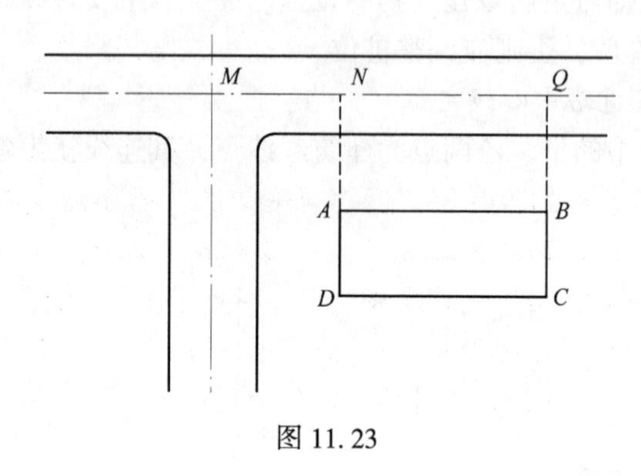

图 11. 23

【例 11. 2】某建筑物的平面位置如图 11. 24 所示，试述其定位方法及过程。

【解】(1)在马路中线交点 M 上安置经纬仪，照准 M'点，在马路中线上量取 9. 800m 得 N 点，再继续量 46. 500m 得 P 点。

(2)在 N 点安置经纬仪，照准 M'点，顺时针旋转照准部 90°，在视线方向上量取 34. 400m 得 Q 点，再继续量取 9. 900m+13. 200m = 23. 100m 得 R 点。

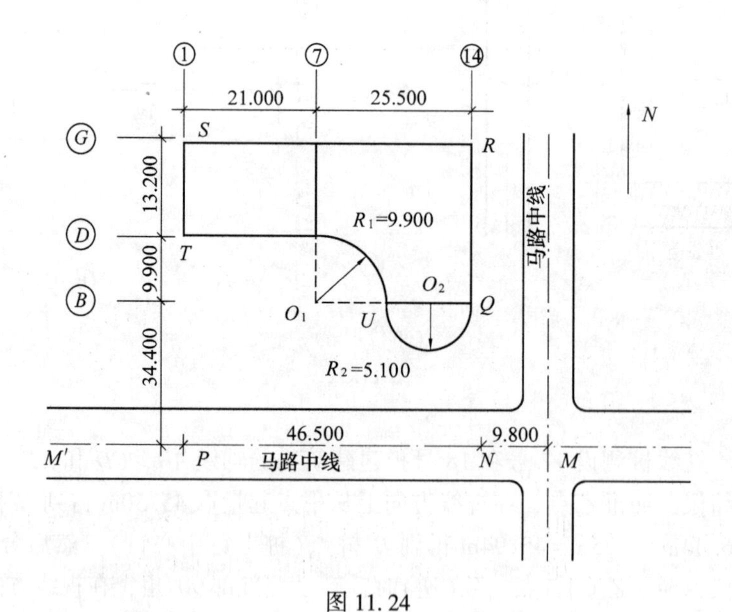

图 11. 24

(3)在 P 点上安置经纬仪，照准 M 点上，逆时针旋转照准部 90°，在视线方向上量取 34. 400m+9. 900m = 44. 300m 得 T 点，再继续量取 13. 200m 得 S 点。

(4)在 S 点安置经纬仪照准 P 点，逆时针旋转照准部 90°，应能照准 R 点，并丈量 SR 距离，其差值均应在容许值之内。否则，应调整桩位。

(5)S、R 两点边线即为Ⓖ轴，R、Q 连线即为⑭轴，S、T 连线即为①轴。在 Q 点安置经纬仪，照准 R 点，逆时针旋转照准部 90°，量取 10.200m 得 U 点，Q、U 连线就为Ⓑ轴。以此按图纸设计尺寸就可定出其余轴线的位置。

(6)Ⓑ轴与⑦轴的延长线相交于 O_1 点，以 O_1 点为圆心，9.900m 为半径就可放出该段圆弧。以 QU 的中点 O_2 为圆心、以 5.100m 为半径可放出其圆弧。

3. 根据建筑方格网定位

如图 11.25 所示，方格网点 A、B 及拟建建筑物的四个外角点 M、N、Q、P 的坐标是设计图纸给定的。由这些点的坐标就可以用简单的加、减方法计算出 M 点与 A 点的横坐标差 e、纵坐标差 aM，建筑物的长度 MN 及宽度 PM、NQ。在 A 点安置经纬仪，瞄准 B 点，在经纬仪视线方向上量取距离 e 及 MN 得 a、b 两点，分别在 a、b 两点处安置经纬仪，后视 A 点，用直角坐标法就可测出 M、P 及 N、Q 各点。实量 MN、PQ 边的长度进行检核，与设计值比较，若其相对误差不大于 1/3000 即为合格。

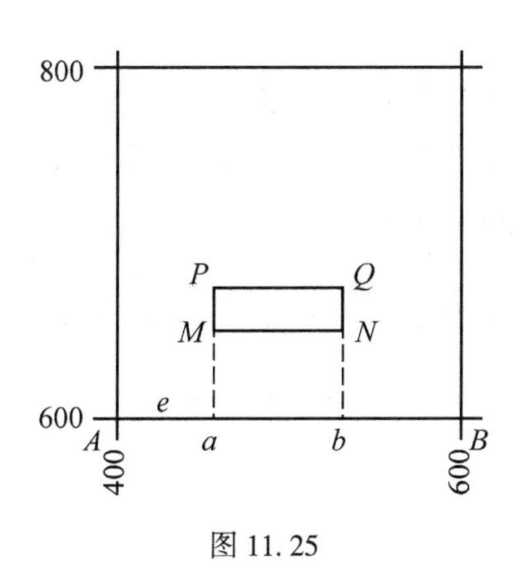

图 11.25

4. 根据控制点定位

从测量控制点上测设拟建建筑物，一般都是采用极坐标或角度前方交会法。如图 11.26 所示，测量控制点 A、B 及拟建建筑物外角点 M、N 坐标由设计图纸给定。若 M 点用极坐标法测设则要计算出图中的角 α_2 及距离 S。若 N 点用角度交会法测设，利用相应点的坐标反算出各边的方位角，就可计算夹角 α_1 及 β_1。

计算公式、方法及测设过程与点的平面位置测设方法相同。为了避免差错，测设前应备有测设示意图。各项数据算出后均应经过校核。

在设计图纸中所给定的拟建建(构)筑物的坐标值，大多数为外角坐标，测设出的点位为建筑物的外墙皮角点，施工时必须由此点位再测设出轴线交点桩。

11.3.3 建筑物定位的注意事项

(1)认真熟悉有关图纸及有关技术资料，审核各项尺寸，发现图纸有不符之处与有关技术部门核实改正。施测前绘制测量定位略图，并标注相关测设数据。

(2)施测过程的每个环节都要仔细认真，精心操作。尽量做到以长方向控制短方向，引测过程的精度不低于控制网精度。

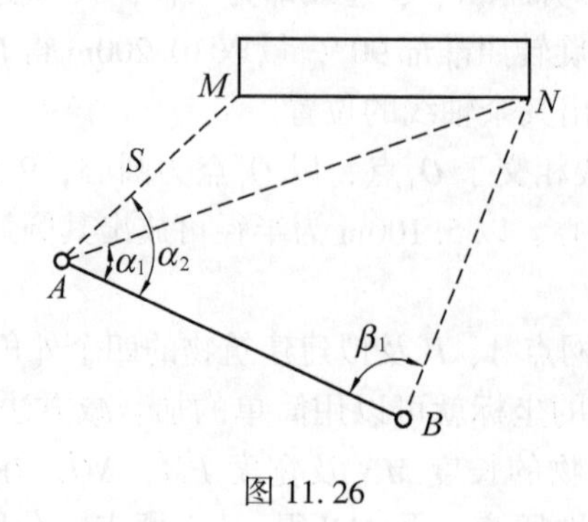

图 11.26

(3)基础施工中最容易发生问题的地方是错位，容易把中线、轴线、边线搞混看错。标注桩位时，一定写清轴线编号、偏移距离和方向。

(4)控制桩要做好明显标记，以便引起人们注意。桩周围要设置保护措施，防止碰撞破坏。定期检测，保证测量精度。

(5)寒冷地区应采取防冻措施。

11.3.4　工程测量定位记录

工程测量定位记录见表 11.2。

表 11.2　**工程测量定位记录**

工程测量定位记录		编号	
工程名称		委托单位	
图纸编号		施测日期	
坐标依据		复测日期	
高程依据		使用仪器	
允许误差		仪器检验日期	

定位抄测示意图：

复测结果：

签字栏	建设(监理)单位	施工(测量)单位		测量员证书号	
		专业技术负责人	测量负责人	复测人	施测人

11.3.5 建筑物的放线

建(构)筑物各外墙轴线交点桩定位，经验核无误后，方可进行建筑物的放线。所谓建筑物放线是指根据定位的轴线交点桩，详细测设其他各轴线交点的位置，并用木桩(桩顶钉中心钉)标定出来，称为中心桩，并由此按基础宽及放坡宽用白灰撒出基槽(坑)开挖的边界线。放线方法如下：

1. 测设外墙周边上各轴线交点桩

如图 11.27 所示，在 *M* 点安置经纬仪，照准 *Q* 点，用钢尺沿 *MQ* 方向量出相邻轴线间的距离，定出②，③，④，…各轴线与Ⓐ轴的交点的桩(也可以每隔 1~2 轴线定一点)。同理可定出其余各轴线的交点桩，量距精度应达到 1/3000。丈量各轴线间距时，钢尺零端要始终对在同一点上。

由于基槽(坑)开挖时这些轴线交点桩都要挖掉，因此在挖槽工作开始前，要把这些桩移到施工范围以外的安全地方，以便作为各阶段施工中恢复轴线的依据。其方法是：延长这些轴线至一定距离，在施工范围外的安全地方钉设轴线控制桩或龙门板，将这些轴线位置固定下来。

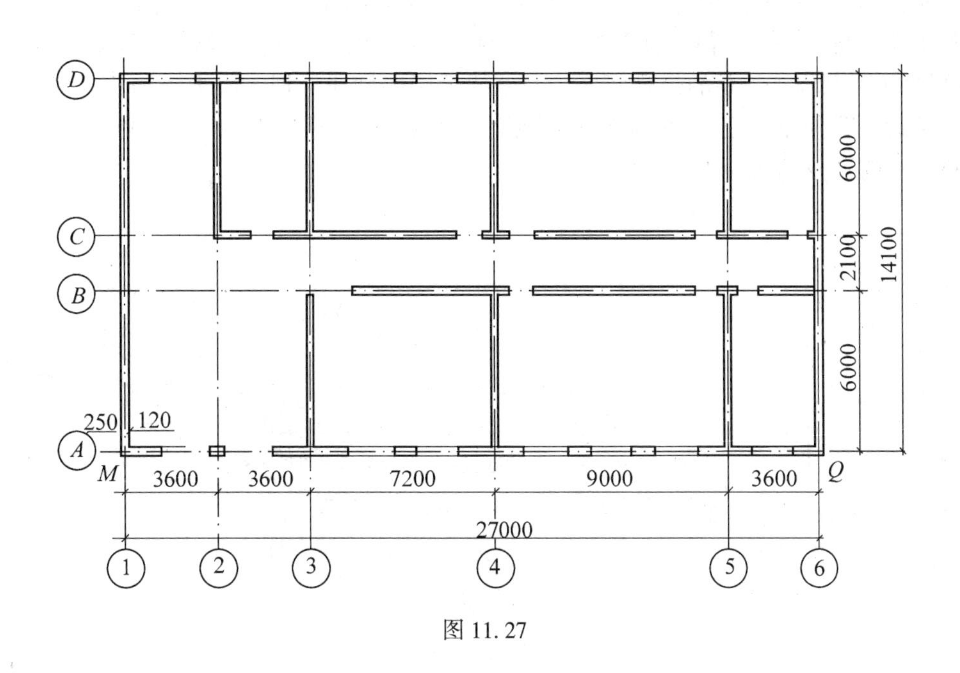

图 11.27

2. 测设轴线控制桩(引桩)

在大面积开挖的箱形基础或桩基础的施工场地以及机械化施工程度高的工地，常测设轴线控制桩。测设时，在轴线交点桩上安置经纬仪，照准另一轴线交点桩，沿视线方向用钢尺向基槽(坑)外侧量取一定距离(一般为 2~4m)，打下木桩，桩顶钉中心钉，准确标定出轴线位置，并用混凝土包裹木桩。如图 11.28 所示。

必要时，应砌筑保护井，加盖保护。在大型施工场地放线时，为了保证轴线控制的精度，通常是选择测设轴线的控制桩，然后根据轴线控制桩测设各轴线交点桩。在中小型的

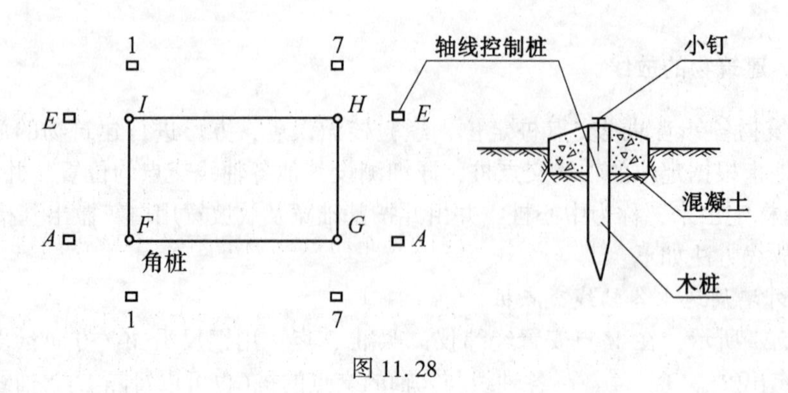

图 11.28

施工场地上，轴线控制桩是根据外墙轴线交点桩(角桩)引测的。如有条件也可把轴线引测到周围固定的地物上，并作好标志，注明轴线号，以便恢复轴线时使用。利用这些轴线控制桩作为在实地上定出基槽(坑)上口宽、基础边线等的依据。

3. 龙门板的设置

在一般民用建筑中，人工开挖的条形基础的施工场地上，常采用测设龙门板。如图 11.29 所示，在建筑轴线两端距槽边 1.5~2.0m 适当位置钉设一对与轴线垂直的保留大木桩，称为龙门桩，桩要钉得竖直和牢固。利用附近的水准点，将建筑物的室内地坪设计标高(±0.000)引测到龙门桩的外侧面上，用红铅笔画一横线。把木板上沿与桩上的±0.000 线对齐钉设，称为龙门板(如果施工现场地面太高或太低，也可测设比±0.000 高或低一整数的标高线钉设龙门板，并注明)。

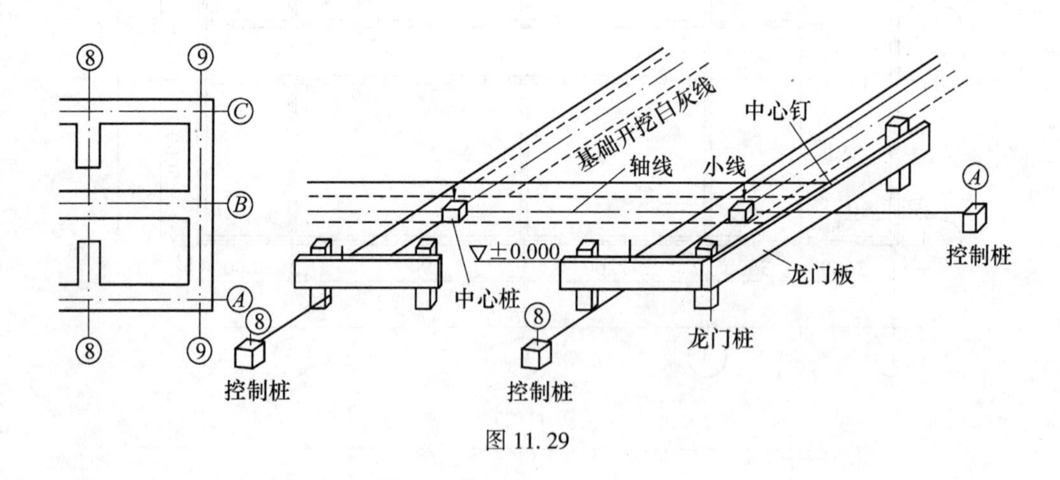

图 11.29

将经纬仪安置于轴线交点上，照准另一轴线交点后，将轴线引测到龙门板上，钉上小钉(称为中心钉)。用钢尺沿龙门板顶面实量各中心钉(轴线)间的距离是否正确，用水准仪检查各龙门板顶的±0.000 标高是否正确。经检核无误后，以中心钉为准，将墙宽、基础宽标在龙门板上。

11.3.6　建筑物定位放线的检验测量

当施工员、测量员放线完毕，质检员应立即进行放线检验测量，以检核放线、桩位有无错误。

检测项目主要包括：

(1)根据设计总平面图，查算建筑物轴线的平面坐标，以及该桩与现场控制点的相关位置和放线需要的数据，然后用仪器复核各轴线桩是否正确。同时，也要检验龙门板上的轴线标记位置。若发现问题，应立即与放线人员查找原因，进行调整或重测。

(2)根据现场水准点，质检员用水准仪对龙门板或墙上的±0.000标高进行检查，务必符合规范要求。

以上检验均应及时记录，并妥善保存。在施工过程中进行有关检测时，常需查对原始资料。同时，在工程竣工验收填写验收报告及编绘竣工图时，均需附上这些资料。

一般建筑放线时，±0.000标高测设误差范围为±5mm，轴线间距离校核相对误差不得大于1/3000，其夹角允许误差范围为±40″。

11.3.7　施工测量放线报验表

施工测量放线报验表见表11.3。

表11.3　**施工测量放线报验表**

施工测量放线报验表		编号	
工程名称		日期	

致＿＿＿＿＿＿＿(监理单位)：

我方已完成(部位)＿＿＿＿＿＿＿＿

(内容)＿＿＿＿＿＿＿＿

的测量放线，经自检合格，请予查验。

附件：1. □放线的依据材料＿＿＿＿＿＿＿＿页

2. □放线成果表＿＿＿＿＿＿＿＿页

测量员(签字)：　　岗位证书号：

查验人(签字)：　　岗位证书号：

承包单位名称：　　技术负责人(签字)

查验结果：

查验结论：　□合格　　□纠错后重报

监理单位名称：　　监理工程师(签字)：　　日期：

11.4　基础施工测量

11.4.1　基槽开挖边线放线

在基础开挖前，按照基础剖面图上的尺寸，考虑到放坡及工作面大小，确定出基槽的上部开挖宽度。在两端由轴线桩向两边各量出开挖尺寸，并做好标记；在两端标记之间拉一细线，沿着细线在地面上用白灰撒出基槽开挖边界线。

1. 放坡宽度和开挖宽度

基础开挖的宽度与基础开挖深度及土质条件有关。若施工组织设计中对开挖边线有明确规定，撒白灰线时按此规定办理。若只给定放坡比例，则按照图 11.30 计算放坡宽度和开挖宽度，计算公式为：

$$b_4 = KH$$

左侧开挖宽度：　$b_L = b_1 + b_3 + b_4$

右侧开挖宽度：　$b_R = b_2 + b_3 + b_4$

总的开挖宽度：　$b = b_1 + b_2 + 2(b_3 + b_4)$

式中，b_1、b_2—— 基础两侧到轴线距离；b_3—— 施工面宽度；b_4—— 放坡宽度；K—— 放坡系数。

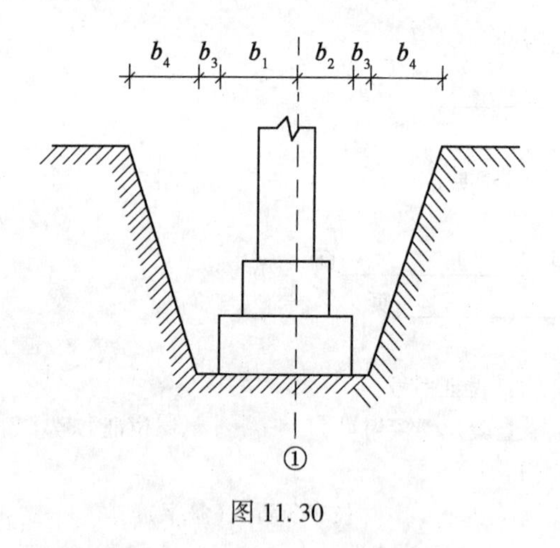

图 11.30

2. 施工面宽度

若施工组织设计中对施工面宽度有明确规定，按规定计算；否则，可参照下面规定计算：

毛石基础或砖基础，每边增加施工面 15cm；

混凝土基础或垫层需支模的，每边增加施工面 30cm；

使用卷材或防水砂浆做垂直防潮层时，增加施工面 50cm。

3. 放坡系数

若施工组织设计中无明确规定，可参照表 11.4 规定计算。

表 11.4 基础边坡的放坡系数

土的类型	放坡宽度(高：宽)		
	坡顶无荷载	坡顶有荷载	坡顶有动载
中密的砂土	1：1.00	1：1.25	1：1.50
中密的碎石类土(填充物为砂土)	1：0.75	1：1.00	1：1.25
硬塑的粉土	1：0.67	1：0.75	1：1.00
中密的碎石类土(填充物为黏土)	1：0.50	1：0.67	1：0.75
硬塑的粉质黏土、黏土	1：0.33	1：0.50	1：0.67
老黄土	1：0.10	1：0.25	1：0.33
软土	1：1.00		

在地质条件良好，土质均匀且地下水位于槽底或管沟底面标高，坚硬的黏土挖深不超过2.0m，其他土质挖深超过1.5m。可直立开挖，不放坡；否则，按上表要求放坡或作直立壁加支撑，以防止塌方造成安全事故。

11.4.2 基础施工测量的方法

在建(构)筑物的基础工程施工阶段，由于基础的形式不同，施工测量的方法也有所不同。

1. 条形基础的施工测量

1)水平桩的测设

一般民用建筑大多采用条形基础。当基槽开挖到一定深度时，在基槽壁上自拐角开始，每隔3~4m，由龙门板上沿的±0.000标高测设一比槽底设计标高高0.5m的水平桩，作为挖槽深度、找平槽底和垫层的标高依据。

如图11.31所示，室内地坪(±0.000)的设计标高为49.800m，槽底设计标高为48.100m，欲测设比槽底设计标高高0.500m的水平桩。其标高为48.100m+0.500m=48.600m。在槽边适当处安置水准仪，在龙门板上立水准尺，读得后视读数为0.774m，则视线高为49.800m+0.774m=50.574m。求得水准尺立在水平桩上的前视读数为50.574m-48.600m=1.974m。在槽内一侧立水准尺，上下移动，当水准仪读数为1.974m时，用一木桩水平地紧贴尺底钉入槽壁，即为所测的水平桩。同理，测设出其余各桩。水平桩测设的标高容许误差范围为±10mm。

2)槽底放线

垫层打好后，用经纬仪或拉细线挂垂球，把龙门板或控制桩上的轴线投测到垫层上，如图11.32所示，用墨线弹出墙体中心线和基础边线(俗称撂底)，以便砌筑基础。整个

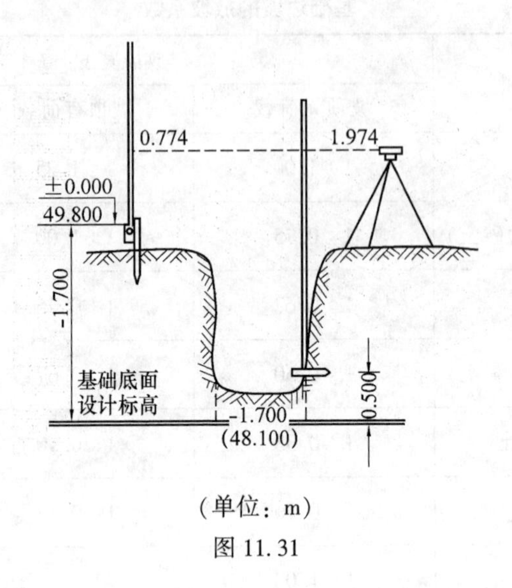

（单位：m）

图 11.31

墙体形状及大小均以此线为准。它是确定建筑物位置的关键环节，必须严格校核。

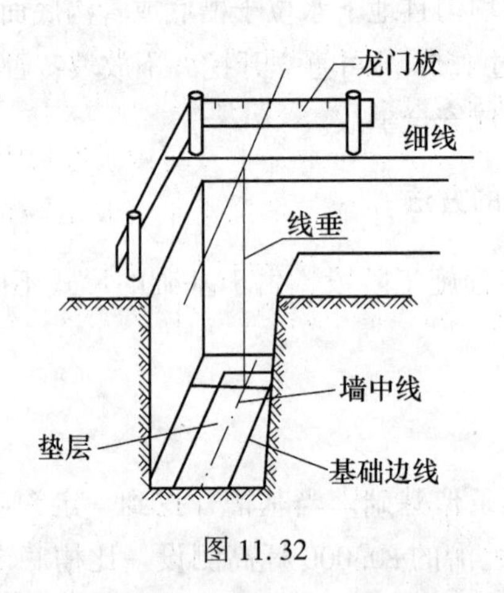

图 11.32

3)基础墙砌筑时的标高控制

砖基础砌筑时，一般采用基础皮数杆作为标高控制依据。基础皮数杆是一根木制的杆子(图 11.33)。按照设计尺寸，在杆子上将砖厚度、灰缝厚度、层数画出，并标明±0.000、防潮层等标高位置。

在立皮数杆处打一大木桩。用水准仪在该木桩上测设一条比垫层顶标高高一数值(如10cm)的水平线。将皮数杆上标高相同的一条线与木桩上的水平线对齐，并用大钉把皮数杆钉到木桩上，作为砌砖时的标高依据。

毛石基础砌筑时，在龙门板中心钉上挂细线，以控制砌筑毛石基础的高度。

基础墙体砌筑完后，用水准仪检查各轴线交点上的基础面的标高是否符合设计要求。一般民用建筑物的基础面标高容许误差范围为±10mm。

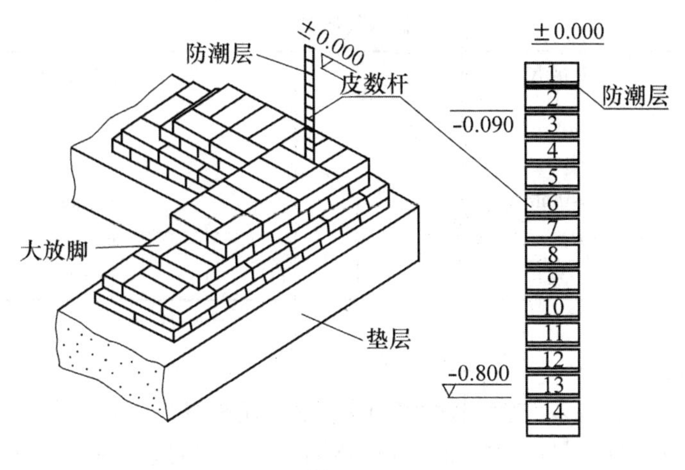

图 11.33

2. 箱形基础的施工测量

箱形基础施工时，开挖范围较大、深度较深，测量工作应密切配合。

1)坑底标高引测

由于开挖较深，可采用吊钢尺法把地面水准点 A 的高程，引测到坑底水平桩 B 上，其容许误差范围为±5mm。如图 11.34 所示，在基坑中悬吊一根钢尺，尺下端吊一 10kg 重锤。用地面和坑内的两台水准仪分别读取地面及坑内水准尺上读数 a 和 d，并同时读取钢尺读数 b 和 c。若水准点 A 的高程为 H_A，那么水平桩 B 的高程为

$$H_B = H_A + a - (b - c) - d \tag{11.8}$$

由 B 点高程就可在坑壁每隔一定距离测设出比坑底设计标高高 0.5m 的水平桩，作为挖深及垫层找平的依据。

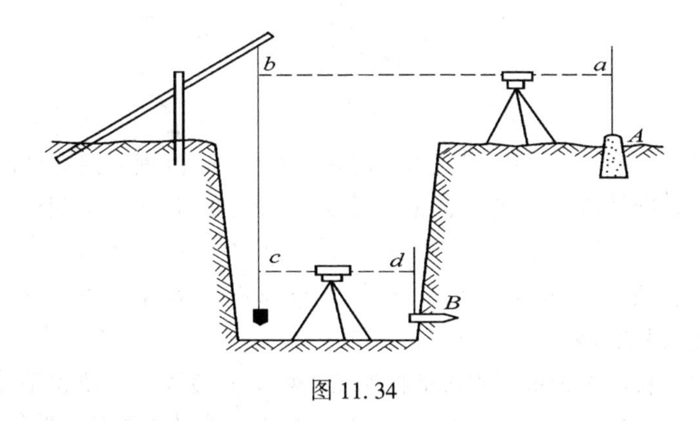

图 11.34

2)坑底放线

垫层打好后，在控制桩上安置经纬仪，将主要轴线测设到垫层上，由此按设计图纸弹出其余轴线及墙、柱的中线与边线等，并对外廓轴线交角及间距进行严格检核，符合表 11.5 中要求后弹出墨线方可交付施工。

表11.5 **基础放线容许误差**

长度 L，宽度 B 的尺寸	容许误差范围
$L(B)\leqslant 30$m	±5mm
30m<$L(B)\leqslant 60$m	±10mm
60m<$L(B)\leqslant 90$m	±15mm
90m$\leqslant L(B)$	±20mm
外廓轴线夹角	±30″

3. 桩基础的施工测量

由于各种原因，有些多(高)层建筑物的基础采用桩基础。桩位的排列随着建筑物形状和基础结构不同而异，最简单的是排列成格网形式。有的基础是由若干个基础梁及承台连接而成。基础梁下面采用单排或双排桩支撑，沿轴线排列。承台下面采用群桩支撑。其排列有的按矩形、有的按梅花形，如图11.35所示。

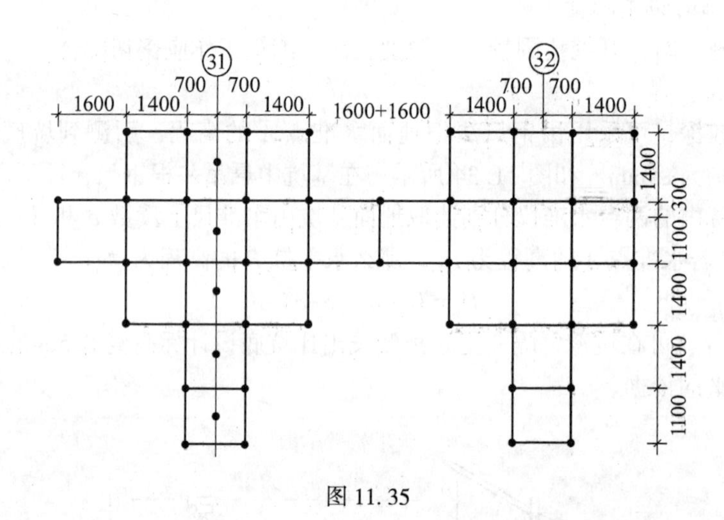

图11.35

测设桩位时，排桩纵向(沿轴线方向)偏差应在±3cm范围之内，横向偏差应在±2cm范围之内，位于群桩外围边上的桩，偏差不大于桩径的1/10，中间的桩不大于桩径的1/5。

1)桩位测设

在定位轴线交点桩或轴线控制桩上，拉细线恢复各轴线，检查无误后方可测设桩位。

对于布设在轴线上的桩位，用钢尺沿细线按设计尺寸测设。对于排列成格网的桩位，根据轴线，精确地测设出格网的四个角点桩，然后按设计尺寸加密。承台下面的群桩，通常是根据轴线用直角坐标法测设。

测设出的角点桩位及轴线两端的桩位，钉设木桩，上面钉中心钉，以便检核。其余各桩位，可用 ϕ20 圆钢凿入地下30cm成孔，灌入细白灰，桩位可持久可靠。

2)施工后桩位及标高检测

桩基施工完成后，由控制桩恢复轴线，用钢尺实量各桩位中心相对于轴线的纵、横偏差，标注在桩位平面图上，对于偏差较大的桩位(特别是偏离轴线的横向误差)，应在正确位置上补桩。用水准仪测设各桩顶标高与设计值比较，其差值也标注在图上。各项差值符合施工要求后才能进行下一步施工。

11.4.3　基槽验线记录

基槽验线记录见表 11.6。

表 11.6　**基槽验线记录**

<table>
<tr><td colspan="2">基槽验线记录</td><td>编号</td><td colspan="3"></td></tr>
<tr><td>工程名称</td><td></td><td>日期</td><td colspan="3"></td></tr>
<tr><td colspan="6">验线依据及内容：</td></tr>
<tr><td colspan="6">基槽平面剖面简图：</td></tr>
<tr><td colspan="6">检查意见：</td></tr>
<tr><td rowspan="3">签字栏</td><td rowspan="2">建设(监理)
单位名称</td><td>施工测量单位</td><td colspan="3"></td></tr>
<tr><td>专业技术负责人</td><td>专业质检人</td><td>施测人</td><td></td></tr>
<tr><td></td><td></td><td></td><td></td><td></td></tr>
</table>

11.5　多层建筑物轴线投测与标高引测

11.5.1　墙体工程施工测量

墙体施工中的测量工作包括墙体定位弹线及提供墙体各部位的标高。

1. 墙体定位弹线

用经纬仪或拉细线绳挂垂球，将经检查无误后的轴线控制桩或龙门板上的轴线和墙边线标志投测到基础面上，用墨线弹出墙体中线与边线。用经纬仪检查外墙轴线交角及间距，符合规范要求后，将轴线延伸到基础墙外侧，用红油漆做出明显标志，如图 11.36 所示。该标志作为向上投测轴线的依据，应切实保护好。

另外，在基础墙外侧，画出门、窗和其他预留洞的边线。

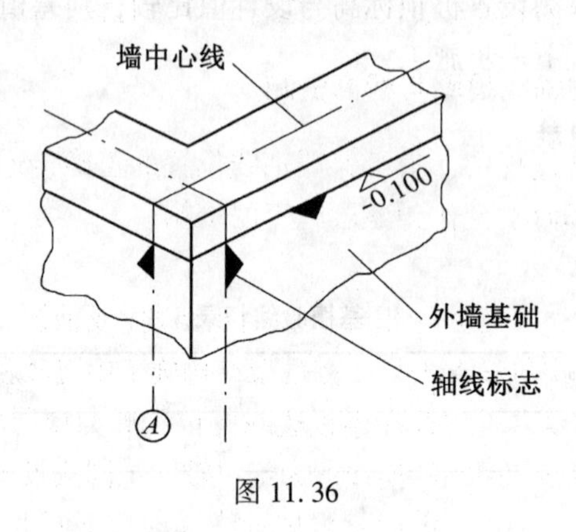

图 11.36

2. 墙体各部位标高控制

在砖墙体砌筑时，墙体各部位标高通常也采用皮数杆来控制，如图 11.37 所示。其画法与钉设与基础皮数杆相同。若采用内脚手架施工，皮数杆应立在外侧；反之，皮数杆应立在内侧。

当墙体砌到窗台时，用水准仪在室内墙体上测设一条+0.5m 的标高线并弹出墨线，作为该层安装楼板、地面施工及室内装修的标高依据。

墙的垂直度是用如图 11.38 所示的托线板来进行检查的。把托线板紧靠墙面，如果垂球线与板上的墨线不重合，就要对砌砖的位置进行校正。

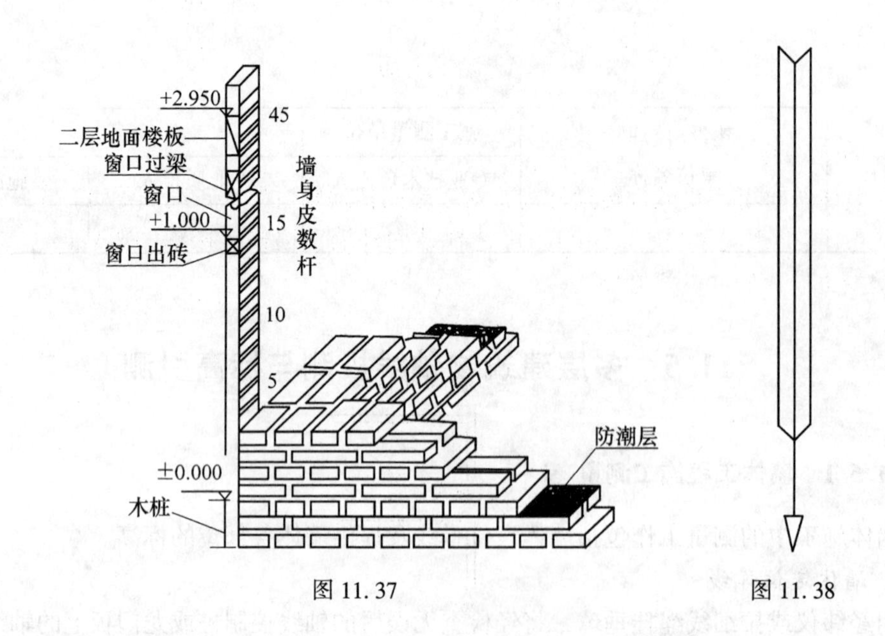

图 11.37　　图 11.38

在楼板安装好后，将底层墙体轴线引测到楼面上，并定出墙边线。用水准仪测出楼面四角标高取平均值作为地坪标高。当精度要求较高时，用钢尺从+0.5m 线向上直接丈量到该层楼板外侧，作为重新立皮数杆的标高标志。框架或钢筋混凝土柱、间墙施工时，在每层的柱、墙上测设+0.50m 标高线代替皮数杆，作为标高控制的依据。

11.5.2　多层建筑物轴线投测与标高引测

在多层建筑物的砌筑过程中，为了保证轴线位置的正确传递，常采用吊垂球或经纬仪将底层轴线投测到各层楼面上，作为各层施工的依据。

1. 轴线投测

在砖墙体砌筑过程中，经常采用垂球检验纠正墙角(或轴线)，使墙角(或轴线)在一铅垂线上，这样就把轴线逐层传递上去了。在框架结构施工中将较重垂球悬吊在楼板边缘，当垂球尖对准基础上定位轴线，垂球线在楼板边缘的位置即为楼层轴线端点位置，画一标志，同样投测该轴线的另一端点，两端的连线即为定位轴线。同法投测其他轴线，用钢尺校核各轴线间距，无误后方可进行施工。以此就可把轴线逐层自下而上传递。为了保证投测精度，每隔三四层，用经纬仪把地面上的轴线投测到楼板上进行检核，如图 11.39 所示。

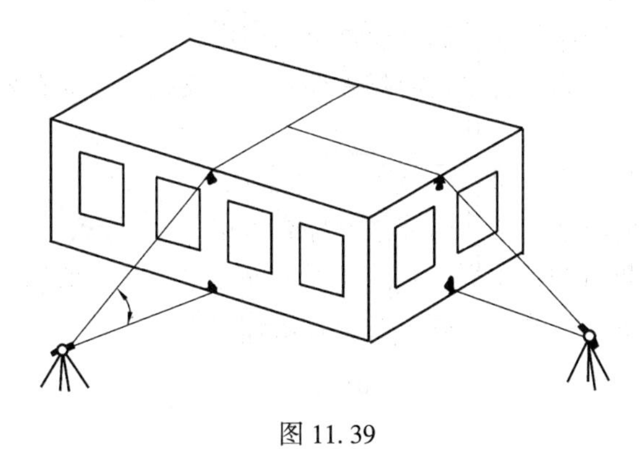

图 11.39

2. 标高传递

一般建筑物可用皮数杆传递标高，对于标高传递精度要求较高的建筑，采用钢尺直接从+0.50m 线向上丈量(图 11.40)。可选择结构外墙、边柱或楼梯间等处向上竖直丈量，每层至少丈量 3 处，以便检核。

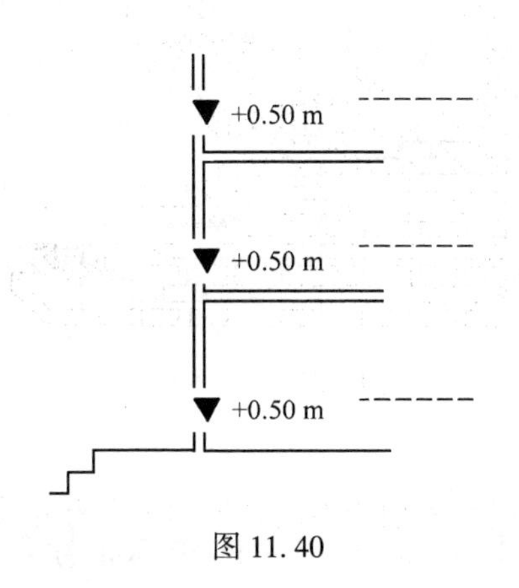

图 11.40

11.5.3　预制柱的安装测量

1. 柱子定位与校直

根据楼面上的轴线定出相距一定距离的平行线，作为柱子定位与校直的依据。如图 11.41 所示，安装⑥—Ⓑ轴交点柱子时，分别在与⑥轴、Ⓑ轴相距 60cm 的平行线上安置两台经纬仪，以此线的延长线定向，制动照准部。吊装柱子大致就位后，用小钢尺找出柱子两侧的中点，将尺板(图 11.42)中点与之对准，分别安装在柱子两侧的上、下两部分，作为精确定位及校直的标志。另外，在下部尺板的对面安装一个同规格的尺板，以防止柱身扭转，如图 11.43 所示。分别用经纬仪观测各自方向上的所有尺板标志，调整柱位，当所有标志位于各自经纬仪视线上时，焊接固定柱子。即柱子就位于相应轴线上，且上下竖直，相互平行。同法安装其余柱子。为了观测方便，柱子安装最好依轴线进行。

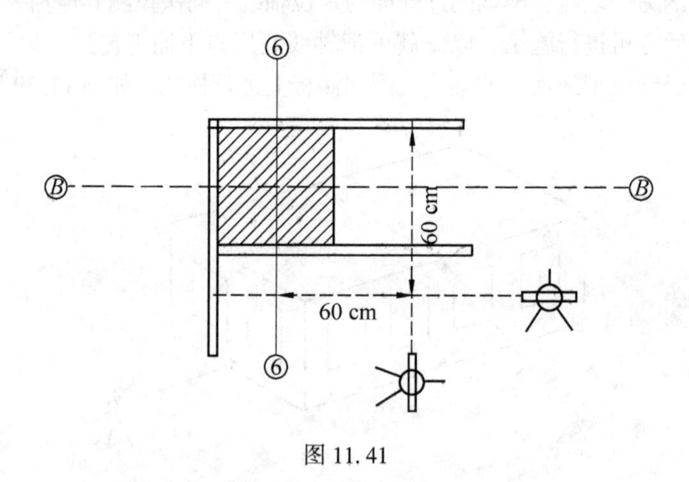

图 11.41

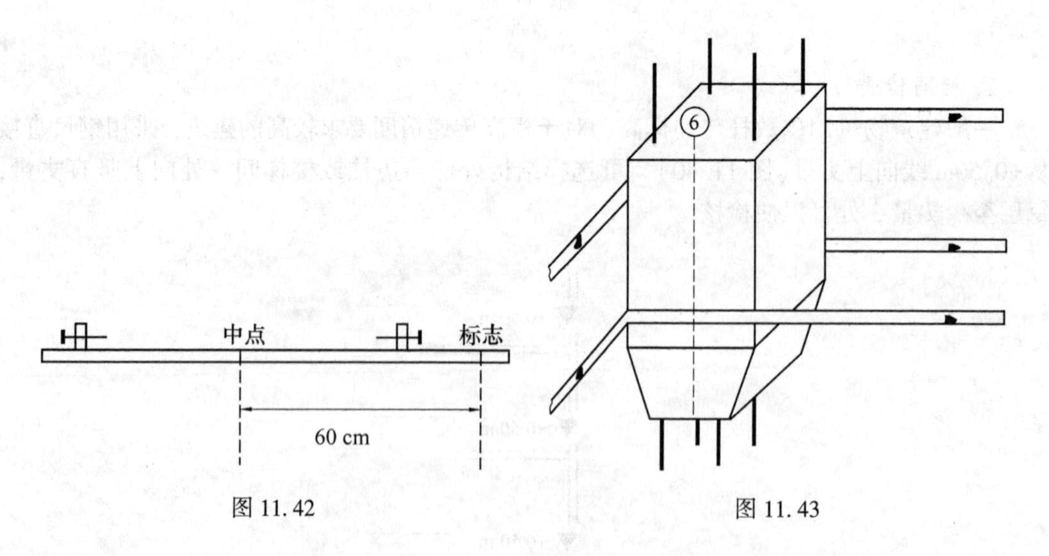

图 11.42　　图 11.43

2. 标高控制

在安装好的柱子四侧，用水准仪测设该层的+0.50m 标高线，作为标高控制的依据。

11.6 高层建筑物轴线投测与标高引测

11.6.1 高层建筑施工测量的特点

由于高层建筑物层数多、高度高、体型巨大、结构复杂、平面与立面变化多样、设备和装修标准较高，与一般建筑工程相比，其施工测量的特点如下：

(1)由于建筑层数多、高度高，结构竖向偏差直接影响工程受力情况。因此，要求轴线竖向投测精度高，所用仪器和投测方法要与施工工艺、结构类型相适应。

(2)由于结构复杂，设备和装修标准较高，特别是钢结构，带有高速电梯等设备的建筑，要求测量定位精读达到 mm 。

(3)由于建筑平面、立面造型复杂多变，要求定位放线因时、因地适宜，灵活实用，并配备功能相适应的专用设备和必要的安全措施。

(4)由于工程规模大、工期长，为保障工程的整体性和局部施工的需要，在开工前需要测设足够精度的平面和高程控制网。由于基础开挖、地下工程施工，场地布置变化大，应采取妥善保护措施，使主要控制点在整个施工期间，能准确、牢固地保留到竣工，并移交给建设单位继续使用，这项工作是整个施工测量顺利进行的基础，也是施工测量中难度最大的工作。

(5)由于采取立体交叉作业，施工项目多，为保证各工序间的相互配合、衔接，施工定位作要与设计、施工等各方面密切配合，并要事先充分准备工作，制定切实可行的与施工同步的定位放线方案。

(6)为了保证工程质量，定位放线人员要严格遵守施工放线工作准则。为防止因定位放线的差错造成损失，必须在整个施工的各个阶段和各主要部位做好验线工作，改变事后验线的被动工作方式。

(7)高层建筑一般基础深、开挖面积大、自身荷载大、工期长，对周围环境影响大，因此必须进行相关项目的变形监测，以保证相邻设施及自身的安全。

11.6.2 高层建筑施工测量的精度

高层建筑在施工中对建筑各部位的水平位置、垂直度及轴线尺寸、标高等放线精度要求都十分严格。不同结构形式在施工中轴线与标高容许偏差值如表 11.7 所示。

表 11.7 高层建筑施工容许偏差

结构类型	竖向偏差限值(mm)		高差偏差限值(mm)	
	每层	全高(H)	每层	全高(H)
现浇混凝土	8	H/1000(最大 30)	±10	±30
装配式框架	5	H/1000(最大 20)	±5	±30
大模板施工	5	H/1000(最大 30)	±10	±30
滑模施工	5	H/1000(最大 50)	±10	±30

对施工测量的精度也有严格要求。每层间竖向测量与标高测量偏差值范围均为±3mm，建筑物全高(H)测量偏差和竖向测量偏差不应超过 3/10000，且应满足下列条件：①当 $30\text{m}<H\leqslant 60\text{m}$ 时，全高(H)测量偏差和竖向测量偏差范围为±10mm；②当 $60\text{m}<H\leqslant 90\text{m}$ 时，全高(H)测量偏差和竖向测量偏差范围为±15mm；③当 $H>90\text{m}$ 时，全高(H)测量偏差和竖向测量偏差范围为±20mm。

为保证工程的整体与局部施工的精度，在进行施工测量前，必须制订出严谨合理的测量方案，建立牢固的测量控制点，严格检校仪器工具，健全检核措施，确保测设的精度。

高层建筑的定位、放线与多层建筑物基本相同。本单元着重介绍高层建筑物的轴线投测与标高传递。

11.6.3　轴线投测的概念

轴线投测是指把底层的轴线通过一定的测量方法引测到施工面上。高层建筑的轴线投测是选择若干条主要轴线的平行线(或称为轴线控制线，间距一般在 0.5~1.0m 之间)，组成一定的几何图形(如图 11.44 中的(a)、(b)、(c)、(d))，以便检核。各控制线交点称为轴线控制点，每层相邻控制点及各层相同控制点间应相互通视。把这些控制点投测到施工面上，由此放样出全部轴线。

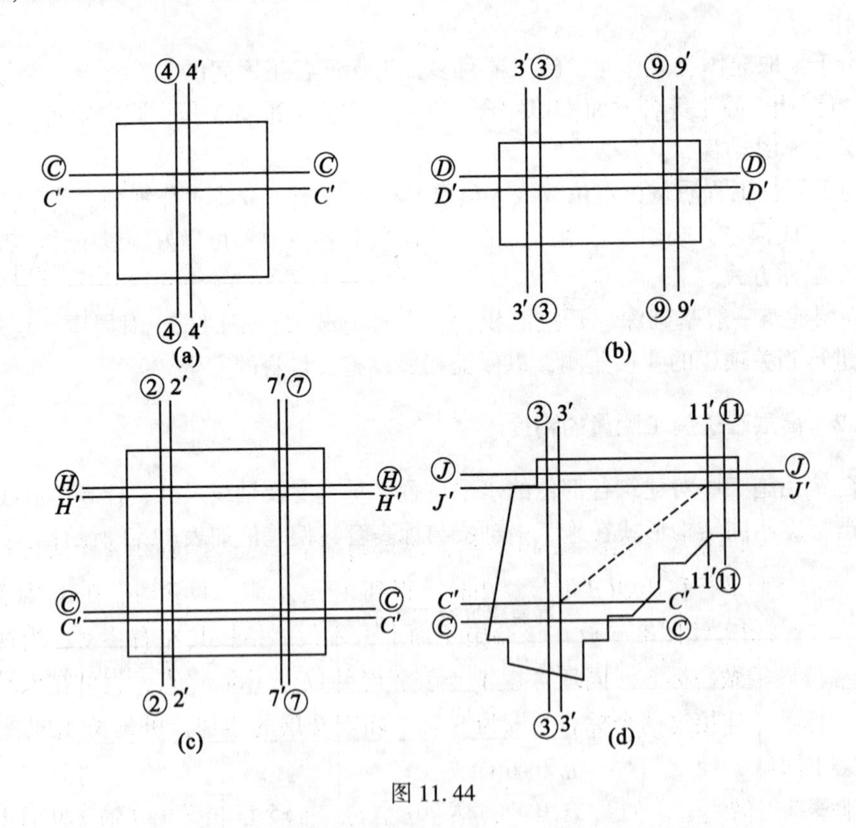

图 11.44

图 11.44(a)所示为十字线，适用于面积较小的塔式建筑；图(b)所示为双十字线，适

用于条形建筑；图(c)所示为正方形，适用于面积较大的方形建筑；图(d)所示为三角形，适用于扇形建筑。

由于施工场地、结构形式、施工方法等不同，轴线投测可采用外控法、内控法及三维坐标定位等。

11.6.4 轴线投测的方法

1. 外控法

当施工场地比较宽阔时，可将经纬仪安置在建筑物的附近进行轴线(竖向)投测。

1)延长轴线投测

如图 11.45(a)所示，在地面控制桩 b'、b_1'、c'、c_1'上安置经纬仪，将中心线投测于施工面上得 $b_{中}$、$b_{1中}$、$c_{中}$、$c_{1中}$。随着施工的进行，楼层不断增加，投测时仰角就会越来越大，投测精度随之降低，因此需将原控制桩引测到离建筑物较远的延长线上或附近已有建筑物的楼顶上，以减小仰角。如图 11.45(b)所示，把控制桩 c'引测到 cc'延长线的 c''。在 $c_{1中}$上安置经纬仪，照准 c_1'，正、倒镜取中点，将 c_1'引测楼顶 c_1''点，做标志固定点位，在上部楼层施工时，即可将经纬仪安置在新的控制桩 c''和 c_1''上，照准 c、c_1进行投测。同理，可引测 b'、b_1'、b''、b_1''点。

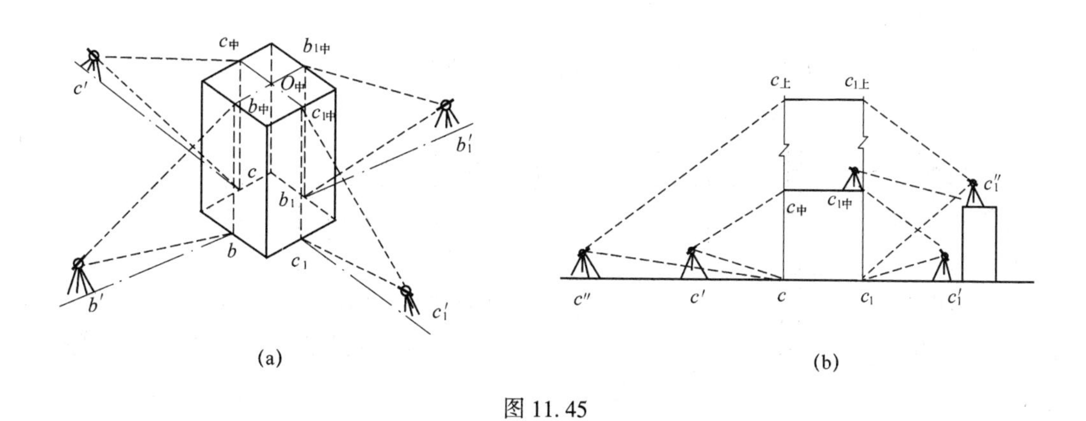

图 11.45

2)侧向借线法

(1)侧向平行借线法。如图 11.46 所示，建筑场地窄小，外廓轴线 A 无法延长，可将轴线向建筑物外侧平行移出 d(d 不超过 2m)，得到 A_W及 A_E点。投测时，在 A_W安置经纬仪照准 A_E点，抬高望远镜照准横放在该端施工面上的木尺，指挥其左右移动，当视线读数为 d 时，在尺底端做一标志。同理，在 A_E点安置经纬仪，照准 A_W点，就可在该端施工面上得到另一标志，连接这两个标志，即为 A 轴。随着楼层的增加，可延长 A_WA_E平行线到 $A_W'A_E'$，以减小仰角。

(2)侧向垂直借线法。如图 11.47(a)所示，在施工面上已测设出Ⓐ轴线，而①轴北侧延长线上 L_N点不能安置仪器，将仪器安置在施工面Ⓐ轴与①轴交点附近，如图 11.47(b)中 A_1'点。照准 A_E，逆时针测设 90°角，在 L_N处定出 L_N'点。在Ⓐ轴上根据 L_N、L_N'的间距由 A_1'

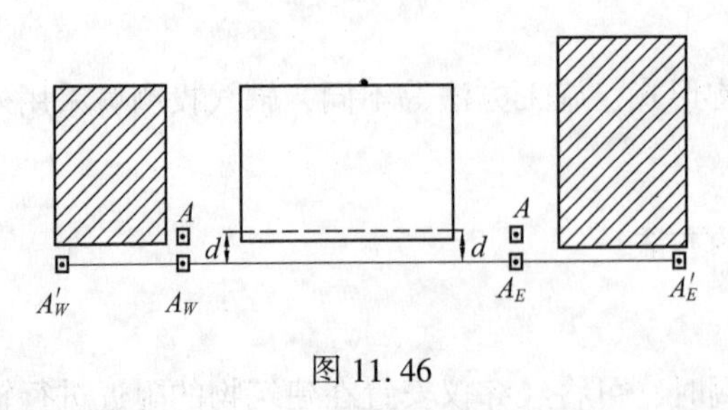

图 11.46

定出 A_1点。在 A_1点上安置经纬仪检查 A_1L_N与 A_1A_E是否垂直，符合要求后，就可在施工面上定出①轴。

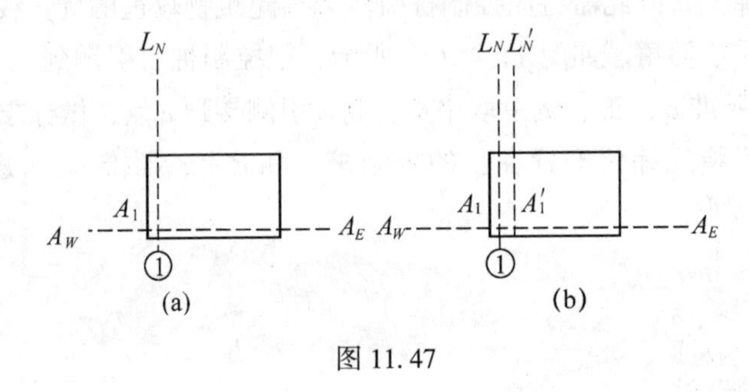

图 11.47

3) 挑直法

建筑物的轴线(控制线)虽然可以延长，但不能在延长线上安置经纬仪，可采用挑直法投测轴线。

(1) 距离挑直法。如图 11.48 所示，8_s、8_N 为 ⑧ 轴延长到西、东两端墙上的轴线标志，无法安置经纬仪，投测⑧轴时，在施工面 $8'_{A上}$上安置仪器后视 8_s，纵转望远镜可定出 $8'_{H上}$；在 $8'_H$上安置仪器，后视 $8'_{A上}$，纵转望远镜，在 8_N 处定出 $8'_N$点，实量 $8_N8'_N$间距，根据相似三角形相应边成正比例的原理，就可计算出 $8'_{A上}$和 $8'_{H上}$偏离轴线 ⑧ 的垂距，即

$$8_{A上}8_{A上} = 8_N8_N \frac{d_1}{d_1 + d_0 + d_2} \tag{11.9}$$

$$8_{H上}8_{H上} = 8_N8_N \frac{d_1 + d_0}{d_1 + d_0 + d_2} \tag{11.10}$$

由上述垂距即可在施工面上由 $8'_{A上}$和 $8'_{H上}$ 定出 ⑧ 轴线上的 $8_{A上}$ 和 $8_{H上}$。再将经纬仪依次安置在 $8_{A上}$ 和 $8_{H上}$ 点上，检查 8_s、$8_{A上}$、$8_{H上}$ 和 8_N 各点是否在同一直线上。直到符合要求。

(2) 角度挑直法。如图 11.49 所示，D_W 及 D_E 为 D 轴延长线在西、东两侧墙上的标志，在施工面上 D 轴线附近 D'_M上安置经纬仪，用测回法观测 $\angle D_WD'_MD_E$。若该角为 180° 则 D'_M就位于 D 轴上，否则，由其差值 $\Delta\beta = 180° - \angle D_WD'_MD_E$，按公式 $d = \frac{\Delta\beta}{2\rho}D_WD_M$ 计算出

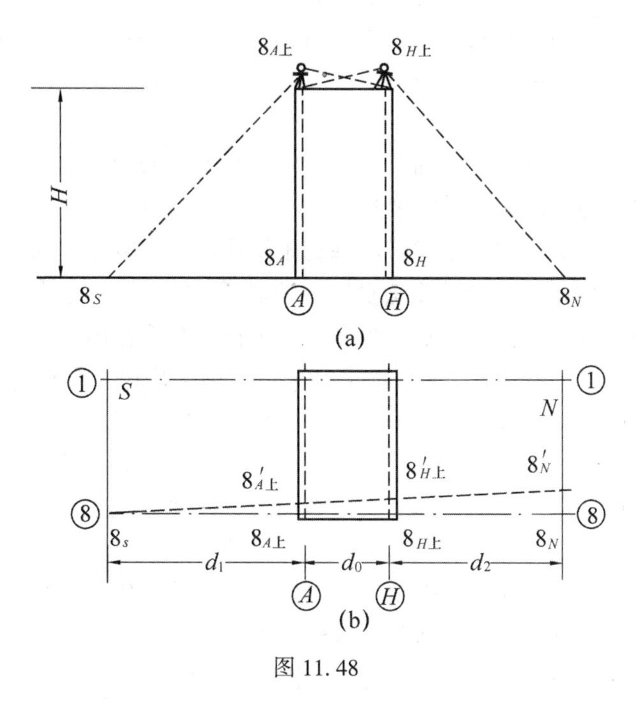

图 11.48

改正值d，由此就可定出D_M点。同法检查D_W、D_M、D_E三点是否在同一直线上，直到满足要求。

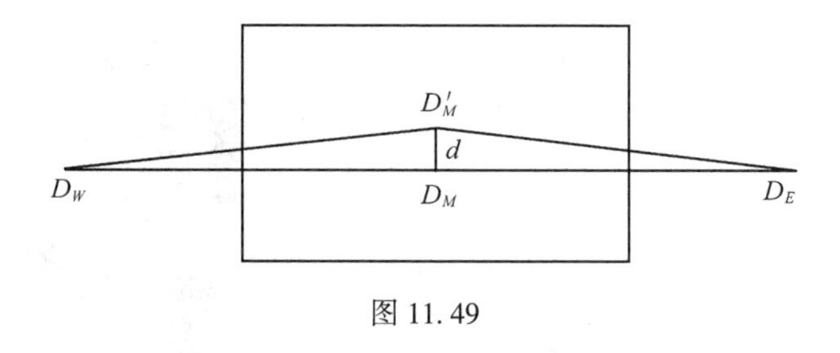

图 11.49

无论采用哪种方法投测，为保证精度，要注意以下几点：

①轴线(控制线)的延长桩点要准确，标志明显，并妥善保护桩点。每次投测时，应尽量以底层轴线标志为准，以避免逐层上投误差的累积。

②投测前严格检校仪器，投测时精确调平照准部水准管，以减少竖直轴不铅垂的误差，每次按照正、倒镜投测取中点的方法进行。

2. 内控法

在建筑物密集的地区，由于施工场地狭小，无法在建筑物附近延长轴线进行投测，多采用在建筑物底层测设室内轴线控制点。用垂准线原理将各控制点竖直投测到各层施工楼面上，作为该层轴线测设的依据，此法称为内控法或垂准线投测法。

室内轴线控制点(内控点)的布设，根据建筑平面的形状可采用图 11.44(b)、(c)、(d)等形式，相邻控制点之间应互相通视。当基础施工完成后，由校测后的场地轴线控制桩，将室内轴线控制点测设到底层地面上，并埋设标志，作为向上投测轴线的依据。在各内控点的垂直方向上的每层楼板上预留约 20cm×20cm 的传递孔。为了防止传递孔掉石块、砂浆等，应有防护措施。依据投测仪器不同，可按下面三种方法投测。

1) 吊垂球法

吊垂球法使用得当，既经济、简单，又直观、准确，如图 11.50 所示。但应注意以下问题：垂球的几何形体要规正，质量要适当(3～5kg)。吊线不得有扭曲，上端固定牢靠，中间没障碍、抗线。下端投测人视线必须垂直于结构面，并防止震动、风吹等。若用塑料套管套吊线，下端专用设备观测精度会更高，每隔 3～5 层，用大垂球由下直接向上放一次通线校测。投测时以底层轴线控制点为准，通过预留孔直接向各施工面投测轴线。每点应进行两次投测，两次投测偏差在±4mm 范围之内时取平均位置做标志并固定，然后检查各点间的距离和角度，与底层相应数据比较，满足要求后，就可由此测设出其他轴线。

2) 天顶准直仪

利用能测设天顶方向的仪器，向上进行竖向投测。测设天顶方向的仪器有：配有 90°弯管目镜的经纬仪、激光经纬仪、激光垂准仪、自动天顶准直仪等。

如图 11.51 所示为北京博飞仪器股份有限公司开发的 DZJ3-L1 型激光垂准仪。它利用半导体激光管向上、向下产生一条与望远镜视准轴重合的红色激光光束，在遇到靶标或物体时，有一可见的红色小光斑，方便观测。如图 11.52 所示。

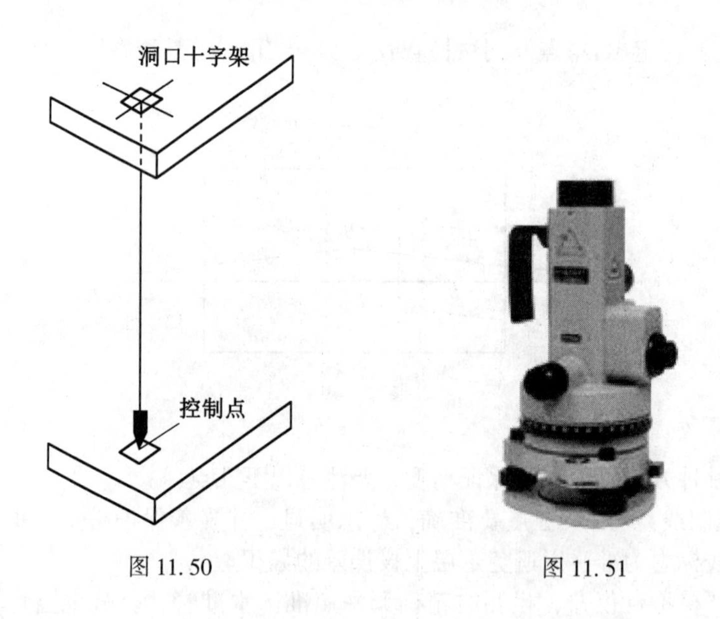

图 11.50　　图 11.51

该仪器参数：激光源 635nm 可见光，向上投测范围及精度 100m±10″；向下投测范围及精度 50 m±30″。光斑最大 ϕ6mm，工作温度-20+50℃。电源 DC4.8～6V，连续工作时间约 12h(2 节 5 号电池)。重量 2.8kg。

该仪器设有向上、向下观测的两个目镜，当无电源或外界干扰较大、光线较强时，可采用光学方法投测。配有水平度盘，使观测、校正更为方便。该仪器具有半导体激光器激光管寿命长、结构紧凑、稳定性设计、操作简单、使用方便、密封防尘等特点。

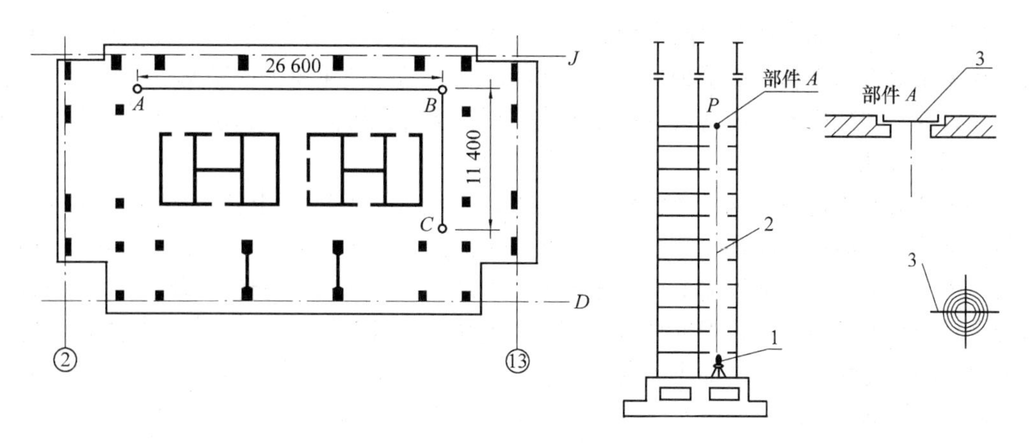

1—激光垂准仪；2—激光束；3—激光接收靶　A、B、C 为底层投测点

图 11.52

仪器操作步骤如下：

(1)安置仪器。将三脚架安置在底层投测点上，如图 11.53 所示，高度适中，架头水平，把仪器安装在基座强制对中孔内，锁紧基础制动手轮，放在架头上，拧紧中心连接螺旋，调节脚螺旋使圆气泡居中。

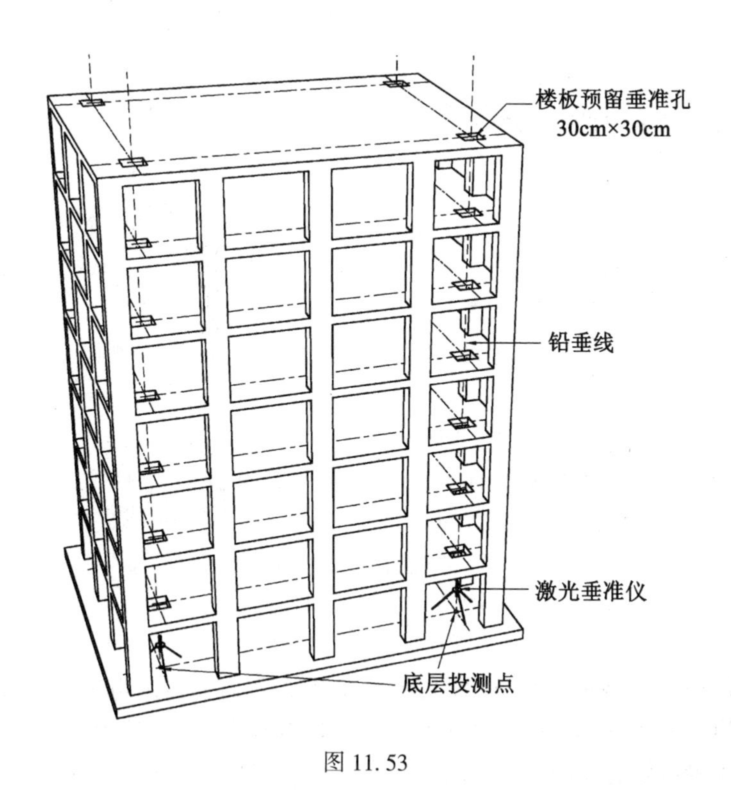

图 11.53

(2)整平。与经纬仪整平方法相同，调平水准管的气泡，最大偏移值不超过四分之一格值为止。

(3)对中。打开向下投测激光开关，利用地面上的光斑对准测站点。采用光学对点时，先调节对点器目镜，使分划板清晰，再旋转对点器调焦手轮，使测站点清晰，在架头上滑动仪器，使测站点居于分划板的十字丝中央，将仪器照准部转动 180°，再检查对中情况，然后拧紧中心连接螺旋。也可采用激光对点。

(4)投点。打开向上投测激光开关，物镜调焦，使光斑最小且清晰，在 0°、90°、180°、270°四个方向上投点，不重合时取对角线交点。

采用光学投测时，分别调节望远镜目镜、物镜，使分划板十字丝与接收靶标分划板清晰，并消除视差。整平后，视准线可以作为垂准线，只需一次观测精度就足够了。但为了进一步提高垂准精度，可将照准部旋转 180°，获得第二个观测值，取其中数(中点)就是正确的垂准位置。

投测时要注意安全，经常检校激光束。最好选择阴天无风的时候观测，以保证精度。

3)天底准直法

利用能测设天底方向的仪器，向下进行竖直投测。常用测设天底的仪器有：垂准经纬仪、自动天底准直仪、自动天顶-天底准直仪。

投测时，把仪器安置在施工面的传递孔上，用天底准直法，通过每层的传递孔，将底层轴线控制点引测到施工面。

无论采用哪种投测，都必须注意校测，可采用吊垂球或外方向经纬仪测角等方法。还必须注意因阳光照射、焊接等原因而使建筑物产生的变形。投测时要摸索规律，采取措施，以减少影响。

11.6.5　高层建筑物的高程传递

1. 水准仪配合钢尺法

高层建筑底层+0.50m 的标高线由场地上的水准点来测设。其余各层的+0.05m 线由底层标高线用钢尺沿结构外墙、边柱或楼梯间向上直接量取，即可把高程传递到施工面上。一般每层选择 3 处向上量取标高，以便检核及适应分段施工的需要。用水准仪检查各标高点是否在同一水平面上时，其误差范围为±3mm。再由各点测设出该层的+0.50m 标高线。

2. 全站仪法

对于超高层建筑，用钢尺测量有困难时，可以在投测点或电梯井安置全站仪，通过对天顶方向测距的方法进行高程传递，如图 11.54 所示。操作方法和过程如下：

(1)在投测点上安置全站仪，使望远镜视线水平(置竖盘读数为 90°)，读取竖立在首层+0.50m 标高线上水准尺上的读数为 a_1。a_1 即为全站仪横轴到+0.50m 标高线的仪器高。

(2)将望远镜视线指向天顶(置竖盘读数为 0°)，在需要测设高程的第 i 层楼投测洞口上，水平安放一块 400×400×5mm、中间有一个 ϕ30mm 圆孔的钢板。听从仪器观测员指挥，使圆孔中心对准望远镜视线，将测距反射片扣在圆孔上，进行测距为 d_i。

(3)在第 i 层楼上安置水准仪，在钢板上立一水准尺并读取后视读数 a_i，在欲测设+0.50m标高线处立另一水准尺，设该尺读数为 b_i，则第 i 层楼面的设计高程 H_i 为

$$H_i=a_1+d_i+(a_i-b_i) \tag{11.11}$$

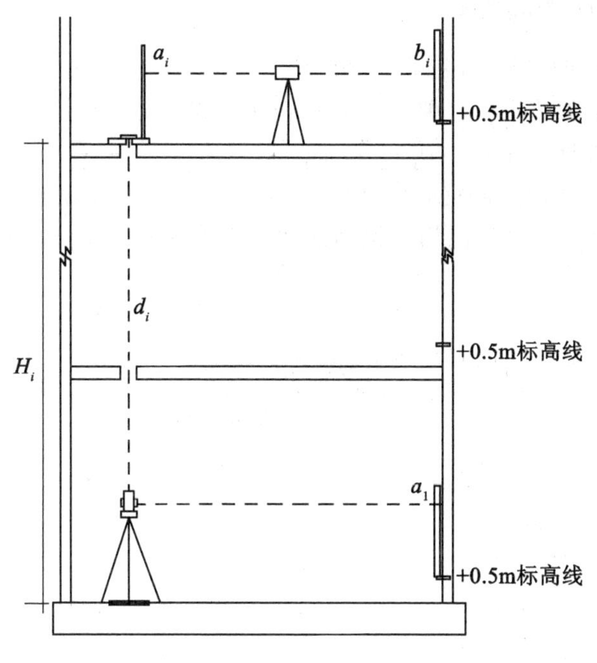

图 11.54　高程传递

(4)由(9.11)式可解出应读前视 b_i 为

$$b_i = a_1 + d_i + (a_i - H_i) \tag{11.12}$$

(5)上下移动水准尺，使其读数为 b_i，沿尺底在墙面上画线，即为第 i 层楼的+0.50m标高线。

11.7　钢结构工程施工测量

11.7.1　钢结构概述

1985年，深圳发展中心大厦作为我国第一座高层钢结构建筑在我国出现。随后，在深圳、北京、上海等地相继建成高层钢结构建筑十多幢。近年来，随着经济的发展和建筑技术的创新，高层钢结构建筑以自身轻、构件截面小、使用空间大、抗震性能好、用工少等特点，在我国取得了快速的发展，使我国的高层建筑进入世界前列。

高层钢结构施工过程中安装测量与精度监控是一门复杂而严格的综合技术，需要各工种紧密配合，相互协作，并要求随安装工艺流程的变化而及时改变测量方法和手段。与传统的施工测量比较，具有以下特点：

(1)作业环境比较特殊，需要配备专业的卡具、夹具；

(2)构件安装精度要求高，测量工作量大，对所有钢柱都要进行全程监测。

(3)由于金属构件对外界环境影响比较敏感，应综合考虑到阳光、温度变化对安装施工的影响。

11.7.2　钢结构安装的精度

钢结构施工测量包括整体控制和细部放样定位。

整体控制测量精度要求，主要参见专业技术标准，如《工程测量规范》(GB50026—2017)和《城市测量规范》(CJJ8—2011)。

细部的结构安装和精度控制的现行标准有《钢结构工程施工质量验收规范》《钢结构工程质量检验评定标准》和《高层民用建筑钢结构技术规程》。综合以上规范，钢结构的安装允许偏差见表 11.8。

表 11.8　**钢结构安装允许偏差**

项目类别	项目内容	允许偏差(mm)	测量方法
地脚螺栓	钢结构的定位轴线	L/2000 且≤3	钢尺和经纬仪
	钢柱的定位轴线	±1	钢尺和经纬仪
	地脚螺栓的位移	±2	钢尺和经纬仪
	柱子的底座位移	±3	钢尺和经纬仪
	柱底的标高	±2	水准仪检查
钢柱	底层柱基准的标高	±2	水准仪检查
	同一层各节柱柱顶高差	±5	水准仪检查
	底层柱轴线对定位轴线偏移	±3	经纬仪和钢尺检查
	上、下连接处错位(位移、扭转)	±3	钢尺和直尺检查
	单节柱垂直度	±H_1/1000 且≤10	经纬仪检查
主梁	同一根梁两端顶面高差	±L/1000 且≤10	水准仪检查
次梁	与主梁上表面高差	±2	钢尺和直尺检查
主体结构	垂直度(按每节柱的偏差累计计算)	±(H/2500+10)且≤50	全站仪检查
整体偏差	平面弯曲(按每层偏差累计计算)	±L/1500 且≤25	全站仪检查

注：H 为主体结构高度；L 为梁长度；H_1 为单节柱高度。

11.7.3　构件安装测控

1. 测量放线工作流程

测量放线工作流程如图 11.55 所示。

2. 地脚螺栓的定位测量

在垫层上埋设地脚螺栓，其施测方法与过程如下：

1)垫层中线投测和抄平

当垫层混凝土凝固后，在控制桩上安置经纬仪，盘左、盘右观测，把中线点直接投测到垫层上，由此弹出墨线并标出地脚螺栓固定架的位置，如图 11.56 所示，以便下一步安

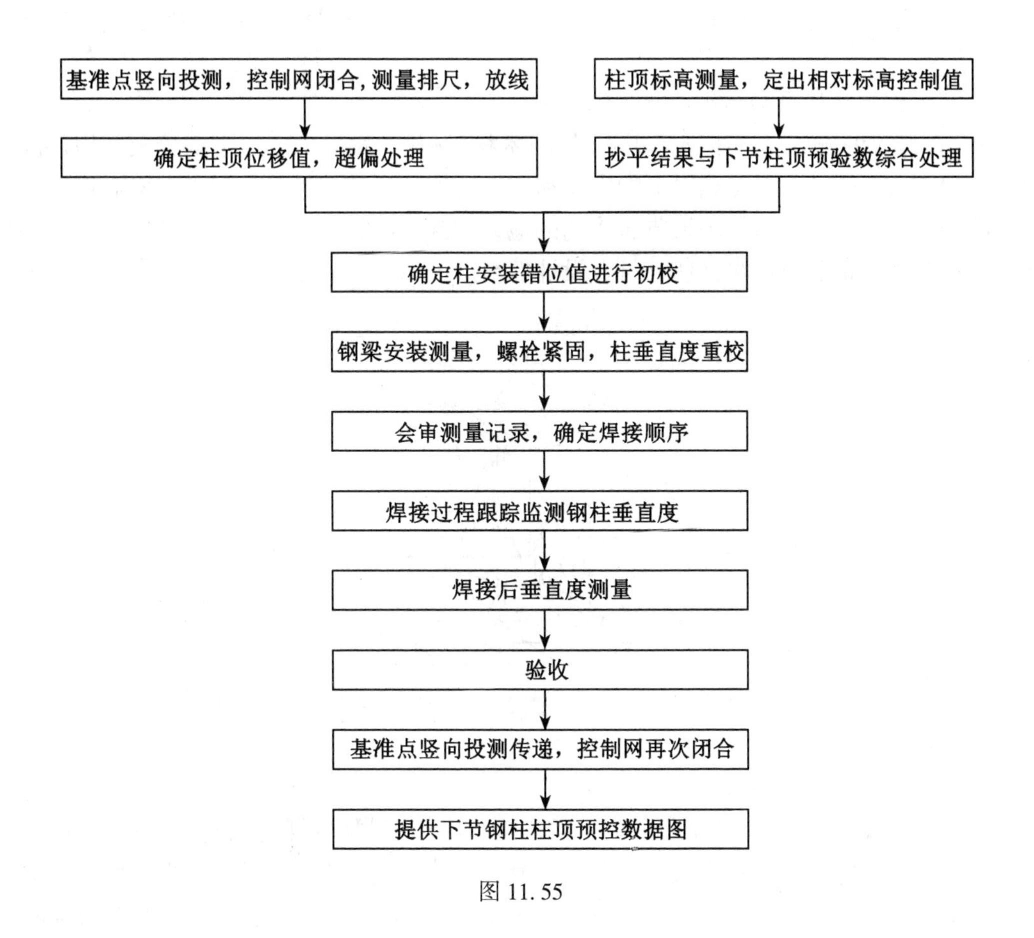

图 11.55

置固定架并根据中线支立模板。

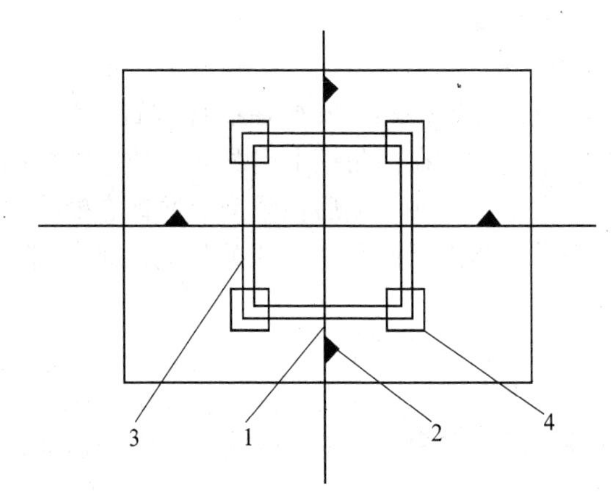

1—墨线；2—中线点；3—螺栓固定架；4—垫层找平设置

图 11.56

螺栓固定架位置在垫层上标出后，即在固定架外框四角处测出四点标高，以便检查并找平垫层，使其符合设计标高，便于固定架的安装。若基坑过深，标尺不够长时，挂钢尺抄平。

2) 固定架中线投点与抄平

(1) 固定架的安置。固定架是用钢材(或木材)制作，用以固定地脚螺栓及其埋件的框架，如图 11.57 所示。根据垫层上的中线和所标的位置将其安置在垫层上，然后根据在垫层上测出的标高点，借以找平地脚，将高的地方的混凝土打去一些，低的地方用小块钢片垫起，并与底层钢筋网焊牢，使其符合设计标高。

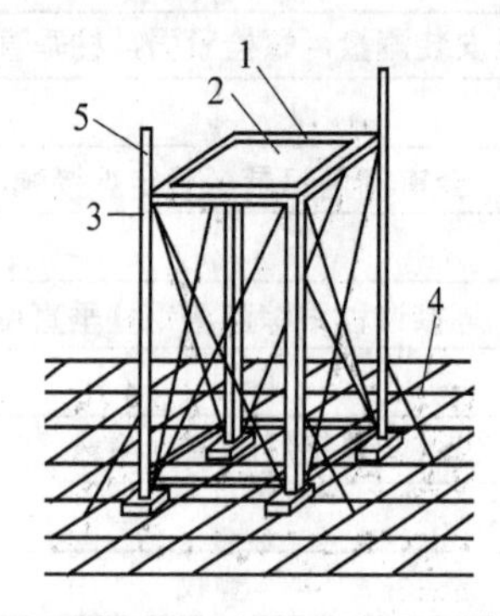

1—固定架中心点；2—拉线；3—横梁抄平位置；4—钢筋网；5—标高点

图 11.57

(2) 固定架抄平。固定架安置好后，用水准仪测出四根横梁的标高，以检查固定架标高是否符合设计要求，容许偏差为-5mm，但不应高于设计标高。固定架标高满足要求后，将固定架与底层钢筋网焊牢，并加钢筋支撑。若是深坑固定架，则在其脚下需浇灌混凝土，使其稳固。

(3) 中线投点。投点前，应对中线控制点进行检查，把中线投测到固定架的横梁上，并刻划标志，其投点误差范围为范围±2mm。

3) 地脚螺栓的安装与标高测量

由垫层固定架上的中线点，把地脚螺栓安放在设计位置。为了测定地脚螺栓的标高，在固定架的斜对角处焊两根小角钢，在两角钢上引测同一数值的标高点，并刻划标志，其高度应比地脚螺栓的设计高度稍低一些。然后在角钢上两标志处拉一细钢丝，以定出螺栓的安装高度。待螺栓安装好后，测出螺栓第一丝扣的标高。地脚螺栓不宜低于设计标高，容许偏差为+5 ~ +25mm。

4) 支立模板与浇灌混凝土时的测量工作

由固定架上的中线位置，根据设计尺寸支立模板。在浇灌混凝土时，为了保证地脚螺栓位置及标高的正确，应进行看守观测，如发现变动，应立即通知技术人员及时处理。

3. 柱端划线

在吊装前，在每一个钢柱的两端标出其几何中心，以便安装后用刚针准确地划出其轴线位置，作为校正垂直度的依据。

4. 柱顶放线

在柱顶四周进行轴线放线，便于施工监测及推算钢柱的扭转量。

5. 安装监测

钢结构安装精度的控制以钢柱为主。

在监控是应预留梁柱节点焊接的收缩量，以免焊接后因焊接变形导致垂直度和标高误差超限。在焊接过程中，钢柱的垂直度因温度升高而发生变化，这是需要采用经纬仪进行跟踪观测，确定其变化情况，以指导焊接。

在同一节构件所用节点高强螺栓初拧完后，对所有钢柱的垂直度再次测量。所用节点焊接完后，做最终测量，测量数据形成交工记录。

11.8 特殊建(构)筑物施工测量

11.8.1 烟囱(水塔)的施工测量

烟囱(水塔)是截圆锥形的高耸构筑物，其特点是基础小、筒身长、重心高、稳定性差。因此，施工测量的主要工作是严格控制筒身中心线的竖直与外壁的设计坡度，以保证烟囱的稳定性。国家规范规定烟囱身中心线的竖直度偏差为：当高度 $H \leqslant 100$m 时，偏差值应小于 0.15%H；当高度 $H>100$m 时，偏差值应小于 0.1%H。

1. 基础施工测量

(1)按照设计图纸，根据已知控制点或已有建筑物的相对关系，在地面上测设出烟囱中心位置 O 和烟道起点 P 的位置，并检核 OP 之间的距离是否与设计值一致(见图 11.58)。

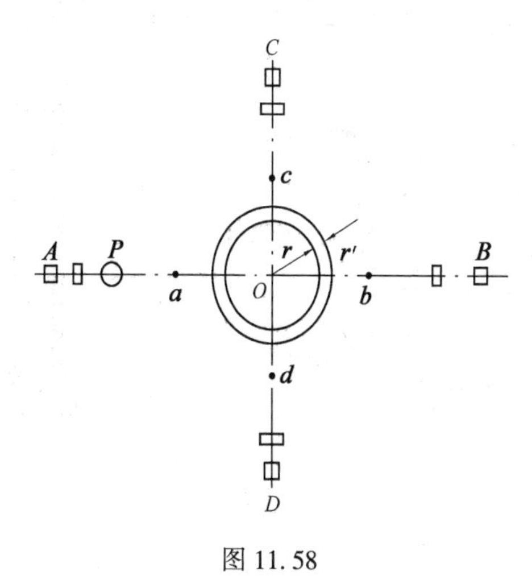

图 11.58

(2)在 O 点安置经纬仪，由 OP 方向在地面上测设出正交于 O 点两条定位轴线 AB 和 CD，轴线控制点 A、B、C、D 应选在不易碰动、便于安置仪器的地方，且离开烟囱的距离应大于烟囱高度的 1.5 倍。为了便于在施工中检查烟囱的中心位置，可在轴线上多设置几个控制桩，并妥善保护。

(3)以 O 为圆心，$R=r+r'$为半径(r 为烟囱底部半径，r'为基坑的放坡宽度)在地面上画圆，并撒白灰线，标明挖坑的边线，同时在边线外侧定位轴线方向上钉 4 个定位小木桩 a、b、c、d，作为修坑和恢复基础中心之用。

(4)当基坑开挖接近设计深度时，在坑内四壁测设水平桩，作为控制挖深和确定浇灌混凝土垫层标高的依据。

(5)浇灌混凝土基础时，在垫层表面的烟囱中心 O 处埋设一块钢板，根据定位桩用经纬仪准确地在钢板上定出烟囱的中心位置，并刻上“十”字，作为筒身施工时控制烟囱中心和半径的依据。

2. 筒身施工测量

烟囱筒身向上砌筑时，筒身的中心、直径、收坡都要严格控制。

1)筒身竖直控制

每提升一次模板或步架时，都需将基础中心点投测到施工作业面上，作为架设烟囱模板的依据。

在施工作业面上架设的直径控制杆(见图 11.59(a))是由一根方木和一根刻划尺杆组成的，尺杆的一端铰接在方木中心。在方木中心下挂一 8~10kg 的垂球，调整方木使垂球尖对准基础的中心标志(见图 11.59(b))，则方木中心就是作业面的正确中心位置。旋转刻划尺就可检查出施工面的偏差情况，并可找出继续施工的正确位置。筒身每砌筑 10m，必须用经纬仪检查一次中心。检查时，分别在控制桩 A、B、C、D(见图 11.58)上安置经纬仪，照准基础上面的轴线标志，把轴线点投测到作业面上，并做标志。然后对应标志拉两条细线绳，其交点即为烟囱的中心点，与垂球引测的中心点比较，以做校核。无误后，以经纬仪投测的中心点为圆心，对筒身进行检查，若有偏差应立即纠正。

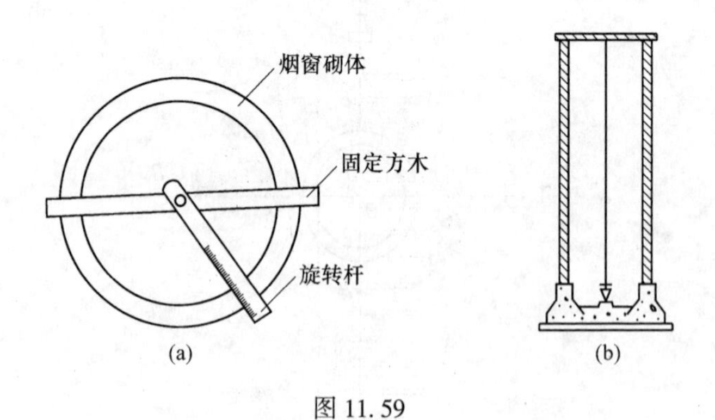

图 11.59

当烟囱高度超过 100m，且精度要求较高时，可在烟囱基础中心点上安置激光经纬仪(激光垂准仪)来控制筒身中心竖直度。

图 11.60 所示为混凝土烟囱采用滑模施工，为保证筒身的竖直，钢模体每次提升前均应进行一次垂直度检核。

在滑模施工开始之前，将调试检验好的激光经纬仪或激光垂准仪安置在筒身基础的中

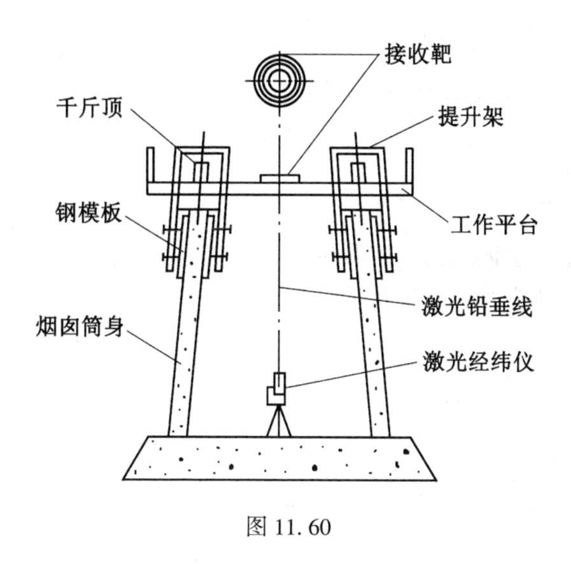

图 11.60

心点上，进行严格对中、整平。在工作台中心位置安置激光接收靶。检查时打开电源开关发射激光束，物镜调焦，使接收靶上光斑最小，记录靶心偏离光斑的距离和方位，根据偏差值和方向纠正钢模体。

2)外壁收坡控制

烟囱筒身外壁的控制，除用尺杆画圆检查外，还应随时用坡度靠尺板来检查收坡及表面平整度。靠尺板的形状如图 11.61 所示，两侧斜边是严格按设计的筒壁斜度制作的。使用时，把斜边贴靠在筒身外壁上，如垂线恰好通过下端缺口，则说明外壁收坡符合设计要求。

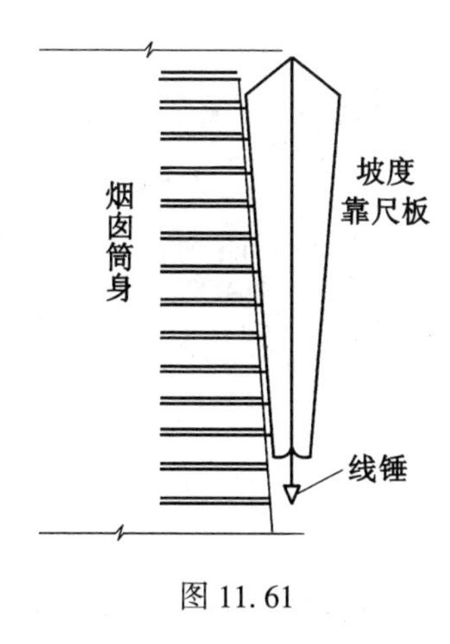

图 11.61

3)筒身标高控制

一般是用水准仪在烟囱壁上测出某一标高(如+0.50m)线，由此线用钢尺向上直接量取标高。

【本章小结】

本章主要介绍了施工测量的基本内容：

(1)施工测量概述；

(2)施工控制测量；

(3)建筑物定位放线；

(4)基础施工测量及主体结构施工测量；

(5)高层建筑的轴线投测与高程传递。

◎ 习题和思考题

1. 施工测量包括哪些内容？

2. 施工测量的特点有哪些？

3. 进行施工测量之前应做好哪些准备工作？

4. 简述施工控制网的测设步骤。

5. 试述用直角坐标法的测设过程。

6. 龙门板和控制桩的作用是什么？如何设置？

7. 如图 11.62 所示，已知原有建筑物的 1、2 点坐标，现欲建一机房，要求其⑥轴与坐标纵轴方向平行，试述其测设过程。

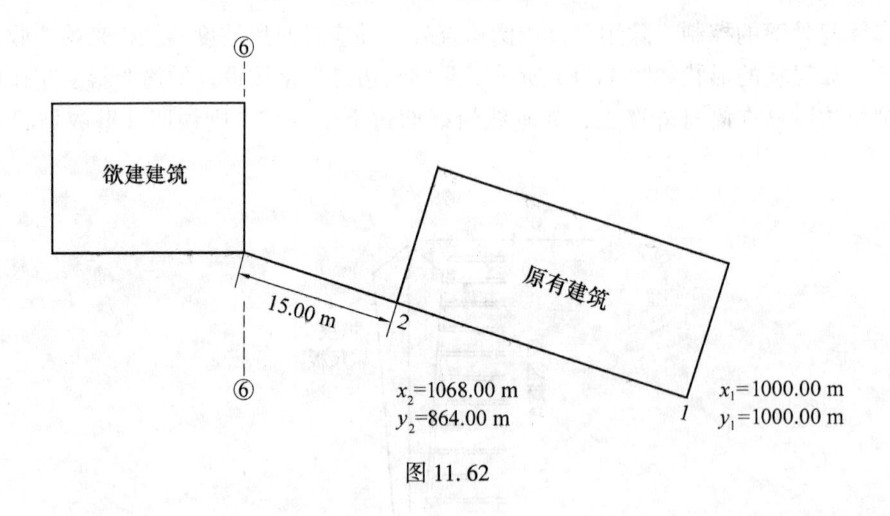

图 11.62

8. 建筑施工测量包括哪些主要工作？

第12章　建筑物的竣工测量与变形观测

【教学目标】

了解建筑物竣工测量的内容及最终成果，了解如何进行竣工测量及编绘竣工总平面图；了解工程测量资料的管理工作；理解建筑物变形观测中沉降观测、倾斜观测、裂缝观测、位移观测、挠度观测等的作业过程及方法。

12.1　建筑物的竣工测量

竣工测量，是指建筑工程项目施工完成后，对建筑物、构筑物或管网等的实地平面位置、高程进行的测量工作，竣工测量的最终成果就是竣工总图，包括反映工程竣工时的地形现状、地上与地下各种建筑物、构筑物以及各类管线平面位置与高程的总现状地形图和各类专业图等。

12.1.1　编制竣工总图的目的

工业与民用建筑工程是根据设计总平面图施工的。在施工过程中，由于种种原因，使建(构)筑物竣工后的位置与原设计位置不完全一致，所以需要编绘竣工总图。

编制竣工总图的目的一是为了全面反映竣工后的现状，二是为以后建(构)筑物的管理、维修、扩建、改建及事故处理提供依据，三是为工程验收提供依据。

竣工总图宜采用数字竣工图。竣工总图的比例尺宜选用1∶500；坐标系统、高程基准、图幅大小、图上注记、线条规格，应与原设计图一致；图例符号，应采用现行国家标准《总图制图标准》(GB/T50103)。竣工总图应根据设计和施工资料进行编绘。当资料不全无法编绘时，应进行实测。竣工总图编绘完成后，应经原设计及施工单位技术负责人审核、会签。

12.1.2　竣工总图的编绘

竣工总图的编绘，应收集下列资料：

(1)总平面布置图。

(2)施工设计图。

(3)设计变更文件。

(4)施工检测记录。

(5)施工测量资料。

(6)其他相关资料。

编绘前，应对所收集的资料进行实地对照检核。不符之处，应实测其位置、高程及尺寸。竣工总图的编制，应符合下列规定：

(1)地面建(构)筑物，应按实际竣工位置和形状进行编制。

(2)地下管道及隐蔽工程，应根据回填前的实测坐标和高程记录进行编制。

(3)施工中，应根据施工情况和设计变更文件及时编制。

(4)对实测的变更部分，应按实测资料编制。

(5)当平面布置改变超过图上面积 1/3 时，不宜在原施工图上修改和补充，应重新编制。

竣工总图的绘制制，应满足下列要求：

(1)应绘出地面的建(构)筑物、道路、铁路、地面排水沟渠、树木及绿化地等。

(2)矩形建(构)筑物的外墙角，应注明两个以上点的坐标。

(3)圆形建(构)筑物，应注明中心坐标及接地处半径。

(4)主要建筑物，应注明室内地坪高程。

(5)道路的起终点、交叉点，应注明中心点的坐标和高程；弯道处，应注明交角、半径及交点坐标；路面，应注明宽度及铺装材料。

(6)铁路中心线的起终点、曲线交点，应注明坐标；曲线上，应注明曲线的半径、切线长、曲线长、外矢矩、偏角等曲线元素；铁路的起终点、变坡点及曲线的内轨面应注明高程。

12.1.3　竣工图的实测

竣工总图的实测，宜采用全站仪测图及数字编辑成图的方法。

竣工总图的实测应在已有的施工控制点上进行。当控制点被破坏时，应进行恢复对已收集的资料应进行实地对照检核。满足要求时应充分利用，否则应重新测量。

建(构)筑物宜测量其主要细部点坐标及有关元素。细部点坐标的取舍，应根据工矿区建(构)筑物的疏密程度和测图比例尺确定。细部坐标宜采用全站仪极坐标法施测，细部高程可采用水准测量或电磁波测距三角高程的方法施测。竣工总图中建(构)筑物细部点的点位和高程中误差，应满足表 12.1 的规定。

表 12.1　**细部坐标点的点位和高程中误差**

地物类别	点位中误差(cm)	高程中误差(cm)
主要建(构)筑物	5	2
一般建(构)筑物	7	3

12.2　工程测量资料的管理

工程测量资料除了沉降观测资料与竣工图外，测量控制网点的坐标与高程、基础与地下管线等隐蔽工程记录、重要项目的测量记录、计算、成果资料等，都是工程档案资料的重要内容。例如，在场地平整施工结束后，应整理下列资料归档：控制测量依据，原有地面高程、纵横断面图，土石方量计算图表，竣工测量资料。

工程测量资料应妥善整理保管，通过整理工程测量资料，加强检查校核，提高工作质量，同时应不断积累资料，总结经验，提高技术水平。因此，加强工程测量资料的管理工作是十分重要的。

工程测量资料中，平面和高程控制测量成果资料以及竣工图、沉降观测资料等成果性资料，都是十分重要的，必须经过认真严格的检查，确认无误后方可使用、提交。这里着重要强调的是施工过程中的资料整理与管理问题。

12.2.1 记录与计算

测量记录与计算应使用规范的表格。严格禁止随记随算随丢、在手簿上打草稿、事后补记等不良现象。测量记录应做到项目齐全，记录清晰、准确、规范、美观，记录必须原始，不得补记、传记。记录错误时，不得擦涂，应用斜直线画去，在旁边改写并在备注栏内注明原因。外业手簿的计算、检查，应在离点前完成。外业测量结束后，应立即审核整个外业资料。外业手簿应编页码，不得缺页。使用中和记满用完的手簿都应妥善保管，不得损坏遗失。

计算资料必须采用两人对算或一人用两种不同方法进行核对。计算资料应由计算者签字后归档保管。

12.2.2 自检、复检与专业部门检查

检查校核是保证测量可靠性的最有效手段。建立施测小组自检、上一级小组复检、专业部门检查制度，是测量质量层层把关的重要管理措施。“三检”资料也是工程测量最重要资料，必须给与高度重视，妥善整理保存。

施测小组的自检报告，应包括施测依据、计算资料、施测方法、校核方法与校核结果、成果资料等。报告必须真实、准确、完整、清楚。主要工程项目的定位，标定中心线，测设高程，都应提交上一级检查组进行复查。专业部门对检查小组的复查成果进行检查确认后，方可进行下一道工序的施工。重要项目的工程测量资料必须有完备的“三检”记录和各项资料。

12.2.3 测量成果的工序交接

一项工程的施工中，有多道工序，测量工作随着工序的交接，也要进行成果交接。特别是建筑工程与安装工程之间的工序交接，更为重要。

测量成果的工序交接，包括测量资料的交接和实地点位的交接。交接工作应在现场进行，要在交方、接方和检查部门等有关人员都在场的情况下，当面进行。交接的资料和手续必须齐备。

交接的测量资料应包括施测依据、施测方法、施测精度与测量成果等，也应包括检查部门的检查结果。例如，建筑物、构筑物的基础及设备基础竣工后，施工单位应向下道工序的施工单位提供下列测量资料并实地交接：基础中心线定位及标高测设图，基础竣工后中心线及标高实测资料，基础沉降和位移观测资料。

总之，做好工程测量资料的管理工作，不仅是满足交工验收工作的需要，而且它对于加强检查校核，提高测量工作质量，杜绝质量事故，提高工作水平都有十分重要的作用。

12.3　建筑物的变形观测

随着我国经济的发展，各种复杂而大型的建筑物日益增多。在建筑物的建造过程中，由于建筑物基础的地质构造不均匀、土壤的物理性质不同、大气温度变化、土基的塑性变形、地下水位季节性和周期性的变化、建筑物的结构及动荷载的作用，建筑物将发生沉降、位移、挠曲、倾斜及裂缝等现象，为了掌握建筑物、构筑物在施工中和竣工后的变形情况，正确指导施工、保证工程质量，检验工程设计的正确性和利于建筑物、构筑物的安全使用，应对指定的建筑物、构筑物进行变形观测。

变形观测包括沉降观测、倾斜观测、裂缝观测、位移观测、挠度观测等。

12.3.1　建筑物的沉降观测

建筑物的沉降是地基、基础和上层结构共同作用的结果。沉降观测是最主要的变形观测内容，建筑物沉降观测是测量建筑物上所设观测点与水准点之间随时间的高差变化量。通过此项观测，研究解决地基沉降问题和分析相对沉降是否有差异，以监视建筑物的安全。

1. 水准点和观测点的设置

建筑物的沉降观测是依据埋设在建筑物附近的水准点进行的，为了相互校核并防止由于某个水准点的高程变动造成差错，一般至少埋设3个水准点。要求埋设在建筑物、构筑物基础压力影响范围以外；锻锤、轧钢机、铁路、公路等震动影响范围以外；离开地下管道至少5m；埋设深度至少要在冰冻线及地下水位变化范围以下0.5m。水准点离开观测点不要太远(不应大于100m)，以便提高沉降观测的精度。

观测点的数目和位置应能全面正确反映建筑物沉降的情况，这与建筑物的大小、荷重、基础形式和地质条件等有关。一般情况下，对民用建筑，沉降监测点宜布设在下列位置：

(1)建筑的四角、核心筒四角、大转角处及沿外墙每10m~20m处或每隔2~3根柱基上；

(2)高低层建筑、新旧建筑和纵横墙等交接处的两侧；

(3)建筑裂缝、后浇带两侧、沉降缝两侧、基础埋深相差悬殊处、人工地基与天然地基接壤处、不同结构的分界处及填挖方分界处以及地质条件变化处两侧；

(4)对宽度大于或等于15m、宽度虽小于15m但地质复杂以及膨胀土、湿陷性土地区的建筑，应在承重内隔墙中部设内墙点，并在室内地面中心及四周设地面点；

(5)邻近堆置重物处、受振动显著影响的部位及基础下的暗浜处；

(6)框架结构及钢结构建筑的每个或部分柱基上或沿纵横轴线上；

(7)筏形基础、箱形基础底板或接近基础的结构部分之四角处及其中部位置；

(8)重型设备基础和动力设备基础的四角、基础形或埋深改变处；

(9)超高层建筑或大型网架结构的每个大型结构柱监测点数不宜少于2个，且应设置在对称位置。

2. 沉降观测的周期和观测时间

(1)建筑施工阶段的观测应符合下列规定：

①宜在基础完工后或地下室砌完后开始观测；

②观测次数与间隔时间应视地基与荷载增加情况确定。民用高层建筑宜每加高 2~3 层观测 1 次，工业建筑宜按回填基坑、安装柱子和屋架、砌筑墙体、设备安装等不同施工阶段分别进行观测。若建筑施工均匀增高，应至少在增加加荷载的 25%、50%、75%和 100%时各测 1 次；

③施工过程中若暂时停工，在停工时及重新开工时应各观测 1 次，停工期间可每隔 2~3 个月观测 1 次。

(2)建筑运营阶段的观测次数，应视地基土类型和沉降率大小确定。除有特殊要求外，可在第一年观测 3~4 次，第二年观测 2~3 次，第三年后每年观测 1 次，至沉降达到稳定状态或满足观测要求为止。

(3)观测过程中，若发现大规模沉降、严重不均匀沉降或严重裂缝等，或出现基础附近地面荷载突然增减、基础四周大量积水、长时间连续降雨等情况，应提高观测频率，并应实施安全预案。

(4)建筑沉降达到稳定状态可由沉降量与时间关系曲线判定。当最后 100d 的最大沉降速率小于 0.01~0.04mm/d 时，可认为已达到稳定状态。对具体沉降观测项目，最大沉降速率的取值宜结合当地地基土的压缩性能来确定。

3. 沉降观测的方法及精度要求

沉降观测是一项较长期的系统观测工作，为了保证观测成果的正确性，应尽可能做到“四定”：

(1)固定人员观测和整理成果；

(2)固定使用的水准仪及水准尺；

(3)使用固定的水准点；

(4)按规定的日期、方法及路线进行观测。

沉降观测应根据现场作业条件，采用水准测量、静力水准测量或三角高程测量等方法进行。对建筑基础和上部结构，沉降观测的精度不应低于三等，即沉降监测点测站高差中误差应小于等于 1.5mm。

4. 沉降观测的成果资料

每期观测后，应计算各监测点的沉降量、累计沉降量、沉降速率及所有监测点的平均沉降量。沉降观测应提交下则成果资料：监测点布置图、观测成果表、时间荷载沉降量曲线、等沉降曲线。

每次观测结束后，应检查观测手簿中的数据和计算是否合理、正确，精度是否合格等。然后把历次各观测点的高程列入成果表中，计算两次观测之间的沉降量和累计沉降量，并注明观测日期和荷重情况。为了更清楚地表示沉降、荷重、时间之间的关系，还要画出各观测点的沉降-荷重-时间关系曲线图。如表 12.2 及图 12.1 所示。

表 12.2　　**沉降观测记录计算表**

观测点	第一次			第二次			第三次			第四次			第五次		
	2002 年 3 月 23 日			2002 年 5 月 23 日			2002 年 7 月 23 日			2002 年 12 月 23 日			2003 年 6 月 23 日		
	高程 (m)	沉降量 (mm)	累积沉降 (mm)	高程 (m)	沉降量 (mm)	累积沉降 (mm)	高程 (m)	沉降量 (mm)	累积沉降 (mm)	高程 (m)	沉降量 (mm)	累积沉降 (mm)	高程 (m)	沉降量 (mm)	累积沉降 (mm)
1	0.756			0.746	−10		0.739	−7	−17	0.736	−3	−20	0.734	−2	−22
2	0.774			0.763	−11		0.757	−6	−17	0.754	−3	−20	0.753	−1	−21
3	0.775			0.764	−11		0.757	−7	−18	0.754	−3	−21	0.753	−1	−22
4	0.777			0.766	−11		0.759	−7	−18	0.756	−3	−21	0.755	−1	−22
5	0.747			0.735	−12		0.732	−3	−15	0.731	−1	−16	0.731	0	−16
6	0.740			0.729	−11		0.725	−4	−15	0.723	−2	−17	0.722	−1	−18
7	0.763			0.753	−10		0.745	−8	−18	0.741	−4	−22	0.740	−1	−23
8	0.754			0.743	−11		0.737	−6	−17	0.735	−2	−19	0.734	−1	−20

注：(1)表中高程为简化注记，整数部分为 1 055m。
(2)荷载情况(t/m^2)：第一次：0；第二次：6.5；第三次：12.5；第四次以后：20。

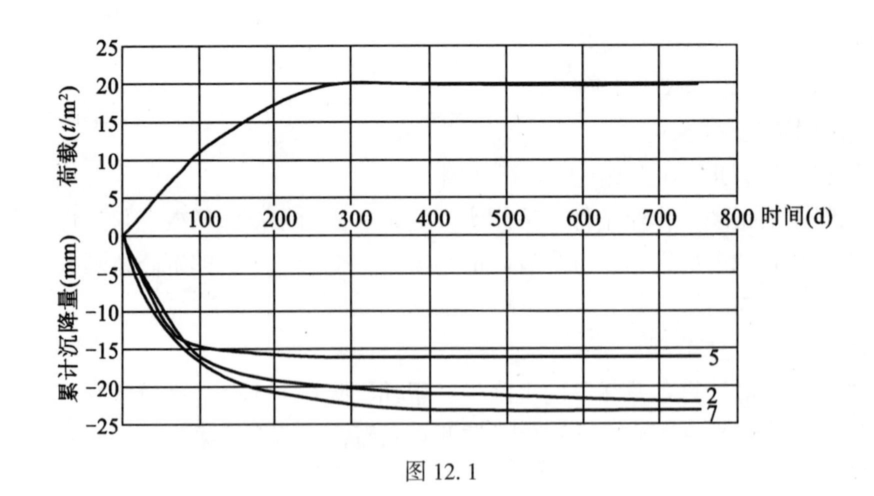

图 12.1

12.3.2　建筑物的倾斜观测

倾斜观测是建筑物变形观测的主要内容之一。建筑物发生倾斜的原因主要是因地基承载力不均匀或因建筑物体型复杂、层高变化而形成不同荷载，地基及其周围地面有差异沉降或受外力作用。建筑施工过程中及竣工验收前，宜对建筑上部结构或墙面、柱等进行倾斜观测。建筑运营阶段，当发生倾斜时，应及时进行倾斜观测。

1. 倾斜监测点的布设及标志设置应符合下列规定

(1)当测定顶部相对于底部的整体倾斜时，应沿同一竖直线分别别布设顶部监测点和底部对应点。

(2)当测定局部倾斜时，应沿同一竖直线分别布设所测范围的上部监测点和下部监测点。

(3)建筑顶部的监测点标志，宜采用固定的觇牌和棱镜，墙体上的监测点标志可采用埋入式照准标志或粘贴反射片标志。

(4)对不便埋设标志的塔形、圆形建筑以及竖直构件，可粘贴反射片标志，也可照准视线所切同高边缘确定的位置或利用符合位置与照准要求的建筑特征部位。

2. 倾斜观测的周期

倾斜观测的周期，宜根据倾斜速率每 1~3 个月观测 1 次。当出现基础附近因大量堆载或卸载、场地降雨长期积水等导致倾斜速度加快时，应提高观测频率。施工期间倾斜观测的周期和频率，宜与沉降观测同步。

3. 倾斜观测注意事项

倾斜观测作业应避开风荷载影响大的时间段。对于高层和超高层建筑的倾斜观测，也应避开强日照时间段。

当从建筑外部进行倾斜观测时，应符合下列规定：

(1)宜采用全站仪投点法、水平角观测法或前方交会法进行观测。当采用投点法时，测站点宜选在与倾斜方向成正交的方向线上距照准目标 1.5~2.0 倍目标高度的固定位置，测站点的数量不宜少于 2 个；当采用水平角观测法时，应设置好定向点。当观测精度为二等及以上时，测站点和定向点应采用带有强制对中装置的观测墩。

(2)当建筑上监测点数量较多时，可采用激光扫描测量量或近景摄影测量等方法进行观测。

(3)当利用建筑或构件的顶部与底部之间的竖向通视条件进行倾斜观测时，可采用激光垂准测量或正、倒垂线等方法。

(4)当利用相对沉降量间接确定建建筑倾斜时，可采用水准测量或静力水准测量等方法通过测定差异沉降来计算倾斜值及倾斜方向。

4. 几种倾斜观测方法及计算方法

1)用精密水准测量的方法观测基础倾斜

建筑物的基础倾斜观测，一般采用精密水准仪进行沉降观测的方法，定期测出基础两端点的差异沉降量 Δh，如图 12.2 所示，再根据两点的距离 L，即可按下式计算出基础的倾斜度 i：

$$i = \frac{\Delta h}{L} \tag{12.1}$$

2)观测基础的差异沉降量推算建筑物的上部倾斜

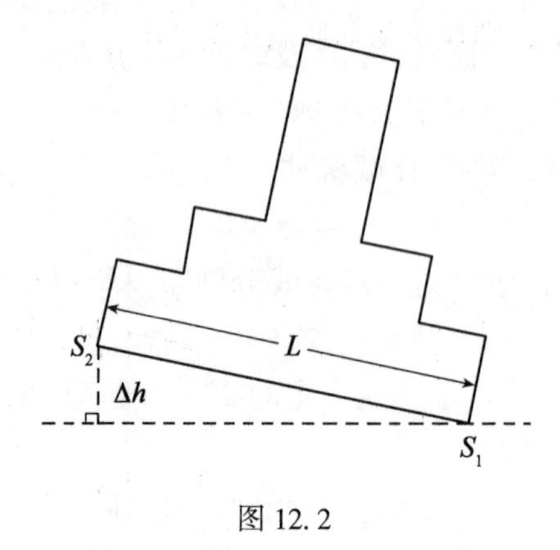

图 12.2

测得建筑物两端点的差异沉降量 Δh 后，根据建筑物的宽度 L 和高度 H，可按下列公式推算出上部结构的倾斜值 Δ，如图 12.3 所示：

$$\Delta = i \cdot H = \frac{\Delta h}{L} \cdot H \tag{12.2}$$

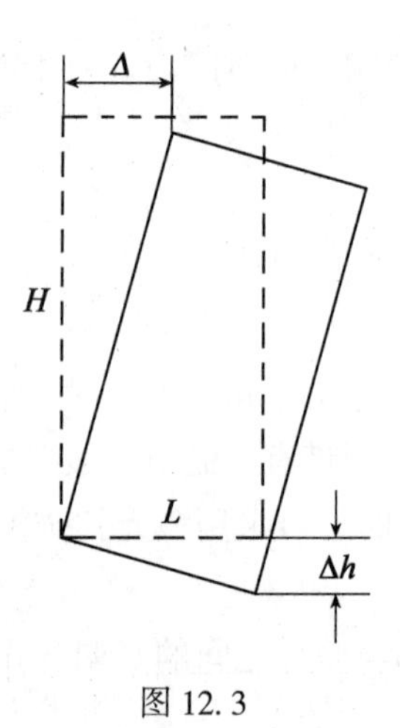

图 12.3

3)用全站仪投点法测定建构筑物的倾斜

对需要进行倾斜观测的一般建筑物，要在互相垂直的两个侧面进行观测。如图 12.4 所示，在离墙距离大于墙高的地方选一点 A 安置全站仪后，分别用正、倒镜瞄准墙顶一固定点 M，向下投影取其中点 M_1。过一段时间再用全站仪瞄准同一点 M，向下投影得 M_2 点。若建筑物沿侧面方向发生倾斜，M 点已移位，则 M_2 与 M_1 不重合，于是量得偏离量 e_M。同时，在另一侧面也可以测得偏移量 e_N，利用矢量加法可求得建筑物的总偏斜量 e，即

$$e = \sqrt{e_M^2 + e_N^2} \tag{12.3}$$

以 H 代表建筑物的高度，则建筑物的倾斜度为 $i = \frac{e}{H}$。

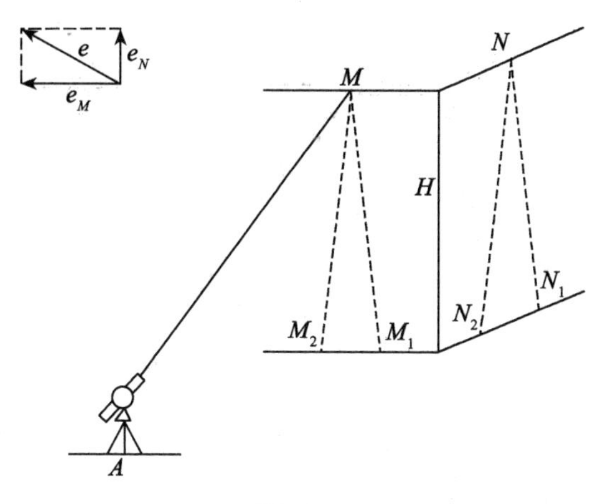

图 12.4

对于圆形构筑物(如烟囱、水塔)的倾斜观测，应在互相垂直的两个方向分别测出顶部中心对底部中心的垂直偏差，然后用矢量相加的方法，计算出总的偏差值及倾斜方向。方法如图 12.5 所示，在距烟囱约为烟囱高度 1.5 倍的地方，建一固定点安置全站仪，在烟囱底部地面垂直视线平稳地放一木板。然后用望远镜分别照准烟囱底部外皮，向木板上投点得 A、A' 点，取中得 A_0 点。在用望远镜照准烟囱顶部外皮，向木方上投点得 B、B' 点，取中得 B_0 点。则 A_0B_0 两点间的距离 a，就是烟囱在这个方向的中心垂直偏差，称初始偏差。它包含有施工操作误差和筒身倾斜两方面影响因素。

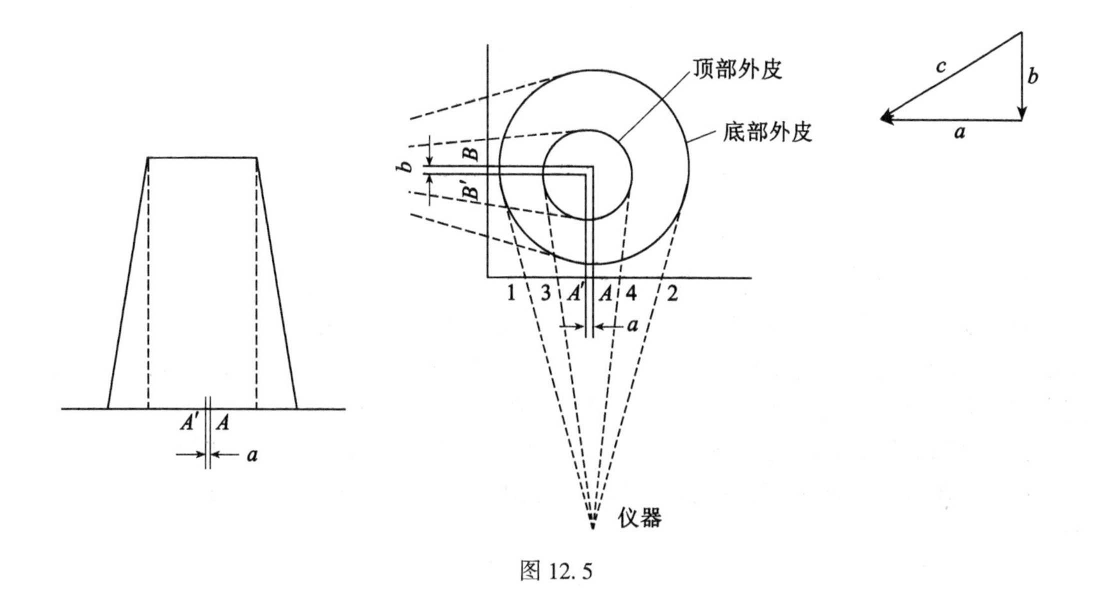

图 12.5

用同样方法在与其垂直的另一方向再测出垂直偏差 b。烟囱总偏差值为两个方向的矢量相加，即

$$c = \sqrt{a^2 + b^2} \tag{12.4}$$

以 H 代表构筑物的高度，则构筑物的倾斜度为 $i = \frac{c}{H}$。

例如，烟囱向南偏差 25mm，向西偏差 35mm，其矢量值为 $c = \sqrt{25^2 + 35^2} = 43\text{mm}$，烟囱倾斜方向为矢量方向，即图中按比例画的三角形斜边方向(向西南偏 43mm)。

然后用全站仪把 A、A' 及 B、B' 分别投测在烟囱底部的立面上，作为观测点，为以后倾斜观测提供依据。以后的倾斜观测，仍采用上述方向，分别测出烟囱顶部中心对底部中心 A、B 点的位移量，即得出烟囱倾斜的变化数据。

5. 倾斜观测提交成果资料

(1)监测点布置图；

(2)观测成果表；

(3)倾斜曲线。

12.3.3　建筑物的裂缝观测

对建筑上明显的裂缝，应进行裂缝观测。裂缝观测应测定裂的位置分布和裂缝的走向、长度、宽度、深度及其变化情况。深度观测宜选在裂缝最宽的位置。

对需要观测的裂缝应统一编号。每次观测时，应绘出裂缝的位置、形态和尺寸，注明观测日期，并拍摄裂缝照片。

每条裂缝应至少布设 3 组观测标志，其中一组应在裂缝的最宽处，另两组应分别在裂缝的末端。每组应使用两个对应的标志，分别设在裂缝的两侧。

裂缝观测标志应便于量测。长期观测时，可采用镶嵌或埋入墙面的金属标志、金属杆标志或楔形板标志；短期观测时，可采用油漆平行线标志或用建筑胶粘贴的金属片标志。当需要测出裂缝纵、横向变化值时，可采用坐标方格网板标志。采用专用仪器设备观测的标志，可按具体要求另行设计。

裂缝的宽度量测精度不应低于 1.0mm，长度量测精度不应低于 10.0mm，深度量测精度不应低于 3.0mm。

裂缝观测方法应符合下列规定：

(1)对数量少、量测方便的裂缝，可分别采用比例尺、小钢尺或游标卡尺等工具定期量出标志间距离求得裂缝变化值，或用方格网板定期读取坐标差计算裂缝变化值。

(2)对大面积且不便于人工量测测的众多裂缝，宜采用前方交会或单片摄影方法观测。

(3)当需要连续监测裂缝变化时，可采用测缝计或传感器自动测记方法观测。

(4)对裂缝深度量测，当裂缝深度较小时，宜采用凿出法和单面接触超声波法监测；当深度较大时，宜采用超声波法监测。

裂缝观测的周期应根据裂缝变化速率确定。开始时可半月测 1 次，以后 1 月测 1 次。

当发现裂缝加大时，应提高观测频率。

裂缝观测应提交下列成果资料：

(1)裂缝位置分布图；

(2)观测成果表；

(3)裂缝变化曲线。

建筑物发现裂缝，除了要增加沉降观测的次数外，还应立即进行裂缝变化的观测。为了观测裂缝的发展情况，要在裂缝处设置观测标志。设置标志的基本要求是，当裂缝开展时标志就能相应的开裂或变化，正确地反映建筑物裂缝发展情况。主要有如下两种形式：

1. 石膏板标志

用厚 10mm，宽 50~80mm 的石膏板(长度视裂缝大小而定)，在裂缝两边固定牢固。当裂缝继续发展时，石膏板也随之开裂，从而观测裂缝继续发展的情况。

2. 白铁片标志

如图 12.6 所示，用两块白铁片，一片取 150mm×150mm 的正方形，固定在裂缝的一侧。并使其一边和裂缝的边缘对齐。另一片为 50mm×200mm，固定在裂缝的另一侧，并使其中的一部分紧贴相邻的正方形白铁片。当两块白铁片固定好以后，在其表面均涂上红色油漆。如果裂缝继续发展，两白铁片将逐渐拉开，露出正方形白铁片上原被覆盖没有涂油漆的部分，其宽度即为裂缝加大的宽度，可用尺子量出。

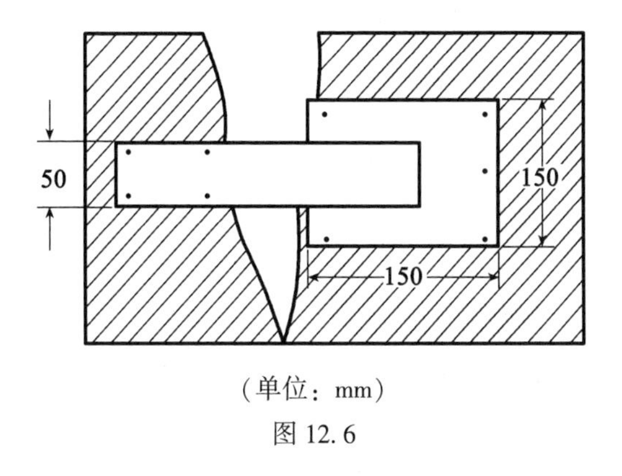

(单位：mm)

图 12.6

12.3.4 建筑物的位移观测

观测建筑物的平面位置随时间而移动的工作称为位移观测，有时只要求测定建筑物在某特定方向上的位移量。

在垂直最大位移的方向上建立一条基准线，在建筑物上埋设观测标志，定期用经纬仪观测其角度，利用两次观测角度的差数，可计算得位移值，这种方法称为“视准线法”。

如图 12.7 所示，A、B、C 为控制点，三点一直线，需精确定出，必须埋设牢固稳定的标桩，视为基准线。为防止其变化，每次观测前，应进行检查。M 为观测点，设置在基准线同一直线上，标志要牢固、明显。

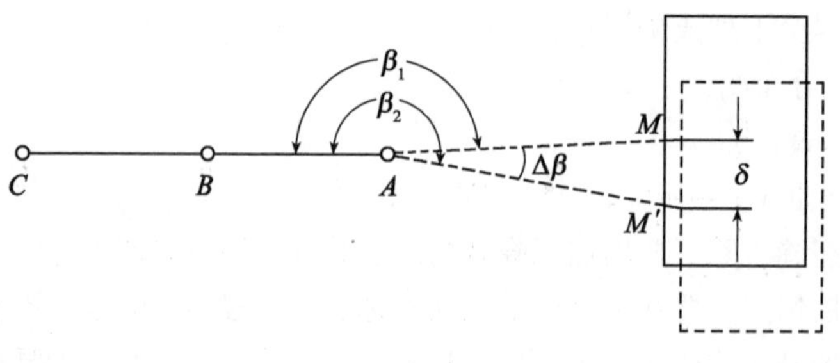

图 12.7

经纬仪架设在 A 点，控制点间距离宜大于 60m，以保证测角精度，精确对中、整平仪器，设第一次测得角值为 β_1，第二次测得角值为 β_2，两次观测角值之差 $\Delta\beta=\beta_2-\beta_1$，则位移值 δ 可由下式算得：

$$\delta=\frac{\Delta\beta\times AM}{\rho} \tag{12.5}$$

式中，$\rho=206265''$。

建立基准线，埋设标志与观测点标志要牢固是位移观测的主要方面，观测手段是多样化的，可采用正倒镜投点求出位移值，还可用拉紧金属线构成基准线，也可用激光束构成基准线。位移可通过测角求得，也可实量。

12.3.5　建筑物的挠度观测

建筑物在应力的作用下产生弯曲和扭曲时，应进行挠度观测。对于平置的构件，在两端及中间设置三个沉降点进行沉降观测，可以测得在某时间段内三个点的沉降量，分别为 h_a、h_b、h_c，则该构件的挠度值为

$$\tau=\frac{1}{2}(h_a+h_c-2h_b)\frac{1}{s_{ac}} \tag{12.6}$$

式中，h_a 及 h_c 为构件两端点的沉降量，h_b 为构件中间点的沉降量，s_{ac} 为两端点间的平距。

对于直立的构件，要求设置上、中、下三个位移观测点进行位移观测，利用三点的位移量求出挠度大小。在这种情况下，我们把在建筑物垂直面内各不同高程点相对于底点的水平位移称为挠度。

挠度观测的方法常采用正垂线法，即从建筑物顶部悬挂一根铅垂线，直通至底部基岩上，在铅垂线的不同高程上设置高程点，借助光学式或机械式的坐标仪表量测出各点与铅垂线最低点之间的相对位移。如图 12.8 所示，任意点 N 的挠度。

$$S_N=S_0-S_N' \tag{12.7}$$

式中，S_0 为铅垂线最低点与顶点之间的相对位移，S'_N 为任一点 N 与顶点之间的相对位移。

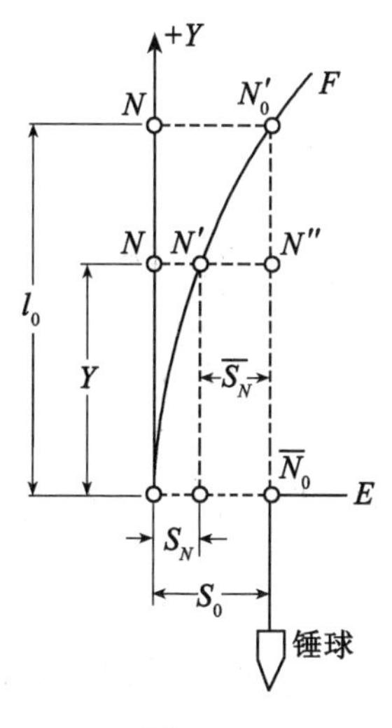

图 12.8

【本章小结】

本章主要介绍了建筑物的竣工测量与变形观测：

(1)竣工测量是指工程竣工时，对建筑物、构筑物或管网等的实地平面位置、高程进行的测量工作，竣工测量的最终成果就是竣工总平面图。

(2)工程变形观测资料与竣工图、测量控制网点的坐标与高程、基础与地下管线等隐蔽工程记录、重要项目的测量记录、计算、成果资料等都是工程测量资料的重要内容。都应按程序进行整理、归档及管理。

(3)对指定的建筑物、构筑物进行变形观测可以掌握建筑物、构筑物在施工中和竣工后的变形情况，正确指导施工、保证工程质量，检验工程设计的正确性和利于建筑物、构筑物的安全使用。

(4)变形观测包括沉降观测、倾斜观测、裂缝观测、位移观测、挠度观测等。

◎ 习题和思考题

1. 什么是竣工测量？竣工测量的最终成果是什么？

2. 竣工总平面图包括哪些主要内容？

3. 如何进行竣工总平面图的编绘及整饰？

4. 工程测量资料包括哪些主要内容？应如何进行工程测量资料的管理与交接？

5. 为什么要进行工程建筑物变形观测？变形观测主要包括哪些内容？

6. 沉降观测的作业步骤是什么？每次观测为什么要保证仪器、观测人员和水准路线不变？

7. 建筑物位移观测的方法有哪几种？

8. 试述工程建筑物倾斜观测的方法。

9. 试述工程建筑物裂缝的观测方法。

第 13 章 线路工程测量

【教学目标】

掌握线路工程测量的基本理论和工作内容，了解线路工程测量的基本方法。

13.1 线路工程测量概述

线路工程测量是指对于公路、铁路、输电线路以及供水、供气、输油等各种用途的管道工程进行的测量工作，各种线路测量的程序和方法大致相同。

13.1.1 线路工程的规划

线路工程测量工作贯穿于线路工程建设的全过程，从线路的规划设计、勘测设计、工程施工、线路竣工后的运营管理，每一阶段都有相应的测量工作。

(1)为了在一定的标准要求下，使线路所经行的路线最短，建造费用最省，其建设过程通常要经过多方面的分析、比较，以求最优。因此，在勘察、设计阶段，除提供一定比例尺的地形图外，还得进行实地踏勘、道路选线、中线测量、纵横断面测量和带状图测量等，以提供各种测绘资料。

(2)线路选线要满足政治、经济、文化、国防等方面的要求，并且使路线最优、工程造价最低。为达此目的，要多方面搜集资料，实地调研，认真分析比较。选线工作一般分图上选线和勘测选线两个阶段。

(3)图上选线是根据道路规划所确定的起讫点，先在中小比例尺地形图上选定几条可资比较的路线，作为进一步分析研究的基础。

(4)勘测选线是在图上选线的基础上，对几个可资比较的方案进行更加深入、细致的分析、比较，以选定一个最优的方案。因此，需要有具体、全面的地形、地质、水文、建筑材料、经济和建设等资料，作为分析比较选优的依据。对测量来说，就是要提供详细的地形资料，即沿线的大比例尺带状地形图。

(5)在线形方面要对路线平面、纵断面和横断面综合考虑，做到平面顺适、纵坡均衡、横断合理。如要设置桥梁、隧道及涵洞时，还应全面调查水文、地质等有关资料。多作方案比较，选用最佳方案。

(6)选出最优线路之后，即可按照道路等级的技术标准，在图上设计出它的具体位置。

13.1.2 线路工程的勘测设计

实际工作中，路线勘测设计测量通常是边选线边实测，实测的内容主要有以下四部分：

(1)中线测量。根据选线确定的定线条件，在实地定出道路中心线位置。

(2)纵断面测量。测绘道路中线的地面高低起伏情况。

(3)横断面测量。测绘道路中线两侧的地面高低起伏情况。

(4)地形图测量。测绘道路中线附近地形图(俗称条图)和局部地区(如重要交叉口、大中桥址和隧道及涵洞等处)地形图。

以上测量工作称为路线勘测设计测量。它的主要任务是为线路的设计提供详细的测量资料，使设计工作切合实际情况，做到合理、经济。

13.1.3 线路工程的施工测量

线路技术设计经上级主管部门批准后，即可开始施工。

施工前和施工中，需要恢复中线、测设边坡、桥涵、隧道等的位置和高程标志，作为施工的依据，以保证工程按图施工。当工程逐项结束时，还应进行竣工验收测量，以检查施工成果是否符合设计要求，并为工程竣工后使用、养护提供必要的资料。以上测量工作称为道路施工测量。

由上述可知，测量所得到的各种成果和标志是工程设计和工程施工的重要依据，测量工作的精度和速度将直接影响设计和施工的质量和工期。因此，测量人员必须以高度负责的态度，努力做好测量工作。为了保证精度和防止错误，线路工程测量也必须采取“从整体到局部，先控制后碎部”的工作程序和“步步有校核”的工作方法。

13.2 线路中线测量

线路中线测量的主要任务是通过直线和曲线的测设，将线路中心线的平面位置用木桩具体地标定在施工现场，并标定路线的实际里程，为线路设计施工和后续工作提供必要的依据。

13.2.1 线路转角测定

线路由一个方向偏转为另一个方向时，偏转后方向与原方向间的夹角称为转角，又称偏角。转角有左、右之分，偏转后的方向在原方向左侧的称左转角，反之为右转角。线路转弯处，为了设置曲线，需要测定转角。

左角、右角和转角，它们三者之间有着固定的几何关系，只要知道其中一角，便可计算其余两角。

如图 13.1 所示，如果已知观测路线的右角 $\beta_{右}$，可按下式计算其转角 I：

$$\left.\begin{aligned} &\text{当 } \beta_{右}<180^\circ \text{ 时} \quad && I_{y右}=180^\circ-\beta_{右} \\ &\text{当 } \beta_{右}>180^\circ \text{ 时} \quad && I_{z左}=\beta_{右}-180^\circ \end{aligned}\right\} \tag{13.1}$$

如果已知观测路线的左角 $\beta_{左}$，则转角 I 可按下式计算：

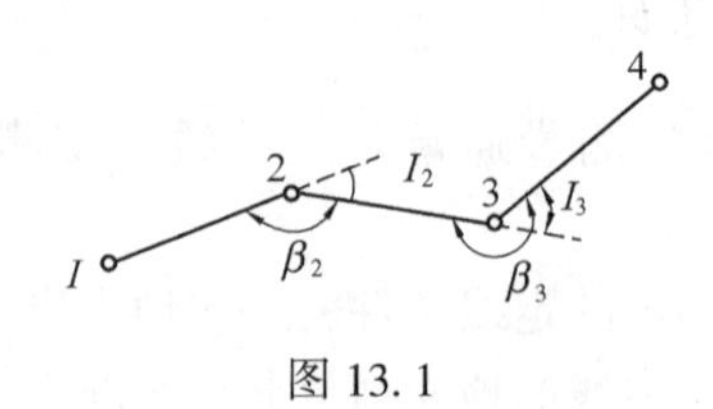

图 13.1

$$\left.\begin{array}{ll}\text{当}\beta_{左}<180°\text{时} & I_{z左}=180°-\beta_{左}\\ \text{当}\beta_{左}>180°\text{时} & I_{y右}=\beta_{左}-180°\end{array}\right\} \tag{13.2}$$

在测量中，通常观测线路的左角。左前后视方向应尽量照准相邻交点。若交点间不能直接通视，可利用转点；若交点不便设测站，可利用间接观测法得到转角值。如图 13.2 中的转角 I_3，交点 JD_3 不能设测站，可不测 I_3 而通过在 A、B 转点设测站，测得 α_1、α_2，则 $I_3=\alpha_1+\alpha_2$。

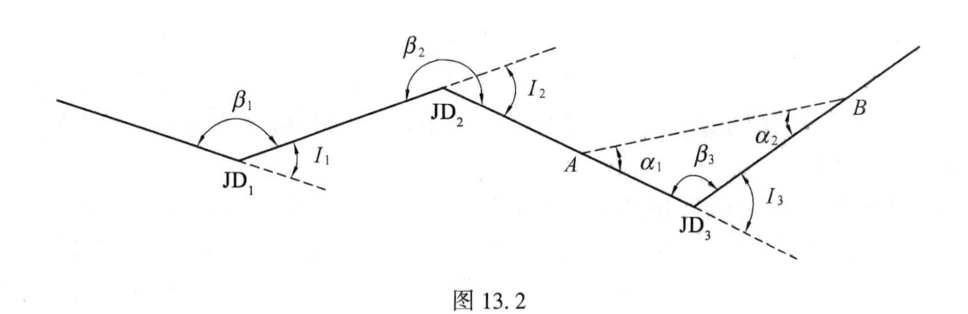

图 13.2

13.2.2　中线里程桩的设置

中线里程桩不仅具体标定出路线中线的实地位置，而且通过书写在桩上的里程表达桩位距路线起点的距离。设置里程桩的作用标定路线中线的位置和长度，施测路线纵横断面的依据。设置里程桩的工作主要是定线量距和打桩。距离测量可以用钢尺或测距仪，等级较低的公路可以用皮尺。

里程桩分为整桩和加桩两种，每个桩的桩号表示该桩距路线起点的里程。整桩是由路线起点开始，每隔 10m、20m 或 50m 的整倍数桩号而设置的里程桩。加桩分为地形加桩、地物加桩、曲线加桩等；如某加桩距路线起点的距离为 1234.56m，则其桩号记为 *K*1+234 .56。地形加桩是指沿中线地面起伏突变处、横向坡度变化处以及天然河沟处等所设置的里程桩；地物加桩是指沿中线有人工构筑物的地方，如桥梁、涵洞处，路线与其他公路、铁路、渠道、高压线等交叉处，拆迁建筑物处，土壤地质变化处）加设的里程桩。

曲线加桩是指曲线上设置的主点桩，如圆曲线起点（简称直圆点 ZY）；圆曲线中点（简称曲中点 QZ）；圆曲线终点（简称圆直点 YZ）。

关系加桩是指路线上的转点（ZD）桩和交点（JD）桩。

公路测量符号见表 13.1。

表 13.1 **公路测量符号**

名称	中文简称	汉语拼音或国际通用符号	英文符号
交点	交点	JD	IP
转点	转点	ZD	TP
导线点	导点	DD	RP
水准点		BM	BM
圆曲线起点	直圆	ZY	BC
圆曲线中点	曲中	QZ	MC
圆曲线终点	圆直	YZ	EC
复曲线公切点	公切	GQ	PCC
第一缓和曲线起点	直缓	ZH	TS
第一缓和曲线终点	缓圆	HY	SC
第二缓和曲线终点	圆缓	YH	CS
第二缓和曲线起点	缓直	HZ	ST
公里标		K	K
转角		Δ	
左转角		Δ_L	
右转角		Δ_R	
缓和曲线角		β	
缓和曲线参数		A	A
平、竖曲线半径		R	R
曲线长(包括缓和曲线长)		L	L
圆曲线长		L_Y	$\mathrm{L_Y}$
缓和曲线长		L_H	$\mathrm{L_H}$
平、竖曲线切线长(包括设置缓和曲线长所增切线长)		T	T
平曲线外距(包括设置缓和曲线所增外距)、竖曲线外距		E	E
方位角		θ	

下面介绍断链的形成。

(1)高速公路设计有分离式路基和整体式路基，分离式路基变为整体式路基的接头点，上下行线的桩号不一样，所以一般就在上行线末点设置断链。

(2)公路线路设计后，又有局部改线，导致改线末点的桩号和以前设计的桩号对不上，形成断链。

解决的办法就是在这个断链桩号之后，考虑进去长、短链长度。

断链分为长链和短链。所谓长链，是指实际长度比里程桩号长了，比如 $K5+000=K4+500$，这就表示实际上比桩号长了 500m，在计算里程时应在起始桩号之差上加上 500m；短链则相反，是指实际长度比里程桩号表示的短了，如 K4+500＝K5+000，这就表示实际上比桩号短了 500m，在计算实际里程时，应减去 500m。如图 13.3 所示。

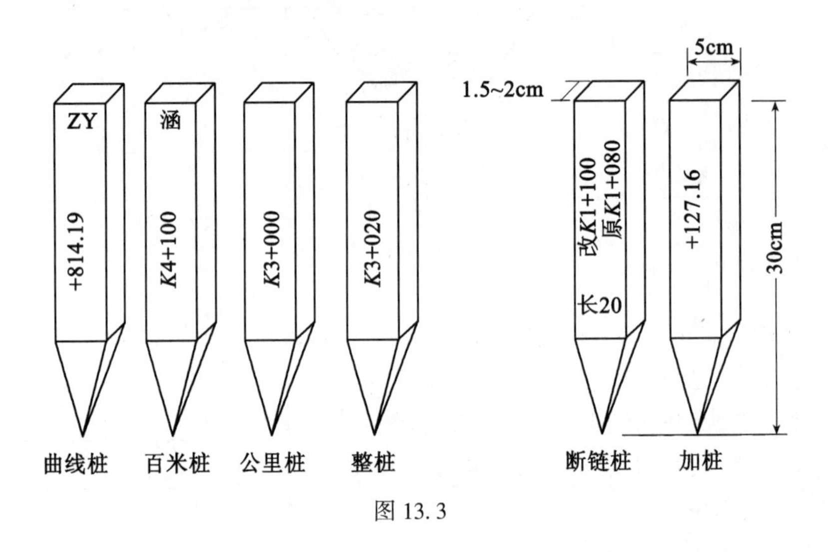

图 13.3

13.2.3　曲线测设

1. 圆曲线上主点测设

单圆曲线是由一定半径的圆弧构成的。圆弧线的半径应满足各级公路规定的最小半径要求。我国《公路工程技术标准》规定的最小半径见表 13.2。

表 13.2　　圆曲线最小半径参考表

公路等级	一	二		三		四	
		平原微丘	山岭重丘	平原微丘	山岭重丘	平原微丘	山岭重丘
不设超高平面曲线半径(m)	2000	1000	250	500	150	250	100
最小平面曲线半径(m)	600	250	50	125	25	50	15

圆曲线是路线交点处使路线从一个方向转到另一个方向最常用的曲线。圆曲线各部分的名称和常用的符号，如图 13.4 所示，图中：

JD——交点(或叫转折点，用 IP 表示)，它是根据设计条件测设的；

I——转角，它是用经纬仪在实地测得的；

R——曲线半径，它是根据地形条件和工程要求选定的。

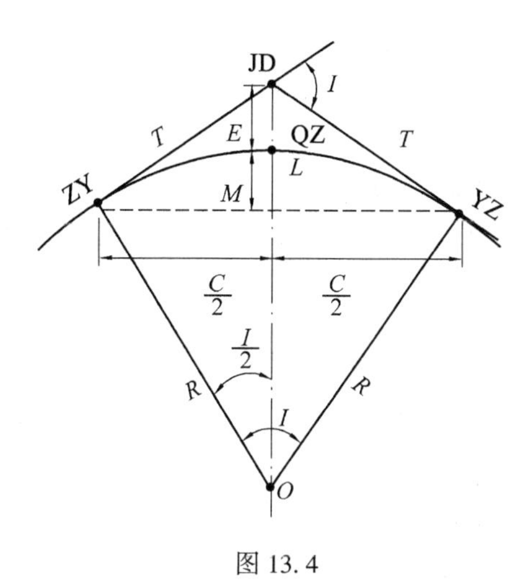

图 13.4

从图 13.4 中可看出，当 JD 点位置选定后，I 和 R 是确定曲线的基本元素。

ZY——直圆点(或叫曲线起点，用 BC 表示)；

QZ——曲中点(或叫曲线中点，用 MC 表示)；

YZ——圆直点(或叫曲线终点，用 EC 表示)。

1)测设元素计算

测设元素可按下列公式计算：

切线长
$$T=R\cdot\tan\frac{I}{2} \tag{13.3}$$

曲线长
$$L=\pi RI/180° \tag{13.4}$$

外矢距
$$E=R\left(\sec\frac{I}{2}-1\right) \tag{13.5}$$

切曲差
$$D=2T-L \tag{13.6}$$

中央纵距
$$M=R\left(1-\cos\frac{I}{2}\right) \tag{13.7}$$

式中，T、E 用于主点测设，T、L、D 用于里程桩计算与验算。在测设中，可以根据公式直接计算，也可以根据公式编制成曲线元素测用表，直接从表中查取。

2)主点测设

由于道路中线不经过交点 JD，故曲线中点 QZ 和终点 YZ 的桩号必须由起点 ZY 的桩号沿曲线长度推算出来，其计算公式如下：

$$\left.\begin{aligned}&\text{ZY 桩号}=\text{JD 桩号}-T\\&\text{YZ 桩号}=\text{ZY 桩号}+L\\&\text{QZ 桩号}=\text{YZ 桩号}-L/2\end{aligned}\right\} \tag{13.8}$$

校核
$$\text{JD 桩号}=\text{QZ 桩号}+D/2 \tag{13.9}$$

【例 13.1】某线路交点 JD 桩号为 $K1+385.50$，测得转角 $I=42°25'$(右转)，圆曲线半径 $R=120$m，求圆曲线元素及主点桩号。

【解】 依式(13.3)~式(13.6)，得

$$T=R\tan(I/2)=120\times\tan(42°25'/2)=46.56(\text{m})$$
$$L=RI\times\pi/180°=120\times42°25'\times\pi/180°=88.84(\text{m})$$
$$E=R[\sec(I/2)-1]=120\times[\sec(42°25'/2)-1]=8.72(\text{m})$$
$$D=2T-L=4.28\text{m}$$

测设按图 13.4 中所示符号，将经纬仪安置于 JD 处，盘左后视照准曲线起点 ZY 方向，即前个交点或转点方向，沿此方向自 JD 量取切线长 T，即得圆曲线起点 ZY；再逆时针转 $\frac{1}{2}(180°-I)$，得角平分线方向，即圆曲线的圆心方向，沿此方向自 JD 量取外矢距 E，即得圆曲线中点 QZ；最后根据转折角 I 确定终点 YZ 方向，沿此方向自 JD 量取切线长 T，即得圆曲线终点 YZ；校对与下段直线方向的一致性。

依式(13.8)得

JD 桩号	$K1+385.50$
−T	46.56
ZY 桩号	$K1+338.94$
YZ 桩号	$K1+427.78$
−L/2	44.42
QZ 桩号	$K1+383.36$

再按式(13.9)检核，得

QZ 桩号	$K1+383.36$
+D/2	2.14
JD 桩号	$K1+385.50$

表明计算无误。

2. 圆曲线详细测设

在一般情况下，曲线长度小于 40m 时，测设曲线的 3 个主点已能满足工程施工的需要。如果曲线较长或半径较小，就要在曲线上每隔一定距离测设一个辅点，这样就可把曲线的形状和位置详细地表示出来。实测中，一般规定：当 $R\geqslant150$m 时，曲线上每隔 20m 测设一个辅点；当 50m$<R<$150m 时，曲线上每隔 10m 测设一个辅点；当 $R\leqslant50$m 时，曲线上每隔 5m 测设一个辅点。

辅点测设的方法很多，现将常用的偏角法和切线支距法介绍如下：

1)偏角法

偏角法亦称总偏角法，它是用距离与方向交会平面点位的一种方法(简称距离方向交会法)。

一般情况下，ZY、YZ 二主点均不是整桩，这时，往往选择 ZY 至曲线上第一个桩 1

的距离（用L_{A1}表示）、最后一个桩 n 至 YZ 的距离（用L_{nB}表示，L_{A1}、L_{nB}都比整桩距L_0小），刚好使曲线上最前一个桩和最后一个桩都凑为整桩，如图 13.5 所示。这样做可使圆曲线上所有桩都是整桩，便于施工，这种方法简称整桩号法。

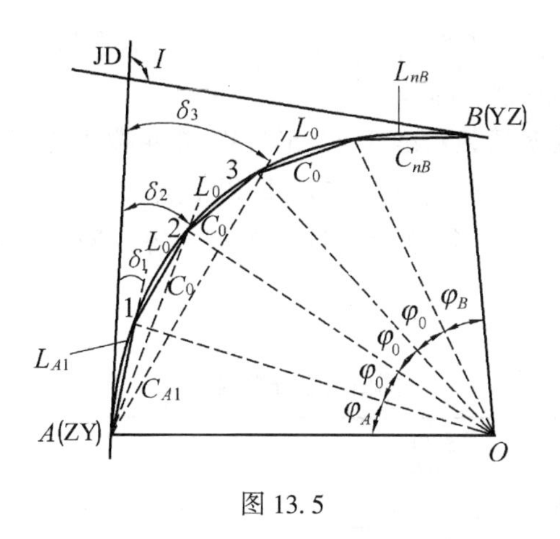

图 13.5

我们把L_{A1}、L_{nB}、L_0叫做首弧长、末弧长、整弧长，与其对应的弦长为首弦长C_{A1}、末弦长C_{nB}、整弦长C_0，所对应的圆心角分别用φ_A、φ_0、φ_B表示。

整桩距L_0的大小视施工精度、曲线长度等条件选择，一般取 20m。

根据几何知识可得

$$\left.\begin{aligned}\varphi_A &= 180° \times L_{A1}/(\pi \times R)\\ \varphi_0 &= 180° \times L_0/(\pi \times R)\\ \varphi_B &= 180° \times L_{nB}/(\pi \times R)\end{aligned}\right\} \tag{13.10}$$

$$\left.\begin{aligned}C_{A1} &= 2R \times \sin(\varphi_A/R)\\ C_0 &= 2R \times \sin(\varphi_0/R)\\ C_{nB} &= 2R \times \sin(\varphi_B/2)\end{aligned}\right\} \tag{13.11}$$

$$\left.\begin{aligned}&\delta_1 = \varphi_A/2\\ &\delta_2 = \varphi_A/2 + \varphi_0/2 = \delta_1 + \varphi_0/2\\ &\delta_3 = \varphi_A/2 + \varphi_0/2 + \varphi_0/2 = \delta_1 + 2\varphi_0/2\\ &\cdots\cdots\\ &\delta_i = \delta_1 + \varphi_0(i-1)/2\end{aligned}\right\} \tag{13.12}$$

检核式：终点 YZ 的偏角 $\delta_n = \delta_1 + \varphi_0(n-2)/2 + \varphi_B/2 = I/2$

若检核式不相等，则应调整偏角值，使等式成立。

【例 13.2】设$I=45°16'$的圆曲线半径$R=100$m，交点 JD 的桩号为 $K2+687.89$，整弧长$L_0=20$m，试求测设曲线的数据并详述其步骤。

【解】（1）测设数据的计算。

根据式（13.3）~式（13.9）的计算可求得 ZY 桩号为 $K2+646.20$，YZ 桩号为 $K2+725.20$，从桩号的数值可看出，选定$L_{A1}=13.80$m 时刚好使 1 点的桩号为整桩 $K2+660$；

选定 $L_{nB}=5.20$m 时刚好使 4 点的桩号为整桩 $K2+720$。

L_{A1}、L_{nB}确定后，R 是已知量，据式(13.10)～式(13.12)即可求得测设曲线的数据，见表 13.3。

(2)测设步骤：

①将经纬仪安置(对中、整平)于 ZY 上，在盘左位置配置水平度盘为 0°00′00″，并照准 JD，此时的视线方向为切线方向。

②转动照准部，使度盘读数对准 $\delta_1=3°57'13''$(亦叫拨角 3°57′13″)得 1 点方向，在该方向上将尺零点对准 ZY 点并量 $C_{A1}=13.79$m 即得 1 点。

③继续拨角 $\delta_2=9°41'01''$，得 2 点方向，把钢尺零点对准 1 点，量 $C_0=19.97$m，得 2 点。

表 13.3　　**圆曲线放样数据计算**

点名	里程桩	偏角			在 ZY 上设站拨角(正拨)(° ′ ″)	在 YZ 上设站拨角(反拨)(° ′ ″)	弧长(m)	弦长(m)
		单值(° ′ ″)	累计值					
			(° ′ ″)	(° ′ ″)				
ZY	$K2+646.20$			22 38 00		337 22 00		
1	+660.00	3 57 13	3 57 13	18 40 47	3 57 13	341 19 13	13.80	13.79
2	+680.00	5 43 48	9 41 01	12 56 59	9 41 01	352 46 49	20.00	19.97
3	+700.00	5 43 48	15 24 49	7 13 11	15 24 49	358 30 37	20.00	19.97
4	+720.00	5 43 48	21 08 37	1 29 23	21 08 37		20.00	19.97
YZ	$K2+725.20$	1 29 23	22 38 00		22 38 00		5.20	5.20
$\sum$		22 38 00					79.00	

④拨角 $\delta_3=15°24'49''$得 3 点方向，与从 2 点量的 $C_0=19.97$m 相交得 3 点；拨角 $\delta_4=21°08'37''$得 4 点方向，与从 3 点量的 $C_0=19.97$m 相交得 4 点。

至此，曲线测设完毕。

(3)检核。

为了检查曲线测设的精度，在 4 点上继续往前测(测得的点应为 YZ 点)，即拨角 $\delta_5=22°38'00''$得 YZ 点方向，与从 4 点量的 5.2m 相交得 YZ′点，若 YZ′与 YZ 刚好重合则说明测设精度很好，若不重合，其限值(视施工精度要求可适当调整)为：纵向(切线方向)为 $\pm L/1000$(L 为曲线长)；横向(法线方向)为±5cm。若超限，应查明原因予以纠正。

上例中，在计算表格内把在 YZ 上设站的测设数据一并列出来了，从计算数据中可发现，各点偏角与放样角并不一致，称这一情况为反拨，在测设中一定要注意。

若曲线较长，可把曲线分成两半，即 ZY-QZ 及 YZ-QZ 两部分分别测设，其测设步骤和精度要求同上。

2)切线支距法(也称直角坐标法)

如图 13.6 所示，是以曲线起点(ZY)或终点(YZ)为坐标原点，以切线为 X 轴，以过原点的半径为 Y 轴，根据各辅点坐标(X，Y)来进行辅点测设的。一般常用整桩距设桩，即按规定的弧长 L_0，桩距为整数，桩号多为非整数。设 L_i 为待定辅点至原点间的弧长，i 为 L_i 所对应的圆心角，R 为曲线半径。由图可知，待定辅点 P_i 的坐标计算公式为

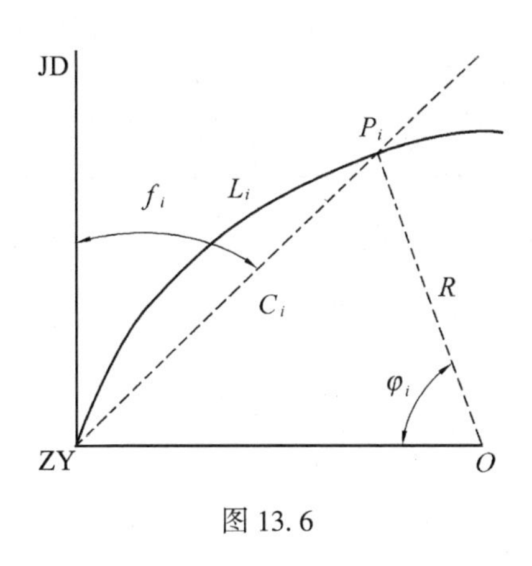

图 13.6

$$X_i = R\sin\varphi_i$$
$$Y_i = R(1 - \cos\varphi_i) \tag{13.13}$$

当没有切线支距表或精度要求不高时，式中 Y_i 的计算公式可用下面的近似公式计算：

$$Y_i = \frac{X_i^2}{2R} \tag{13.14}$$

或
$$Y_i = R - \sqrt{(R + x_i)(R - x_i)}$$

为了减少计算量和避免支距过长，可由 ZY、YZ 两点开始向 QZ 点施测。

切线支距法测设辅点程序如下：

①自 ZY 或 YZ 点开始用钢尺沿切线方向量取 P_i 点的横坐标 X_i，得出垂足 N_i。

②在各垂足点 N_i 沿垂线量出纵坐标值 Y_i，即定出圆曲线上的辅点 P_i。

③辅点测设完后，要量取 QZ 点至最近的一个辅点间的距离，并将该距离与它们的桩号之差作比较，若在限差之内，则曲线测设合格；否则应查明原因，予以纠正。

此法宜用于平坦开阔地区，一般不用经纬仪，且有测点误差不累积的优点。

3. 缓和曲线测设

车辆从直线驶入曲线后，在保持一定行车速度时，会突然产生离心力，影响车辆行驶的安全和乘车人的舒适感。为了保证车辆行驶安全和乘车人的舒适感，在直线和圆曲线间要设置一段半径由无穷大逐渐变到等于圆曲线半径的曲线，这种曲线称为缓和曲线。若公路等级较高，特别是高速公路，在路线转向时，必须要求设置缓和曲线。

缓和曲线线型有加旋线(亦称辐射螺旋线)、三次抛物线、双扭线和多圆弧曲线等几种。目前国内外公路和铁路的路线设计中，多采用回旋曲线作为缓和曲线。我国交通部颁发的《公路工程技术标准》(JTG B01—2003)中规定，缓和曲线采用回旋曲线，缓和曲线的

长度应等于或大于表 13.4 中的规定值。

表 13.4　　缓和曲线长度参考

公路等级	高速公路		一		二		三		四	
地形	平原微丘	山岭重丘	平原微丘	山岭重丘	平原微丘	山岭重丘	平原微丘	山岭重丘	平原微丘	山岭重丘
缓和曲线长度(m)	100	70	85	50	70	35	50	25	35	20

1)缓和曲线基本公式

(1)参数公式。回旋曲线具有的特性：曲线上任意一点的曲率半径 R' 与该点至起点的曲线长 l 成反比，即

$$R'=c/l \quad 或 \quad c=R'l \tag{13.15}$$

如图 13.7 所示，当 $l=l_0$ 时，$R'=R$，则

$$c=R'\cdot l=R\cdot l_0 \tag{13.16}$$

式中，c——回旋曲线参数，亦称为曲线半径变化率；

l_0——缓和曲线全长。

(2)线角公式。如图 13.7 所示，曲线上任意点 P 处的切线与起点切线的交角称为切线角。则

$$\beta=l^2/2c \tag{13.17}$$

当 $l=l_0$ 时，$c=R\cdot l_0$，则

$$\beta_0=(l_0/2R)\cdot(180°/\pi) \tag{13.18}$$

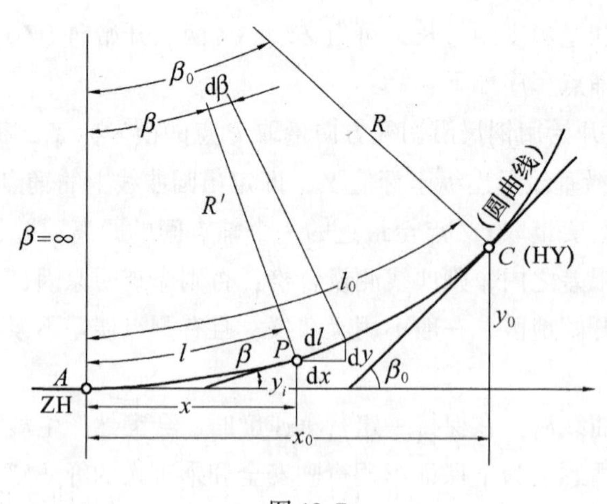

图 13.7

(3)参数方程式。如图 13.7 中，任意点 P 的坐标$(x,\ y)$为

$$\left.\begin{aligned} x &= l - l^5/(40R^2 l_0^2) \approx l_0 \\ y &= l^3/6Rl_0 \end{aligned}\right\} \tag{13.19}$$

当 $l=l_0$ 时，式(13.19)变为

$$\left.\begin{aligned} x_0 &= l - l^3/(40R^2) \\ y_0 &= l_0^2/6R \end{aligned}\right\} \tag{13.20}$$

2)综合曲线主点的测设

我们把带有缓和曲线的圆曲线称为综合曲线。

如图13.8所示，在直线与圆曲线间增加了缓和曲线后，圆曲线应内移一段距离 P，方能使缓和曲线与直线相接，这时切线增加 m 值。

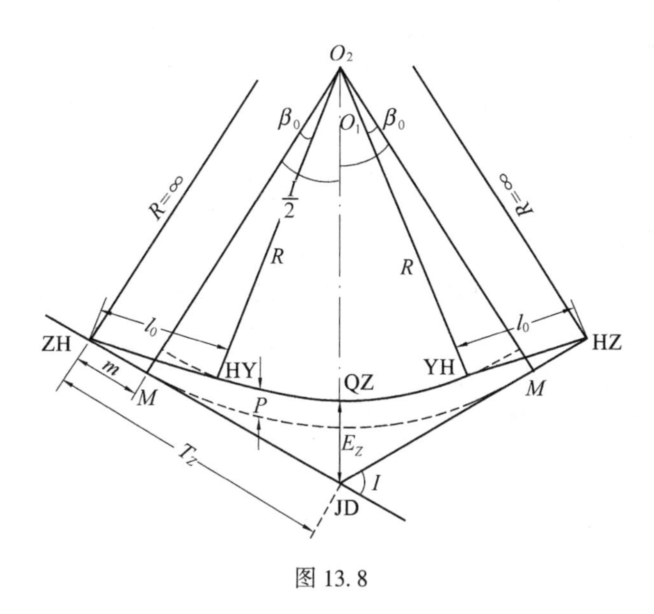

图13.8

综合曲线的主点有ZH(直缓点，亦为曲线起点)、HY(缓圆点)、QZ(曲中点)、YH(圆缓点)、HZ(缓直点，亦为曲线终点)。

综合曲线要素可用下列公式求得：

切线长 T_z
$$T_z = m + (R + P)\cdot\tan(I/2) \tag{13.21}$$

曲线长 L_z
$$L_z = 2l_0 + R\cdot(I - 2\beta_0)\cdot\pi/180° \tag{13.22}$$

外矢距 E_z
$$E_z = (R + P)\cdot\sec(I/2) - R \tag{13.23}$$

切曲差 D_z
$$D_z = 2T_z - L_z \tag{13.24}$$

式中

$$\left.\begin{aligned} P &= l_0^2/24R \\ m &= l_0/2 - l_0^3/(240R^2) \approx l_0/2 \end{aligned}\right\} \tag{13.25}$$

【例13.3】设圆曲线半径 $R=600$m，偏角 $I_{右}=48°23'$，缓和曲线长度 $l_0=110$m，交点桩号为 $K162+028.77$。简述测设综合曲线主点的过程。

【解】(1)测设数据的计算。

根据式(13.18)、式(13.20)、式(13.21)~式(13.25)，得 $m=54.98$m；$P=0.84$m；$\beta_0=5°15'08''$；$T_z=324.90$m；$L_z=616.67$m；$E_z=58.68$m；$D_z=33.13$m；$x_0=109.908$m；$y_0=3.361$m。

各主点里程推算如下：

JD 桩号	K162+028.77
$-T_z$	324.90
ZH 桩号	K161+703.87
$+l_0$	110.00
HY 桩号	K161+813.87
检核：QZ 桩号	K162+012.21
$+D_z/2$	16.56
JD 桩号	K162+028.77

ZH 桩号	K161+703.87
$+L_z/2$	308.34
QZ 桩号	K162+012.21
$4L_z/2$	308.34
HZ 桩号	K162+320.55
$-l_0$	110.00
YH 桩号	K162+210.55

(2)测设步骤：

①将经纬仪安置于交点上，定出切线方向，由沿两切线方向分别量出切线长 T_z = 324.90m，即得 ZH 及 HZ。

②拨角$(180°-I)/2=24°11'30''$(此数为两切线夹角的平分线与切线的夹角)，并从 JD 沿视线量取外矢距 $E_z=58.68$m，即得曲线的中点 QZ。

③在两切线上，自 JD 起分别向 ZH、HZ 量取 $T_z-l_0=214.992$m，得两点 A、B，然后沿其垂直方向量 $y_0=3.361$m 即得 HY、YH，如图 13.9 所示。

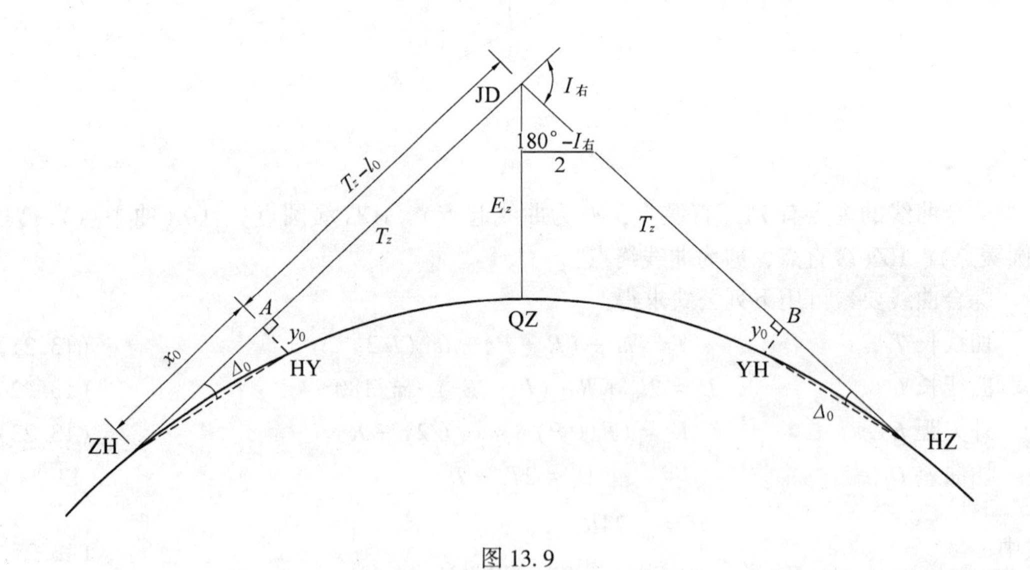

图 13.9

4. 综合曲线的详细测设

1)缓和曲线上各点偏角值的计算

如图 13.10 所示，曲线上任意一点 P 的坐标为$(x_i,\ y_i)$，该点到曲线起点 ZH 的曲线长为 l_i，偏角为 Δ_i，因 Δ_i很小，故有

$$\sin\Delta_i \approx \Delta_i = y_i/l_i(c_i\text{为 }l_i\text{对应的弦长，}c_i \approx l_i)$$

把式(13.19)代入上式，得

$$\Delta_i=(l_i^2/6Rl_0)\cdot(180°/\pi) \tag{13.26}$$

在 HY 上，由于 $l_i=l_0$，$\Delta_i=\Delta_0$，将其代入上式得

$$\Delta_0=(l_0/6R)\cdot(180°/\pi) \tag{13.27}$$

根据式(13.18)与式(13.27)比较即可知

$$\Delta_0=\beta_0/3 \tag{13.28}$$

此式既可用来求偏角(测设曲线主点时已求出 b_0)，也可用来检查主点测设的正确与否。

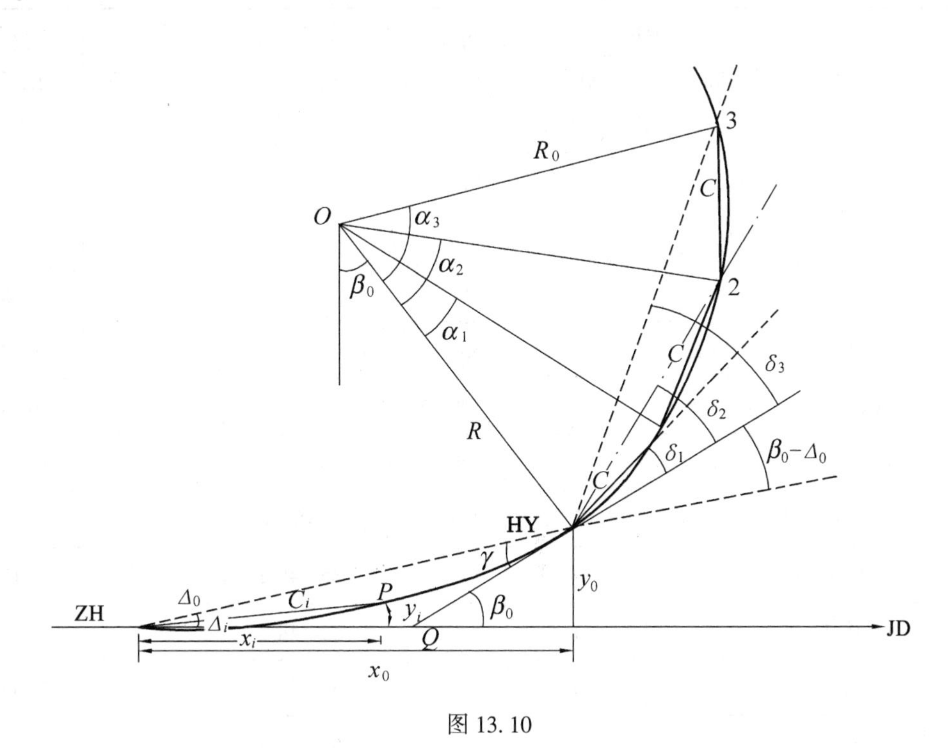

图 13.10

2)圆曲线上各点偏角值的计算

圆曲线上各点偏角 δ_i是以 HY 上的切线为起始边(零度)来计算的，δ_i的值与前面圆曲线偏角值的求法一致。

如图 13.10 所示，HY 的切线与 HY 至 ZH 的连线间的夹角为 $\beta_0=\Delta_0+\gamma$ 或 $\gamma=\beta_0-\Delta_0$把式(13.28)即 $\Delta_0=\beta_0/3$ 代入上式，得

$$\gamma=2\Delta_0 \tag{13.29}$$

此式用于在 HY 上确定 HY 的切线方向。

【例 13.4】圆曲线半径 $R=600$m，缓和曲线长 $l_0=60$m，$I_{左}=15°16'20''$，起点 ZH 桩号为 $K52+574.88$，中点 QZ 桩号为 $K52+684.84$，终点 HZ 桩号为 $K52+794.81$，曲线主点已测设完毕，要求缓和曲线上每 10m 打桩，圆曲线上每 20m 钉桩，简述用偏角法测设综合曲线的过程。

【解】(1)测设数据的计算

计算数据如表 13.5 所示。

(2)测设步骤:

①测设缓和曲线。如图 13.11 所示，将仪器安置在 ZH 上，照准交点 JD 或切线方向的转点并置度盘在 0°00′00″上，转动照准部使度盘读数对准 359°58′25″(亦叫拨角 359°58′25″)得 P_1 方向，在该方向上从 ZH 点开始量 10m，即得 P_1 点，钉桩于准确位置。继续拨角 359°53′38″得 P_2 方向，与从 P_1 量 10m 的距离交 P_2 点，同理定出其余各点直至 HY 点。

表 13.5　**综合曲线测设数据计算**

点号	桩号	偏角		在 ZH 上设站拨角 (° ′ ″)	在 HY 上设站拨角 (° ′ ″)	在 HZ 上设站拨角 (° ′ ″)	弧长（弦长）(m)
		缓和曲线 (° ′ ″)	圆曲线 (° ′ ″)				
ZH	*K*52+574. 88	0 00 00		0 00 00	(1 54 36)		0
P_1	+584. 88	0 01 35		359 58 25			10. 00
P_2	+594. 88	0 06 22		359 53 38			10. 00
P_3	+604. 88	0 14 19		359 45 41			10. 00
P_4	+614. 88	0 25 28		359 34 32			10. 00
P_5	+624. 88	0 39 47		359 20 13			10. 00
HY	*K*52+634. 88	0 57 18	0 00 00	359 02 42	0 00 00		10. 00(0)
P_7	*K*52+640. 00		0 14 40		359 45 20		5. 12
P_8	+660. 00		1 11 58		358 48 02	20. 00	
P_9	+680. 00		2 09 16		357 50 44		20. 00
QZ	*K*52+684. 84		2 23 07		357 36 53		(4. 84)
P_11	+700. 00		3 06 34		356 53 26		20. 00
P_22	+720. 00		4 03 52		355 56 08		20. 00
YH	*K*52+734. 81	0 57 18	4 46 17		355 13 43	0 57 18	14. 81
P_14	+744. 81	0 39 47				0 39 47	10. 00
P_15	+754. 81	0 25 28				0 25 28	10. 00
P_16	+764. 81	0 14 19				0 14 19	10. 00
P_17	+774. 81	0 06 22				0 06 22	10. 00
P_18	+784. 81	0 01 35				0 01 35	10. 00
HZ	+734. 81	0 00 00				0 00 00	0

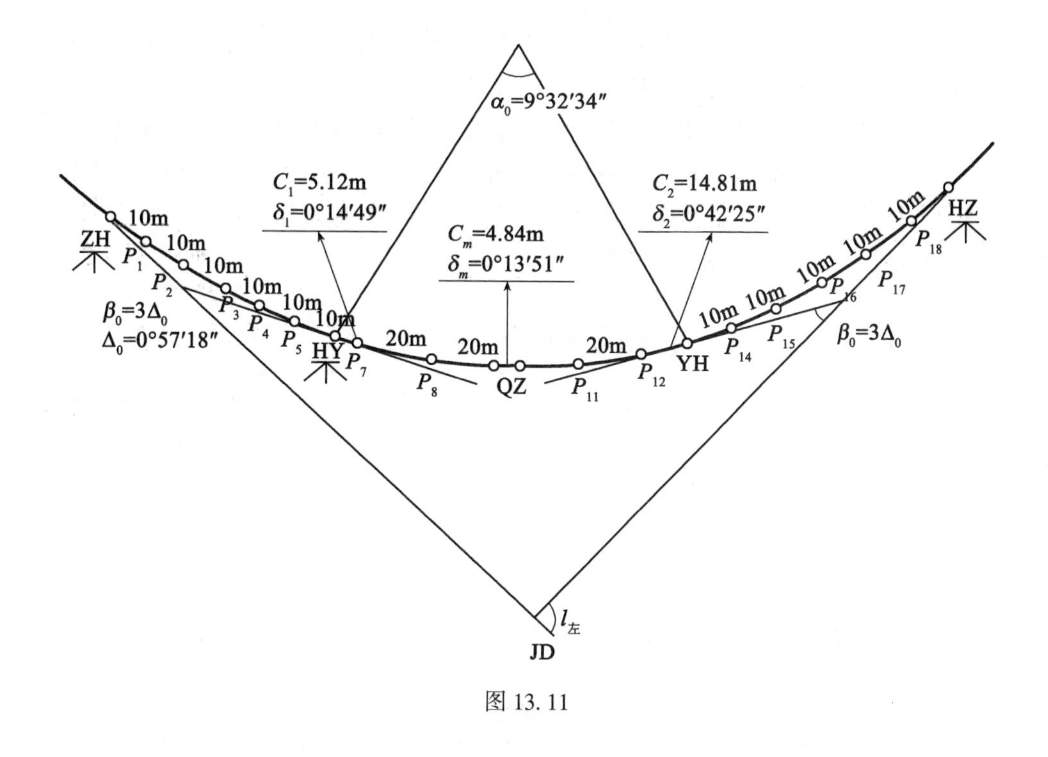

图 13.11

②测设圆曲线。将仪器移置 HY 上，使度盘对准 2#0(2#0＝1°54′36″)并照准起点 ZH。此时，当度盘读数为 0°00′00″时，视线方向即为 HY 的切线方向，倒镜并拨角 359°45′20″，从 HY 量 5.12m 即得圆曲线上第一点 P_7。圆曲线上其余各点可依前法测出。

③测设第二段缓和曲线。将仪器移置于 HZ 上，照准 JD 并配置度盘 0°00′00″，拨角 0°01′35″得 P_{18}点方向，在该方向上从 HZ 量 10m 即得 P_{18}点。继续拨角 0°06′22″得 P_{17}点方向，从 P_{18}点量 10m 的距离交会得 P_{17}点。依法分别测出其余各点。

(3)检核。当测设到 HY、QZ 及两次测到 YH 点时，均可检查测设精度，若精度不满足要求，则应查明原因并予以纠正。

13.3 线路纵横断面测量

路线纵断面测量又称路线水准测量，任务是测定中线上各里程桩的地面高程，绘制路线纵断面图，供路线纵坡设计使用。

横断面测量是测定中线各里程桩两侧垂直于中线方向的地面各点距离和高程；绘制横断面图，供路线工程设计、计算土石方量及施工时放边桩使用。

纵断面测量一般分两步进行：一是高程控制测量(也称基平测量)，即沿路线方向设置水准点，使用水准测量的方法测量点位的高程；二是中桩高程测量(也称中平测量)，即利用基平测量布设的水准点，分段进行附合水准测量，测定各里程桩的地面高程。

13.3.1 基平测量

同一条线路应采用同一个高程系统，不能采用同一系统时，应给定高程系统的转换关系，独立工程联测有困难时，可采用假定高程。

线路高程测量采用水准测量，在水准测量确有困难的山岭地带以及沼泽、水网地区四、五等水准测量可用光电测距三角高程测量代替。

水准路线应沿公路路线布设，水准点宜设于线路中心线两侧 50～300m 范围之内的地基稳固、易于引测以及施工时不易受破坏的地方，水准点间距宜为 1～1.5km，重丘区可根据需要适当加密；大桥、隧道口及其他大型构造物两端，应增设水准点。水准测量的等级要求及精度要求见表 13.6 和表 13.7。

表 13.6　**公路及构造物的水准测量等级**

测量项目	等级	水准路线最大长度(km)
400m 以上特长隧道、2000m 以上特大桥	三等	50
高速公路、一级公路、1000～2000m 特大桥、2000～4000m 长隧道	四等	16
二级及二级以下公路、1000m 以下桥梁、2000m 以下隧道	五等	10

表 13.7　**水准测量的精度**

等级	每公里高差中数中误差(mm)		往返较差、附合或环线闭合差(mm)		检测已测测段高差之差(mm)
	偶然中误差 M_A	全中误差 M_W	平原微丘区	山岭重丘区	
三等	±3	±6	$\pm 12\sqrt{L}$	$\pm 3.5\sqrt{n}$ 或 $\pm 15\sqrt{L}$	$\pm 20\sqrt{L_i}$
四等	±5	±10	$\pm 20\sqrt{L}$	$\pm 6.0\sqrt{n}$ 或 $\pm 25\sqrt{L}$	$\pm 30\sqrt{L_i}$
五等	±8	±16	$\pm 30\sqrt{L}$	$\pm 45\sqrt{L}$	$\pm 40\sqrt{L_i}$

13.3.2　中平测量

中平测量是根据基本测量建立的水准点高程，分别在相邻的两个水准点之间进行测量。测定各里程桩的地面高程(表 13.8，图 13.12)。

表 13.8　**中平测量记录表**

立尺点	水准尺读数			视线高(m)	高程(m)
	后　视	中　视	前　视		
BM_5	2.047			103.340	101.293
$K4+000$		1.82			101.52

续表

立尺点	水准尺读数			视线高(m)	高程(m)
	后 视	中 视	前 视		
+020		1.67			101.67
+040		1.91			101.43
+060		1.56			101.78
ZD_1	1.734		1.012	104.062	102.328
+080		1.43			102.63
+010		1.77			102.29
+120		1.59			102.47
*K*4+140		1.78			102.28
ZD_2			1.650		102.412

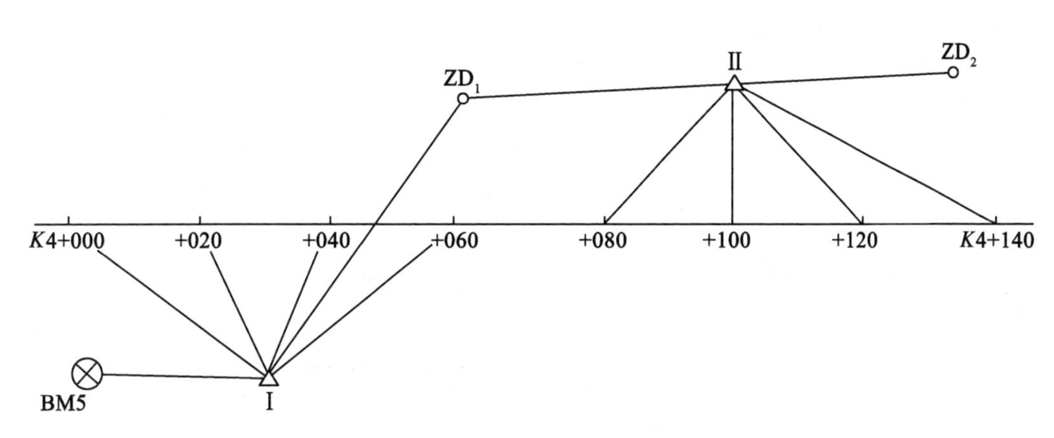

图 13.12

1. 水准仪法

从一个水准点出发，按普通水准测量的要求，用“视线高法”测出该测段内所有中桩地面高程，最后附合到另一个水准点上。

高差闭合差的限差为：高速公路、一级公路：$\pm 30\sqrt{L}$，二级及以下公路：$\pm 50\sqrt{L}$。

2. 全站仪法

先在 BM_1 上测定各转点 TP_1、TP_2 的高程，再在 TP_1、TP_2 上测定各桩点的高程。其原理即为三角高程测量原理。利用全站仪上的对边测量功能完成中桩的高程采集工作。

13.3.3 纵断面图的绘制

纵断面图根据中平测量的成果绘制的，是线路设计施工的重要技术文件之一，也是纵断面设计的最后成果，纵断面图采用直角坐标，以横坐标表示里程桩号，纵坐标表示高程。为了明显地反映沿着中线地面起伏形状，通常横坐标比例尺采用 1∶2000(城市道路平用 1∶500~1∶1000)，纵坐标采用 1∶200(城市道路为 1∶50~1∶100)。

纵断面图是由上、下两部分内容组成的。上部主要用来绘制地面线和纵坡设计线，另外，也用以标注竖曲线及其要素；坡度及坡长(有时标在下部)；沿线桥涵及人工构造物的位置、结构类型、孔数和孔径；与道路、铁路交叉的桩号及路名；沿线跨越的河流名称、桩号、常水位和最高洪水位；水准点位置、编号和标高；断链桩位置、桩号及长短链关系等。下部主要用来填写有关内容，自下而上分别填写：直线及平曲线；里程桩号；地面高程；设计高程；填、挖高度；土壤地质说明；设计排水沟沟底线及其坡度、距离、标高、流水方向等。纵断面设计图应按规定采用标准图纸和统一格式，以便装订成册。如图 13.13 所示为纵断面图。

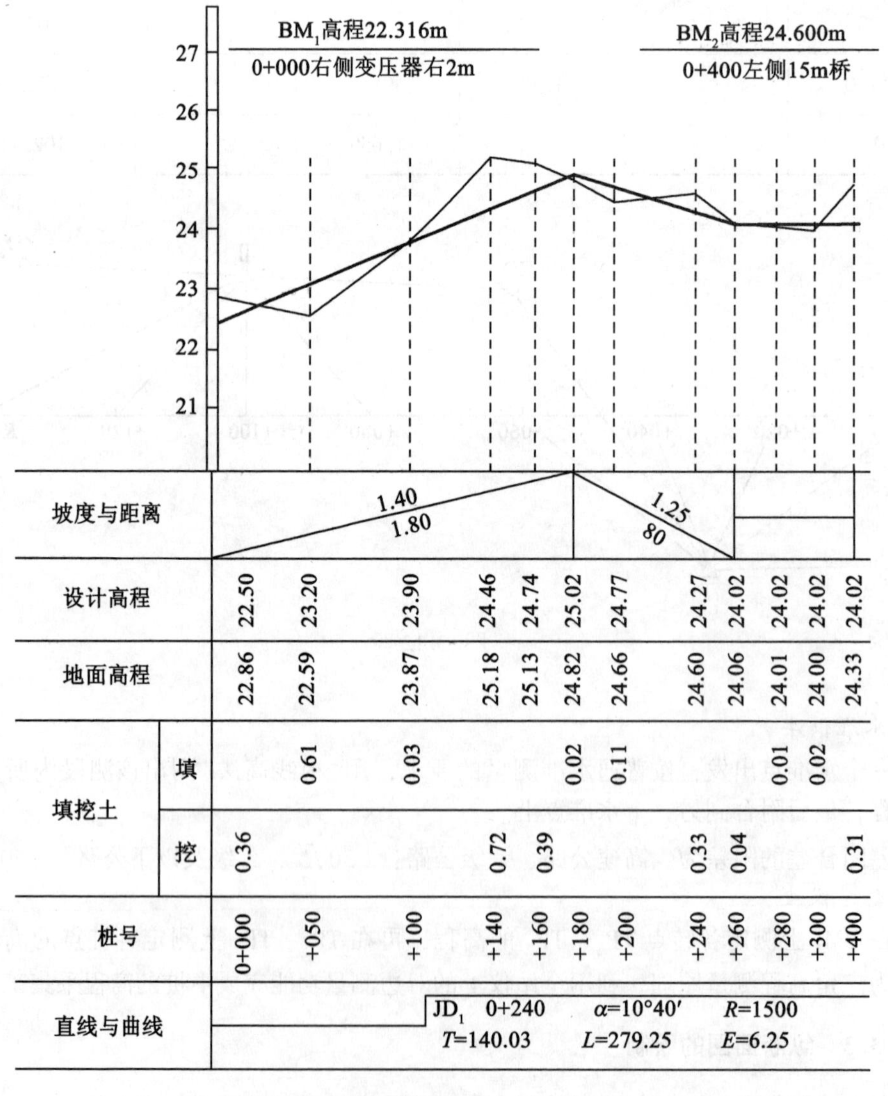

图 13.13

13.3.4 横断面测量与横断面图的绘制

垂直线路中线方向的断面称为横断面。对横断面的地面高低起伏所进行的测量工作称为横断面测量。

线路上所有的里程桩一般都要进行横断面测量。根据横断面测量成果可绘制横断面图，横断面图是计算土石方量的主要依据还可以供路基设计、施工放样时使用。

1. 确定横断面方向

横断面的方向，通常可用十字架(也叫方向架)、经纬仪和全站仪来测定方向架确定横断面方向，如图 13.14 所示，将方向架置于所测断面的中桩上用方向架的一个方向照准线路上的另一中桩，则方向架的另一方向即为所测横断面方向。横断面测量也可在中桩测设、纵断面测量的同时进行。

用经纬仪确定横断面方向：在需测定的横断面的中桩上安置经纬仪瞄准中线方向测设90°角即得所测横断面方向。

用全站仪测量横断面时除与经纬仪同法外，还可将全站仪自由设站，根据坐标值确定横断面的方向。

2. 横断面的测量方法

1)要求

按前进方向分成左右侧，分别测量横断面方向上各变坡点至中桩的平距及高差。平距及高差的精度要求一般为 0.1m。如图 13.14、表 13.9 所示。

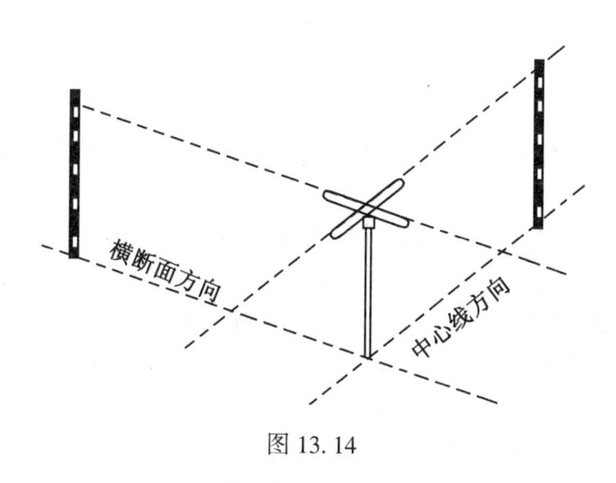

图 13.14

表 13.9 横断面记录格式

左侧	桩号	右侧
…… $\frac{+0.2}{1.6}$ $\frac{+0.4}{5.2}$ $\frac{-0.7}{9.0}$ ……	$K1+240$ $K1+260$	…… $\frac{+1.0}{1.5}$ $\frac{+0.3}{5.0}$ $\frac{-0.5}{8.0}$ ……

2) 方法分类

(1) 花杆皮尺法，适用于山区低等级公路，精度低。

(2) 水准仪法——水准仪测高差、皮尺丈量平距，适用于地形简单地区，精度高。

(3) 经纬仪视距法，适用于地形复杂地区，精度较高。

(4) 全站仪法，适用于地形复杂地区，精度高。

用全站仪的斜距测量模式，即可自动显示出平距和高差。

3. 横断面图的绘制

横断面图比例尺通常采用 1∶100 或 1∶200。绘图时，取毫米方格纸中一条纵向粗线为中线，以纵横线交叉点为中桩位置向左右两侧绘制。先标注中桩的桩号，再按比例尺将变坡点绘到图纸上，把它们依次连接起来，即得横断面的地面线。当横断面线绘出后，可依据纵断面图中该中桩的设计高程，将设计断面画在横断面图上，如图 13. 15 所示。

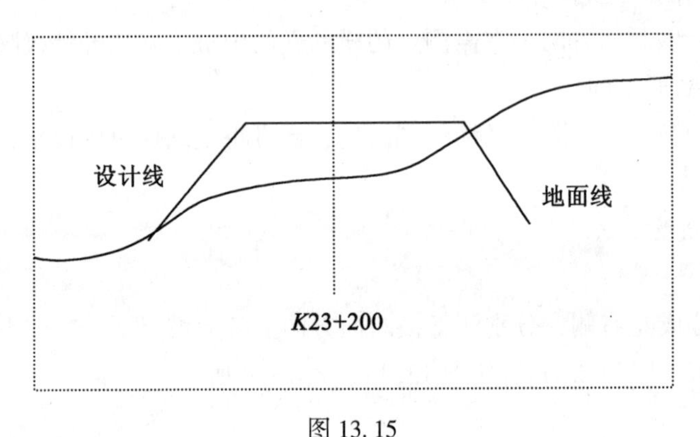

图 13. 15

13. 4　线路工程中常用的软件及计算器的应用

随着计算机的应用，线路测量的软件也有很多种，大致的功能包括：线路平面测量计算，可计算设计院所能设计的一切线形(包括圆曲线，缓和曲线，回旋曲线，直线等)。只用一次性把一段线路(可以包含几段曲线)资料输入电脑，以后使用时只需调用线路资料文件就可以了，非常方便。计算时，输入或选择置镜和后视点、线路里程(可以是一段里程进行批量计算)，便可计算出方位角和坐标。程序不但可计算线路中心坐标，还可计算与线路成一定交角的线路外点坐标。

以下介绍一款比较典型的线路计算软件的计算界面。

图 13. 16 是输入直圆点桩号和坐标、曲线半径、曲线长或者转折角、路线方位角、左右转向，计算输出圆曲线中线坐标和边桩坐标，并且可以保存为多种文件格式。

图 13. 17 是输入直圆点、交点、圆直点坐标、交点桩号，计算输出圆曲线中线坐标和边桩坐标，并且可以保存为多种文件格式。

图 13. 18 是输入直缓点坐标、曲线半径、缓和曲线长、圆曲线长或者转折角、路线方位角、左右转向，计算输出缓和曲线中线坐标和边桩坐标，并且可以保存为多种文件格式。

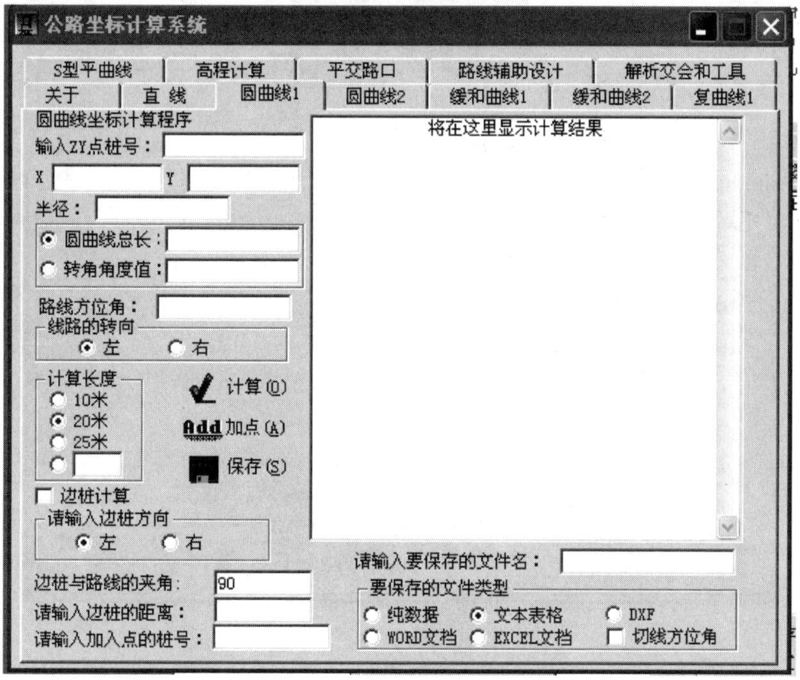

公路坐标计算系统
S型平曲线
高程计算
平交路口
路线辅助设计
解析交会和工具
关于
直 线
圆曲线1
圆曲线2
缓和曲线1
缓和曲线2
复曲线1
圆曲线坐标计算程序
将在这里显示计算结果
输入ZY点桩号：
X
Y
半径：
圆曲线总长：
转角角度值：
路线方位角：
线路的转向
左
右
计算长度
10米
20米
25米
计算(O)
Add 加点(A)
保存(S)
边桩计算
请输入边桩方向
左
右
边桩与路线的夹角:
90
请输入边桩的距离：
请输入加入点的桩号：
请输入要保存的文件名：
要保存的文件类型
纯数据
文本表格
DXF
WORD文档
EXCEL文档
切线方位角

图 13.16

公路坐标计算系统
S型平曲线
高程计算
平交路口
路线辅助设计
解析交会和工具
关于
直 线
圆曲线1
圆曲线2
缓和曲线1
缓和曲线2
复曲线1
圆曲线坐标计算
将在这里显示计算的结果
ZY点X坐标
ZY点Y坐标
JP点桩号
JP点X坐标
JP点Y坐标
YZ点X坐标
YZ点Y坐标
计算长度
10米
20米
25米
计算(O)
Add 加点(A)
保存(S)
边桩计算
请输入边桩方向
左
右
边桩与路线的夹角:
90
请输入边桩的距离：
请输入加入点的桩号：
请输入要保存的文件名：
请输入保存文件的类型
纯数据
文本表格
DXF
WORD文档
EXCEL文档
切线方位角

图 13.17

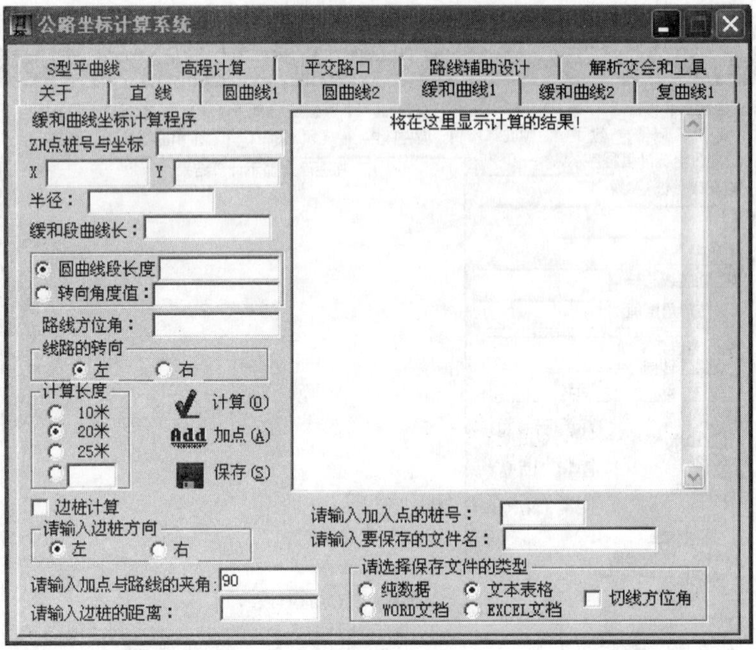

图 13.18

图 13.19 是输入直缓点、交点、缓直点坐标、交点桩号、缓和曲线长、曲线半径，计算输出圆缓和曲线中线坐标和边桩坐标，并且可以保存为多种文件格式。另外还有些辅助设计计算功能等，如图 13.20 所示。

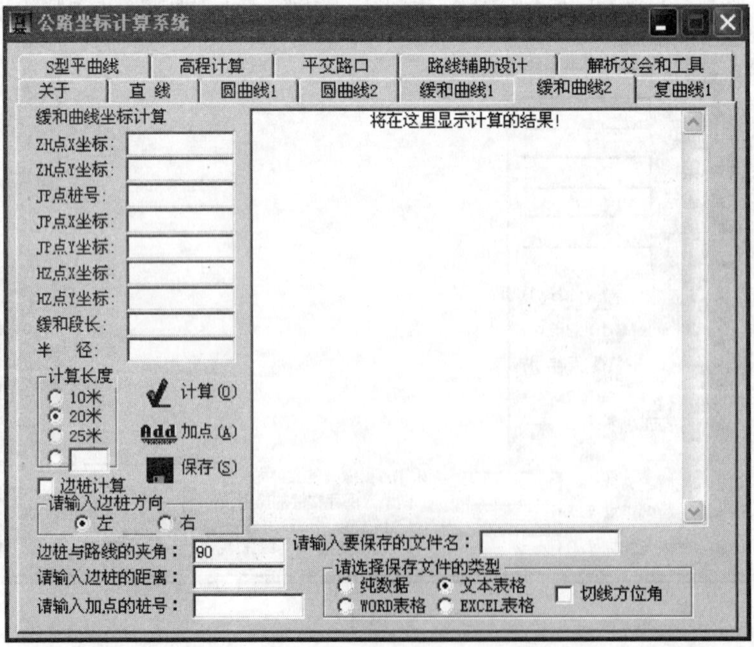

图 13.19

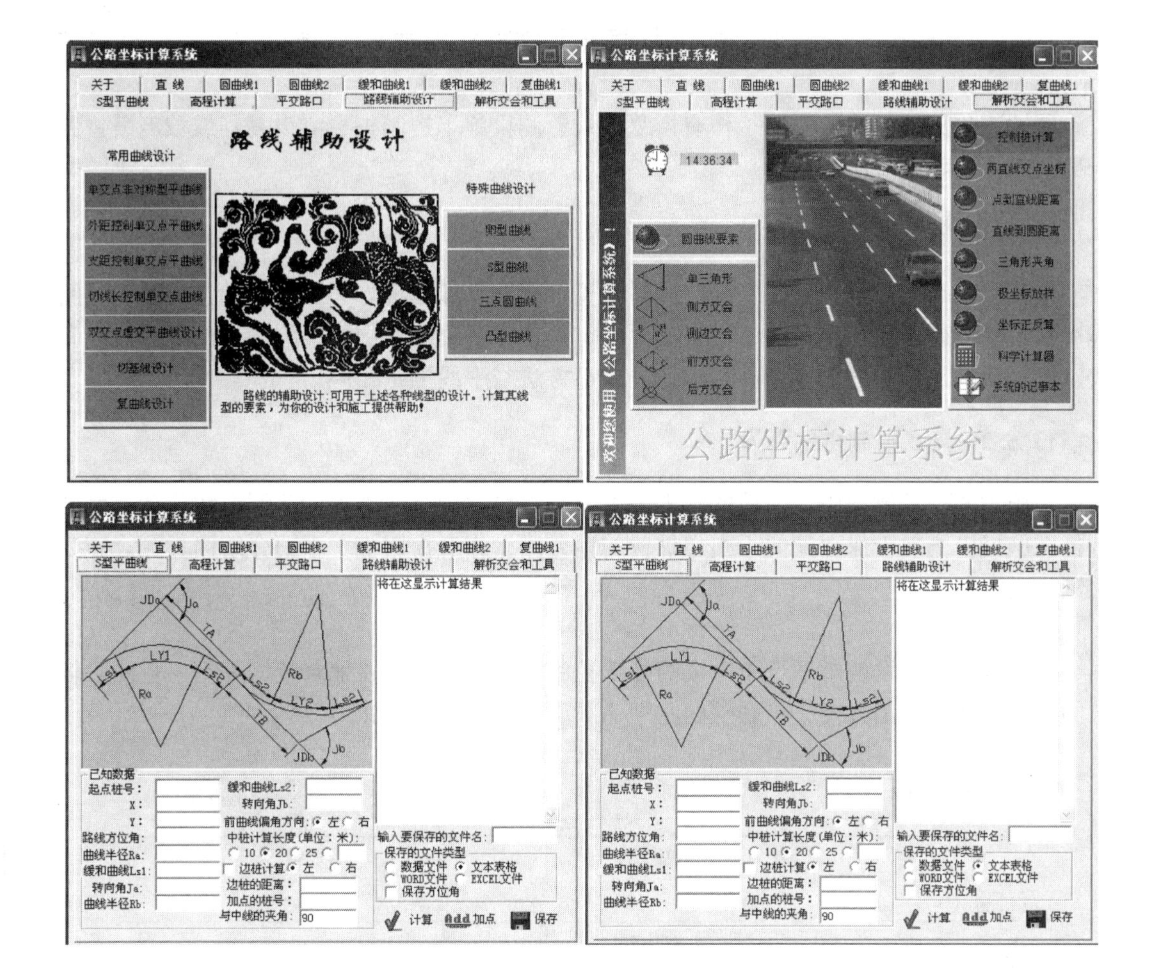

图 13.20

应用这些计算软件，可轻松地进行常用的线路计算，同时也免去了计算器计算的繁琐输入，在内业计算好进行外业放样，可减少外业现场计算出错的可能性。在放样过程中的边桩计算是线路测量最常用的计算内容，这些软件解决了计算的繁琐输入，并减少了出错的可能性。另外，目前的全站仪自带程序中，有的也内置了线路测量的放样程序，只需输入曲线要素就可以进行线路的放样，十分方便。类似的程序还有很多，如公路工程施工测量计算系统、公路工程测设伴侣等，都各有自己的特点。

对于目前计算器程序的普及和编制就更是应用广泛，对于线路工程主要用于线路的曲线计算，常用的计算器有 CASIO fx5800P，卡西欧 9750 等。目前也有销售对应计算器的测量程序。

13.5　线路工程施工测量

线路工程施工测量的主要工作有恢复中线、测设施工控制桩、测设高程或坡度、铁路公路还需要测设路基边桩等。

13.5.1　恢复中线测量

由于从设计勘测到开始施工的一段时间里，会有一部分桩点丢失或移动，为了保证路线中线位置准确可靠，施工前，应根据原来定线条件恢复线路中线，将丢失的桩点恢复和校正好，以满足施工的需要。恢复中线的测量方法与中线测量相同。

13.5.2　施工控制桩的测设

在施工的开挖过程中，中检的标志经常受到破坏，为了在施工中控制中线位置，就要选择在施工中既易于保存又便于引用桩位的地方测设施工控制桩。下面介绍两种测设施工控制桩的方法。

1. 平行线法

在路基以外测设两排平行于中线的施工控制桩。此法多用在地势较为平坦、直线段较长的路段。为了施工方便，控制桩的间距一般取 10~20m，如图 13.21 所示。

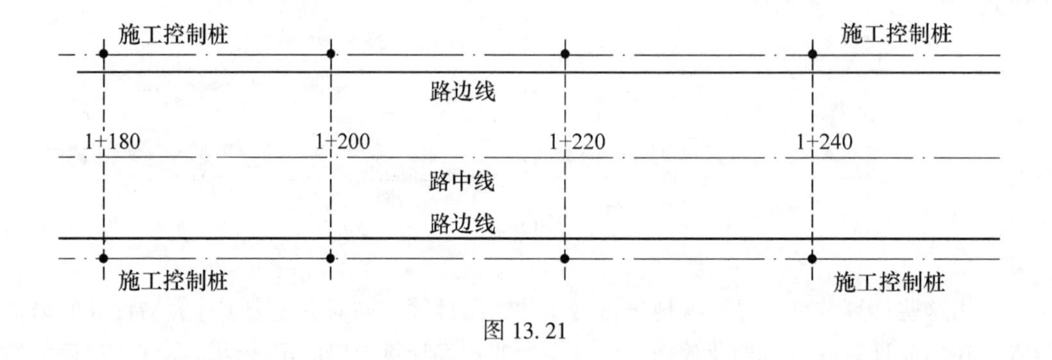

图 13.21

2. 延长线法

延长线法是在道路转折处的中线延长线上以及曲线中点至交点的延长线上打下施工控制桩延长线法多用在地势起伏较大、直线段较短的山区道路、主要是为了控制交点 JD 的位置。需要量出控制桩到交点 JD 的距离。

13.5.3　线路边桩的测设

铁路公路路基边桩就是把路基两侧的边坡与原地面相交的坡脚点确定出来，边桩的位置由两侧边桩至中桩的平距来确定。下面介绍几种常用的边桩测设方法。

1. 图解法

如图 13.22 所示，图解法是直接在横断面图上量取中桩至边桩的平距，然后在实地用钢尺沿横断面方向丈量该长度并标定出来。此法在填挖土方量不大时使用较多。

2. 解析法

如图 13.23 所示，解析法是根据路基填挖高度、边坡率、路基宽度和横断面地形情况，先计算出路基中桩至边桩的水平距离，然后在实地沿横断面方向按距离将边桩放出来。

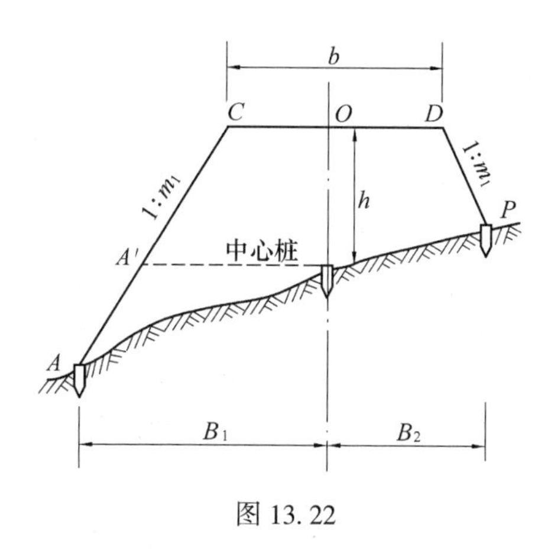

图 13.22

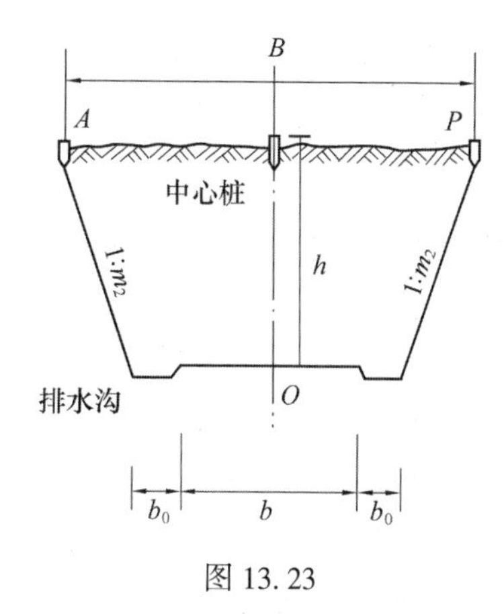

图 13.23

在平坦地面和斜坡上路堑的放线情况，其原理与路堤放线基本上相同，但具体做法上有两点区别：

(1)如图 13.24 所示，计算坡顶宽度 B 时，应考虑排水边沟的宽度 b_0，即

$$\left.\begin{aligned} B &= b + 2(b_0 + m_2 h) \\ B/2 &= b/2 + b_0 + m_2 h \end{aligned}\right\} \tag{13.30}$$

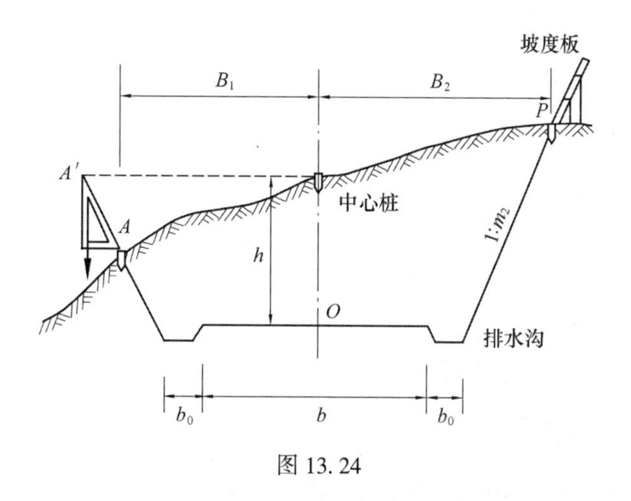

图 13.24

(2)路堑放线的关键是找出坡顶 A 和 P，为施工方便，在挖深较大的坡顶处，可测设坡度板作为施工时掌握边坡的依据。如图 13.25 所示。

在修筑山区公路时，为减少土石方量，路基常采用半填半挖形式。

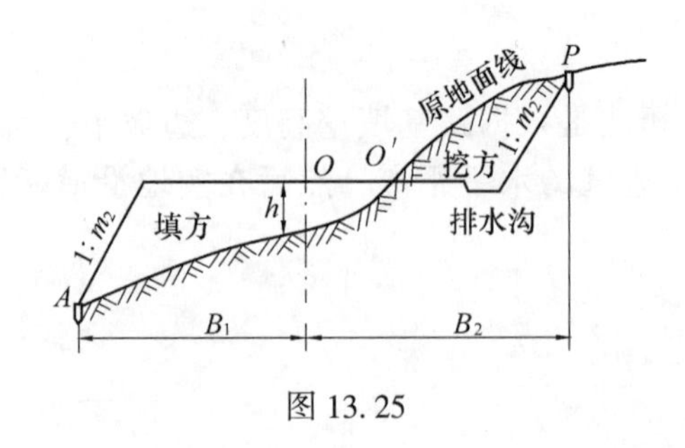

图 13.25

13.5.4　路面高程测设

测设路面高程是当路基工程完成后，为控制路面高程，多在路肩上测设平行中线的路面高程桩，间距依施工需要而定，用它既控制路面高程，又控制中线位置，俗称施工边桩。其位置根据中线施工控制桩测定(若已有平行中线的施工控制桩时，均一桩两用，不再另行测设)。桩位测定后，可在桩的侧面测设出该桩的路面中心设计高程线(可钉高程钉或画红铅笔线作为标志)。其测设程序如下：

(1)后视水准点或中线上的里程桩，根据其已知高程和读数，求出视线高程。

(2)前视边桩，根据读数求出其桩顶高程。

(3)计算边桩与其所在断面的设计高程之差，并注在桩的侧面上。并在数字前加有"+""-"号，通常习惯为填为"+"，挖为"-"的填挖数。但它所表示的填挖量，是以边桩桩顶为准的，再对桩顶挂线进行土方施工或路面施工，结束后再重新测设高程控制桩继续下一步工作。

【本章小结】

本章介绍了线路工程测量的基本内容：

(1)线路中线测量；

(2)线路纵横断面测量；

(3)线路工程中常用软件及计算器的应用；

(4)线路工程施工测量。

◎ 习题和思考题

1. 线路测量的主要工作是什么？

2. 何谓缓和曲线？为什么要设缓和曲线？

3. 试述用偏角法测设圆曲线的方法。

4. 简述纵断面测量的方法及纵断面图的绘制方法。

5. 简述横断面测量的方法及横断面图的绘制方法。

6. 已知 JD3 的桩号为 1+422.32，测得转角 $I_3=10°49'00''$(右转)，根据地形条件选定曲线半径 $R=1200$m，试求各测设元素并计算主点桩号。

7. 简述施工控制桩的测设方法。

第14章　房产测量

【教学目标】

掌握房产测量的任务和主要作用；了解房产平面控制测量；掌握界址点测量的主要内容；了解房产调查、房产图测绘以及房产面积量算与房产变更测量等方面的一些内容。

随着我国房屋改革的深入进行，住房商品化的实施，为了满足城镇房产产籍管理的需要，必须通过房产测量及权属调查建立完整适时的产籍基础资料(包括房产图、表、册或计算机软盘等)，以全面掌握城镇所有房产的权属、数量、用途等方面的现状，为城镇房地产的开发、经营、管理以及市政建设与规划服务。

14.1　房产测量的任务和作用

房产测量主要是测定和调查房屋及用地状况，为房产产权、房籍管理、房地产开发利用、征收税费以及城镇规划建设提供测量数据和资料，是常规的测绘技术与房产管理业务相结合的测量工作。它是研究城镇的建成区和建成区以外的工矿企业、事业单位及其相毗连居民点的房产测绘的理论、仪器和方法的应用技术。房产测量与城市地形测量、地籍测量有相同之处，但由于服务对象不同，其内容和要求又有所不同。

14.1.1　房产测量的任务

房产测量的任务，主要是通过测量和调查工作来确定城镇房屋的位置、权属、界线、质量、数量和现状等，并以文字、数据及图件表示出来；目的是要搞清楚房地产的产权，使用权的范围，界线和面积，房屋建筑物的分布，坐落的位置和现状，建筑物的结构、层数和建成年份，以及建筑物的用途和土地的使用状况等基础资料，为房产的产权和户籍管理房地产的开发利用以及城镇的规划建设提供基础数据，促进房屋管理、维修、保养和建设工作经济效益和社会效益的提高。归纳起来就是：提供核发房屋所有权证和土地使用权证的图件，建立产权、产籍档案等房产管理基础资料；为房产的产业管理测制分幅图、分丘图和分页图；为城镇住宅建设和旧城改造提供规划设计所需的图纸资料。具体任务包括以下几项：

1. 测制分幅图

分幅图是全面反映一个城镇的房屋及用地位置和权属等状况的基本图，是分丘图和分户图的基础，是全面掌握一个城镇的房屋建筑、土地现状变化情况的总图。

对于已有适应地形图的城镇，可以利用现有地形图，在这个基础上加测所需要的房产内容就可以了；若没有适用的现成地形图，则需要重新做包括地形图在内的全部房产图的内容。

2. 测制“三产”管理图卡

“三产”即产权、产业和产籍。产权是泛指所有权者对财产的占有、使用、收益和处理，并排除他人干涉的权能。产业是指房地产经营部门所经营的财产、家庭，它涉及公房的产权来源依据，其内容有房屋结构、层次、设备和经常性的变动，要账实相符，住户和租户一致。产籍则是指产业情况的登记和记载。

“三产”管理图卡包括：房产分丘平面图，房产分层、分户平面图，房产部门直管房屋图卡，房产部门直管土地图卡。这些资料正是加强城市房产产权、产业和产籍管理的基础，是核发房屋所有权证和土地使用权证的附图，也是房产部门进行房地产业管理和评算租金的依据。

3. 房产图的修测和补测

城镇的基本建设在不断发展，旧城的改造、新建、扩建、加层等增加的房屋和拆除、焚毁等减少的房屋，在基本分幅图上都需要及时进行修测和补测。使原测制的房产图不断得到更新，以便保持房产图、图卡和实地三者的一致，使房产图永远保持最好的使用价值，以适应房地产业不断发展的需要。

14.1.2 房产测量的作用

由于房产测量所获得与永久性标志相联系的房产权属界址、土地位置、用地面积、房产质量和数量等，都具有法律效力，载入权属证书，所以它是房产产权发证和土地税收的重要依据，拥有权属(法律上)、财政(税收上)和城建规划三个基本功能，它的主要作用可以归纳为如下几方面：

1. 管理方面

为了使城市房地产管理和住宅建设都能稳步纳入社会主义现代化建设的轨道，城镇房产管理部门和规划建设部门都必须全面了解和掌握房产的权属、位置、质量、数量和现状等基本情况。只有这样，才能进行妥善的管理和合理的规划建设，更好地调配使用房屋和土地，有计划地安排旧城区住宅的修剪改造以及新发展区的规划建设。另外，房地产测量的成果亦是开展城镇房产管理理论研究的重要基础资料。

2. 经济方面

房产测量提供了大量准确的图纸资料，为正确掌握城镇房屋和土地的现状及变化，清理公、私各占有的房产数量和面积，建立产权、产籍和产业管理的图册档案，统计各类房屋的数量和比重等，提供了可靠的依据，亦为开展房地产经济理论研究提供了重要基础。

房产测量还为城镇财政、税收等部门研究确定土地分类等级，制定税费标准提供了基础依据，确保各项税费的及时征收。

3. 法制方面

房产图所表示的每户所有的房屋及使用土地的权属范围，是经过逐幢房屋清理产权，逐块土地清理使用权，并经过各户申请登记，经主管部门逐户审核确认的。房产图作为核发房屋所有权与土地使用权证书中的附图，是具有法律效力的图纸。它是加强房产管理，核定产权，颁发权证，保障房产占有者和使用者的合法权益，加强社会主义法制管理的重要依据。

14.2 房产平面控制测量

房产测量也应遵循“从整体到局部，由高级到低级，先控制后碎部”的原则进行。由于各种房产图均为平面图，故房产控制测量仅需布设平面控制网。

14.2.1 坐标系统的选择

房产平面控制测量采用国家坐标系统或沿用该地区已有的坐标系统，地方坐标系统尽量与国家坐标系统联测。面积小于25 km^2的测区，可不经投影，采用平面直角坐标系统。

14.2.2 房产平面控制点的形式

房产控制网由基本控制点和图根控制点组成。基本控制点包括一、二、三、四等国家平面控制点，二、三、四等城市平面控制网点，二、三、四等城镇地籍控制网点，以及城市一、二级三角点及导线点。除二级点以外均可作为房产测量的首级控制。

图根控制点的密度依据房产图比例尺房屋密集程度而定，大多采用导线形式布设。《房产测量规范》(GB/T 17986—2000)规定的各等级测距导线的技术指标及各等级GPS相对定位测量的技术指标见表14.1与表14.2。

表14.1　**图根测距导线技术要求**

等级	平均边长(km)	附合导线长度(km)	每边测距中误差(mm)	测角中误差(mm)	导线全长相对闭合差	水平角观测的测回数			方位角闭合差(″)
						DJ_1	DJ_2	DJ_6	
三等	3.0	15	±18	±1.5	1/60000	8	12		$\pm 3\sqrt{n}$
四等	1.6	10	±18	±2.5	1/40000	4	6		$\pm 5\sqrt{n}$
一级	0.3	3.6	±15	±5.0	1/14000		2	6	$\pm 10\sqrt{n}$
二级	0.2	2.4	±12	±8.0	1/10000		1	3	$\pm 16\sqrt{n}$
三级	0.1	1.5	±12	±12.0	1/6000		1	3	$\pm 24\sqrt{n}$

注：n为导线转折角的个数。

表14.2　**各等级GPS相对定位测量的技术指标**

等级	卫星高度角(°)	有效观测卫星总数(个)	时段中任一卫星有效观测时间(min)	观测时段数	观测时段长度(min)	数据采样间隔(s)	点位几何强度因子PDOP
二等	≥15	≥6	≥20	≥2	≥90	15~60	≤6
三等	≥15	≥4	≥5	≥2	≥10	15~60	≤6

续表

等级	卫星高度角（°）	有效观测卫星总数（个）	时段中任一卫星有效观测时间（min）	观测时段数	观测时段长度（min）	数据采样间隔（s）	点位几何强度因子PDOP
四等	≥15	≥4	≥5	≥2	≥10	15~60	≤8
一级	≥15	≥4		≥1		15~60	≤8
二级	≥15	≥4		≥1		15~60	≤8
三级	≥15	≥4		≥1		15~60	≤8

14.3　界址点测量

界址点又称地界点或拐点，即房屋用地界线的转折点处设置的界桩点。在房产测量和管理中，用它来确定房屋用地权界的位置。界址点的边线构成房屋用地范围的地界线。由于每家每户都有房屋用地权界线问题，所以在房产测量和管理中，界址点测量是一项专门的工作，而且是一项任务量大，关系到千家万户的房产登记发证的重要工作。

14.3.1　界址点的精度

界址点根据其所在地区和单位的不同要求，其测定精度有高低之分，根据测定精度的高低共分为三级。对大中城市繁华地段的界址点和重要建筑物的界址点，一般要选用一级或二级，其他地区可选用三级。例如城镇街坊的街面、中外合资企业、大型工矿企业及大型建筑物的界址点，一般选用一级或二级；而街坊内部隐蔽地区及居民区内部的界址点，则可选用三级。一级界址点相对于临近基本控制点的点位中误差范围为±.05m；二级界址点相对于临近控制点的点位中午差应不超过±0.10m；三级界址点相对于邻近控制点的点位中误差范围为±0.15m。

《房产测量规范》(GB/T 17986—2000)中规定房产界址点的精度为三级，各级界址点相对于临近控制点的点位误差和间距超过 50m 的相邻界址点的间距误差不超过表 14.3 的规定；间距未超过 50m 的界址点间的间距误差限差不应超过式(14.1)的计算结果。

表 14.3　**房产界址点的精度要求**　（单位：m^2）

界址点等级	界址点相对于邻近控制点的点位误差和相邻界址点间的间距误差	
	限差	中误差
一	±0.04	±0.02
二	±0.10	±0.05
三	±0.20	±0.10

$$\Delta D = \pm (m_j + 0.02 m_j D) \tag{14.1}$$

式中，m_j—— 相应等级界址点的点位中误差，m；

D—— 相邻界址点间的距离，m；

ΔD—— 界址点坐标计算的边长与实量边长较差的限差，m。

界址点测量就是根据测区内已布设的控制点，用图根点测量的方法，根据不同等级界址点的不同精度要求，测定各个界址点坐标数值，并编制出坐标成果表。

14.3.2 界址点的标定、埋设及编号

1. 界址点的标定

为了准确划定房屋用地界线，计算房屋用地面积，减少和防止用地纠纷，界址点的标定是一项很慎重的工作。因此，标界时必须由双方指界人到现场指界。单位使用的土地，要由单位法人代表出席指界；组合丘用地，要由该丘各户共同委派的代表指界。房屋用地人或法人代表不能亲自出席指界时，应由委托的代理人指界，并且均需出具身份证明或委托书。

经双方认定的界址，必须由双方指界人在房屋用地调查表上签字盖章。

2. 界址点的埋设

所有界址点在标定之后，如其点不在固定地物上，均应埋设标志，并记载标石类型和方位。无法埋设标界的，应在建筑物上以红漆注记界址点符号，示意界址点位置，并在调查表中注明墙中线、墙外或墙内。对提供不出证据或有争议的应根据实际使用范围标出争议部位，按未定界处理。

界标的种类大致有混凝土界址标桩、带铅帽的钢钉界址标桩、石灰桩带塑料套的钢棍界标桩及喷漆标志等几种。

界标的选用应根据各地的具体情况而定。一般在较为空旷地区的界址点和占地面积较大的机关、团体、企业、事业单位的界址点，应埋设预制混凝土界标桩或现场浇筑混凝土界址标桩，如图 14.1 所示。泥土地面也可埋设石灰桩；在坚硬的路面或地面上的界址点，应钻孔浇筑或钉设带帽的钢钉界址标桩；在坚固的房墙(角)或围墙(角)等永久性建筑物处的界址点，应钻孔浇筑带塑料套的钢棍界址标桩，也可设置喷漆界址标志，如图 14.2 所示。

埋设墙上界址标桩时，界址钉需露出墙外体外 1.0mm 左右，并用红漆在点位旁以箭头指示，使之醒目易找。用喷漆界址标志时，喷漆应尽量浓一点，以免时间长久后漆被雨水风化。

3. 界址点编号

界址点的编号以图幅为单位，按丘号的顺序顺时针统一建立，点号前冠以英文字母“J”。凡界址线的转折角点以及界址线与图廓线的交点，均应编界址点号。

界址号除在房屋用地调查表和界址点坐标成果表中登记外，还应在房产图中标记。

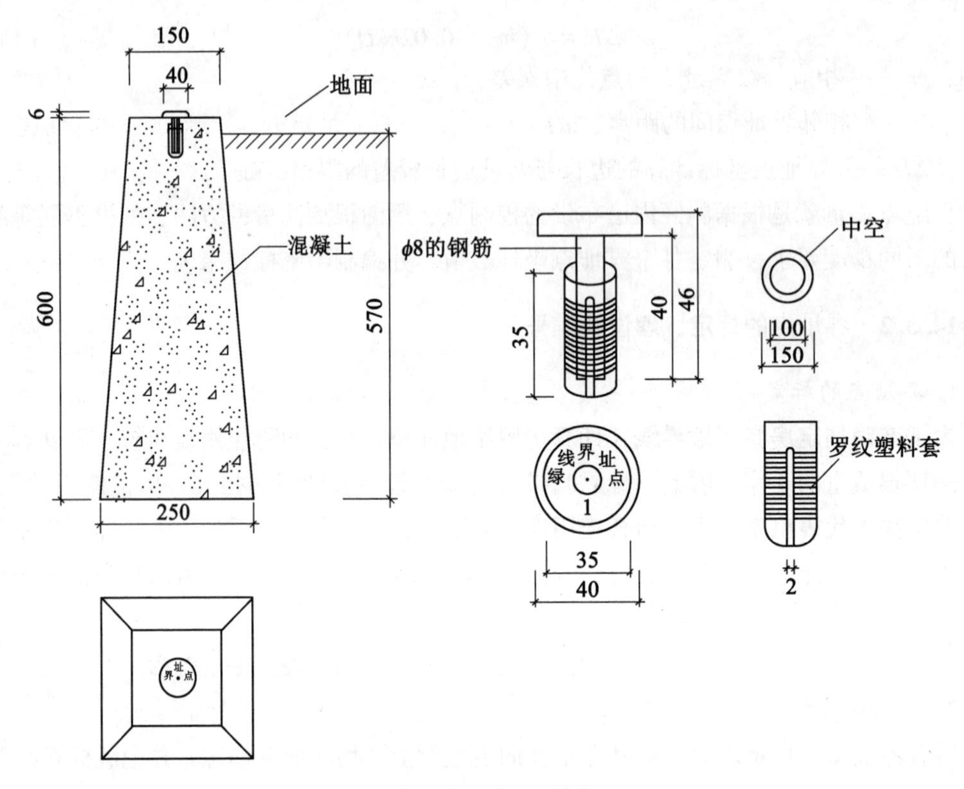

图 14.1　界址点示意图(单位：mm)

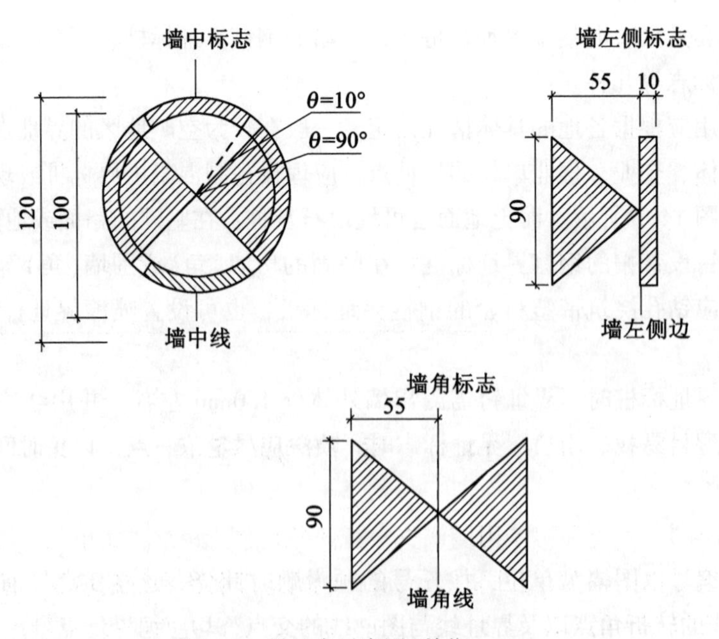

图 14.2　界址点示意图(单位：mm)

14.3.3 界址点测量

《房产测量规范》(GB/T 17986—2000)规定，一级界址点按 1∶500 测图的图根控制点的方法测定，从基本控制点起可发展两次，困难地区可发展三次；二级界址点以精度不低于 1∶1000 测图的图根控制点的方法测定，从邻近控制点或一级界址点起，可发展三次；三级界址点用野外实测或航测内业加密方法求取坐标，也可从 1∶500 底图上量取坐标；支导线点不得单独发展一、二级界址点。

房产测量的特点是在城镇建筑群中进行，因此界址点测量一般只能采取图根导线的方法，而在困难的街区，可采用全站仪或测距仪直接测量界址点的坐标。

各级界址点测定后，要以丘为单位绘制界址点略图，并以图幅为单位编列界址点坐标成果表，格式如表 14.4 所示。将表装订成册，作为正式成果上交。

表 14.4 **界址点坐标成果表**

丘号	界址点编号	标志类型	等级	坐标		点位说明
				x	y	
⋮	⋮	⋮	⋮	⋮	⋮	⋮

14.4 房 产 调 查

房产调查分房屋调查和房屋用地调查，其任务是查清每个权属单元的权属、位置、权界、数量和用途等基本情况，并同时查清所在地的地理名称和行政境界。

房产调查应以已有地形图、地籍图、航摄相片以及相关的产籍资料为依据，按照主管部门统一制定的标准和调查表，以权属单元为单位，逐项实地进行调查。

14.4.1 房屋调查

房屋调查的内容如表14.5所示，包括房屋坐落、产权人、产权性质、产别、层数、所在层次、建筑结构、建成年份、用途、占地面积、建筑面积、分摊面积、墙体归属、权源、产权纠纷和其他权利等基本情况，以及绘制房屋权界限示意图。

表14.5　　　　　　　　　　　**房屋调查表**

市区名称或代码号______房产区号______房产分区号______丘号______序号______

<table>
<tr><td colspan="2">坐落</td><td colspan="10">区(县)　街道(镇)　胡同(街巷)　号</td><td colspan="4">邮政编码</td><td></td></tr>
<tr><td colspan="2">产权主</td><td colspan="7"></td><td>住址</td><td colspan="7"></td></tr>
<tr><td colspan="2">用途</td><td colspan="7"></td><td colspan="2">产别</td><td></td><td colspan="3">电话</td><td colspan="2"></td></tr>
<tr><td rowspan="7">房屋状况</td><td rowspan="2">幢号</td><td rowspan="2">权号</td><td rowspan="2">户号</td><td rowspan="2">总层数</td><td rowspan="2">所在层次</td><td rowspan="2">建筑结构</td><td rowspan="2">建成年份</td><td rowspan="2">占地面积 m²</td><td rowspan="2">使用面积 m²</td><td rowspan="2">建筑面积 m²</td><td colspan="4">墙体归属</td><td rowspan="2" colspan="2">产权来源</td></tr>
<tr><td>东</td><td>南</td><td>西</td><td>北</td></tr>
<tr><td></td><td></td><td></td><td></td><td></td><td></td><td></td><td></td><td></td><td></td><td></td><td></td><td></td><td></td><td colspan="2"></td></tr>
<tr><td></td><td></td><td></td><td></td><td></td><td></td><td></td><td></td><td></td><td></td><td></td><td></td><td></td><td></td><td colspan="2"></td></tr>
<tr><td></td><td></td><td></td><td></td><td></td><td></td><td></td><td></td><td></td><td></td><td></td><td></td><td></td><td></td><td colspan="2"></td></tr>
<tr><td></td><td></td><td></td><td></td><td></td><td></td><td></td><td></td><td></td><td></td><td></td><td></td><td></td><td></td><td colspan="2"></td></tr>
<tr><td></td><td></td><td></td><td></td><td></td><td></td><td></td><td></td><td></td><td></td><td></td><td></td><td></td><td></td><td colspan="2"></td></tr>
<tr><td rowspan="2">房屋权界线示意图</td><td rowspan="2" colspan="14"></td><td>附加说明</td><td></td></tr>
<tr><td>调查意见</td><td></td></tr>
</table>

调查者：　　　年　　　月　　　日

我国房屋产权性质分全民、集体、私有三类。外产、中外合资产按其他产权处理。房屋产别按两级分类，如表14.6所示。

表 14.6 **房屋产别分类标准**

一级分类		二级分类		含义
编号	名称	编号	名称	
10	国有房产			指归国家所有的房产。包括由政府接管、国家经租、收购、新建以及由国有单位用自筹资金建设或购买的房产。
		11	直管产	指由政府接管、国家经租、收购、新建、扩建的房产(房屋所有权已正式划拨给单位的除外)，大多数由政府房地产管理部门直接管理、出租、维修，少部分免租拨借给单位使用。
		12	自管产	指国家划拨给全民所有制单位所有以及全民所有制单位自筹资金构建的房产。
		13	军产	指中国人民解放军部队所有的房产。包括由国家划拨的房产、利用军费开支或军队自筹资金购建的房产。
20	集体所有房产			指城市集体所有制单位所有的房产。即集体所有制单位投资建造、购买的房产。
30	私有房产			指私人所有的房产。包括中国公民、港澳台同胞、海外侨胞、在华外国侨民、外国人所投资建造、购买的房产，以及中国公民投资的私营企业(私营独资企业、私营合伙企业和私营有限责任公司)所投资建造、购买的房产。
		31	部分产权	指按照房改政策，职工个人以标准价购买的住房，拥有部分产权。
40	联营企业房产			指不同所有制性质的单位之间共同组成新的法人型经济实体所投资建造、购买的房产。
50	股份制企业房产			指股份制企业所投资建造或购买的房产。
60	港、澳、台投资房产			指港、澳、台地区投资者以合资、合作或独资在祖国大陆举办的企业所投资建造或购买的房产。
70	涉外房产			指中外合资经营企业、中外合作经营企业和外资企业、外国政府、社会团体、国际性机构所投资建造或购买的房产。
80	其他房产			凡不属于以上各类别的房屋，都归在这一类，包括因所有权人不明，由政府房地产管理部门、全民所有制单位、军队代为管理的房屋以及宗教、寺庙等房屋。

房地产中的权源是指产权人取得房屋的时间和方式。其中方式有继承、分析、买卖、受赠、交换、自建、翻建、征用、收购、调拨、价拨、拨用等。用途是指房屋目前的实际用途，按两级分类，如表 14.7 所示。房屋建筑结构按其主要承重结构的建筑材料划分 6 类，如表 14.8 所示。一栋房屋有两种以上结构时，以面积大者为准。墙体归属是指房屋四面墙体所有权的归属，分自由墙、共有墙和借墙三种。他项权利指典当权、抵押权等权利。房屋权界线为房屋权属范围的界线，应由产权人指界和邻户来确定。房屋权界线示意

图是以权属为单位绘制的略图，表示房屋及其相关位置、权界线、墙体归属、房屋边长以及有争议的权界线部位等内容。

表 14.7　　　　　　　　　　　　**房屋用地用途分类标准**

一级分类		二级分类		含　义
编号	名称	编号	名称	
10	商业金融业用地			指商业服务业、旅游业、金融保险业等用地
		11	商业服务业	指各种商店、公司、修理服务部、生产资料供应站、饭店、旅社、对外经营的食堂、文印誊写社、报刊门市部、蔬菜销转运站等用地。
		12	旅游业	指主要为旅游业服务的宾馆饭店、大厦、乐园、俱乐部、旅行社、旅游商店、友谊商店等用地。
		13	金融保险业	指银行、储蓄所、信用社、信托公司、证券交易所、保险公司等用地。
		21	工业	指工业、仓储用地。
20	工业、仓储用地			指独立设置的工厂、车间、手工业作坊、建筑安装的生产场地、排渣(灰)场等用地。
		22	仓储	指国家、省(自治区、直辖市)及地方的储备、中转、外贸、供应等各种仓库、油库、材料堆积场及其附属设备等用地。
30	市政用地			指市政公用设施、绿化用地。
		31	市政公用设施	指自来水厂、泵站、污水处理厂、变电(所)站、煤气站、供热中心、环卫所、公共厕所、火葬场、消防队、邮电局(所)及各种管线工程专用地段等用地。
		32	绿化	指公园、动植物园、陵园、风景名胜、防护林、水源保护林以及其他公共绿地等用地。
		41	文、体、娱	指文化、体育、娱乐、机关、科研、设计、教育、医卫等用地。
		42	机关、宣传	指文化馆、博物馆、图书馆、展览馆、纪念馆、体育场馆、俱乐部、影剧院、游乐场、文艺体育团体等用地。
40	公共建筑用地			指党政事业机关及工、青、妇等群众组织驻地，广播电台、电视台、出版社、报社、杂志社等用地。
		43	科研、设计	指科研、设计机构用地。如研究院(所)、设计院及其试验室、试验场等用地。
		44	教育	指大专院校、中等专业学校、职业学校、干校、党校、中、小学校、幼儿园、托儿所、业余进修院(校)、工读学校等用地。
		45	医卫	指医院、门诊部、保健院、(站、所)、疗养院(所)、救护站、血站、卫生院、防治所、检疫站、防疫站、医学化验、药品检验用地。

续表

一级分类		二级分类		含义
编号	名称	编号	名称	
50	住宅用地			指供居住的各类房屋用地。
60	交通用地			指铁路、民用机场、港口码头及其他交通用地。
		61	铁路	指铁路线路及场站、地铁出入口等用地。
		62	民用机场	指民用机场及其附属设施用地。
		63	港口码头	指供客、货运船停靠的场所用地。
		64	其他交通	指车场(站)、广场、公路、街、巷、小区内的道路等用地。
70	特殊用地			指军事设施、涉外、宗教、监狱等用地。
		71	军事设施	指军事设施用地。包括部队机关、营房、军用工厂、仓库和其他军事设施用地。
		72	涉外	指外国使馆、驻华办事处等用地。
		73	宗教	指专门从事宗教活动的庙宇、教堂等宗教用地
		74	监狱	指监狱用。包括监狱、看守所、劳改场(所)等用地。
80	水域用地			指河流、湖泊、水库、坑塘、沟渠、防洪堤坝等用地。
90	农用地			指水田、菜地、旱地、园地等用地。
		91	水田	指筑有田埂(坎)可以经常蓄水用于种植水稻等水生作物的耕地。
		92	菜地	指以种植蔬菜为主的耕地。包括温室、塑料大棚等用地。
		93	旱地	指水田、菜地以外的耕地。包括水浇地和一般旱地。
		94	园地	指种植以采集果、叶、根、茎等为主的集约经营的多年生木本和草本植物，覆盖度大于50%或每亩株数大于合理株数70%的土地，包括果树苗圃等用地。
00	其他用地			指各种未利用土地、空闲地等其他用地。

表 14.8 **房屋的建筑结构分类**

分类		内容
编号	名称	
1	钢结构	承重的主要构件是用钢材料建造的，包括悬索结构
2	钢、钢筋混凝土结构	承重的主要构件是用钢、钢筋混凝土建造的。如一幢房屋一部分梁柱采用钢、钢筋混凝土构架建造
3	钢筋混凝土结构	承重的主要构件是用钢筋混凝土建造的。包括薄壳结构、大模板现浇结构及使用滑模、升板等建造的钢筋混凝土结构的建筑物
4	混合结构	承重的主要构件是用钢筋混凝土和砖木建造的。如一幢房屋的梁是用钢筋混凝土制成，以砖墙为承重墙，或者梁是用木材建造，柱是用钢筋混凝土建造

续表

分类		内 容
编号	名称	
5	砖木结构	承重的主要构件是用砖、木材建造的。如一幢房屋是木制房架、砖墙、木柱建造的
6	其他结构	凡不属于上述结构的房屋都归此类。如竹结构、砖拱结构、窑洞等

14.4.2 房屋用地调查

房屋用地调查的内容如表 14.9 所示，包括用地的坐落、产权性质、等级、税费、用地人、用地单位所有制性质、权源、四至、界标、用地分类、面积和纠纷等基本情况，以及绘制房屋用地范围示意图。

表 14.9 **房屋用地调查表**

市区名称或代码号______房产区号______房产分区号______丘号______序号______

<table>
<tr><td colspan="2">坐落</td><td colspan="7">区(县)　街道(镇)　胡同(街巷)号</td><td colspan="3">电话</td><td colspan="2"></td><td>邮政编码</td><td></td></tr>
<tr><td colspan="2">产权性质</td><td></td><td colspan="2">产权主</td><td></td><td colspan="2">土地等级</td><td></td><td colspan="3">税费</td><td colspan="2"></td><td rowspan="7">附加说明</td><td rowspan="7"></td></tr>
<tr><td colspan="2">使用人</td><td></td><td colspan="2">住址</td><td colspan="4"></td><td colspan="3">所有制性质</td><td colspan="2"></td></tr>
<tr><td colspan="2">用地来源</td><td colspan="7"></td><td colspan="3">用地用途分类</td><td colspan="2"></td></tr>
<tr><td rowspan="4">用地状况</td><td rowspan="2">四至</td><td>东</td><td>南</td><td>西</td><td>北</td><td rowspan="2" colspan="2">界标</td><td>东</td><td>南</td><td colspan="2">西</td><td colspan="2">北</td></tr>
<tr><td></td><td></td><td></td><td></td><td></td><td></td><td colspan="2"></td><td colspan="2"></td></tr>
<tr><td rowspan="2">面积 m²</td><td colspan="3">合计用地面积</td><td colspan="2">房屋占地面积</td><td colspan="2">院地面积</td><td colspan="2">分摊面积</td><td rowspan="2" colspan="3"></td></tr>
<tr><td colspan="3"></td><td colspan="2"></td><td colspan="2"></td><td colspan="2"></td></tr>
<tr><td colspan="2">用地略图</td><td colspan="14"></td></tr>
</table>

调查者：　　　年　　月　　日

我国房屋用地产权性质分全民、集体两类。用地等级按土地主管部门制定的土地等级标准区分。权源是指取得土地使用权的时间和方式，调查的要求与房屋调查类同。四至是指用地范围与四邻接壤的情况，一般按东、西、南、北方向注明四邻用地的编号或街道名称。界标是指地界线上的各种标志，包括道路、河流等自然界线，房屋墙体、围墙、栅栏等维护物体，以及界碑、界桩等埋石标志。用地分类以当前政府正式颁布的规定执行，无规定的按表 14.7 执行。房屋用地范围示意图是以用地单元为单位绘制的略图，表示房屋用地的位置，四至关系、界线、共同院落界线、界标类别和归属以及有争议的界线部位，并勘丈和注记用地界线的边长。用地范围界线包括共用院落界线由产权人(用地人)指界和邻户来确定。

14.4.3 房屋用地的编号

房屋用地的编号有丘号、幢号和房产权号。

丘是指地表上一块有界空间的地块。一个地块只属于一个产权单元时称独立丘，一个地块属于几个产权单元时称组合丘。有固定界标的按固定界标划分、没有固定界标的按自然界线划分。丘的编号按市、市辖区(县)、房产区、房产分区、丘五级编号。房产区是以市行政建制区的街道办事处或镇(乡)的行政辖区，或房地产管理划分的区域为基础划定，根据实际情况和需要，可以将房产区再划分为若干个房产分区。丘以房产分区为单元划分。房产区和房产分区均以两位自然数字从 01 至 99 依序编列；当未划分房产分区时，相应的房产分区编号用“01”表示。丘的编号以房产分区为编号区，采用 4 位自然数字从 0001 至 9999 编列；以后新增丘接原编号顺序连续编立。丘的编号从北至南，从西至东以反 S 形顺序编列。

幢是指一座独立的，包括不同结构和不同层次的房屋。幢号以丘为单位，自进大门起，从左到右，从前到后，用数字 1，2，…顺序按 S 形编号。幢号注在房屋轮廓线内的左下角，并加括号表示。

在他人用地范围内所建的房屋，应在幢号后面加编房产权号，房产权号用标识符 A 表示。多户共有的房屋，在幢号后面加编共有权号，共有权号用标识符 B 表示。

14.4.4 行政境界与地理名称调查

行政境界调查，应依据各级人民政府规定的行政境界位置，调查区、县和镇以上的行政区划范围，并标绘在图上。街道或乡的行政区划，可根据需要调绘。

地理名称调查(以下简称地名调查)包括居民点、道路、河流、广场等自然名称。自然名称应根据各地人民政府地名管理机构公布的标准名或公安机关编定的地名进行。凡在测区范围内的所有地名及重要的名胜古迹，均应调查。行政机构名称只对镇以上行政机构进行调查。应调查实际使用该房屋及其用地的企事业单位的全称。

14.5 房产图测绘

房产图是房产产权、产籍管理的重要资料。按房产管理的需要可分为房产分幅平面图(以下简称分幅图)、房产分丘平面图(以下简称分丘图)和房屋分户平面图(以下简称分户图)。

14.5.1　分幅图测绘

分幅图是全面反映房屋及其用地的位置和权属等状况的基本图。是测绘分丘图和分户图的基础资料。分幅图的测绘范围包括城市、县城、建制镇的建成区和建成区以外的工矿企事业等单位及其毗连居民点。分幅图采用 40cm×50cm 矩形或 50cm×50cm 正方形分幅。建筑物密集区的分幅图一般采用 1∶500 比例尺，其他区域的分幅图可以采用 1∶1000 比例尺。

分幅图应表示控制点、行政境界、丘界、房屋、房屋附属设施和房屋围护物，以及与房地产有关的地籍地形要素和注记。分幅图编号以高斯-克吕格坐标的整公里格网为编号区，由编号区代码加分幅图代码组成，编号区的代码以该公里格网西南角的横纵坐标公里值表示。图 14.3 所示为房产分幅图(局部)示例。

14.5.2　分丘图测绘

分丘图是分幅图的局部图，是绘制房屋产权证附图的基本图。分丘图的幅面可在 787mm×1092mm 的 1/32~1/4 之间选用。分丘图的比例尺，根据丘面积的大小，可在 1∶100~1∶1000 之间选用。

分丘图可实地测绘，也可利用分幅图和房屋调查表的有关资料绘制。

分丘图上除表示分幅图的内容外，还应表示房屋权界线、界址点点号、窑洞使用范围，挑廊、阳台、建成年份、用地面积、建筑面积、墙体归属和四至关系等各项房地产要素。

在分丘图上，应分别注明所有周邻产权所有单位(或人)的名称，分丘图上各种注记的字头应朝北或朝西。图 14.4 为分丘图示例。

测量本丘与邻丘毗连墙体时，共有墙以墙体中间为界，量至墙体厚度的 1/2 处；借墙量至墙体的内侧；自有墙量至墙体外侧并用相应符号表示。房屋权界线与丘界线重合时，表示丘界线，房屋轮廓线与房屋权界线重合时，表示房屋权界线。分丘图的图廓位置，根据该丘所在位置确定，图上需要注出西南角的坐标值，以公里数为单位注记至小数后三位。

14.5.3　分户图测绘

分户图是在分丘图基础上绘制的细部图，以一户产权人为单位，表示房屋权属范围的细部图，以明确异产毗连房屋的权利界线供核发房屋所有权证的附图使用。

分户图的方位应使房屋的主要边线与图框边线平行，按房屋的方向横放或竖放，并在适当位置加绘指北方向符号。分户图的幅面可选用 787mm×1092mm 的 1/32 或 1/16 等尺寸。分户图的比例尺一般为 1∶200，当房屋图形过大或过小时，比例尺可适当放大或缩小。分户图上房屋的丘号、幢号应与分丘图上的编号一致。房屋边长应实际丈量，注记取至 0.0lm，注在图上相应位置。

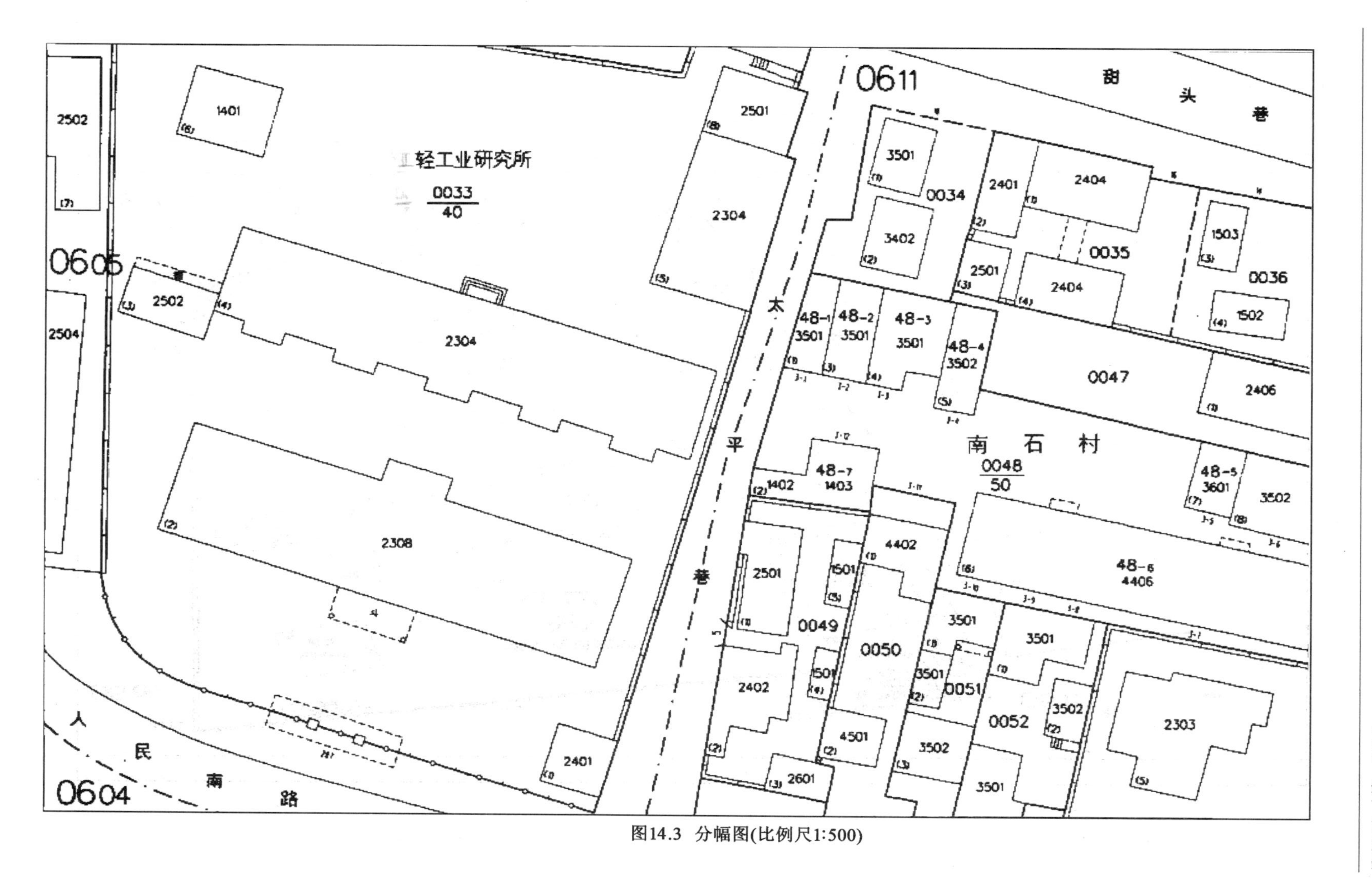

图14.3 分幅图(比例尺1:500)

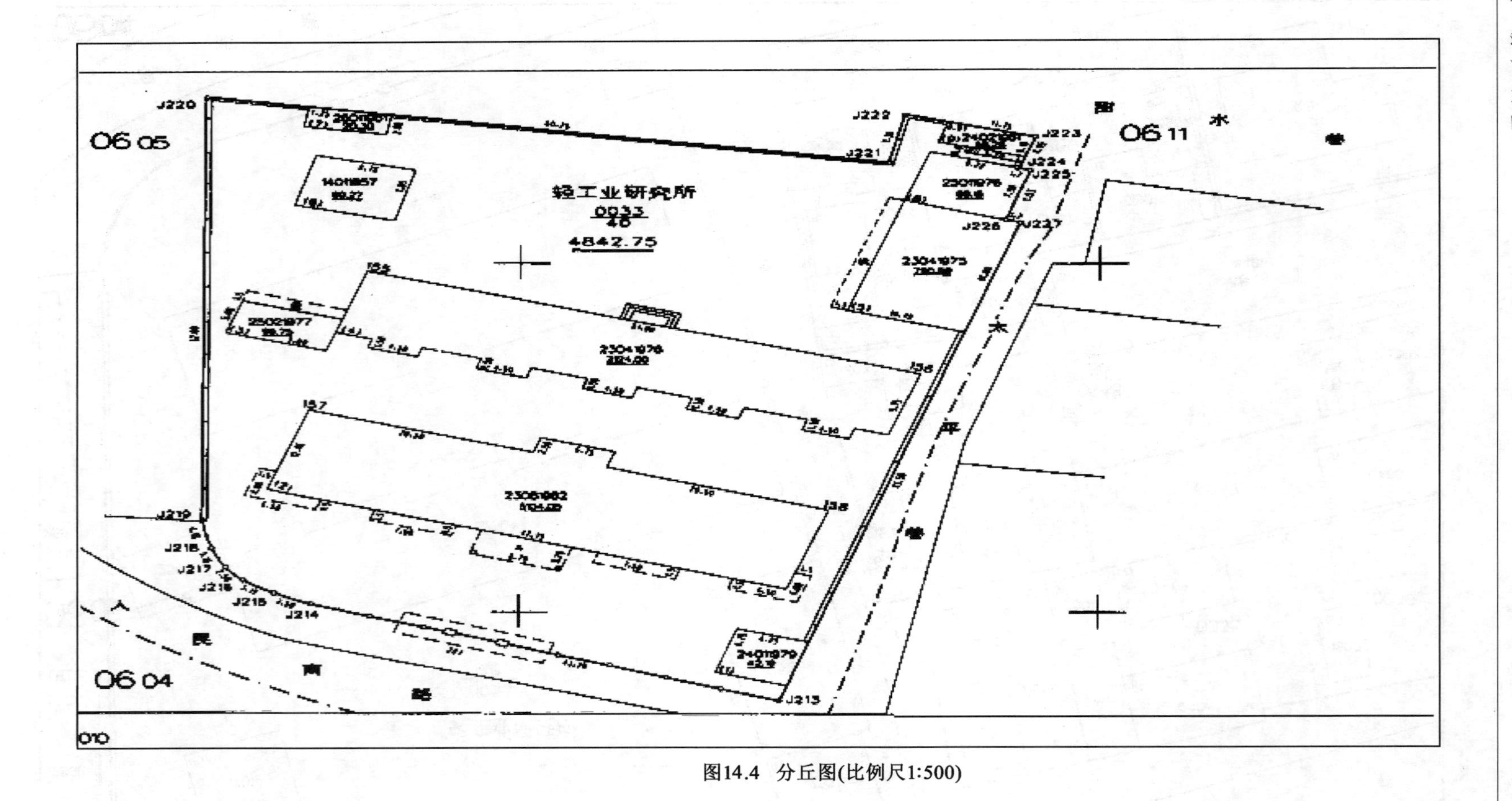

图14.4　分丘图(比例尺1:500)

分户图表示的主要内容包括房屋权界线、四面墙体的归属和楼梯、走道等部位以及门牌号、所在层次、户号、室号、房屋建筑面积和房屋边长等。房屋产权面积包括套内建筑面积和共有分摊面积，标注在分户图框内。本户所在的丘号、户号、幢号、结构、层数、层次标注在分户图框内。楼梯、走道等共有部位，需在范围内加简注。

14.6 房产面积量算与房产变更测量

14.6.1 房产面积量算与房产变更测量

面积测算是指水平面积测算。分为房屋面积和用地面积测算两类，其中房屋面积测算包括房屋建筑面积、共有建筑面积、产权面积、使用面积等测算。

1. 房屋建筑面积量算

房屋建筑面积系指房屋外墙(柱)勒脚以上各层的外围水平投影面积，包括阳台、挑廊、地下室、室外楼梯等，且具备上盖，结构牢固，层高 2.20m 以上(含 2.20m)的永久性建筑。

房屋使用面积系指房屋户内全部可供使用的空间面积，按房屋的内墙面水平投影计算。房屋产权面积系指产权主依法拥有房屋所有权的房屋建筑面积。房屋产权面积由直辖市、市、县房地产行政主管部门登记确权认定。房屋共有建设面积系指各产权主共同占有或共同使用的建筑面积。各类面积测算必须独立测算两次，其较差应在规定的限差以内，取中数作为最后结果。量距应使用经检定合格的卷尺或其他能达到相应精度的仪器和工具。面积以 m^2 为单位，取至 0.01m^2。

2. 用地面积量算

用地面积以丘为单位进行测算，包括房屋占地面积，其他用途的土地面积测算，各项地类面积的测算。

下列土地不计入用地面积：

(1)无明确使用权属的冷巷、巷道或间隙地；

(2)市政管辖的道路、街道、巷道等公共用地；

(3)公共使用的河涌、水沟、排污沟；

(4)已征用、划拨或者属于原房地产证记载范围，经规划部门核定需要作市政建设的用地；

(5)其他按规定不计入用地的面积。

用地面积测算可采用坐标解析计算、实地量距计算和图解计算等方法。

3. 共有共用面积分摊的量算

应分摊的共有共用面积通常包括共有共用房屋建筑面积，异常毗连房屋占地面积和共用院落面积。分摊面积量算时，有权属分割文件或协议的按规定量算。否则按相关面积比例进行分摊计算。

4. 房产面积的精度要求

房产面积的精度分为三级，各级面积的限差及中误差不超过表 14.10 中计算的结果。

表 14.10　**房产面积的精度要求**　（单位：m^2）

房产面积的精度等级	限差	中误差
一	$0.02\sqrt{S}+0.0006S$	$0.01\sqrt{S}+0.0003S$
二	$0.04\sqrt{S}+0.002S$	$0.02\sqrt{S}+0.001S$
三	$0.08\sqrt{S}+0.006S$	$0.04\sqrt{S}+0.003S$

注：S 为房产面积，单位：m^2。

14.6.2　房产变更测量

变更测量分为现状变更和权属变更测量。

现状变更测量内容为：房屋的新建、拆迁、改建、扩建、房屋建筑结构、层数的变化；房屋的损坏与灭失，包括全部拆除或部分拆除、倒塌和烧毁；围墙、栅栏、篱笆、铁丝网等围护物以及房屋附属设施的变化；道路、广场、河流的拓宽、改造，河、湖、沟渠、水塘等边界的变化；地名、门牌号的更改；房屋及其用地分类面积增减变化。

权属变更测量内容为：房屋买卖、交换、继承、分割、赠与、兼并等引起的权属的转移；土地使用权界的调整，包括合并、分割、塌没和截弯取直；征拨、出让、转让土地而引起的土地权属界线的变化；他项权利范围的变化和注销。

变更测量应根据房地产变更资料，先进行房地产要素调查，包括现状、权属和界址调查，再进行分户权界和面积的测定，调整有关的房地产编码，最后进行房地产资料的修正。

【本章小结】

本章介绍了房产测量的一些基本内容：

(1)房产测量的任务和作用；

(2)房产平面控制测量；

(3)界址点测量；

(4)房产调查；

(5)房产图测绘；

(6)房产面积量算与房产变更测量。

◎ 习题和思考题

1. 房产调查包括哪些工作？
2. 试述房产图的种类及测绘内容。
3. 房产面积括哪几部分？
4. 房产变更测量包括哪些工作？

第 15 章　水利工程测量

【教学目标】

掌握河道测量的各项工作，水库设计需测量的内容，渠道勘测、设计、施工中所进行的测量工作；能熟练把各项技能应用到测量过程中。

15.1　河道水位和水深测量

水位即水面高程。在河道测量中，水下地形点的高程是根据测深时的水位减去水深求得的。

15.1.1　工作水位的测定

水面在某一基准面上的高度称为水位。测深时的水位称为工作水位或测时水位。

在进行河道横断面或水下地形时，如果作业时间很短，河流水位又比较稳定，可以直接测定水边线的高程作为计算水下地形点高程的起算依据。如果作业时间较长，河流水位变化不定，则设置水尺(测定水面涨落变化的标尺)随时进行观测，以保证提供测深时的准确水面位置。

如图 15.1 所示，水尺零点的高程 H_0 从临近水准点用四等水准测量引测。

水位观测时，将水面所截的水尺读数加上水尺零点高程即为水位。

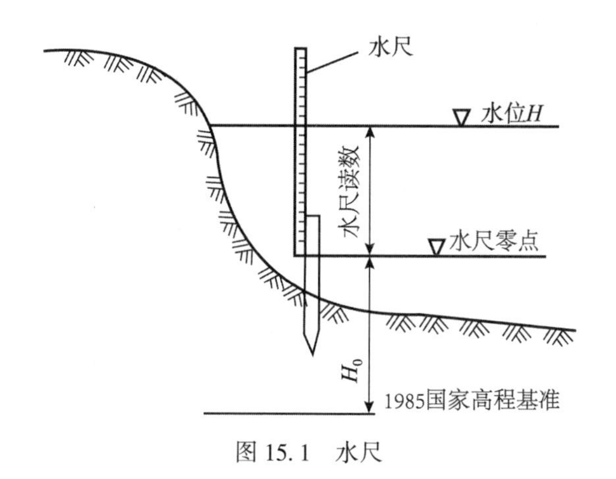

图 15.1　水尺

15.1.2　同时水位的测定

河道上各处同一时刻的水位称为同时水位或瞬时水位。

对于较短河段，在其上、中、下游各处的同时水位，可由几个人约定同一时刻分别在这些地方打下与水面齐平的木桩，再用四等水准测量引测确定各桩顶高程，即得各处的同时水位。

15.1.3　洪水调查测量

河水超过滩地或漫出两岸地面时的水位称为洪水位。

实地进行洪水调查时，应请当地年长居民指点亲身目睹的最大洪水淹没痕迹，回忆发水的具体日期。洪水痕迹高程用五等水准测量引测。

15.1.4　水深测量

为了求得水下地形点的高程，必须进行水深测量。水深测量就是使用测深杆(图 15.2)、测深铊(图 15.3)和回声探测仪(图 15.4)等测定水域中瞬时水面至水底各点的竖

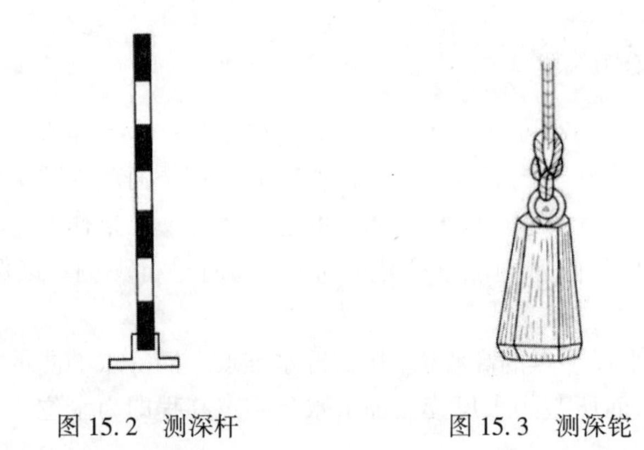

图 15.2　测深杆　　　　图 15.3　测深铊

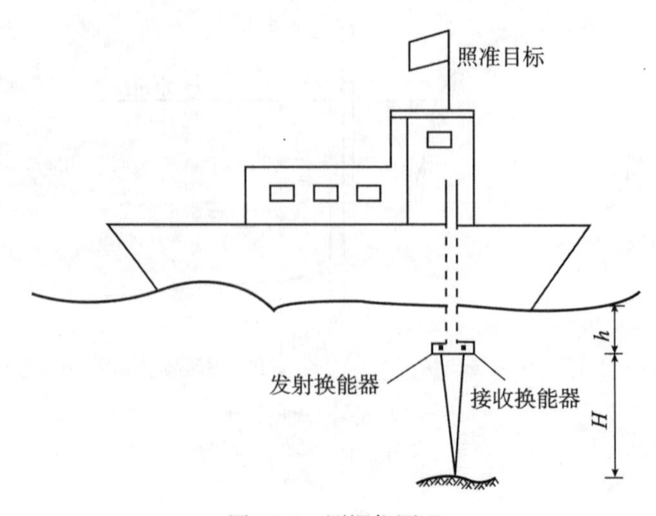

图 15.4　测深仪原理

直距离。测深杆是用长4~6m的竹竿、木杆或铝杆制成的；测深铊是一根标有长度标记的测绳和重铊组成；回声探测仪是目前应用较广的水深测量仪器，其工作原理是：由发射换能器将超声波发射到河底，再由河底将超声波反射到接收换能器，由超声波往返的时间和声波在水中的传播速度来计算水深。

15.2　河道纵横断面的测绘

为掌握河道的演变规律，以及在水利工程建设中计算回水曲线等，都需要沿河流布设一定数量的横断面(垂直河道主流方向)，在这些断面上进行水深测量，绘制纵横断面图。

15.2.1　横断面测绘

横断面测量就是测定垂直于主流方向断面上各点的深度和距离的工作。下面介绍测绘方法。

1. 断面基点的测定

代表河道横断面位置并用作测定断面点的平距和高程的测站点称为断面基点(图15.5)。断面基点的平面位置通常利用已有地形图上的明显地物点作断面点，对照实地打桩标定，并按顺序编号，不再另行测定它们的平面位置。

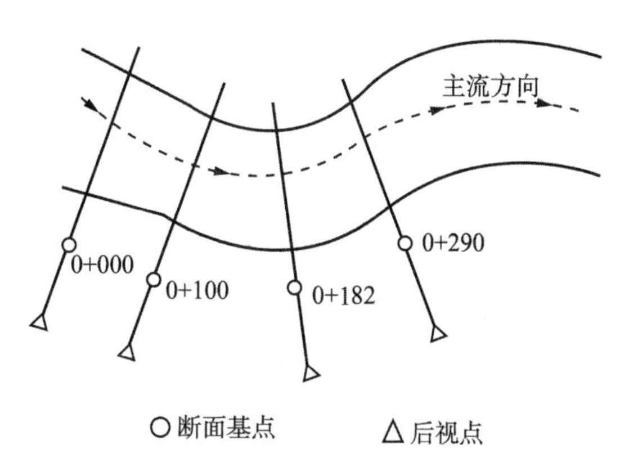

图15.5　河道断面基点的布设

在无地形图资料可利用的河流上，沿河的一岸需隔50~100m布设一个断面基点，这些基点的排列应尽量与河流主流方向平行。在河道弯曲、地形变化、有桥梁等水工建筑物，都应加设断面基点。应尽量避开冲沟、险滩、浪区、漩涡等河段，在河道转弯处，应避免发生断面相互交叉的现象，一般可布设成扇形。断面基点编号按“×(km)+×××(m)”的方式编号，断面起点编号为0+000。断面基点的平面位置可采用导线测量方法测定，各基点间的距离视具体要求采用视距测量或电磁波测距。断面基点的高程一般用五等水准测量测定。

断面基点的平面和高程系统应用采用的地形图一致。

2. 横断面方向的确定

在断面基点上安置经纬仪或全站仪，照准与河道主流垂直的方向，倒转望远镜在本岸标定一点作为横断面后视点。

3. 陆地横断面测量

在断面基点上安置经纬仪或全站仪，照准断面方向，用视距法依次测定水边点、地形突变点和地物点到断面基点的平距及高程，在每个断面都要测至最高洪水位以上。

4. 水下横断面测量

横断面的水下部分，需要进行水深测量，根据水深和水面高程计算断面点的高程。测深点的间距，应以能正确反映形状和面积为原则，一般要求图上 0.5~1.5cm 有一点，不要漏测深泓点(河床最深点)。这些点的平面位置(即对断面基点的距离)可用下述方法测定：

1)视距法

当测船沿断面方向驶到一定位置需要测水深时，即将船稳住，竖立水准尺，用视距测量方法测定其距离。

2)角度交会法

当河面宽或水流较急时，不便于进行视距测量时，可用角度交会法测定断面基点到水深点的距离。

3)测距仪法

测距仪安置在断面基点上，棱镜安置在测船上进行测距。

河道断面测量记录见表 15.1。记录时要分清断面点的左右位置：以面向下游为准，位于断面基点左侧的断面点按左 1，左 2，…编号；位于右侧的断面点按右 1，右 2，…编号。

5. 横断面图的绘制

河道横断面图应在毫米方格纸上绘制或在 CAD 软件展绘(图 15.6)。纵向表示高程(1∶100或 1∶200)；横向表示平距(1∶1000 或 1∶2000)。绘制时应注意：左岸必须绘在左边，右岸必须绘在右边。因此，在绘图时通常以左岸最末端的断面点作为平距的起算点，标绘在最左边，将其他各点对断面基点的平距换算成对左岸断面端点的平距，再去展绘各点，并应标出工作水位(即实测水位)线和洪水位线。

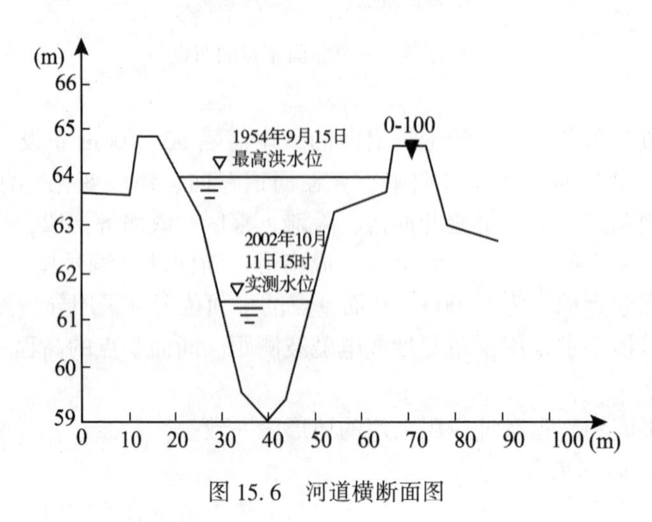

图 15.6　河道横断面图

表 15.1　　河道横断面测量记录

测站桩号：0+100　　测站高程：65.05m　　观测者：张×

日期：2003 年 3 月 20 日　　仪器高：1.40m　　记录者：李×

测点	视距（m）	天顶距（° ′）	平距（起点距）（m）	截尺（m）	水深（m）	高程（m）	备注	略图
右 1	20.2	95 08	20.0	1.40		63.25		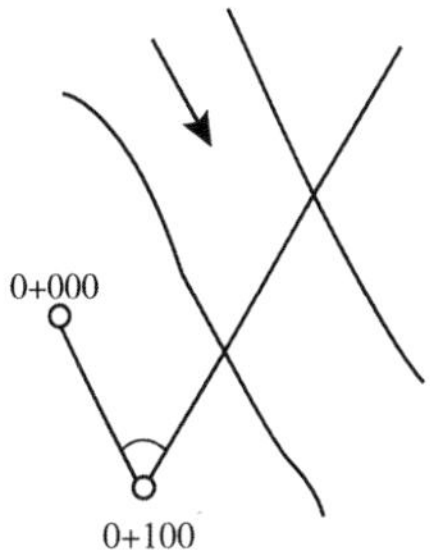
2	5.1	105 10	4.8	1.40		63.76	堤脚	
3	2.1	95 15	2.1	1.40		65.04	右堤外肩	
0+100						65.05	堤顶	
左 1	2.0	90 16	2.0	1.40		65.04	右堤内肩	
2	5.2	105 08	4.8	1.40		63.74	右堤脚	
3	18.1	96 18	17.9	1.40		63.07	右岸边	
水边 4			23.0			61.48	水准高程	
5			25.0		1.17	60.31	水深点	
6			27.0		1.41	60.07		
7			29.0		1.86	59.62		
8			31.0		2.48	59.00		
9			33.0		2.19	59.29		
10			35.0		2.02	59.46		
11			37.0		1.80	59.68		
12			39.0		1.51	59.97		
水边 13			41.5			61.48		
14	46.0	91 49	45.9	1.40		63.59	左岸边	
15	54.0	90 04	54.0	1.40		64.98	左堤内肩	
16	59.0	90 04	59.0	1.40		64.98	左堤外肩	
17	62.5	90 20	62.5	2.40		63.68	左堤脚	
18	71.3	90 15	71.3	2.40		63.74		

15.2.2　纵断面图的绘制

河道纵断面图是根据各个横断面的里程桩号及河道深泓点、岸边点、堤顶(肩)点等的高程编制而成，实际是河道深泓点的连线所剖开的断面，如图 15.7 所示。纵向表示高程，横向表示平距。需绘出左右岸边线或堤岸线、同时水位线和最高洪水位线。

河道纵断面图也是绘在毫米方格纸上或在 CAD 软件展绘。

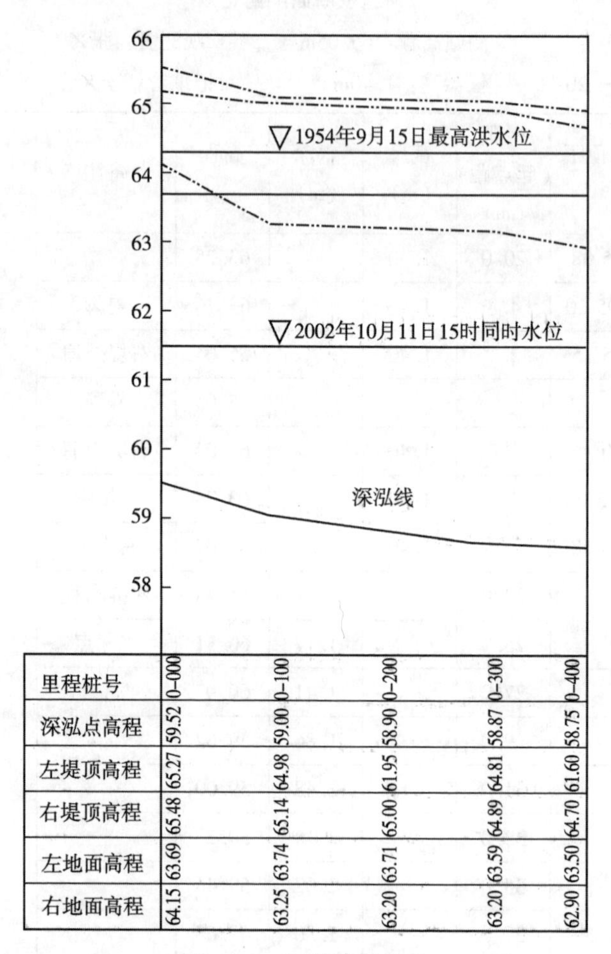

里程桩号	0–000	0–100	0–200	0–300	0–400
深泓点高程	59.52	59.00	58.90	58.87	58.75
左堤顶高程	65.27	64.98	61.95	64.81	61.60
右堤顶高程	65.48	65.14	65.00	64.89	64.70
左地面高程	63.69	63.74	63.71	63.59	63.50
右地面高程	64.15	63.25	63.20	63.20	62.90

图 15.7　河道纵断面图

15.3　水下地形测量

水下地形测量是指测绘水体覆盖下的地形测量工作，包括测深、定位、判别底质和绘制地形图等。

水下地形测量是在陆地控制测量基础上进行的，但应注意把平面和高程控制网布设在靠近或平行于河流、岸边，固定标石应埋在常年洪水位线上。水下地形点平面位置和高程的测定方法与河道横断面水下部分的测量方法基本相同。

水下地形点的密度一般要求图上 1～3cm 有一个点，横向和近岸应当密些。必须探测到深泓点。

15.3.1　水下地形点的布设方法

1. 断面法

按水下地形点的密度要求，沿河布设横断面，测量方法同河道断面测量。

2. 散点法

水面流速较大时，一般采用散点法(图 15.8)。此时，测船不断往返斜向航行，每隔一定距离测定一点。先由 1 顺水斜航到 2，再由 2 顺水斜航到 7，然后自 7 沿岸逆航至 3，再由 3 顺水斜航到 4，依此类推。

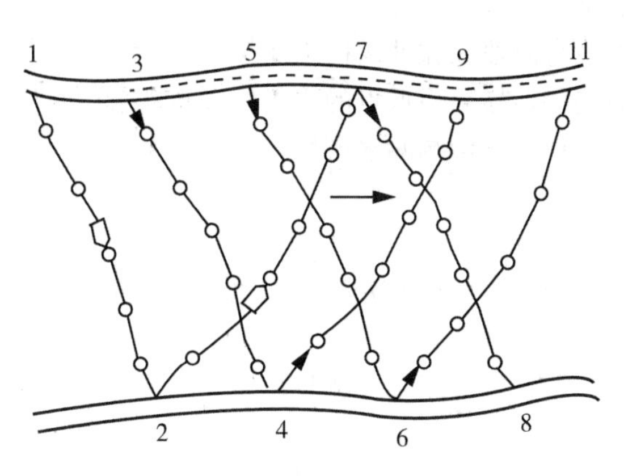

图 15.8 散点法船行路线

15.3.2 水下地形点的施测

当测区水浅且流速平缓时，测深点的高程可直接使用水准尺立于水底，用视距测量方法测出测深点的高程。而对于水域面积大而且较深时，测深点的高程可以通过测量水深和水面高程的方法求得。

测深点的平面位置可直接采用全站仪数据采集功能测定或 RTK 测定。

15.4 水 库 测 量

水库一般指在河流上因建筑拦河坝(或闸)所造成的人工湖，它能蓄水和调节水量。为兴建水库而进行的测量工作，称为水库测量。

在设计水库时，需要确定水库蓄水后的淹没的范围，计算水库的汇水面积和水库库容，在实地测定水库淹没界线、设计库岸加固和防护工程等。

15.4.1 水库地形测量

先进行控制测量，方能进行测图工作，为满足水库设计要求，地形测图应满足以下几点要求：

(1)应详细测绘水系及有关建筑物。对河流、湖泊等水域，除测绘陆上地形图外，还应测绘水下地形图。大坝、水库、提防和水工隧洞等建筑物，除测绘其平面位置外，还应测注坝、堤的顶部高程；隧洞和渠道则应测量底部高程；过水建筑物如桥、闸、坝等，当孔口面积大于 $1m^2$ 时，需要注明孔口尺寸。根据规划要求，为了泄洪或施工导流需要，对于干涸河床和可能利用的小溪、冲沟等，均应仔细测绘。

(2)应详细测绘居民地、工矿企业等。在水库蓄水前，必须进行库底清理工作。如果漏测居民地的水井，就不能再库底清理时把井填塞住，水库蓄水后，就可能发生严重漏水，影响工程质量和效益。又如在测图时漏测了有价值的古坟、古迹等，则在库底清理工作中，有可能把这些文物漏掉，对国家文化遗产造成损失。对工矿企业应该认真测绘，以便根据平面位置与高程确定拆迁项目，估计经济损失等。

(3)正确表现地貌元素的特征。在描绘各种地貌元素时，不仅用等高线反映地面起伏，还应尽量表现地貌发育阶段，如冲沟横断面是"V"字形，还有"U"字形。鞍部不仅要表现长度和宽度，而且应测定鞍部最低点的高程，供规划设计时考虑工程布局。对于喀斯特地貌，尤其详细测绘，以防止溶洞漏水或塌陷。

15.4.2　水库淹没调查测量

水库淹没调查测量，应在可行性研究阶段或初步设计阶段进行，个别情况下，规划阶段也应在某种特殊地区进行淹没调查测量。

淹没调查测量之前，首先应详细了解测量范围、对象、使用仪器和工作的起讫日期；研究确定淹没线的种类(移民线、土地征用线、土地利用线和水库清理线等)、条数及每种淹没线测设的高程、范围和水库末端的位置；确定水库中平水段与回水线的分界线。将回水段、平水段各种界线的高程，逐段分别注绘在水库地形图上，如图 15.9 所示。根据分段高程，在库区内选择几个有代表性的横断面，各段以本段上游横断面作为测设高程。从坝轴线至回水曲线末端，将库区分为 AB、BC、CD 三段，各段的起点和终点，各段间距离及各段高程作为测设时的基本数据。

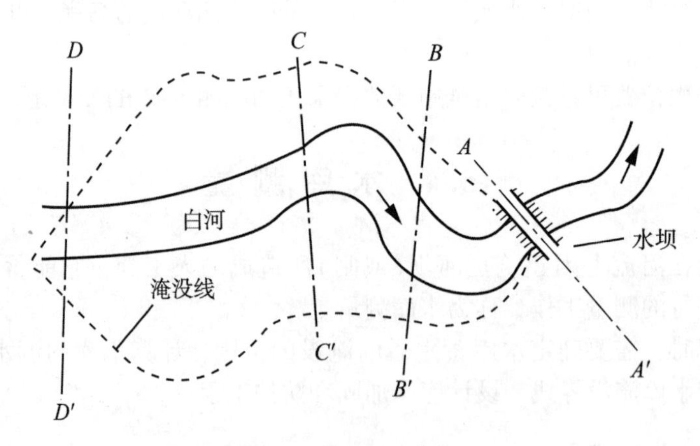

图 15.9　水库淹没线示意图

重要调查对象的高程和对水库正常蓄水位的选定起决定作用的测点，其高程误差不得大于±0.1m。平地或坡度不大地区的调查对象，用水准仪施测。山地的调查对象可用经纬仪视距高程测量或全站仪高程测量。

15.4.3　水库淹没线测量

水库正常蓄水所淹没范围的边界线，称为淹没线。

水库淹没线测量的目的在于测定水库淹没、浸润和坍岸范围，由此确定居民地和建筑物的迁移、库底清理、调查与计算由于修建水库而引起的各种赔偿；规划新的居民地，确定防护界限等。

淹没线的测量工作是用一系列的高程标志点(常称界桩)将水库的设计边界线在实地标定下来。

同种类淹没线通过平水段时，其界桩应布设在同一高程线上；在回水曲线段，各处界桩高程不同，可用距离内插法求出中间各分段点的高程。淹没界桩的密度应根据库区的情况而定，临时性界桩一般每隔 50m 设一个，永久性界桩每隔 100~200m 设一个。

界桩高程的测定用水准仪观测时，应读黑、红面中丝读数，黑、红面高差之差不得大于 2cm；用经纬仪观测时，应用正、倒镜观测垂直角，正、倒镜高差较差不大于 10cm。

应当指出，小型水库一般可将库中水面当成平面，只用一个高程去标定淹没界桩。

15.5 渠道测量

渠道是开挖或填筑的人工河槽，用于输送水流，达到灌溉、排水或引水发电的目的。

渠道测量就是在渠道勘测、设计和施工中所进行的测量工作。

本节将主要介绍中小型渠道的测量方法，主要包括：踏勘选线、中线测量、纵横断面测绘、土方计算和施工断面放样。

15.5.1 踏勘选线

踏勘选线的任务是根据水利工程规划所定的渠道方向、引水高程和设计的坡降，在实地确定一条既经济又合理的渠道位置。

平原区渠道位置是标定中线桩(图 15.10)，山丘区渠道位置是标定外平台桩(图 15.11)。

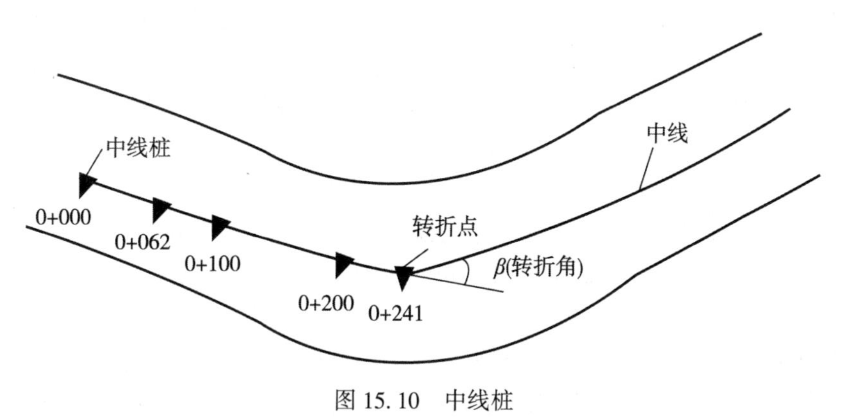

图 15.10 中线桩

1. 选线的基本要求

(1)渠线应尽量短而直，转折角(图 15.10 中 β 角)应尽量小。

(2)应尽量少占农田和居民地。

(3)渠系建筑物(如渡槽、倒虹吸管和排水闸等)要尽量少。

(4)沿线应有较好的地质条件，无严重渗漏和塌方现象。

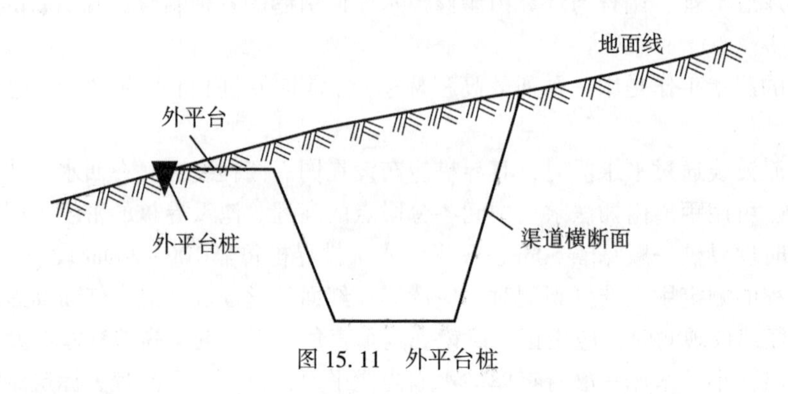

图 15.11　外平台桩

(5)山丘区渠道应尽量避免填方，以保证渠道边坡的稳定性。

2. 选线的基本方法

如果渠道较长、规模较大，应先在地形图上进行初步选线，然后到现场踏勘，最后确定渠道起点、转折点和终点，并用大木桩标定这些点的位置，绘制点位略图，以便日后寻找。

如果渠道较短，规模小，则可以直接在实地选线。

15.5.2　中线测量

中线测量的任务是要测出渠线的长度和转折角，并在渠线转折处设置圆曲线。

1. 平原区

平原区渠道中线测量就是在渠道起、终点间进行定线，测定渠道中心线的长度，并用一系列里程桩和加桩标定渠道中心线的实地位置，测定转折角(图 15.10)。

从渠道起点开始，朝着转折点或终点方向，用花杆和皮尺进行定线和量距(大型渠道需用经纬仪定线，钢尺量距，也可用全站仪直接定线量距)。按规定间距(50m 或 100m)打桩标定中线位置。以该桩对起点的平距作为桩号，注在桩侧，称为里程桩。里程桩号仍按“×(km)+×××(m)”的方式编号。起点桩号为 0+000，其余分别为 0+100，0+200，…。

在相邻两里程桩之间的重要地物或渠系建筑物和地面坡度突变点的位置，应加设木桩，称为加桩。加桩仍按对起点的平距进行编号，如图 15.10 中的 0+062、…。

用经纬仪或者全站仪在转折点上采用测回法测定计算转折角 β。

2. 山丘区

山丘区渠道选线、中线测量一般与纵断面测量同时进行的(该内容在纵断面测量中详细介绍)。山丘区中、小渠道一般不测定转折角，而是沿着山坡自然弯曲的方向前进。

15.5.3　纵横断面测绘

渠道纵横断面测绘参考河道纵横断面测绘，不再赘述。

15.5.4　土方计算

为了确定工程投资和安排劳力，在渠道施工之前，必须计算土方量，以 m^3 为单位，称为方，习惯上又叫几方土。平原区和山丘区渠道土方计算方法相同。

土方量计算通常采用平均断面法。假设相邻两桩的挖方(或填方)横断面的面积分别为 A_1、A_2，两桩间距为 D，则土方量为

$$V=\frac{1}{2}(A_1+A_2)D \tag{15.1}$$

面积 A_1、A_2需要通过横断面(图 15.12)套绘渠道设计横断面(图 15.13)来确定。

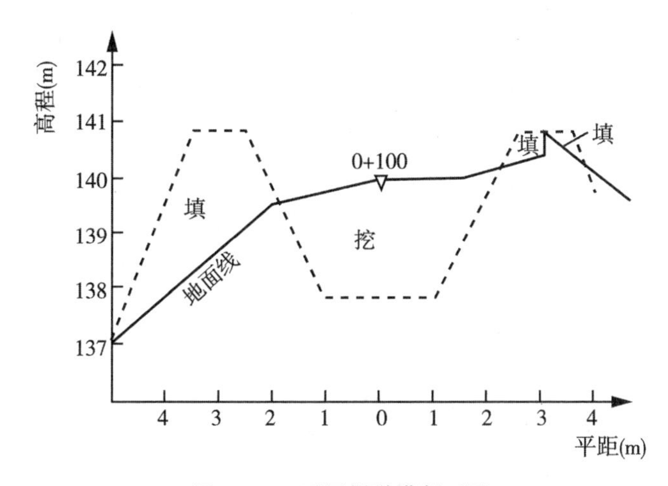

图 15.12 平原渠道横断面图

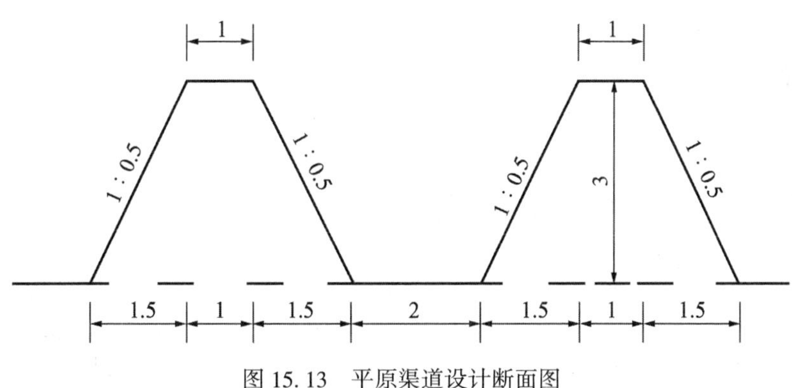

图 15.13 平原渠道设计断面图

为了套绘渠道设计横断面简便起见，可先用硬塑料片或硬纸片按渠道横断面设计尺寸和横断面图的比例尺制作一块渠道断面模片。套绘时，如果是平原区，先左右移动渠道断面模片，使其中心轴线与横断面图上桩位线对齐，再上、下移动断面模片，使渠底高程为设计高程(本例为 137.90m)，然后，用铅笔沿模片边缘，绘出设计横断面的轮廓，如图 15.12 中虚线所示。而山丘区则是把两者外平台桩位置重合并把模片放置水平即可。

应当指出，山丘区渠道一般不设内平台。

土方计算采用表 15.2 的方式，按桩号顺序进行。

表 15.2　**渠道土方计算表**

计算者：　　　　检查者：

桩号	地面高程 (m)	设计渠底高程 (m)	中心桩		断面面积 (m^2)		平均断面面积 (m^2)		距离 (m)	体积 (m^3)	
			填高 (m)	挖高 (m)	填	挖	填	挖		填	挖
1	2	3	4	5	6	7	8	9	10	11	12
0+000	139.69	138.00		1.69	12.30	8.39	11.76	9.35	62	729.12	579.7
0+062	140.25	137.94		2.31	11.22	10.31	10.62	9.12	38	403.56	346.56
0+100	140.00	137.90		2.10	10.01	7.93	8.49	8.17	100	849.0	817.0
0+200	139.75	137.80		1.95	6.97	8.41	9.64	9.32	100	964.0	932.0
0+300	140.16	137.70		2.46	12.30	10.22	11.92	9.48	100	1192.0	948.0
0+400	139.92	137.60		2.32	11.55	8.73	合计		400	4137.68	3623.26

15.5.5　施工断面放样

渠道施工前，首先要在现场进行边坡桩的放样，即标定渠道设计横断面边坡与地面的交点，并设立施工坡架，为施工提供依据。渠道横断面有纯挖、纯填和半挖半填三种情况。图 15.14 为半挖半填断面，需要标定的边坡桩有渠道左右两边的开口桩(A、B)、堤内、外肩桩(F、G、E、H)和外边脚桩(C、D)。从土方计算时所绘的横断面图上，可以分别量出这些桩位至中线里程桩的距离，作为放样数据，根据里程桩即可在现场将这些桩位标定出来。然后，在内、外堤肩上按填方高度竖立竹竿，竹竿顶部分别系绳，绳的另一端分别扎紧在相应的外坡脚桩和开口桩上，即形成一个渠道边坡断面，称为施工坡架。

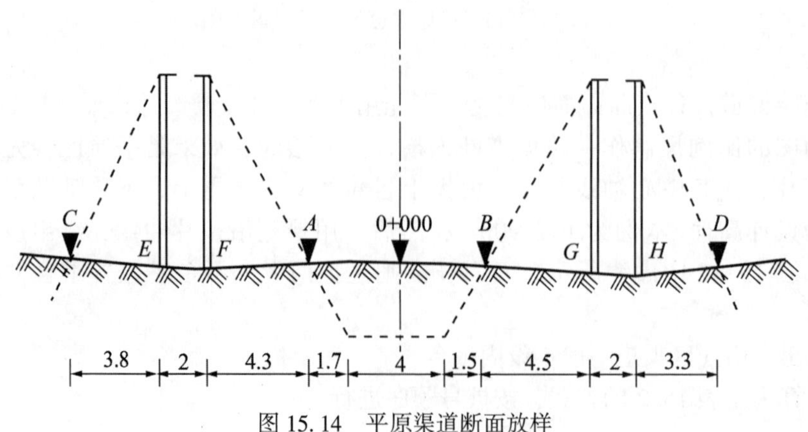

图 15.14　平原渠道断面放样

施工坡架每隔一定距离设置一个，其他里程只需放出开口桩和外坡脚桩，并用灰线分别将各开口桩和坡脚桩连接起来，标明整个渠道的开挖或填筑范围。

图 15. 15 为山丘区渠道断面放样。根据外平台桩在现场先放样上开口桩，按边坡设计向下开挖至平台桩高程；由平台桩向里水平开挖与边坡相连，再放样开口桩及断面大小。

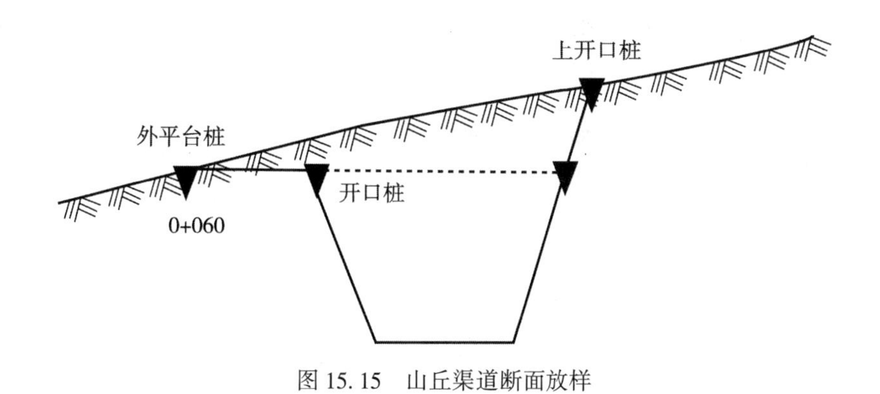

图 15. 15　山丘渠道断面放样

【本章小结】

本章主要介绍了水利工程测量的基本内容：

(1)河道水位和水深测量；

(2)河道纵横断面的测绘；

(3)水下地形测量；

(4)水库测量；

(5)渠道测量。

◎ 习题和思考题

1. 河道测量有哪些工作？
2. 何谓工作水位、同时水位、洪水位和水深？
3. 何谓水库测量？有哪些测量工作？
4. 渠道测量有哪些工作？
5. 平原区与山丘区的渠道测量有哪些不同？

主要参考文献

[1]王根虎. 土木工程测量[M]. 郑州：黄河水利出版社，2011.

[2]中华人民共和国国家标准. 工程测量规范(GB50026—2007)[S]. 北京：中国计划出版社，2008.

[3]中华人民共和国行业标准. 城市测量规范(CJJ/T8—2011)[S]. 北京：中国建筑工业出版社，2011.